全国普通高等中医药院校药学类专业“十三五”规划教材（第二轮规划教材）

无机化学

（第2版）

（供药学、中药学、制药工程类专业使用）

主　　编　杨怀霞　吴培云

副 主 编　吴巧凤　黎勇坤　杨　婕

　　　　　徐　飞　卞金辉　张浩波

编　　者　（以姓氏笔画为序）

王　堃（山西中医药大学）

王　霞（河南中医药大学）

卞金辉（成都中医药大学）

方德宇（辽宁中医药大学）

刘丽艳（承德医学院）

刘艳菊（河南中医药大学）

杨　婕（江西中医药大学）

杨怀霞（河南中医药大学）

杨茂忠（贵州中医药大学）

杨爱红（天津中医药大学）

李德慧（长春中医药大学）

吴巧凤（浙江中医药大学）

吴培云（安徽中医药大学）

邹淑君（黑龙江中医药大学）

张晓青（湖南中医药大学）

张爱平（山西医科大学）

张浩波（甘肃中医药大学）

林　舒（福建中医药大学）

罗　黎（山东中医药大学）

孟祥茹（郑州大学）

赵　平（广东药科大学）

倪　佳（安徽中医药大学）

徐　飞（南京中医药大学）

郭　惠（陕西中医药大学）

郭丽敏（山西中医药大学）

黄宏妙（广西中医药大学）

曹　莉（湖北中医药大学）

曹秀莲（河北中医学院）

黎勇坤（云南中医药大学）

中国健康传媒集团
中国医药科技出版社

内容提要

本教材是“全国普通高等中医药院校药学类专业‘十三五’规划教材（第二轮规划教材）”之一，由来自全国20多所院校的教师在上一版基础上结合近年来的教学实践认真修改、反复讨论完成。在内容选择上力争做到少而精，编排次序遵守循序渐进、先易后难的原则。主要内容包括物质结构的基础理论、化学反应的基本原理、元素化学的基本知识等。本教材分11章，具体内容是：绪论、溶液、化学平衡、酸碱平衡、沉淀-溶解平衡、氧化还原反应、原子结构、分子结构、配位化合物、主族元素、副族元素。每章设置“要点导航”“知识拓展”“重点小结”“习题”等学习模块，以便于学生学习掌握。本教材为书网融合教材，即纸质教材有机融合电子教材、教学配套资源和数字化教学服务（在线教学、在线作业、在线考试）。方便高效理解、掌握相关知识，并及时考查学习效果。本教材可供高等院校药学、中药学、制药工程等相关专业学生使用。

图书在版编目（CIP）数据

无机化学/杨怀霞，吴培云主编．—2版．—北京：中国医药科技出版社，2018.8

全国普通高等中医药院校药学类专业“十三五”规划教材（第二轮规划教材）

ISBN 978-7-5214-0241-4

Ⅰ.①无…　Ⅱ.①杨…　②吴…　Ⅲ.①无机化学-中医学院-教材　Ⅳ.①061

中国版本图书馆CIP数据核字（2018）第097864号

美术编辑　陈君杞

版式设计　诚达誉高

出版　**中国健康传媒集团**｜中国医药科技出版社

地址　北京市海淀区文慧园北路甲22号

邮编　100082

电话　发行：010-62227427　邮购：010-62236938

网址　www.cmstp.com

规格　889×1194mm 1/16

印张　17 3/4

字数　377千字

初版　2014年8月第1版

版次　2018年8月第2版

印次　2021年8月第5次印刷

印刷　三河市万龙印装有限公司

经销　全国各地新华书店

书号　ISBN 978-7-5214-0241-4

定价　45.00元

全国普通高等中医药院校药学类专业“十三五”规划教材（第二轮规划教材）

出版说明

“全国普通高等中医药院校药学类‘十二五’规划教材”于2014年8月至2015年初由中国医药科技出版社陆续出版，自出版以来得到了各院校的广泛好评。为了更新知识、优化教材品种，使教材更好地服务于院校教学，同时为了更好地贯彻落实《国家中长期教育改革和发展规划纲要（2010－2020年）》《“十三五”国家药品安全规划》《中医药发展战略规划纲要（2016－2030年）》等文件精神，培养传承中医药文明，具备行业优势的复合型、创新型高等中医药院校药学类专业人才，在教育部、国家药品监督管理局的领导下，在“十二五”规划教材的基础上，中国健康传媒集团·中国医药科技出版社组织修订编写“全国普通高等中医药院校药学类专业‘十三五’规划教材（第二轮规划教材）”。

本轮教材建设，旨在适应学科发展和食品药品监管等新要求，进一步提升教材质量，更好地满足教学需求。本轮教材吸取了目前高等中医药教育发展成果，体现了涉药类学科的新进展、新方法、新标准；旨在构建具有行业特色、符合医药高等教育人才培养要求的教材建设模式，形成“政府指导、院校联办、出版社协办”的教材编写机制，最终打造我国普通高等中医药院校药学类专业核心教材、精品教材。

本轮教材包含47门，其中39门教材为新修订教材（第2版），《药理学思维导图与学习指导》为本轮新增加教材。本轮教材具有以下主要特点。

一、教材顺应当前教育改革形势，突出行业特色

教育改革，关键是更新教育理念，核心是改革人才培养体制，目的是提高人才培养水平。教材建设是高校教育的基础建设，发挥着提高人才培养质量的基础性作用。教材建设以服务人才培养为目标，以提高教材质量为核心，以创新教材建设的体制机制为突破口，以实施教材精品战略、加强教材分类指导、完善教材评价选用制度为着力点。为适应不同类型高等学校教学需要，需编写、出版不同风格和特色的教材。而药学类高等教育的人才培养，有鲜明的行业特点，符合应用型人才培养的条件。编写具有行业特色的规划教材，有利于培养高素质应用型、复合型、创新型人才，是高等医药院校教育教学改革的体现，是贯彻落实《国家中长期教育改革和发展规划纲要（2010－2020年）》的体现。

二、教材编写树立精品意识，强化实践技能培养，体现中医药院校学科发展特色

本轮教材建设对课程体系进行科学设计，整体优化；对上版教材中不合理的内容框架进行适当调整；内容（含法律法规、食品药品标准及相关学科知识、方法与技术等）上吐故纳新，实现了基础学科与专业学科紧密衔接，主干课程与相关课程合理配置的目标。编写过程注重突出中医药院校特色，适当融入中医药文化及知识，满足21世纪复合型人才培养的需要。

参与教材编写的专家以科学严谨的治学精神和认真负责的工作态度，以建设有特色的、教师易用、学生易学、教学互动、真正引领教学实践和改革的精品教材为目标，严把编写各个环节，确保教材建设质量。

三、坚持“三基、五性、三特定”的原则，与行业法规标准、执业标准有机结合

本轮教材修订编写将培养高等中医药院校应用型、复合型药学类专业人才必需的基本知识、基本理论、基本技能作为教材建设的主体框架，将体现教材的思想性、科学性、先进性、启发性、适用性作为教材建设灵魂，在教材内容上设立“要点导航”“重点小结”模块对其加以明确；使“三基、五性、三特定”有机融合，相互渗透，贯穿教材编写始终。并且，设立“知识拓展”“药师考点”等模块，与《国家执业药师资格考试考试大纲》和新版《药品生产质量管理规范》（GMP）、《药品经营管理质量规范》（GSP）紧密衔接，避免理论与实践脱节，教学与实际工作脱节。

四、创新教材呈现形式，书网融合，使教与学更便捷、更轻松

本轮教材全部为书网融合教材，即纸质教材与数字教材、配套教学资源、题库系统、数字化教学服务有机融合。通过“一书一码”的强关联，为读者提供全免费增值服务。按教材封底的提示激活教材后，读者可通过PC、手机阅读电子教材和配套课程资源，并可在线进行同步练习，实时反馈答案和解析。同时，读者也可以直接扫描书中二维码，阅读与教材内容关联的课程资源（“扫码学一学”，轻松学习PPT课件；“扫码练一练”，随时做题检测学习效果），从而丰富学习体验，使学习更便捷。教师可通过PC在线创建课程，与学生互动，开展在线课程内容定制、布置和批改作业、在线组织考试、讨论与答疑等教学活动，学生通过PC、手机均可实现在线作业、在线考试，提升学习效率，使教与学更轻松。此外，平台尚有数据分析、教学诊断等功能，可为教学研究与管理提供技术和数据支撑。

本套教材的修订编写得到了教育部、国家药品监督管理局相关领导、专家的大力支持和指导；得到了全国高等医药院校、部分医药企业、科研机构专家和教师的支持和积极参与，谨此，表示衷心的感谢！希望以教材建设为核心，为高等医药院校搭建长期的教学交流平台，对医药人才培养和教育教学改革产生积极的推动作用。同时精品教材的建设工作漫长而艰巨，希望各院校师生在教学过程中，及时提出宝贵的意见和建议，以便不断修订完善，更好地为药学教育事业发展和保障人民用药安全有效服务！

中国医药科技出版社
2018年6月

前言
PREFACE

全国高等中医药院校药学类“十二五”规划教材《无机化学》自2014年8月出版以来，已经过四年的教学实践，使用效果受到同行们的广泛肯定。为进一步深入贯彻落实国家教育部药学高等教育教学改革精神，适应新形势下高素质、创新型、应用型人才培养要求，推动信息技术与教材的深层次融合，有利学习者高效掌握相关知识、获得更好教学效果，本教材在保留上版教材体系框架与结构的基础上，对部分内容进行了增、删和调整，增加了书网互动内容。修订后的教材具有以下特色。

1. 系统与精炼，规范并严谨

教材结构和编写模式、编写内容上，保留知识体系完整、精炼的风格，同时在细节上对全书的术语、符号、有效数字进一步规范和统一，充分注重教材的严谨性。对少量内容进行调整、修改和补充，如第五章对沉淀溶解平衡中沉淀溶解相关内容进行修改，对一些习题和例题进行了替换。

2. 传承与创新，易教又好学

增加了书网融合内容。对原网络增值部分内容进行了较大的调整。以书网融合二维码方式体现，修订了各章PPT，修订并扩展了题库，方便对相关知识的理解、掌握，并及时考察学习效果。为方便学习者高效学习、掌握知识，检查学习效果，对题库的知识点、题型分布、难易比例都进行了精心设计、策划。每章1个题库，围绕知识点出题；题型主要是单选题、多选题、判断题等，并给出难易程度。

3. 与时俱进，突出高素质、创新型人才培养

充分利用现代信息技术、网络技术的优势，通过视频、动画、拓展阅读、难题答疑、实验解惑、数据库链接等多种形式，激发兴趣，启迪思考，培养学习能力。

修订后的《无机化学》内容包含纸质教材和网络增值部分。内容共分11章，依据循序渐进的原则，按照平衡原理、结构理论、元素化学顺序编排。网络部分包含各节配套教学PPT、题库及拓展学习内容。本教材修订分工为：第1章（杨婕、刘丽艳）；第2章（黎勇坤、方德宇）；第3章（张浩波、罗黎）；第4章（吴培云、林舒、倪佳）；第5章（邹淑君、李德慧）；第6章（郭惠、张晓青）；第7章（杨爱红、曹秀莲）；第8章（徐飞、张爱平、郭丽敏）；第9章（吴巧凤、黄宏妙、赵平）；第10章（杨怀霞、王霞、刘艳菊）；第11章（卞金辉、杨茂忠）；附录（曹莉、王堃）；全书统稿由杨怀霞、孟祥茹负责。在修订过程中得到参编院校领导和各位同行的大力支持，在此表示衷心地感谢！

本教材可供高等院校药学、中药学、制药工程等相关专业根据教学要求选用，也可供自学考试应试人员及从事无机化学、基础化学教学的教师参考。

鉴于编者学识水平有限，错误和不当之处在所难免，敬请各位同行和读者提出宝贵意见，以便重印时修正提高。

编　者
2018 年 6 月

目录
CONTENTS

第七章 原子结构

第八章 分子结构与化学键

第一章　绪　论

要点导航

1. 熟悉化学研究的对象；无机化学的主要内容和学习方法。
2. 了解无机化学的发展历史及趋势；无机化学与药学、中药学的关系。

第一节　化学研究的对象

扫码“学一学”

化学是人类用以认识和改造物质世界的主要方法和手段之一，它与人类进步和社会发展关系密切，它的成就是社会文明进步的重要标志。随着科学技术的飞速发展，人们逐渐认识到化学将成为使人类继续生存的关键科学。如今化学已经是一门满足社会需求的中心学科，它对于人类的供水、食物、能源、材料、资源、环境以及健康问题至关重要，每个人的生命都要受到以化学为核心的科学成果的影响。

化学是研究物质的组成、结构、性质以及变化规律的科学。无机化学是化学学科中发展最早的分支学科，它是化学的基础学科。现代无机化学是对所有元素及其化合物(碳氢化合物及其衍生物除外)的制备、组成、结构、性质和反应的实验测试以及理论阐明。

一、化学是研究物质变化的科学

世界是由物质组成的，物质处于永恒的运动之中。人们通常把客观存在的物质划分为实物和场(如电磁场、引力场等)两种基本形态，化学研究的对象是实物而不是场。

物质的构造情况，大至天体、小到基本粒子，其间可分为若干个层次。从宏观上看，化学物质(单质及化合物)构成了物体(气、液、固)；从微观上看，物质是由原子组成的(包括已发生电子得失的单原子离子)；而原子又是由质子和中子组成的原子核以及电子形成，我们将电子、质子、中子以及由质子和中子组成的原子核等比原子低一个层次的微粒称为亚原子，而比原子高一个层次的物质即为分子层次，它是原子以强作用力(称化学键)相互结合形成的原子聚合体；比如氧分子是两个 O 原子通过化学键结合而成；比分子高一个层次则是超分子层次(super-molecule)，它是以两个或两个以上的物质分子依靠分子间作用力结合(非共价键)，如氢键、范德华力、$\pi-\pi$ 堆积等聚集或组合构筑的某种高级结构，如冠醚。

物质是不断变化的，物质的变化分为物理变化和化学变化。物理变化是没有新物质产生的变化，即没有化学键的断裂与形成的变化，如：物质聚集状态的变化、机械运动等；而化学变化则是指分子中的原子重新组合，有新物质产生，旧物质消失的变化，如：食物变质、水电解制氢气等。化学研究的内容主要是物质的化学变化。在化学变化过程中，分子、原子或离子因核外电子运动状态的改变而发生分解或化合，同时伴有物理变化(如光、热、电、颜色、物态等)，因此在研究物质化学变化的同时还应注意有关的物理变化。由于物质的化学变化与物质的化学性质有关，而物质的化学性质又同物质的组成和结构密切相关，所以物质的组成、结构和性质必然成为化学研究的内容。

二、化学的主要分支学科

化学研究的范围极其广阔，根据研究的对象和方法不同，传统上可分为无机化学、有机化学、分析化学、物理化学四大分支学科。

无机化学是化学科学中发展最早的分支学科，也是最基础的学科。无机化学的研究对象是除碳氢化合物及其衍生物外所有元素的单质和化合物，它们的性质、结构和化学变化的规律以及应用都属于无机化学的研究范畴；有机化学是研究碳氢化合物及其衍生物的化学分支，也可以认为有机化学就是碳的化学；分析化学是研究获取物质化学组成和结构信息的分析方法及相关理论的科学；物理化学是以物理的原理和实验技术为基础，研究化学体系的性质和行为，发现并建立化学体系的特殊规律的学科。

随着科学的迅速发展和各门学科之间的相互渗透，化学学科在其发展过程中与其他学科交叉结合形成多种边缘学科，化学与药学、生物学、环境科学、材料科学、计算机科学、工程学、地质学、物理学、农业、电子学、冶金学等学科结合形成了各种边缘交叉学科。如生物化学、环境化学、绿色化学、材料化学、地质化学、放射化学、星际化学以及激光化学等。化学与生物学和医学等学科交叉渗透产生的生物化学，它是用化学的方法和工具研究生物和医学问题，促进了分子水平上对生命体的认识，有利于创制和发展新型药物。化学与气象学、生物学、水文地质学等进行交叉渗透形成了环境化学，它的任务是以化学为工具来研究因人类活动引起的环境质量的变化规律及如何保护和改善环境。材料化学是化学与材料科学的交叉融合，材料化学的发展对新材料的发现和合成，纳米材料制备和修饰工艺的发展以及在原子和分子水平上开发设计新材料具有重要的意义。从以上化学与其他领域的融合可以看出这种跨领域的综合是未来化学发展的方向，同时化学与这些学科的渗透也给化学的发展带来了新的契机。

三、化学是中心的、实用的、创造性的科学

化学在“数、理、化、天、地、生”六门传统自然科学中是承上启下的中心科学，也是与信息、生命、材料、环境、能源、地球、空间和核科学等八大朝阳科学紧密联系、交叉和渗透的一门中心科学，它在人类社会发展中具有十分重要的地位和作用。

化学作为中心科学，在与物理学、生物学、自然地理学、天文学等学科的相互渗透中，得到了迅速的发展，也推动了其他学科和技术的发展。例如，核酸化学的研究成果使今天的生物学从细胞水平提高到分子水平，建立了分子生物学；对地球、月球和其他星体的化学成分的分析，得出了元素分布的规律，发现了星际空间有简单化合物的存在，为天体演化和现代宇宙学提供了实验数据，还丰富了自然辩证法的内容。

化学作为一门核心、实用、创造性科学，一直在为人类认识物质世界和人类的文明进步做着巨大的贡献。化学中最具有创造性的工作是设计和创造新的分子。通过改造天然化合物的结构，可以获得新化合物，进而考察其性质方面的改善。人们也可以模仿生物合成

出防止和治疗细菌侵害的抗生素，用于预防和治疗由细菌感染而引起的疾病。现在，人们已经深入开展从中草药、海洋生物体等分离、提取化合物的研究，这些化合物的分离和结构确定，也体现出化学的创造性。从动植物体中分离得到大量新的药物，这种方法不但破坏性极强，而且造价昂贵。化学家可以简单化合物为原料，通过化学合成制备出新发现的化合物，达到大量提供临床应用的目的。

当前，资源的有效开发利用、环境保护与治理、社会和经济的可持续发展、能源问题、生命科学、人口与健康和人类安全、高新材料的开发和应用等向化学科学工作者提出一系列重大的挑战性难题，迫切需要化学家在更深更高层次上进行化学的基础研究和应用研究，发现和创造出新的理论、方法和手段，并从学科自身发展和为国家目标服务两个方面不断提出新的思路和战略设想，以适应21世纪科学发展的需求。

第二节 无机化学的发展历史

扫码“学一学”

化学与其他科学的发展一样，是人类生产、生活实践活动的产物。化学的起源可以追溯到古代，人类在炼金术、炼丹术、医药学的实践中，获得了初步的化学知识，化学从一开始就与医药结下了不解之缘。

化学工作者早期的研究特点是以实用为目的，研究对象为矿物等无机物，因此在无机化学成为一门独立的化学分支学科以前，可以说化学发展史也就是无机化学发展史。根据化学发展的特征，可分为古代化学(17世纪以前)、近代化学(从17世纪中叶到19世纪末，涉及元素概念的提出、燃烧的氧化理论、原子学说、元素周期律、无机化学等化学分支学科的形成等)和现代化学(19世纪末开始，涉及微观粒子运动规律、原子和分子结构本质的揭示、形成交叉学科等)三个阶段。

一、古代化学的起源

无机化学起源于古代17世纪前。在人类早期历史中，经典的实验带动了新材料的缓慢发展。我国古代化学工艺的三大发明：造纸、黑火药、陶瓷技术。

造纸术发明于汉代，最初是用蚕丝，接着是用麻纤维，到了蔡伦造纸术，已经大大扩大了造纸原料的来源范围。纸的发明，对人类文明是一个伟大贡献。

黑火药发明于唐代，其原料是硫黄(S)、硝石(KNO_3)和木炭(C)，主要反应式为：

$$2KNO_3 + 3C + S \xlongequal{} N_2\uparrow + 3CO_2\uparrow + K_2S$$

陶瓷技术——我国的陶瓷技术历史渊源流长，陶器是瓷器发明的前身，唐代的瓷器技术已相当成熟，我国的瓷器技术是在唐代开始传入非洲和欧洲。古代文明的标志之一是玻璃和陶器的制造。通过减少或增加空气的比例，可以使陶器呈现黑色或红色，到了公元500年，不同颜色的釉面和颜色的结合已经达到炉火纯青的地步。江西景德镇的瓷器古今中外闻名。

古代的其他化学工艺还有：酿酒、制糖、染料、金属冶炼、制药等。

二、近代化学的形成

从17世纪中叶到19世纪末这200多年是化学作为独立学科的形成和发展时期。近代化学是在同传统的炼金思想、谬误的燃素说观点作斗争的过程中建立起来的。在此阶段，逐步形成了酸、碱、盐、元素、化合物和化学试剂等概念，发现了硫酸、盐酸、氨和矾等化合物。提出了元素的科学概念，首次将化学定义为一门科学，这些为化学作为一门科学的建立和发展奠定了坚实的基础。

在此阶段，对化学有重大贡献的科学家有如下几位。

波义耳(R. Boyle，1627—1691)，英国物理学家、化学家，在1661年他的重要论著《怀疑派化学家》首次提出了元素的科学概念，将化学不再看成是以实用为目的的技艺，恩格斯对他的评价是：波义耳明确把化学确定为科学。

拉瓦锡(A. L. Lavoisier，1743—1794)，法国化学家，他的重要论著是《燃烧概论》，提出了燃烧是氧化过程的重大化学理论问题，彻底否定了所谓物质燃烧过程中的“燃素”论。他是氧元素的发现者。

道尔顿(J. Dalton，1766—1844)，英国的中学教师、化学家，他的重要论著是《化学哲学新体系》，提出了著名的原子学说，并对当时几条知名的化学定律(物质不灭定律、定比定律，倍比定律)提出解释，奠定了化学的理论基础，被恩格斯称为化学之父：“化学中的新时代是从原子论开始的”。

门捷列夫(D. I. Mendeleev，1834—1907)，俄国科学家，1869年他在总结前人工作的基础上发现了元素周期律，发布了元素周期表，并以此为基础修正了某些原子的相对原子质量，同时预言了15种新元素，这些均被后来的发现陆续证实。元素周期律的建立，使自然界形形色色的化学元素结合为有内在联系的统一整体，奠定了现代无机化学的基础。今天，从元素周期系来发现和合成新化合物仍是化学科学的重要工作。

三、现代无机化学的建立

19世纪末以后，随着物理学科新技术的应用，科学上的一系列重大发现猛烈地冲击着人们关于原子不可分割的旧观念，把化学的研究推进到更深的物质结构层次，孕育着化学发展的一场深刻的革命，标志着现代化学的建立。

在19世纪的前50年，不仅发现了半数以上的元素，而且进行了这些元素简单化合物的性质研究。例如：1800年左右，人们经过探究发现了 NCl_3 的强爆炸性质和HF的强腐蚀性。当时，尽管已经开始重视牛奶和血液研究，但直至1820年，人们所熟悉的也只有少数几种有机化合物，更谈不上有机化学理论的发展了。到了19世纪中期，化学家们开始热衷于有机化学的光谱研究；而在1900年左右，物理化学方面的探索成为新的研究高潮。相比而言，将近一个世纪，人们好像忽略了无机化学的研究，无机化学发展也曾一度缓慢。随后，元素周期表的形成、放射化学的开展、非水溶剂和过渡金属化合物研究等一系列无机化学新成果的出现，现代无机化学成为人们新的研究热点。典型的代表有：Stock等的乙硼烷的氢桥键(变形的价键理论)和硅的研究；Werner等的过渡金属配合物化学；Karus等的非水溶剂、放射化学……同时，一系列现代无机化学理论建立，并被应用于解决化学中的一些疑难问题，这些理论包括：建立于波动性质之上的基本粒子发现和原子结构衍生出的现代无机化学价键理论和分子结构理论；以及过渡金属配合物中的晶体场理论等。

现代无机化学发展阶段的特点如下。

(一)从宏观到微观

19 世纪末，随着光、电、磁等物理学新技术的采用，借助于计算技术的发展，化学的研究开始进入了微观层次。例如，卢瑟福(E. Rutherford，1871—1937)提出了含核的原子模型；玻尔(Niels. Bohr，1885—1962)提出了量子化原子模型，揭示了原子内部的构造奥秘，认识了物质的无限可分性；20 世纪 30 年代初，在量子力学基础上建立了现代的化学键理论。

(二)从定性描述向定量化发展

现代物理技术与计算机技术的应用，各种分析仪器精密度得到大幅度提高，使人们不仅能够表征各类化合物的结构、键型、对称性，测定化学反应的性质，热力学、动力学参数等；还可以预测一些生物大分子的结构、与药物的结合状态以及在生物状态下的一系列高级结构变化。来自实验的大量数据资料有力地推动了理论的建立和发展。

(三)既分化又综合，出现许多交叉和边缘学科

无机化学作为一门重要的化学基础学科，在 20 世纪 40 年代末，进入了一个崭新的时代。现代物理方法的引入、结构理论(化学键理论、配合物)的发展和无机化学与其他学科的相互渗透，产生了一系列的边缘学科。如无机化学与有机化学的结合形成了有机金属化学、与生物学结合形成了生物无机化学、与固体物理结合形成了无机固体化学，此外还有物理无机化学、无机高分子化学、地球化学等等。

在过去的近 50 年中，人们对于新方法、新理论、新领域、新材料、新催化剂、高产出和低污染等的追求，强力促进了无机化学的发展。以至于在周期表中非稳定的 Tc 也被发现可用于医药之中。20 世纪 70 年代以来，随着能源、催化及生化等研究领域的出现和发展，无机化学在实践和理论方面都取得了新的突破。当今在无机化学中最活跃的领域有无机材料化学、生物无机化学、有机金属化学三个方面。

以上的例子说明，促进学科发展的因素有纯科学研究和应用性研究。这些研究均以前人的知识为基础。无机化学是基于元素周期表而建立起来的系统化学。因此，学习无机化学，必须牢固掌握基础知识，同时要了解学科的发展动态，这一点对于任何学科的学习都适用。

第三节 无机化学与药学

扫码“学一学”

无机化学与药学是密切相关的，某些无机物质本身可直接作为药物，目前在新药开发中，以无机物为主的制剂也大量出现。20 世纪 60 年代末，在无机化学与生物学的交叉中逐渐形成了生物无机化学(bioinorganic chemistry)这门新兴学科，它主要研究具有生物活性的金属离子(含少数非金属)及其配合物的结构—性质—生物活性之间的关系以及在生命环境内参与反应的机理。药物无机化学是近十多年来十分活跃的一个领域，可以认为是生物无机化学的一个分支。

一、无机化学和药学的关系

许多疾病是与金属离子有关的。在人体内含有 80 多种元素，任何一种元素的多少，体液中浓度的暂时下降或体内的储量不足，都会阻碍生命体的正常代谢，导致营养不良、发育不全、甚至疾病。在无机金属元素中可分为常量元素（又称生命结构元素）和微量元素（又称生命重要元素）。微量元素最突出的作用是与生命活力密切相关，仅仅像火柴头那样大小或更少的量就能发挥巨大的生理作用。正是由于这些生命元素在生物体内各司其职，维持着生命体的正常活动和推动生命体的发展。早在20世纪50年代就发现金属配合物具有抗菌和抗病毒的能力，特别是铁、铑的菲罗啉配合物，在低浓度时就对流感病毒的分裂有强烈的抑制作用。许多癌症与病毒是紧密相关的，不少药物化学家曾试图从中寻找有效的抗癌药物。

现代医药学上用于临床的最具有代表性的无机药物是具有抗癌功能的铂（Pt）配合物。1965年，美国的罗森堡（B. Rosenberg）用铂电极往含氯化铵的大肠杆菌培养液中通入直流电时，发现细菌不再分裂。经过一系列研究，确证起作用的是在培养液中存在的微量铂配合物，其中作用最强的是顺二氯二氨合铂[$PtCl_2(NH_3)_2$]（简称顺铂，cisplatin）。它是由电极溶出的铂与培养液中的NH_3和Cl^-经过某些作用而形成的。考虑到上述现象与烷基化抗癌药物对癌细胞造成的现象很相似，他们用这些铂配合物做了抗癌实验，结果表明顺铂及其类似物具有强抗癌作用。从此，开创了金属配合物抗癌作用研究的新领域。随着科学的不断发展，无机化学与药物的关系越来越密切，从最早的药学专著《神农本草经》记载的无机矿物药应用于治疗疾病以来，大量的无机药物相继出现。

很早以前，人类已使用植物或矿物治疗某些疾病。合成药物的纪元开始于20世纪30年代，药物化学家主要是有机化学家合成了成千上万种药物。目前药物的总数已达到几万种，而经常使用的也有7000多种。药物的研究进入了药物设计或分子设计的阶段。药物无机化学另一个很重要的任务就是研究有机药物在生物体内的无机化学过程，或者更确切地说是生物无机化学过程。这方面的研究对于探讨发病因素、阐述药物分子的药理和作用机制、药物的改进和新药的设计都有着极为重要的意义。

二、无机化学与中药学的关系

无机化学与中药学之间有着密切的关系。矿物类中药的主要成分是无机化合物或单质，它是中药富有特色的组成部分，在中药学的发展上有其独特的作用。矿物类中药的分类是以矿物中所含的主要或含量最多的某种化合物为依据的。在矿物学上，通常根据矿物中阴离子的种类对矿物进行分类；但从药学的观点来看，则根据阳离子的种类对矿物类中药进行分类较为恰当，因为阳离子通常对药效起着较重要的作用。如常见的矿物药包括：钙类，如石膏（$CaSO_4 \cdot 2H_2O$）、钟乳石（$CaCO_3$）、紫石英（CaF_2）等；钠类，如芒硝（$Na_2SO_4 \cdot 10H_2O$）、玄明粉（Na_2SO_4）、大青盐（NaCl）等；汞类，如朱砂（HgS）、轻粉（Hg_2Cl_2）、红粉（HgO）等；铁类，如磁石（Fe_3O_4）、赭石（Fe_2O_3）、自然铜（FeS_2）等；铅类，如密陀僧（PbO）、铅丹（Pb_3O_4）等；铜类，如胆矾（$CuSO_4 \cdot 5H_2O$）、铜绿[$CuCO_3 \cdot Cu(OH)_2$]等；砷类，如信石（As_2O_3）、雄黄（As_4S_4）、雌黄（As_2S_3）等。

《开宝本草》所说：砒霜“主诸疟”；自然铜“疗折伤，散血、止痛”。《神农本草经》所称：朴硝“主百病，除寒热、邪气，逐六府积聚、结痼、留癖”，以上都是在长期的医疗实践中，古人总结的宝贵经验，这些也都是经得起考验，有确切疗效的。随着科技的发展和医疗水平的提高，矿物类中药的研究逐渐系统、深入，涉及内容广泛，包括药物的成分、理化性质、质量标准、炮制方法、配伍和剂型等，尤其是对矿物药治病物质基础的研究，在实际应用和理论探索方面有着重要的意义。

现有研究表明，矿物药中元素的价态和结合方式等与其药效、毒性有密切关系。如 Fe^{3+} 人体不易吸收，而 Fe^{2+} 则易被吸收；硫酸锌是常用的锌强化剂，氯化锌却是毒性和腐蚀性都比较强的无机盐，而葡萄糖酸锌较硫酸锌有吸收快、毒性小等特点。此外，从配位化学的角度看，中药活性成分在某些情况下可能是有机化合物与金属元素组成的配位化合物。

中医药中使用难溶有毒金属的矿物有其独到之处。但是西方医药学形成及有机合成药物发展后，矿物药的使用大大减少。随着现代毒理学的发展，含砷、汞化合物的药物逐渐被淘汰。然而，自从发现三氧化二砷能促进细胞凋亡，现代医学接受了砷化合物治疗白血病的可能性，使人们对矿物药有了新的认识，开始在有效剂量与中毒剂量之间探索两者兼顾的方法。此外，对于基本不溶的矿物药为什么有治病作用，国内外均进行了研究。例如，在服用含单质金药物患者的尿和血浆中发现了代谢产物 $[Au(CN)_2]^-$ 配离子；$[Au(CN)_2]^-$ 有抗病毒作用，可以抑制 NADPH 氧化酶从而阻断自由基链传递，有助于终止炎症反应。这些研究工作表明矿物药的研究仍有广阔空间。

目前，人们正在研究金、汞、砷化合物的药理、毒理作用，以及如何通过化合物改造、制剂优化等方法解决活性和毒性的矛盾，这些有可能改变医学界对重金属药物认识上的片面性，开拓新型无机药物。由此可见，金属和它的配合物在生命体和药物中占有极为重要的地位。现在，这一点应该引起人们极大重视。

还有学者根据一些矿物药化学成分确定其酸碱性，再推论其中药四性。有学者研究发现，中药的“寒热温凉”四性在一定程度上反映了物质在化学反应中电子得失(包括偏移)的能力，该研究认为：通常给出电子而吸收能量者为寒凉，得到电子而放出热量者为温热；给出电子为碱为寒凉，接受电子为酸为温热，酸碱有强弱之分，故有四性，酸碱平衡者即为平性。这些试探性研究，为拓宽中医药现代化做了积极的探索。

第四节　无机化学的内容与学习方法

扫码“学一学”

一、本课程的主要内容

无机化学是高等医药院校药学、中药学等相关专业开设的第一门专业基础课，也是非常重要的一门课程，它是培养专业人才的整体知识结构和能力结构的重要组成部分，同时也是后继各专业课程的基础。本课程分为理论讲授和实验两大部分。理论授课的主要内容包括三部分：平衡理论、结构理论和元素化学。

平衡理论主要介绍：溶液的基本知识、化学平衡理论(酸碱平衡、氧化还原平衡、沉淀溶解平衡、配位平衡等)；结构理论主要介绍：原子结构、分子结构、配合物结构等。元素化学重点介绍非金属元素、金属元素单质及化合物的通性、重要的反应规律及其应用等。

通过理论课的学习，大家能够掌握无机化学的基础知识，了解无机化学研究的一般方法，掌握化学反应的一般规律和基本计算；同时学会一定的自学方法，培养自己的独立思考能力。

化学是一门以实验为基础的学科，实验对于理论的理解十分重要。无机化学的实验内容涉及基本操作技能训练、理论知识验证、化合物制备、常数测定、性质实验以及一些综合性实验等。

通过系统规范的实验训练，我们不仅可以验证、巩固和深化无机化学基本理论和基础知识；掌握科学规范的化学实验基本操作技能，逐步培养对实验现象的观察判断、分析推理、归纳总结能力，同时可以培养我们实事求是的科学态度和良好的实验工作习惯，提高运用化学知识分析问题、解决问题的能力。

二、本课程的学习方法

（一）理论课

大学与中学的学习特点和学习要求不同，学习的方法也应有所区别，如何在有限的时间中，取得较好的学习效果，应该是因人而异。中学里，通常每节课的授课内容少，授课时间长，讲授的内容重复较多，同时配以大量的课堂和课外练习，教师辅导多，学生自学内容少；大学的学习模式，每节课的讲授内容多，重复少，课堂练习和作业少，对学生自学能力要求较高。针对大学学习特点，建议学习方法如下。

重视课前预习：提前了解要讲授的内容，听课时可以有的放矢，有助于重点、难点内容的掌握。课堂认真听讲：课堂听课是我们理解知识，接受知识，掌握知识，增长知识的重要环节和途径，课堂认真听讲，跟上教师讲授思路，作好课堂笔记对学好化学具有至关重要的作用。课后及时复习：有助于及时消化、巩固和掌握所学知识。独立完成课后作业：课后作业是课内知识的延伸，弥补课堂学习的不足，课后完成一定量的习题有助于深入理解课堂内容。多阅读参考书：阅读参考书不仅能开阔视野、拓展知识面，也是培养独立思考和自学能力的有效途径。

（二）实验课

实验是全面提高学生综合能力的重要环节，它既有对知识的传授，又有操作技能技巧的学习；既有逻辑思维方法的训练，又有良好的工作习惯和科学工作方法的培养。能力与素质的提高是点滴积累起来的。我们应切实重视实验中的每个环节，从原理、方法的理解和掌握，现象、数据的观察和判断，到实验结果的分析和正确表达等。实验课上学生是学习的主体，学生自己动手进行实验操作，观察记录实验现象，处理实验数据，撰写实验报告，自己动手解决各种的问题；各项基本技能和智力因素都能得到训练和发展。实验是培养和锻炼我们多种能力的最行之有效的方法。

针对不同的学习内容、不同的学习要求，不同的学习者会有不同的学习方法。本门课程有些内容理论性较强，有些概念比较抽象，有些要求融会贯通，有些要求理解掌握，有些要求熟悉了解；学习本无定法，只要我们能够抓住重点、攻克难点，反复学习、认真领会，善于归纳和总结，重视自学和思考，一定能逐渐加深理解并掌握其实质，取得好的学习效果。

知识拓展

常用的学术搜索引擎

http：//sciseek. com

http：//citeseer. ist. psu. edu

http：//www. base-search. net

习 题

1. 什么是化学？化学学科有哪些分类？化学家的工作是什么？
2. 简述无机化学的发展历史。
3. 无机化学与药学有什么联系？
4. 我国从古至今对无机药物的研究包括哪些领域？

扫码“练一练”

（杨 婕 刘丽艳）

第二章　溶　液

要点导航

1. 掌握物质的量浓度、质量摩尔浓度的概念及相关计算；依数性的定义及利用四个依数性求物质摩尔质量的方法。

2. 熟悉摩尔分数、质量浓度、质量分数及体积分数的概念及有关计算。

3. 了解渗透压在医学中的应用、反渗透技术等内容。

两种或多种物质混合形成的均匀稳定的分散体系称为溶液(solution)。所有溶液都是由溶质和溶剂组成，溶质以分子、离子或原子为质点，均匀地分布在溶剂中。一般我们把能溶解其他物质的组分称为溶剂(solvent)，被溶解的物质称为溶质(solute)。

溶液可以是液态，也可以是气态或固态。我们最熟悉的是液态溶液，尤其是以水为溶剂的溶液，例如葡萄糖注射液、氯化钠注射液。苯、汽油、四氯化碳作为溶剂可溶解有机物，这样的溶液称为非水溶液。合金是固态溶液，例如黄铜是由锌溶于铜而形成的均匀稳定的固体溶液。鉴于在化学和药学中最常见的是以水为溶剂的溶液，我们讲到溶液一词时，如无特别说明，均是指水为溶剂的溶液。

溶液形成的过程往往伴随着热效应、体积变化，有时还有颜色变化。例如浓硫酸溶于水放出热量，硝酸铵溶于水则吸热；乙醇溶于水体积减小，醋酸溶于苯体积变大；棕黄色的氯化铜固体溶于水后随着浓度的不同溶液呈现不同的颜色：稀溶液呈蓝色，浓溶液呈绿色，很浓的溶液呈黄绿色。这些现象说明溶解不是简单的物理混合，其间还伴有一定程度的化学变化。溶液形成后通过蒸发溶剂等简单的物理方法可以将溶质与溶剂分开，说明溶解过程中溶质与溶剂并没有发生真正的化学反应。因此，溶解过程是一种物理化学过程。

第一节　溶液浓度的表示法

扫码"学一学"

溶液的性质与溶剂和溶质的相对含量有关。为了满足研究和生产的不同需要，溶液的浓度(the concentration of solution)有很多表示方法。本节介绍最常见的几种浓度表示法。

一、物质的量浓度

单位体积溶液中所含溶质 B 的物质的量称为溶质 B 的物质的量浓度(amount of substance concentration)。在不引起混淆时，可简称为浓度，用符号 c_B 表示。

$$c_B = \frac{n_B}{V} \qquad (2\text{-}1)$$

式中：n_B 为溶质 B 的物质的量，SI 单位为 mol；V 为溶液的体积，SI 单位为 m^3。在关于浓度的化学计算中，由于立方米的单位太大，不大实用，物质的量浓度常用单位为 mol/L

或 mol/dm^3。

若溶质只有一种，则溶质的浓度可称为溶液的浓度。若溶质有几种，则溶液的总浓度为几种溶质的浓度之和。

例 2-1 将 7.49g $CuSO_4 \cdot 5H_2O$ 晶体溶于水中，配制成体积为 150ml 的溶液，求溶液的物质的量浓度。

解：$CuSO_4 \cdot 5H_2O$ 晶体溶于水形成的溶液中，溶质为 $CuSO_4$。

溶液的体积为 0.150L。

$CuSO_4 \cdot 5H_2O$ 的摩尔质量为 250g/mol

$$n(CuSO_4) = n(CuSO_4 \cdot 5H_2O) = \frac{7.49g}{250g/mol} = 0.0300mol$$

溶质 $CuSO_4$ 的物质的量浓度为：$c = \frac{n}{V} = \frac{0.0300mol}{0.150L} = 0.200mol/L$

二、质量摩尔浓度

单位质量的溶剂中所含溶质 B 的物质的量称为溶质 B 的质量摩尔浓度(molality)，用符号 b_B 表示。

$$b_B = \frac{n_B}{m_A} \tag{2-2}$$

式中：b_B 为溶质 B 的质量摩尔浓度，单位为 mol/kg；n_B 为溶质 B 的物质的量，单位为 mol；m_A 为溶剂 A 的质量，单位为 kg。

在很稀的水溶液中，可近似地认为物质的量浓度 c_B 与质量摩尔浓度 b_B 在数值上相等。这是因为当水溶液很稀时，溶质的质量可以忽略不计，溶液的体积可认为与水的体积相同，密度为 1kg/L，溶剂水的质量 m_A(kg)近似等于溶液的质量，在数值上等于溶液的体积 V(L)。

例 2-2 将 5.56g 绿矾($FeSO_4 \cdot 7H_2O$)晶体溶于 100g 水中，求溶液的质量摩尔浓度。

解：绿矾($FeSO_4 \cdot 7H_2O$)晶体溶于水后，溶质为 $FeSO_4$，晶体中的结晶水进入溶液后，成为溶剂的一部分。

$FeSO_4 \cdot 7H_2O$ 的摩尔质量为 278g/mol，水的摩尔质量为 18.0g/mol。

$$n(FeSO_4) = n(FeSO_4 \cdot 7H_2O) = \frac{5.56g}{278g/mol} = 0.0200mol$$

溶剂质量：$m_A = 100g + 0.0200mol \times 7 \times 18.0g/mol = 102.52g \approx 0.103kg$

质量摩尔浓度：$b_B = \frac{n_B}{m_A} = \frac{0.0200mol}{0.103kg} = 0.194mol/kg$

三、摩尔分数

混合物中溶质 B 的物质的量与混合物各组分物质的量之和的比值，称为摩尔分数(mole fraction)，用符号 x_B 表示。

$$x_B = \frac{n_B}{n_{总}} \tag{2-3}$$

式中：x_B 为溶质 B 的摩尔分数，单位为 1；n_B 为溶质 B 的物质的量，单位为 mol；$n_{总}$ 为混合物的物质的量，单位为 mol。

显然，溶液中各组分摩尔分数之和等于 1，即 $\sum_i x_i = 1$。

四、质量浓度

单位体积溶液中所含溶质 B 的质量称为溶质 B 的质量浓度（mass concentration），用符号 ρ_B 表示。

$$\rho_B = \frac{m_B}{V} \tag{2-4}$$

式中：ρ_B 为溶质 B 的质量浓度，SI 单位为 kg/m^3，常用单位为 g/L 或 g/ml；m_B 为溶质 B 的质量，SI 单位为 kg，化学中常用单位为 g；V 为溶液的体积，SI 单位为 m^3，化学中常用单位为 L 或 ml。

五、质量分数

溶质 B 质量与混合物质量之比称为溶质 B 的质量分数（mass fraction），用符号 ω_B 表示。

$$\omega_B = \frac{m_B}{m_{总}} \tag{2-5}$$

式中：ω_B 为溶质 B 的质量分数，单位为 1；m_B 为溶质 B 的质量，$m_{总}$ 为混合物的质量。

六、体积分数

在相同的温度、压力下，溶液中组分 B 混合前的体积与混合前各组分的体积之和的比值，称为组分 B 的体积分数（volume fraction），用符号 φ_B 表示。

$$\varphi_B = \frac{V_B}{V_{总}} \tag{2-6}$$

式中：φ_B 为组分 B 的体积分数，单位为 1；V_B 为组分 B 在与溶液相同的温度、压力条件下，混合前的体积；$V_{总}$ 为在与溶液相同的温度、压力条件下，混合前各组分的体积总和。V_B 和 $V_{总}$ 的单位均为 m^3，化学中常用单位为 L 或 ml。

当混合体系为气体时，其组分浓度常用体积分数表示。

在以上六种溶液浓度的表示法中，c_B、ρ_B、φ_B 均是用一定体积的溶液中所含溶质的量来表示，其优点是易于配制，缺点是体积受温度影响，从而浓度也受温度影响；b_B、x_B、ω_B 是用溶液中所含溶质与溶剂的相对量来表示，其优点是不受温度影响，缺点是配制不便。

实际工作中，究竟采用何种浓度表示法，须根据实际需要而定。这几种浓度表示法之间可以相互换算。

例 2-3 质量分数为 0.200，密度为 $1.22g/cm^3$ 的 NaOH 溶液，其物质的量浓度、质量浓度、摩尔分数、质量摩尔浓度分别是多少？

解：NaOH 的摩尔质量为 40.0g/mol，水的摩尔质量为 18.0g/mol

考察 1L 溶液，溶液质量为：$m = 1000cm^3 \times 1.22g/cm^3 = 1220g$

溶质 NaOH 的质量为：$m_B = 1220g \times 0.200 = 244g$

溶剂水的质量为：$m_A = 1220g - 244g = 976g = 0.976kg$

溶质 NaOH 的物质的量为：$n_B = \frac{244g}{40.0g/mol} = 6.10mol$

溶剂水的物质的量为：$n_A = \frac{976g}{18.0g/mol} = 54.2mol$

NaOH 的物质的量浓度为：$c_B = \frac{n_B}{V} = \frac{6.10mol}{1L} = 6.10mol/L$

NaOH 的质量浓度为：$\rho_B = \frac{m_B}{V} = \frac{244g}{1L} = 244g/L$

NaOH 的摩尔分数为：$x_B = \frac{n_B}{n_B + n_A} = \frac{6.10mol}{(6.10 + 54.2)mol} = 0.101$

NaOH 的质量摩尔浓度为：$b_B = \frac{n_B}{m_A} = \frac{6.10mol}{0.976kg} = 6.25mol/kg$

例 2-4 蔗糖溶液中蔗糖的质量浓度为 46.8g/L，溶液密度为 1.02g/ml，葡萄糖水溶液中葡萄糖的质量分数为 0.0100，溶液密度为 1.01g/ml。将 150ml 此蔗糖溶液与 250ml 葡萄糖溶液混合，忽略混合过程中体积的变化，求混合溶液中葡萄糖的摩尔分数、质量摩尔浓度、物质的量浓度。

解： 蔗糖、葡萄糖、水的摩尔质量分别为 342、180、18.0g/mol

混合溶液中：

$$V = 150ml + 250ml = 400ml$$

$$m(\text{蔗糖}) = 150ml \times 10^{-3}L/ml \times 46.8g/L = 7.02g$$

$$m(\text{葡萄糖}) = 250ml \times 1.01g/ml \times 0.0100 = 2.52g$$

$$m(\text{水}) = (150ml \times 1.02g/ml - 7.02g) + (250ml \times 1.01g/ml - 2.52g) = 396g$$

$$n(\text{蔗糖}) = \frac{7.02g}{342g/mol} = 0.0205mol$$

$$n(\text{葡萄糖}) = \frac{2.52g}{180g/mol} = 0.0140mol$$

$$n(\text{水}) = \frac{396g}{18.0g/mol} = 22.0mol$$

得：$x(\text{葡萄糖}) = \frac{n(\text{葡萄糖})}{n_{\text{总}}} = \frac{0.0140mol}{(0.0205 + 0.0140 + 22.0)mol} = 6.34 \times 10^{-4}$

$b(\text{葡萄糖}) = \frac{n(\text{葡萄糖})}{m(\text{水})} = \frac{0.0140mol}{(396 \times 10^{-3})kg} = 0.0354mol/kg$

$c(\text{葡萄糖}) = \frac{n(\text{葡萄糖})}{V} = \frac{0.0140mol}{(400 \times 10^{-3})L} = 0.0350mol/L$

第二节 非电解质稀溶液的依数性

扫码“学一学”

由于各溶质的组成和本性不同，以及溶质与溶剂间的相互作用有差异，因而由不同溶质所构成的溶液，不但化学性质不同，许多物理性质也不同，如颜色、密度、黏度、导电性等。然而，不同溶质的溶液中，也有一类性质只取决于溶液中溶质的质点数的多少，而与溶质的种类和本性无关。这类性质称为依数性(colligative property)。非电解质稀溶液的依数性包括溶液的蒸气压下降、沸点升高、凝固点降低和渗透压。其中，渗透压与医药学的关系最为密切。当溶质是电解质，或者虽非电解质但浓度较高时，溶液的上述依数性规律就会有较大变化。本节只讨论难挥发非电解质稀溶液的依数性。

一、蒸气压下降

扫码“看一看”

将液体置于密封容器中，液体分子不断地蒸发而在液面上方形成蒸气，同时，液面附近的蒸气分子也可以凝聚，回到液体之中。当蒸发与凝聚速度相等时，气、液两相处于平衡状态，这时蒸气的压强即该液体的饱和蒸气压，简称蒸气压。实验证明，在相同温度下，当把难挥发的非电解质溶入溶剂形成稀溶液后，溶液的蒸气压比纯溶剂的蒸气压低。这是因为溶液中不挥发的溶质分子要占据溶液的部分液面，减少了单位面积上溶剂分子的数目，从而单位时间内逸出液面的溶剂分子数要比纯溶剂时少，溶液中的溶剂将在较低的蒸气压下与它的蒸气达到平衡，即溶液的蒸气压下降。

最先对溶液的蒸气压下降现象作精确定量研究的是法国物理学家拉乌尔（F. M. Raoult，1832—1901）。他根据实验结果，于1887年发表了定量关系：在一定温度下，稀溶液的蒸气压等于纯溶剂的蒸气压与该溶液中溶剂的摩尔分数的乘积。此即拉乌尔定律。它可用下式表达：

$$p = p_A^0 x_A \tag{2-7}$$

式中：p 为溶液的蒸气压；p_A^0 为纯溶剂的蒸气压；x_A 为溶剂的摩尔分数。

设 x_B 为溶质的摩尔分数，由于 $x_A + x_B = 1$，则有：

$$p = p_A^0(1 - x_B)$$

$$p = p_A^0 - p_A^0 x_B$$

$$p_A^0 - p = p_A^0 x_B$$

即

$$\Delta p = p_A^0 x_B \tag{2-8}$$

上式表明，在一定温度下，难挥发非电解质稀溶液的蒸气压下降值与溶质的摩尔分数成正比，与溶质本性无关。这是对拉乌尔定律的另一种描述。

设 n_A、n_B 分别代表溶剂和溶质的物质的量，因稀溶液中 $n_A \gg n_B$，则

$$\Delta p = p_A^0 x_B = p_A^0 \frac{n_B}{n_A + n_B} \approx p_A^0 \frac{n_B}{n_A}$$

在含1kg溶剂的溶液中，$b_B = \frac{n_B}{1} = n_B$

设 M_A（单位为 g/mol）为溶剂的摩尔质量，则 $n_A = \frac{1000}{M_A}$

$$\Delta p = p_A^0 \frac{n_B}{n_A} = p_A^0 n_B \frac{1}{n_A} = p_A^0 \frac{M_A}{1000} n_B = p_A^0 \frac{M_A}{1000} b_B$$

温度一定时，$p_A^0 \frac{M_A}{1000}$是个常数，用 K 代替，则

$$\Delta p = K b_B \tag{2-9}$$

上式表明，对于难挥发的非电解质稀溶液，蒸气压的下降值只取决于溶剂的本性（K）及溶液的质量摩尔浓度，与溶质的本性无关。

由于我们讨论的是难挥发非电解质稀溶液，溶质基本不挥发，溶液的蒸气压实际是指

溶液中的溶剂的蒸气压。如果溶质是挥发性的，溶液的蒸气压等于溶剂蒸气压与溶质蒸气压之和。对于含有挥发性溶质的溶液，其蒸气压的相关计算较为复杂，本节不予讨论。

对于难挥发的非电解质稀溶液，因其蒸气压的下降值与其质量摩尔浓度成确定的正比关系，则只要能测定出溶液的蒸气压下降值，根据式(2-9)，就可计算出溶质的质量摩尔浓度，从而算出其摩尔质量。

例 2-5 33.9g 苯中溶有某有机物 0.883g，测得该溶液的蒸气压为 630mmHg，而在相同温度时纯苯的蒸气压为 640mmHg，试求该有机化合物的摩尔质量。

解：根据拉乌尔定律，溶液的蒸气压下降与溶质的摩尔分数成正比。

溶剂苯的摩尔质量为 78.1g/mol，$\Delta p=(640-630)\,\text{mmHg}=10\text{mmHg}$

设该有机化合物的摩尔质量为 M_B，则

$$n_A=\frac{33.9\text{g}}{78.1\text{g/mol}}=0.434\text{mol} \quad n_B=\frac{0.883\text{g}}{M_B}$$

$$\Delta p=p_A^0\cdot x_B=p_A^0\cdot\frac{n_B}{n_A+n_B}$$

$$10=640\times\frac{n_B}{0.434\text{mol}+n_B}$$

解得

$$n_B=0.00689\text{mol}$$

$$M_B=\frac{0.883\text{g}}{0.00689\text{mol}}=128\text{g/mol}$$

二、沸点升高

沸腾是在液体表面和内部同时发生的剧烈的汽化现象。液体的蒸气压随温度升高而增大，当温度升高到蒸气压等于外界压力时，液体沸腾，此温度即为该液体的沸点。不同外压下，液体的沸点不同。通常把外界压力为 101.325kPa 时的沸点称为正常沸点。

相同温度下，溶液的蒸气压较纯溶剂的蒸气压低。当温度升高到纯溶剂的沸点时，纯溶剂的蒸气压等于外界压力，但溶液的蒸气压仍然低于外界压力，此时，纯溶剂开始沸腾，而溶液仍然不能沸腾。要让溶液沸腾，就必须继续给溶液升温，提高其蒸气压，直至溶液的蒸气压也等于外界压力。可见，溶液的蒸气压下降导致了溶液的沸点较纯溶剂的沸点高。

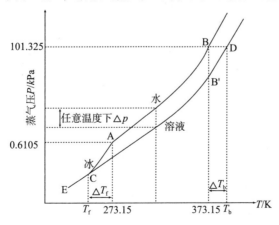

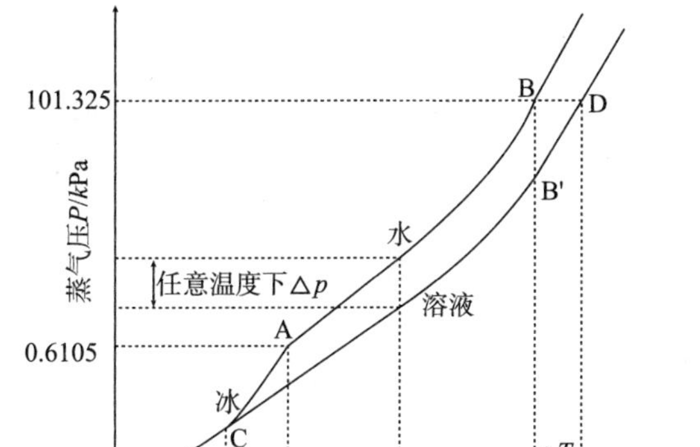

图 2-1 水溶液的沸点升高和凝固点降低示意图

用 T_b 表示溶液的沸点，T_b^0 表示纯溶剂的沸点，溶液的沸点上升值 $\Delta T_b = T_b - T_b^0$。

图 2－1 是水溶液的沸点升高和凝固点降低示意图。横坐标表示温度，纵坐标表示蒸气压。曲线 AB 和 CD 分别表示纯溶剂（水）和溶液的蒸气压随温度变化的关系，T_b 为溶液的沸点。由图可知，在相同的温度下（同一个纵坐标上画垂线），纯溶剂的蒸气压比溶液的蒸气压高。在 373.15K 时，水的蒸气压等于外压 101.325kPa，水开始沸腾；而此时溶液的蒸气压为 B′点所对应的纵坐标，很明显，仍小于外压 101.325kPa，未达到沸腾条件。要使溶液的蒸气压达到 101.325kPa，就必须继续加热至 D 点（溶液沸点）。显然，D 点的温度 T_b 比纯溶剂的沸点 373.15K 高，亦即溶液的沸点升高了。

溶液沸点升高的根本原因在于溶液的蒸气压下降。与溶液的蒸气压下降类似，溶液的沸点升高也近似地与溶液的质量摩尔浓度成正比，与溶质的本性无关。对难挥发非电解质稀溶液，沸点升高的数学关系式为：

$$\Delta T_b = K_b b_B \tag{2-10}$$

式中：ΔT_b 是溶液沸点升高值，亦即溶液的沸点减去纯溶剂的沸点之差，单位为 K 或℃；K_b 为溶剂的摩尔沸点上升常数，简称沸点升高常数，亦即溶质的质量摩尔浓度为 1mol/kg 时所引起沸点升高的度数，单位为 K · kg/mol 或℃ · kg/mol。

K_b 只与溶剂的性质有关，与溶质的本性无关。不同的溶剂 K_b 值不同，它们可以理论推算，也可由实验测得。表 2－1 列举了几种常见溶剂的 K_b。

表 2－1　几种溶剂的 K_b 值

溶剂	T_b^0(K)	K_b(K · kg/mol)	溶剂	T_b^0(K)	K_b(K · kg/mol)
水	373.1	0.512	醋酸	391.0	2.93
丙酮	329.5	1.71	三氯甲烷	334.2	3.63
乙醚	307.7	2.16	四氯化碳	349.7	5.03
二硫化碳	319.1	2.34	萘	491.0	5.80
苯	353.4	2.53	樟脑	481.0	5.95
硝基苯	484.0	5.24	苯酚	454.9	3.56
乙醇	351.4	1.22	环己烷	354.0	2.79

通过测定溶液的沸点，计算出沸点升高值，则可由式（2-10）求出溶质的质量摩尔浓度。在已知溶质质量的条件下（测量前准确称量即得），可以计算出溶质的摩尔质量。故溶液的沸点升高和溶液的蒸气压降低一样，可用于测定难挥发非电解质溶质的摩尔质量。

例 2-6　已知纯苯的沸点为 80.10℃，取某有机物 4.27g 溶于 100g 苯中，测得溶液的沸点为 80.801℃。求该有机物的摩尔质量。

解：溶剂苯的质量 m_A 为 $100\text{g} \times 10^{-3}\text{kg/g} = 0.100\text{kg}$

溶质 B 的质量为 4.27g

$$\Delta T_b = K_b b_B$$

$$b_B = \frac{\Delta T_b}{K_b} = \frac{80.801 - 80.10}{2.53}\text{mol/kg} = 0.277\text{mol/kg}$$

$$n_B = b_B \cdot m_A = 0.277\text{mol/kg} \times 0.100\text{kg} = 0.0277\text{mol}$$

$$M_B = \frac{m_B}{n_B} = \frac{4.27\text{g}}{0.0277\text{mol}} = 154\text{g/mol}$$

三、凝固点降低

固体和液体一样，在一定的温度下也有一定的蒸气压。液态物质的凝固点是该物质的液相与固相具有相同蒸气压而能共存时的温度。若两相蒸气压不相等，物质将从蒸气压大的一相自发地向蒸气压小的一相转变。图 2－1 中曲线 ACE 表示固态纯溶剂的蒸气压随温度变化的关系，曲线 AB 表示液态纯溶剂的蒸气压随温度变化的关系。由图 2－1 可以看出，273.15K 时，冰和水的蒸气压相等，273.15K 即为水的凝固点；在 273.15K 以上，冰的蒸气压将大于水的蒸气压，冰将融化为水；在 273.15K 以下，水的蒸气压大于冰的蒸气压，水将凝固成冰。

当固态纯溶剂的蒸气压与溶液的蒸气压相等时，溶液的固相与液相达到平衡，此时的温度就是溶液的凝固点。图 2－1 中，曲线 CD 表示溶液的蒸气压随温度的变化情况。由图 2-1 可以看出，在 273.15K 时，纯水的蒸气压已经等于冰的蒸气压，水开始凝固，但由于溶液的蒸气压比纯溶剂的蒸气压低，此时溶液的蒸气压尚比冰的蒸气压低，不能凝固，依然为液态。温度对冰的蒸气压影响较大，曲线 ACE 比曲线 AB 和 CD 都要陡峭。随着温度下降，冰的蒸气压下降幅度比溶液大。当温度降到 C 点时，曲线 ACE 与 CD 相交，此时冰的蒸气压与溶液的蒸气压相等，此时的温度 T_f 即为溶液的凝固点。很明显，溶液的凝固点 T_f 比纯溶剂的凝固点（图中为 273.15K）低。

用 T_f 表示溶液的凝固点，T_f^0 表示纯溶剂的凝固点，溶液的凝固点降低值 $\Delta T_f = T_f^0 - T_f$

溶液凝固点下降的根本原因也是溶液的蒸气压下降。与溶液的沸点升高一样，溶液凝固点降低与溶质的质量摩尔浓度成正比，与溶质的本性无关。对难挥发非电解质稀溶液，凝固点降低的数学关系式为：

$$\Delta T_f = K_f b_B \tag{2-11}$$

式中：ΔT_f 为溶液凝固点降低值，单位为 K 或℃；K_f 为溶剂的摩尔凝固点降低常数，简称凝固点降低常数，即溶质的质量摩尔浓度为 1mol/kg 时所引起凝固点降低的度数，单位为 K · kg/mol 或℃ · kg/mol。

K_f 只与溶剂的凝固点、摩尔质量以及熔化热等性质有关，与溶质的本性无关。不同的溶剂有不同的 K_f 值，表 2－2 列举了几种常见溶剂的 K_f。

表 2－2 几种溶剂的 K_f 值

溶剂	T_f^0(K)	K_f(K · kg/mol)	溶剂	T_f^0(K)	K_f(K · kg/mol)
水	273.0	1.86	乙酸	290.0	3.90
苯	278.5	5.10	樟脑	451.0	40.0
苯酚	316.2	7.80	四氯化碳	250.1	32.0
环己烷	279.5	20.2	乙醚	156.8	1.80
萘	353.0	6.90	硝基苯	278.9	7.00

应用公式（2-11）也可测定溶质的摩尔质量，并且准确度较蒸气压法和沸点法高。Δp 和 ΔT_b 都不易测准，而用现代实验技术，ΔT_f 可以准确测量到 0.0001℃，绝对误差很小；大多数溶剂的 $K_f > K_b$，对同一溶液来说其凝固点降低值比沸点升高值大，因而测定的相对误差也较小。沸点法和蒸气压法通常都需对溶液进行加热，尤其是沸点法需要加热到溶液的

沸点，较高温度下溶质可能遭受破坏或者变性，溶剂容易挥发从而导致溶液浓度发生变化，从而产生较大的误差，而凝固点降低法是在低温下进行的，不会有上述问题。另外，对于挥发性溶质，测定摩尔质量不能用沸点法或蒸气压法，只能用凝固点降低法。鉴于上述原因，在测定溶质的摩尔质量时，凝固点降低法应用最广。

例 2-7 取 12.0g 某有机物溶于 100.0g 水中，测得凝固点为 -0.653℃，试求该有机物质的摩尔质量。

解： $\Delta T_f = K_f b_B$

由题意，$\Delta T_f = 0℃ - (-0.653℃) = 0.653℃$，$K_f = 1.86℃ \cdot kg/mol$

$$b_B = \frac{\Delta T_f}{K_f} = \frac{0.653}{1.86} mol/kg = 0.351 mol/kg$$

溶剂质量

$$m_A = 0.1000kg$$

则

$$b_B = \frac{n_B}{m_A} = \frac{n_B}{0.0100kg} = \frac{\frac{12.0g}{M_B}}{0.0100kg} = 0.351 mol/kg$$

$$M_B = 342g/mol$$

溶液的沸点升高和凝固点降低原理在生产、生活、科研等方面有着广泛的应用。汽车散热器的冷却水在冬季常需加入适量的乙二醇或甘油，目的便是降低冷却液的凝固点，防止冻结。冰雪灾害时，人们往冰冻的公路上撒盐（或直接洒盐水）。冰的表面或多或少总会有些水，盐溶解在水中生成溶液，溶液的蒸气压下降，低于冰的蒸气压，蒸气压大的一相自发地向蒸气压小的一相转变，因而冰融化进入溶液；从另一角度看，假设盐溶液的凝固点降低到了 -15℃，环境温度为 -10℃，此温度下水已是深度冰冻，而盐溶液却尚未到凝固点，依然不会结冰，从而保证了路面的通畅。另外，对于冰盐混合体系，冰融化时需要吸收大量的热量，导致冰盐混合物的温度大幅降低，故冰盐混合物常被用作制冷剂。例如利用 NaCl 和冰混合而成的制冷剂（约 30g NaCl + 100g 水），温度可降低到 -22.4℃，广泛应用于水产品和食品的保存和运输。植物体内细胞中具有许多可溶物（无机盐、氨基酸、糖等），这些可溶物的存在，使细胞液的蒸气压下降，沸点升高，凝固点降低。沸点升高可使植物表现出一定的抗旱性，而凝固点降低则使植物具备一定的抗寒能力。

四、渗透压

（一）渗透现象和渗透压

扫码"看一看"

农业生产中，如果施用肥料过浓，会导致植物枯死；医学上，对大量失水的患者，往往需要静脉滴注浓度为 0.9% 的 NaCl 灭菌液（即生理盐水）。这些盐水的浓度必须严格控制在 0.9% 左右，不能太高或太低，否则将引起患者的不适。为什么会这样呢？让我们先来看下面的实验。

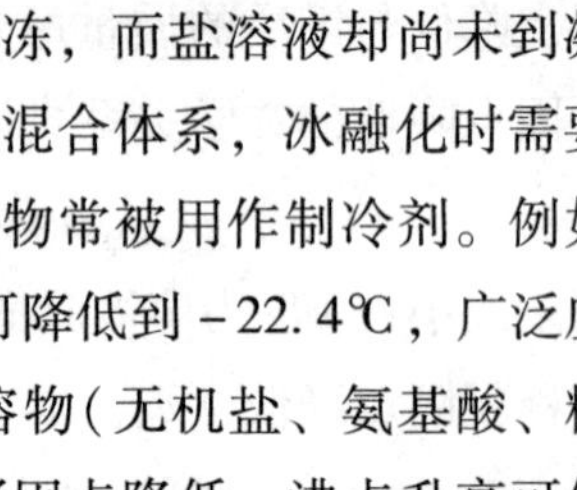

图 2-2 渗透压产生示意图

在一个连通器的两侧分别装了蔗糖溶液和纯水，中间用半透膜隔开（图 2-2）。所谓半透膜，是指可以选择性地让一部分物质通过的多孔分离膜。自然界中有许多天然的半透膜，例如萝卜皮、动物肠衣、膀胱、动植物的细胞膜等等。人造的半透膜种类也很多，例如人造羊皮纸、人造火棉胶薄膜、玻璃纸以及沉积在素烧陶瓷表面的亚铁氰化铜（$Cu_2[Fe(CN)_6]$）固体薄膜等等。图 2 – 2 装置中安装的半透膜刚好允许溶剂水分子自由出入，而溶质蔗糖分子不能通过。

刚开始时，两侧的液面是等高的。由于单位体积的蔗糖溶液中水分子的数目比单位体积的纯水中水分子的数目少(即纯水中水的浓度比蔗糖溶液中水的浓度高)，而液体会自发地从高浓度处向低浓度处扩散，则纯水中的水会自发地通过半透膜向蔗糖溶液扩散。蔗糖溶液中蔗糖分子的浓度虽然比纯水中蔗糖分子的浓度大，但由于半透膜的阻隔，蔗糖分子无法进入纯水中。这样，纯水一侧的水会慢慢减少，蔗糖溶液中的水会慢慢增加。经过一段时间的扩散后，两侧玻璃柱内的液面高度不再相同，蔗糖溶液一侧的液面比纯水一侧的液面高。这种溶剂通过半透膜扩散进入溶液的现象叫渗透(osmosis)。必须指出，在扩散过程中，溶剂分子的迁移不是单一方向的。在纯水一侧的水分子通过半透膜迁移进入蔗糖溶液的同时，蔗糖溶液中的水分子也通过半透膜迁移进入纯水中。只不过由于存在浓度差，单位时间内通过半透膜进入蔗糖溶液中的水分子比离开蔗糖溶液进入纯水中的水分子多。随着蔗糖溶液液面的升高，静水压增大，驱使溶液中的水分子加速通过半透膜。当静水压增大到一定值时，单位时间内从膜两侧透过的溶剂分子数相等，达到渗透平衡。此时，两侧液面不再发生变化，半透膜两侧液面水位差所表示的静压，称为溶液的渗透压(osmotic pressure)。准确地说，渗透压是指恰好足以阻止溶剂渗透而必须在溶液上方施加的额外压力。

必须指出，渗透压只有当溶液与溶剂被半透膜分隔开时才会表现出来。当两个不同浓度溶液用半透膜隔开时，渗透现象也会发生，溶剂将从稀溶液向浓溶液渗透。或者说，溶剂将从低渗透压溶液向高渗透压溶液渗透。为了阻止渗透作用发生，必须在浓溶液液面上施加一压力，但此压力既不是浓溶液的渗透压，也不是稀溶液的渗透压，而是两种溶液渗透压之差。

若把溶液和纯溶剂用半透膜隔开，再向溶液一侧施加大于渗透压的压力，则溶剂分子将从溶液侧向纯溶剂侧净转移，从而从溶液中挤压出纯溶剂。这种现象称为反渗透(reverse osmosis)。利用反渗透可以进行海水淡化、废水净化；一些不能通过高温蒸馏浓缩的物质，可以利用常温反渗透技术进行浓缩。反渗透技术推广的关键在于研制性质稳定、长期耐压、价格适宜的半透膜。近年来，膜分离反渗透海水淡化技术在航海领域有了长足发展，例如美国的富利吉海水淡化装置在远洋捕捞船上已得到广泛应用。在中东国家，海水淡化是其生存生活中的重要部分，目前通过反渗透技术获取淡水已经成了这些国家海水淡化的主要方式。在我国，反渗透海水淡化产业也有了一定发展，例如浙江省舟山市 2013 年海水淡化生产能力已达到 5.45 万吨/日，其中六横海水淡化厂的两套万吨级反渗透设备可以日产淡水 2 万吨，该厂现正建设日产 10 万吨的反渗透海水淡化项目。

(二)渗透压与浓度、温度的关系

1886 年，荷兰物理化学家范特霍夫(Van't Hoff，1852—1911)在总结大量实验数据后指出：在一定温度下，非电解质稀溶液的渗透压 π 和溶质的物质的量浓度成正比，与溶质的本性无关。其数学关系式为：

$$\pi = c_{\mathrm{B}}\mathrm{R}T \qquad (2\text{-}12)$$

式中：π 是溶液的渗透压，单位是 kPa；c_{B} 是溶质的物质的量浓度，单位为 mol/L；R 是摩尔气体常数[8.314J/(mol · K)]；T 为绝对温度，单位为 K。

当水溶液很稀时，其物质的量浓度近似地与质量摩尔浓度相等，则有：

$$\pi = b_B RT \tag{2-13}$$

例 2-8 求 20℃时，0.150mol/L 的稀溶液的渗透压相当于多高的水柱压力？

解： $\pi = 0.150 \times 8.314 \times (20 + 273.15) \approx 366\text{kPa}$

水柱压力 $p = \rho gh = 1.0 \times 10^3 \times 9.8h = 3.66 \times 10^5\text{Pa}$

解得 $h = 37.3\text{m}$

由例 2-8 可知，即使是稀溶液，其渗透作用产生的推动力依然很惊人。一般植物细胞液的渗透压可达 2000kPa，所以水可由植物的根部输送到上百米的顶端。自然界能生长出许许多多的参天大树，渗透压功不可没。

溶液的渗透压也可用来测定溶质的摩尔质量。由于直接测定渗透压比较困难，对摩尔质量不是太大的非电解质，常用沸点上升和凝固点降低法，凝固点降低法应用尤其广泛。然而，对于大分子化合物，用沸点上升或凝固点降低法就很难测准。例如，对 1L 水中含 25g 摩尔质量为 5×10^4g/mol 的高分子物质(如蛋白质)的溶液，若用凝固点下降法测定，该溶液的凝固点只下降了 9.3×10^{-4}℃，若用渗透压法测定，25℃下其渗透压可高达 1240Pa，显然，此时测量渗透压比测量凝固点降低值要优越得多。因此，溶液的渗透压特别适用于测定高分子化合物的摩尔质量。

例 2-9 人体血液的凝固点与 54.2g 葡萄糖和 4.00g 摩尔质量为 2.00×10^4g/mol 的某蛋白质溶于 1.00kg 水中形成的溶液的凝固点相同，求在体温 37℃时血液的渗透压。

解： $\Delta T_f = K_f b_B$

凝固点降低为依数性质，凝固点降低常数 K_f 与溶质的种类无关，对相同溶剂的不同溶液，K_f 相同。凝固点相同，则其凝固点降低值也一定相同，其溶质粒子的总浓度也相同。

对葡萄糖与蛋白质的混合溶液，溶剂质量为 1.00kg，则

$$\begin{aligned} b_B &= b(\text{葡萄糖}) + b(\text{蛋白质}) \\ &= \frac{\dfrac{54.2\text{g}}{180\text{g/mol}}}{1.00\text{kg}} + \frac{\dfrac{4.00\text{g}}{2.00 \times 10^4\text{g/mol}}}{1.00\text{kg}} \\ &= 0.301\text{mol/kg} \end{aligned}$$

$$\pi = b_B RT = 0.301 \times 8.314 \times (273.15 + 37) = 776\text{kPa}$$

(三) 渗透压在医学上的意义

渗透现象广泛地存在于动植物的生理活动中。植物的细胞液以及动物的细胞内液、血浆、组织液等体液都具有一定的渗透压，体内的绝大部分膜都是半透膜(其中细胞膜很容易透水，而几乎不能透过溶解于细胞液中的物质)，渗透现象贯穿于生命的始终。当人严重腹泻或剧烈呕吐时，会丢失大量的水分，导致组织液渗透压增大，血液和细胞内液中的水分会由于渗透压相对较低而向组织液转移，从而导致血细胞、组织细胞脱水，此时应及时补充水分。海水鱼和淡水鱼都靠鱼鳃的渗透功能维持其体液与周围水环境之间的渗透平衡，由于两类鱼鱼鳃的渗透功能不同，它们不能交换生活环境。人工合成的渗透膜已经用于疾病的治疗。例如，人体内的肾是一个特殊的渗透器，当其发生故障时代谢废物不能排除，这时医学上会使用人工肾代替肾脏行使渗透功能，人工肾的关键部件血液透析膜就是一种人工合成的渗透膜。植物细胞的原生质层相当于半透膜，当细胞液的浓度比外界溶液浓度

低时，细胞液中的水分就透过原生质层进入外界溶液，不断失水后就会发生质壁分离。前面提到的给植物施肥过浓情形，实际上是因为植物细胞液的浓度低于外部肥水浓度时，水从植物体内向外部过度渗透而导致植物枯死。

人体体液(如血浆、组织液、淋巴液、细胞内液等)是以水为分散介质的复杂分散体系，其中包含多种无机离子(如 Na^+、Ca^{2+}、HCO_3^-、Cl^-、PO_4^{3-} 等)、气体分子(主要是 O_2 和 CO_2)、中小分子有机物质(如葡萄糖、尿素、氨基酸等)和高分子物质(如蛋白质)等，其渗透压是由溶于其中的各种粒子(分子和离子)的浓度决定的。溶液中能产生渗透作用的溶质粒子的总的物质的量浓度，称为渗透浓度，正常人血浆的渗透浓度为304mmol/L。由于电解质、小分子物质很多能形成晶体，高分子物质分散在水中通常具有胶体的一些性质，因此，医学上，把电解质、小分子物质等所产生的渗透压称为晶体渗透压，高分子物质产生的渗透压称为胶体渗透压。血浆的渗透压便是这两种渗透压的总和。

血浆中，蛋白质等高分子物质的含量高达7%，是电解质和小分子物质含量的9～10倍。然而，由于相对分子质量相差悬殊，晶体渗透压占到了血浆总渗透压的99.5%，胶体渗透压只占约0.5%。水可以自由透过细胞膜，很多电解质和小分子物质不能自由通过细胞膜，但可通过有孔的毛细血管，因此，晶体渗透压对维持细胞内外的水分平衡起着重要作用。医生要求有水肿的肾病患者尽量少吃盐，其目的便是防止血浆和组织液内盐分过高，吸引细胞内的水分更多地流到组织液中，加重水肿。毛细血管壁也是一种半透膜，水和低分子物质都可自由出入，但高分子蛋白物质不能透过。因此，胶体渗透压对维持血容量和血管内外水盐平衡起主要作用。如果血浆中蛋白质含量减少，血浆中的胶体渗透压就会降低，血浆中的水就会通过毛细血管壁进入组织液，导致血容量降低而组织液增多，形成水肿。

渗透压相等的溶液称为等渗溶液。临床上所说的等渗溶液，是以血浆总渗透压为参照的，其渗透浓度范围为280～320mmol/L。临床上常用的等渗溶液有0.9%的氯化钠溶液和5%的葡萄糖溶液等。临床输液通常使用等渗溶液。如果静脉输液时使用非等渗溶液，就可能产生不良后果。若输入了大量渗透压低于血浆渗透压的低渗溶液，水就会透过细胞膜向红细胞内渗透，致使红细胞肿胀甚至破裂，医学上将这种现象称为溶血。正常人的红细胞在0.42%～0.46%的 NaCl 溶液中就开始出现溶血，在0.34%以下的 NaCl 溶液中就可能完全溶血。若输入了大量渗透压高于血浆渗透压的高渗溶液，则红细胞中水分逐渐外渗，产生皱缩，不但丧失了输送氧气的功能，皱缩的红细胞还易粘在一起形成团块，进而堵塞小血管形成血栓，危害人体健康。

知识拓展

相似相溶原理

溶解过程较为复杂，很难用统一的模式描绘。不过，归纳大量实验事实，可以获得一个经验规律：Substances with similar intermolecular attractive forces tend to be soluble in one another。简单地说，相似者相溶(like dissolves like)。具体体现如下：

(1)极性相近的物质，比较容易互溶。例如，丙酮、叔丁醇、乙腈的极性都很大，它们在强极性溶剂水中可以混溶；非极性物质碘难溶于水而易溶于非极性溶剂四氯化碳。

(2)溶质与溶剂结构越相似，溶解越容易发生。例如，低级醇与水结构相似，都是一个小基团与一个羟基(—OH)相连，醇碳链越长，分子结构与水的差别越大，故甲醇、乙醇、丙醇与水混溶，戊醇、己醇的溶解度很小，十二醇不溶于水。

(3)溶质分子的分子间作用力与溶剂分子的分子间作用力越相似，溶解越容易。例如，H_2、N_2、O_2 的沸点依次增高，其分子间作用力越来越接近于液体，因而在水中的溶解度也依次增高(0℃，$p^{\ominus}$下它们在水中的溶解度分别是2.1、2.4和4.9ml/100g H_2O)。

(4)溶质分子和溶剂分子之间的相互吸引力越大，溶解越容易。Hydrogen-bonding interactions between solute and solvent may lead to high solubility。例如，葡萄糖(Glucose)分子中有五个羟基，它们都能与水分子生成氢键，因此，葡萄糖易溶于水。

漂亮的彩虹鸡尾酒由五颜六色的液体一层一层地排列，荷叶上的露水晶莹剔透宛如珍珠，灰暗的脸庞用洗面奶洗过后瞬间清新亮丽，多年的老风湿常饮药酒竟能行动自如，你可知道这一切，都隐藏着相似相溶原理？

重点小结

溶液	溶液浓度的表示法	物质的量浓度*、质量摩尔浓度*、摩尔分数、质量浓度、质量分数、体积分数	
		浓度之间的换算*	
	稀溶液的依数性	蒸气压下降	$\Delta p = Kb_B$、利用 Δp 测定摩尔质量
		沸点升高	$\Delta T_b = K_b b_B$、利用 ΔT_b 测定摩尔质量
		凝固点降低	$\Delta T_f = K_f b_B$、利用 ΔT_f 测定摩尔质量
		渗透压*	渗透现象和渗透压、反渗透
			$\pi = b_B RT$、利用 π 测定摩尔质量
			渗透压在医学上的意义

习 题

1. 试计算下列常用试剂的物质的量浓度、质量摩尔浓度及摩尔分数。

(1)质量分数为0.98，密度为1.84g/cm³ 的浓硫酸。

(2)质量分数为0.28，密度为0.90g/cm³ 的浓氨水。

2. 100ml 质量浓度为18.0g/L，密度为1.01g/ml 的氯化钠溶液和150ml 质量浓度为29.6g/L，密度为1.02g/ml 的氯化钾溶液充分混合后，假设混合前后体积没有发生变化，求混合溶液中：NaCl 的物质的量浓度、摩尔分数、质量摩尔浓度各是多少？

3. 浓度均为0.01mol/kg 的葡萄糖、HAc、NaCl、$BaCl_2$ 的水溶液，凝固点最高、渗透压最大的分别是什么？

4. 将0.115g 奎宁溶解在1.36g 樟脑中，其凝固点为167.57℃，试计算奎宁的摩尔质量(已知樟脑的凝固点为177.85℃，K_f = 40.0K·kg/mol)。

5. 如果30g 水中含有甘油 $C_3H_8O_3$ 1.5g，求算溶液的沸点(已知水的 K_b = 0.512K·kg/mol)。

6. 试求17℃时，含17.5g 蔗糖的150ml 溶液的渗透压是多少？

7. 相同温度下乙二醇[$CH_2(OH)CH_2(OH)$]溶液和葡萄糖($C_6H_{12}O_6$)溶液渗透压相等，相同体积的溶液中两者质量之比是多少？

8. 用质量摩尔浓度和物质的量浓度表示物质的浓度时，各有何特点？

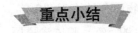

9. 考虑到细胞膜是一半透膜，试说明为什么含盐与醋的莴苣沙拉数小时内即软化？

10. 相同质量的乙醇、甘油、葡萄糖和蔗糖分别溶于100ml水中，将这几种溶液以相同速度降温冷冻，最先结冰和最后结冰的分别是什么？如果换成相同物质的量的乙醇、甘油、葡萄糖和蔗糖，结果又怎样？请加以说明。

11. 稀溶液的四种依数性之间的联系是什么？请加以说明。

（黎勇坤 方德宇）

扫码“练一练”

第三章　化学平衡

要点导航

1. 掌握标准平衡常数的表示和相关计算。
2. 熟悉化学平衡的特征和转化率的概念；多重平衡规则。
3. 了解浓度、压力、温度等因素对化学平衡移动的影响。

扫码"学一学"

第一节　化学反应的可逆性

研究一个化学反应，不仅要讨论反应的自发方向和进行的快慢，而且还要考虑在一定条件下反应进行的程度。在给定条件下，不同化学反应所能进行的程度不同；而反应条件不同时，同一化学反应进行的程度也不同。在一定条件下（如温度、浓度、压力等），究竟有多少反应物可以最大限度地转化为生成物，这就涉及化学反应的限度问题，亦即化学平衡问题。化学平衡在生产实际和科学研究中有着重要意义。应用化学平衡的基本原理可以使我们从理论上预知在给定条件下反应进行的限度，选择反应的最佳条件，以实现高产率、低成本的目标。在生命科学中，生物大分子的水解平衡、生命体中的电解质平衡等与化学平衡的基本规律有关。

本章将介绍化学平衡的基本特征和基本规律，讨论化学反应所能达到的最大限度、化学平衡建立的条件和移动的方向。

一、可逆反应

我们知道，化学反应速率与反应物浓度有关。从理论上看，一个化学反应都可以从正、逆两个方向进行。但是，有的反应正向进行程度很大，逆向进行的程度极小，反应物基本上能全部转变为生成物，这样的反应通常称为不可逆反应，例如 $KClO_3$ 在大气中分解：

$$2KClO_3 \xlongequal{MnO_2} 2KCl + 3O_2\uparrow$$

实际上，大多数化学反应不能进行到底，只有一部分反应物能转化成生成物，正逆两个方向的反应都比较明显。这种在同一条件下能同时向两个相反方向进行的化学反应称为可逆反应（reversible reaction）。例如，在一定温度下，一氧化碳与水蒸气反应生成二氧化碳和氢气；在同样条件下，二氧化碳和氢气也能反应生成一氧化碳与水蒸气，此反应可表示为：

$$CO(g) + H_2O(g) \rightleftharpoons CO_2(g) + H_2(g)$$

在可逆反应中，通常将从左向右进行的反应称为正反应，从右向左进行的反应称为逆反应。为了表示反应的可逆性，在化学方程式中用"$\rightleftharpoons$"代替"$=\!=$"或"$\longrightarrow$"。

二、化学平衡

大多数化学反应都是可逆的。对于一个可逆反应，开始时由于反应物浓度较大，通常正反应的速率较大，此时的逆反应速率几乎为零，但随着反应的进行，反应物的浓度越来越小，正反应的速率逐渐减小，生成物浓度越来越大，逆反应速率逐渐增大。当正、逆反应速率相等时，反应达到最大限度，此时反应系统中的各物质浓度将不再随时间而变化，这种状态称为化学平衡状态，简称化学平衡(chemical equilibrium)。在一定条件下，无论反应是从正向还是逆向开始，反应最终都可以达到平衡。化学平衡是动态平衡，从表面上看，反应似乎处于静止状态，实际上正、逆反应仍在进行，只是正、逆反应速率相等而已。

化学平衡状态具有以下几个特点。

(1)达到平衡时化学反应正逆反应速率相等。

(2)化学平衡是可逆反应进行的最大限度，此时反应系统中的各物质浓度不再随时间而变化。这是化学平衡建立的标志。

(3)化学平衡是相对的、有条件的动态平衡。当外界条件改变时，原来的化学平衡被破坏，直至在新条件下建立起新的化学平衡。

三、标准平衡常数

(一)标准平衡常数表达式

当可逆反应达到平衡时系统中各物质的浓度称为平衡浓度。大量实验表明，对可逆反应，在一定的温度下，无论反应是从反应物开始还是从生成物开始，也不管它们以怎样的浓度开始，反应达到平衡时，系统中生成物浓度(以反应方程式中的化学计量数为指数的幂)的乘积与反应物浓度(以反应方程式中的化学计量数为指数的幂)的乘积之比为一常数，此常数称为化学平衡常数(equilibrium constant)，用 K 表示，这一规律称为化学平衡定律。若把平衡浓度除以标准浓度 $c^{\ominus}$($c^{\ominus}=1\text{mol/L}$)，得到的比值称为相对平衡浓度[$c_{eq}(\text{B})/c^{\ominus}$]，但为了书写方便，习惯上用[B]表示相对平衡浓度。若将平衡浓度用相对平衡浓度或相对平衡分压[$p_{eq}(\text{B})/p^{\ominus}$，$p^{\ominus}$ 为标准压力，$p^{\ominus}=100\text{kPa}$]表示，则该常数称作标准平衡常数(standard equilibrium constant)或热力学平衡常数，用 $K^{\ominus}$ 表示，它的量纲为1。

1. 稀溶液中反应的标准平衡常数　对于在理想溶液中进行的任一可逆反应

$$a\text{A(aq)}+d\text{D(aq)} \rightleftharpoons e\text{E(aq)}+f\text{F(aq)}$$

在一定温度下达平衡时，其标准平衡常数表达式为

$$K^{\ominus}=\frac{([\text{E}]/c^{\ominus})^{e}([\text{F}]/c^{\ominus})^{f}}{([\text{A}]/c^{\ominus})^{a}([\text{D}]/c^{\ominus})^{d}} \tag{3-1}$$

式(3-1)中[A]、[D]、[E]、[F]分别表示物质A、D、E、F在平衡时物质的量浓度；$[\text{A}]/c^{\ominus}$、$[\text{D}]/c^{\ominus}$、$[\text{E}]/c^{\ominus}$、$[\text{F}]/c^{\ominus}$ 则分别为物质A、D、E、F的相对平衡浓度。因标准浓度 $c^{\ominus}=1\text{mol/L}$，为简便起见，省略分母项，也可将标准平衡常数简写为：

$$K^{\ominus}=\frac{[\text{E}]^{e}[\text{F}]^{f}}{[\text{A}]^{a}[\text{D}]^{d}} \tag{3-2}$$

2. 气体混合物反应的标准平衡常数　类似地，对于任一理想气体的可逆反应

$$a\text{A(g)}+d\text{D(g)} \rightleftharpoons e\text{E(g)}+f\text{F(g)}$$

$$K^{\ominus}=\frac{[p_{eq}(E)/p^{\ominus}]^{e}[p_{eq}(F)/p^{\ominus}]^{f}}{[p_{eq}(A)/p^{\ominus}]^{a}[p_{eq}(D)/p^{\ominus}]^{d}} \tag{3-3}$$

式(3-3)中 $p_{eq}(A)$、$p_{eq}(D)$、$p_{eq}(E)$、$p_{eq}(F)$ 分别表示物质 A、D、E、F 在平衡时的分压；$p_{eq}(A)/p^{\ominus}$、$p_{eq}(D)/p^{\ominus}$、$p_{eq}(E)/p^{\ominus}$、$p_{eq}(F)/p^{\ominus}$ 则分别为物质 A、D、E、F 的相对平衡分压。因标准压力为 100kPa，故不能省略分母项。

因此，对任一可逆反应

$$aA(g)+dD(aq)\rightleftharpoons eE(g)+fF(aq)$$

在一定温度下达平衡时，标准平衡常数可表示为：

$$K^{\ominus}=\frac{[p_{eq}(E)/p^{\ominus}]^{e}[F]^{f}}{[p_{eq}(A)/p^{\ominus}]^{a}[D]^{d}} \tag{3-4}$$

式(3-4)中 $[p_{eq}(A)/p^{\ominus}]$、$[p_{eq}(E)/p^{\ominus}]$ 及 $[F]$、$[D]$ 分别为平衡状态时各物质以其标准状态为参考量求得的相对分压或相对浓度。在实际的化学平衡计算中，多采用标准平衡常数，所以，本书以后的讨论中，平衡常数均指标准平衡常数。

每一个可逆反应都有自己的特征平衡常数，它表示了化学反应在一定条件下达到平衡后反应物的转化程度和各平衡浓度之间的关系；$K^{\ominus}$ 越大，表示正反应进行的程度越大，平衡混合物中生成物的相对平衡浓度就越大。$K^{\ominus}$ 不随各物质的浓度或分压的变化而变化，但随温度的变化而变化，当温度不同时，$K^{\ominus}$ 值不同。

3. 书写和应用标准平衡常数表达式的注意事项

(1)在平衡常数表达式中，各组分均要以各自的标准状态为参考状态，即要用相对平衡分压($p_{eq}/p^{\ominus}$)和相对平衡浓度($c_{eq}/c^{\ominus}$)表示；纯固体和纯液体以其标准状态为参考的相对量是常数，所以在平衡常数表达式中不必列出。例如：

$$CaCO_3(s)\rightleftharpoons CaO(s)+CO_2(g)$$

$$K^{\ominus}=\frac{p_{eq}(CO_2)}{p^{\ominus}}$$

(2)在稀溶液中进行的反应，由于溶剂的量较大，即便是少量的溶剂参加了反应，也可忽略这种改变，故溶剂的浓度不列入平衡常数表达式中。例如

$$Cr_2O_7^{2-}(aq)+H_2O(l)\rightleftharpoons 2CrO_4^{2-}(aq)+2H^+(aq)$$

$$K^{\ominus}=\frac{[CrO_4^{2-}]^2[H^+]^2}{[Cr_2O_7^{2-}]}$$

注意：在水溶液中进行的反应表达式中水不列入，而在非水溶液中进行的反应的水需列入表达式。

(3)平衡常数表达式要与其化学反应方程式相对应。对于同一反应，若反应方程式不同，平衡常数的表达式和数值亦不相同。例如：

$$2SO_2(g)+O_2(g)\rightleftharpoons 2SO_3(g) \qquad K_1^{\ominus}=\frac{[p_{eq}(SO_3)/p^{\ominus}]^2}{[p_{eq}(SO_2)/p^{\ominus}]^2[p_{eq}(O_2)/p^{\ominus}]}$$

$$SO_2(g)+\frac{1}{2}O_2(g)\rightleftharpoons SO_3(g) \qquad K_2^{\ominus}=\frac{[p_{eq}(SO_3)/p^{\ominus}]}{[p_{eq}(SO_2)/p^{\ominus}][p_{eq}(O_2)/p^{\ominus}]^{\frac{1}{2}}}$$

$$2SO_3(g)\rightleftharpoons 2SO_2(g)+O_2(g) \qquad K_3^{\ominus}=\frac{[p_{eq}(SO_2)/p^{\ominus}]^2[p_{eq}(O_2)/p^{\ominus}]}{[p_{eq}(SO_3)/p^{\ominus}]^2}$$

显然，$K_1^\ominus \neq K_2^\ominus \neq K_3^\ominus$，它们的关系是：$K_1^\ominus = (K_2^\ominus)^2 = \frac{1}{K_3^\ominus}$

（二）多重平衡规则

在实际应用中遇到的化学平衡系统，往往同时包含了数个相互关联的平衡，系统中有些物质同时参与了多个平衡，其平衡浓度或平衡分压同时满足多个平衡，这种平衡系统称为多重平衡系统。化学热力学理论已经证明，在多重平衡系统中，如果某一平衡反应可以由几个平衡反应相加（或相减）得到，则该平衡反应的标准平衡常数等于几个平衡反应的标准平衡常数的乘积（或商），这种关系称为多重平衡规则。例如：

$$(1)\ SO_2(g) + \frac{1}{2}O_2(g) \rightleftharpoons SO_3(g) \qquad K_1^\ominus$$

$$(2)\ NO_2(g) \rightleftharpoons NO(g) + \frac{1}{2}O_2(g) \qquad K_2^\ominus$$

由（1）+（2）可得（3）

$$(3)\ SO_2(g) + NO_2(g) \rightleftharpoons SO_3(g) + NO(g) \qquad K_3^\ominus$$

则

$$K_3^\ominus = K_1^\ominus \cdot K_2^\ominus$$

例 3-1　在 298K 时，下列反应的平衡常数：

$(1)\ N_2O_4(g) \rightleftharpoons 2NO_2(g) \qquad K_1^\ominus$

$(2)\ \frac{1}{2}N_2(g) + O_2(g) \rightleftharpoons NO_2(g) \qquad K_2^\ominus$

计算反应 $(3)\ N_2(g) + 2O_2(g) \rightleftharpoons N_2O_4(g)$ 在该温度时的平衡常数 $K_3^\ominus$。

解：三个反应之间的关系为：反应（3）= 反应（2）×2 − 反应（1），根据多重平衡规则

$$K_3^\ominus = \frac{(K_2^\ominus)^2}{K_1^\ominus}$$

多重平衡规则是平衡系统计算中常用的规则，利用它可以很方便地求出所需反应的平衡常数。但应注意，所有平衡常数必须是相同温度时的数值，否则此规则不能使用。

四、化学平衡的计算

标准平衡常数可以用来衡量某一反应的完成程度和计算有关物质的平衡浓度。反应进行的程度也常用平衡转化率 α 来表示。某物质的平衡转化率 α 是指达到平衡时该物质已转化（消耗）的量与反应前该物质的总量之比，即：

$$\text{转化率}(\alpha) = \frac{\text{平衡时该物质已转化的量}}{\text{反应前该物质的总量}} \times 100\% \qquad (3\text{-}5)$$

若反应前后体积不变，又可表示为

$$\text{转化率}(\alpha) = \frac{\text{某反应物起始浓度} - \text{某反应物平衡浓度}}{\text{反应物起始浓度}} \times 100\% \qquad (3\text{-}6)$$

转化率越大，表示反应进行的程度越大。

转化率与平衡常数有明显不同，转化率与反应系统的起始状态有关，而且必须明确指出是反应物中哪种物质的转化率。

例 3-2　由实验测得，合成氨反应在 773K 达到平衡，$NH_3(g)$、$N_2(g)$ 和 $H_2(g)$ 分压分别为 3.57×10^3 kPa、4.17×10^3 kPa 和 12.52×10^3 kPa，计算合成氨反应标准平衡常数。

解：合成 NH_3 反应： $N_2(g)+3H_2(g) \rightleftharpoons 2NH_3(g)$

平衡时压力/10^3kPa 4.17 12.52 3.57

标准平衡常数：$K^{\ominus}=\dfrac{[p_{eq}(NH_3)/p^{\ominus}]^2}{[p_{eq}(N_2)/p^{\ominus}][p_{eq}(H_2)/p^{\ominus}]^3}$

$$=\frac{(3.57\times10^3kPa/10^2kPa)^2}{(4.17\times10^3kPa/10^2kPa)\times(12.52\times10^3kPa/10^2kPa)^3}$$

$$=1.56\times10^{-5}$$

例 3-3 已知某温度时，反应：

$$C_2H_5OH+CH_3COOH \rightleftharpoons CH_3COOC_2H_5+H_2O$$

的平衡常数为 4.0。若反应系统中 $c(C_2H_5OH)=c(CH_3COOH)=2.5mol/L$，$c(CH_3COOC_2H_5)=5.0mol/L$，$c(H_2O)=0.50mol/L$，计算：

(1)达到平衡时，各物质的浓度；

(2)乙醇的转化率。

解：(1)根据题意，设平衡时乙醇消耗了 x mol/L，则：

	C_2H_5OH +	$CH_3COOH \rightleftharpoons$	$CH_3COOC_2H_5$ +	H_2O
起始浓度/(mol/L)	2.5	2.5	5.0	0.50
平衡浓度/(mol/L)	$2.5-x$	$2.5-x$	$5.0+x$	$0.50+x$

$$K^{\ominus}=\frac{[CH_3COOC_2H_5][H_2O]}{[C_2H_5OH][CH_3COOH]}=\frac{(5.0+x)(0.50+x)}{(2.5-x)(2.5-x)}=4.0$$

$$x=1.0$$

所以平衡时 $c(C_2H_5OH)=c(CH_3COOH)=(2.5-1.0)mol/L=1.5mol/L$

$c(CH_3COOC_2H_5)=(5.0+1.0)mol/L=6.0mol/L$

$c(H_2O)=(0.50+1.0)mol/L=1.5mol/L$

(2)乙醇的转化率为：

$$\alpha=\frac{1.0mol/L}{2.5mol/L}\times100\%=40\%$$

例 3-4 55℃、100kPa 时 N_2O_4 部分分解成 NO_2，系统平衡混合物的平均摩尔质量为 61.2g/mol，计算：

(1)N_2O_4 的解离度(即转化率)和标准平衡常数 $K^{\ominus}(328K)$；

(2)计算 55℃系统总压力为 10kPa 时 N_2O_4 的离解度 α。[已知 $M(NO_2)=46g/mol$]。

解：(1)设平衡时系统中 N_2O_4 的摩尔分数为 x，则 NO_2 的摩尔分数为$(1-x)$，反应为：$N_2O_4(g) \rightleftharpoons 2NO_2(g)$

由题意得：$92x+(1-x)46=61.2$

解得：$x=0.33$；故平衡时 $p(N_2O_4)=33kPa$；$p(NO_2)=67$ kPa

$$K^{\ominus}(328K)=\frac{[p_{eq}(NO_2)/p^{\ominus}]^2}{p_{eq}(N_2O_4)/p^{\ominus}}=\frac{(67kPa/100kPa)^2}{33kPa/100kPa}=1.36$$

根据化学反应计量数，达到平衡时消耗 N_2O_4 为$\frac{1}{2}\times67kPa=33.5kPa$，

$$a=\frac{33.5kPa}{33.5kPa+33kPa}\times100\%=50\%$$

（2）设 55℃时，系统中 $p(N_2O_4) = y\text{kPa}$；则 $p(NO_2) = (10 - y)\text{kPa}$

$$K^{\ominus}(328K) = \frac{[p_{eq}(NO_2)/p^{\ominus}]^2}{[p_{eq}(N_2O_4)/p^{\ominus}]} = \frac{[(10-y)\text{kPa}/100\text{kPa}]^2}{y\text{kPa}/100\text{kPa}} = 1.36$$

$$y = 0.64\ \text{kPa}$$

$$p_{eq}(N_2O_4) = 0.64\text{kPa},\qquad p_{eq}(NO_2) = 9.36\text{kPa}$$

消耗 N_2O_4 为$\frac{1}{2} \times 9.36\text{kPa} = 4.68\text{kPa}$

$$\alpha = \frac{4.68\text{kPa}}{4.68\text{kPa} + 0.64\text{kPa}} \times 100\% = 88\%$$

计算结果说明：当总压减小时，平衡向着分子数增加的方向移动，因而此题转化率提高。

例 3-5　肌红蛋白（Mb）存在于肌肉组织中，具有携带 O_2 的能力。肌红蛋白的氧合作用可表示为

$$\text{Mb}(aq) + O_2(g) \rightleftharpoons \text{MbO}_2(aq)$$

在 310K 时，反应的标准平衡常数 $K^{\ominus} = 1.20 \times 10^2$，试计算当 O_2 的分压力为 5.15kPa 时，氧合肌红蛋白（MbO_2）与肌红蛋白的平衡浓度的比值。

解：反应的标准平衡常数表达式为

$$K^{\ominus} = \frac{[\text{MbO}_2]}{[\text{Mb}][p_{eq}(O_2)/p^{\ominus}]}$$

MbO_2 与 Mb 的平衡浓度的比值为

$$\frac{[\text{MbO}_2]}{[\text{Mb}]} = [p_{eq}(O_2)/p^{\ominus}] \cdot K^{\ominus} = \frac{5.15\text{kPa}}{100\text{kPa}} \times 1.20 \times 10^2 = 6.18$$

例 3-6　下列反应表示氧合血红蛋白转化为一氧化碳血红蛋白：

$$CO(g) + \text{Hem} \cdot O_2(aq) \rightleftharpoons O_2(g) + \text{Hem} \cdot CO(aq)$$

在 $K^{\ominus}$（体温）等于 210 时。经实验证明，只要有 10% 的氧合血红蛋白转化为一氧化碳血红蛋白，人就会中毒死亡。计算空气中 CO 的体积分数达到多少，即会对人的生命造成危险？

解：空气的总压力约为 100kPa。其中氧气的分压力约为 21kPa。当有 10% 的氧合血红蛋白转化为一氧化碳血红蛋白时，

$$\frac{[\text{Hem} \cdot CO]}{[\text{Hem} \cdot O_2]} = \frac{1}{9}$$

$$K^{\ominus} = \frac{[\text{Hem} \cdot CO][p_{eq}(O_2)/p^{\ominus}]}{[\text{Hem} \cdot O_2][p_{eq}(CO)/p^{\ominus}]} = \frac{0.21}{9[p_{eq}(CO)/p^{\ominus}]} = 210$$

$$p_{eq}(CO) = 0.011\text{kPa}$$

故 CO 的体积分数为$\frac{0.011\text{kPa}}{100\text{kPa}} \times 100\% = 0.011\%$

第二节　化学平衡的移动

扫码“学一学”

化学平衡是反应系统在特定条件下达到的动态平衡状态，一旦反应条件（如浓度、压力、温度等）发生改变，原有的平衡状态就被破坏，反应将自发地正向或逆向进行，直至在

新的条件下建立新的平衡，这种因反应条件的改变使化学反应从一种平衡状态转变到另一种平衡状态的现象称为化学平衡的移动(shift of chemical equilibrium)。下面讨论浓度、压力和温度等对化学平衡移动的影响。

一、浓度对化学平衡的影响

根据反应商判据可以推测化学平衡移动的方向。在一定温度下，平衡常数 $K^{\ominus}$ 为一定值，浓度的改变将引起反应商 Q 的变化，因此，可根据 Q 与 $K^{\ominus}$ 的相对大小来判断浓度对化学平衡的影响。对于任一反应：

$$aA(aq)+dD(aq)\rightleftharpoons eE(aq)+fF(aq)$$

在一定温度下达平衡时，其标准平衡常数表达式为

$$K^{\ominus}=\frac{[E]^{e}[F]^{f}}{[A]^{a}[D]^{d}}$$

若该反应处在任意状态下，可能是平衡状态也可能不是平衡状态。在一定温度下，其各生成物浓度幂的乘积与反应物浓度幂的乘积之比也可得到一个值，此值称为反应商，用 Q 表示。Q 的表达式对溶液反应为

$$Q=\frac{[c(E)]^{e}[c(F)]^{f}}{[c(A)]^{a}[c(D)]^{d}} \tag{3-7}$$

式(3-7)中 $c(A)$、$c(D)$、$c(E)$、$c(F)$ 分别表示物质 A、D、E、F 在某一时刻的物质的量浓度；$c(A)/c^{\ominus}$、$c(D)/c^{\ominus}$、$c(E)/c^{\ominus}$、$c(F)/c^{\ominus}$ 则分别为物质 A、D、E、F 在某一时刻的相对浓度。

Q 的表达式对气体反应为

$$Q=\frac{[p(E)/p^{\ominus}]^{e}[p(F)/p^{\ominus}]^{f}}{[p(A)/p^{\ominus}]^{a}[p(D)/p^{\ominus}]^{d}} \tag{3-8}$$

式(3-8)中 $p(A)$、$p(D)$、$p(E)$、$p(F)$ 分别表示物质 A、D、E、F 在某一时刻的分压；$p(A)/p^{\ominus}$、$p(D)/p^{\ominus}$、$p(E)/p^{\ominus}$、$p(F)/p^{\ominus}$ 则分别为物质 A、D、E、F 在某一时刻的相对分压。

根据热力学推导，可以用 Q 与 $K^{\ominus}$ 的相对大小判断化学反应的方向：

(1) 当 $Q=K^{\ominus}$，则化学反应达到平衡；

(2) 当 $Q<K^{\ominus}$，化学反应未达到平衡，平衡应正向自发进行，直至 $Q=K^{\ominus}$；

(3) 当 $Q>K^{\ominus}$，化学反应未达到平衡，平衡应逆向自发进行，直至 $Q=K^{\ominus}$。

浓度对化学平衡的影响可归纳为：在其他条件不变的情况下，增大反应物浓度或减小生成物浓度，化学平衡向正反应方向移动；减小反应物浓度或增大生成物浓度，化学平衡向逆反应方向移动。

在实际工作中，为了尽可能利用某一反应物，常用过量的另一反应物和它作用，即增大另一反应物的浓度，并将生成物从反应系统中不断地分离出去，以便得到更多的生成物。

例 3-7 298K 时，反应 $Ag^{+}(aq)+Fe^{2+}(aq)\rightleftharpoons Ag(s)+Fe^{3+}(aq)$ 的标准平衡常数 $K^{\ominus}=3.2$。若反应前 $c(Ag^{+})=c(Fe^{2+})=0.10$mol/L，计算：

(1) 反应达到平衡时各离子的浓度；

(2) $Ag^{+}(aq)$ 的转化率；

(3) 如果保持 Ag^{+} 浓度不变，而使 $c(Fe^{2+})$ 变为 0.300mol/L，求 Ag^{+} 在新条件下的转

化率。

解：(1)设平衡时 $c(Fe^{3+})$ 为 $x$mol/L，则：

$$Ag^{+}(aq) + Fe^{2+}(aq) \rightleftharpoons Ag(s) + Fe^{3+}(aq)$$

	$Ag^{+}(aq)$	$Fe^{2+}(aq)$	$Fe^{3+}(aq)$
起始浓度/(mol/L)	0.10	0.10	0
平衡浓度/(mol/L)	$0.10-x$	$0.10-x$	x

$$K^{\ominus} = \frac{[Fe^{3+}]}{[Ag^{+}][Fe^{2+}]} = \frac{x}{(0.10-x)^2} = 3.2$$

$$x = 0.020$$

得

$$c(Fe^{3+}) = 0.020\text{mol/L}$$

$$c(Fe^{2+}) = 0.080\text{mol/L}$$

$$c(Ag^{+}) = 0.080\text{mol/L}$$

(2)达到平衡时 Ag^{+} 的转化率 α 为：

$$\alpha = \frac{0.020\text{mol/L}}{0.10\text{mol/L}} \times 100\% = 20.00\%$$

(3)根据题意，设平衡时 Ag^{+} 的转化率 α，则：

$$Ag^{+}(aq) + Fe^{2+}(aq) \rightleftharpoons Ag(s) + Fe^{3+}(aq)$$

	$Ag^{+}(aq)$	$Fe^{2+}(aq)$	$Fe^{3+}(aq)$
平衡浓度/(mol/L)	$0.10(1-\alpha)$	$0.30-0.10\alpha$	0.10α

$$K^{\ominus} = \frac{[Fe^{3+}]}{[Ag^{+}][Fe^{2+}]} = \frac{0.10\alpha}{0.10(1-\alpha)(0.30-0.10\alpha)} = 3.2$$

得　$\alpha = 45.33\%$

可见，反应物 Fe^{2+} 的浓度增加后，Ag^{+} 的转化率得到了提高，即平衡向生成物的方向移动。由此可见，增大某一反应物的浓度，可提高另一反应物的转化率。

二、压力对化学平衡的影响

压力对化学平衡的影响与浓度类似，改变压力(无论是总压还是分压)并不影响标准平衡常数，但可能改变反应商，使 $Q \neq K^{\ominus}$，从而使化学平衡发生移动。一般情况下，压力的改变对液体、固体物质的体积影响较小，所以，对固相或液相反应，不必考虑压力对平衡的影响。对于有气体物质参与的化学反应，压力对化学平衡移动的影响要视具体情况而定。当温度与体积不变时，系统中各组分分压的变化对平衡的影响与浓度对平衡的影响相似；由于系统体积改变导致总压变化，可能会引起平衡的移动。下面就将对这两类情况分别加以讨论。

(一)改变分压对化学平衡的影响

当温度、体积不变的条件下，改变平衡系统中任意一种反应物或生成物的分压，其对平衡的影响与浓度对平衡的影响相似，使得 $Q \neq K^{\ominus}$，化学平衡将发生移动。如果增大反应物的分压或减小生成物的分压，反应商减小，使 $Q < K^{\ominus}$，化学平衡向正方向移动；反之，若减小反应物的分压或增大生成物的分压，反应商增大，将导致 $Q > K^{\ominus}$，化学平衡向逆方向移动。

(二)改变总压对化学平衡的影响

对任一气相反应

$$a\text{A} + d\text{D} \rightleftharpoons e\text{E} + f\text{F}$$

一定温度下达到平衡：

$$K^{\ominus}=\frac{(p_{eq}(\mathrm{E})/p^{\ominus})^{e}(p_{eq}(\mathrm{F})/p^{\ominus})^{f}}{(p_{eq}(\mathrm{A})/p^{\ominus})^{a}(p_{eq}(\mathrm{D})/p^{\ominus})^{d}}$$

设反应系统的体积变化时，系统的总压力改变 x 倍，系统中各组分的分压也相应改变 x 倍，此时反应商为：

$$Q=\frac{(xp(\mathrm{E})/p^{\ominus})^{e}(xp(\mathrm{F})/p^{\ominus})^{f}}{(xp(\mathrm{A})/p^{\ominus})^{a}(xp(\mathrm{D})/p^{\ominus})^{d}}=x^{\Sigma\nu_{B(g)}}K^{\ominus}$$

式中：$\nu_{B(g)}$ 为气体组分的计量系数，反应物为负值，生成物为正值。$\Sigma\nu_{B(g)}>0$ 为气体分子数增加的反应；$\Sigma\nu_{B(g)}<0$ 为气体分子数减小的反应；$\Sigma\nu_{B(g)}=0$ 为气体分子数不变的反应。

(1) 当 $\Sigma\nu_{B(g)}=0$，即反应前后计量系数不变的气体反应，因增加总压与降低总压都不会改变 Q 值，仍然有 $Q=K^{\ominus}$，故平衡不发生移动；

(2) 当 $\Sigma\nu_{B(g)}>0$ 或者 $\Sigma\nu_{B(g)}<0$ 的反应，即反应前后气体物质计量系数不同的反应，因改变总压会改变 Q 值，平衡将发生移动。增加总压力，平衡将向气体分子总数减少的方向移动；减小总压力，平衡将向气体分子总数增加的方向移动。

例 3-8 在 310K 和 100kPa 下，反应 $N_2O_4(g)\rightleftharpoons 2NO_2(g)$ 达平衡时，各组分的分压分别为 $p(N_2O_4)=58\text{kPa}$，$p(NO_2)=42\text{kPa}$，$K^{\ominus}=0.30$。计算：

(1) 压缩系统体积使反应系统的压力增大到 200kPa 时，平衡将向哪个方向移动？

(2) 若反应开始时 N_2O_4 为 1.0mol、NO_2 为 0.10mol，在 310K 和 200kPa 下，反应达平衡时有 0.15mol 的 N_2O_4 发生了转化，那么平衡后各物质的分压为多少？

解：(1) 当系统总压力增加到原来的两倍时，系统中各组分的分压也变为原来的两倍，即：

$$p(N_2O_4)=2\times58\text{kPa}=116\text{kPa},\ p(NO_2)=2\times42\text{kPa}=84\text{kPa}$$

此时

$$Q=\frac{(p(NO_2)/p^{\ominus})^2}{(p(N_2O_4)/p^{\ominus})}=\frac{(84\text{kPa}/100\text{kPa})^2}{116\text{kPa}/100\text{kPa}}=0.61$$

$Q>K^{\ominus}$，平衡逆向移动。即系统总压力增加，平衡向着气体分子数减少的方向移动。

(2) 根据题意	$N_2O_4(g)\rightleftharpoons$	$2NO_2(g)$
起始物质的量/(mol)	1.0	0.10
平衡物质的量/(mol)	1.0 − 0.15	0.10 + 2 × 0.15

平衡时总的物质的量

$$n=(1.0-0.15)\text{mol}+(0.10+2\times0.15)\text{mol}=1.25\text{mol}$$

$$p(N_2O_4)=xp_{总}=\frac{n(N_2O_4)}{n}p_{总}=\frac{(1.0-0.15)\text{mol}}{1.25\text{mol}}\times200\text{kPa}=136\text{kPa}$$

$$p(NO_2)=p_{总}-p(N_2O_4)=200\text{kPa}-136\text{kPa}=64\text{kPa}$$

(三) 惰性气体对化学平衡的影响

在平衡系统中引入惰性气体可以使系统的总压改变，此时对平衡移动的影响分两种情况。

(1) 在定温定容条件下，向已达到平衡的反应系统中加入惰性气体将使系统的总压增大，由于加入的惰性气体并未改变系统的体积，因此各分压不变，$Q=K^{\ominus}$，平衡不发生移动。

(2)在定温定压条件下，向已达到平衡的反应系统中加入惰性气体，为了维持系统总压不变，系统的体积必须增大，此时系统中各组分气体的分压下降，平衡将向气体分子数增加的方向移动。

三、温度对化学平衡的影响

浓度和压力对化学平衡的影响是通过改变系统的组成，使反应商 Q 发生变化，导致 $Q \neq K^{\ominus}$，平衡发生移动。温度对平衡的影响，则是通过改变平衡常数 $K^{\ominus}$，导致$K^{\ominus} \neq Q$，平衡正向或逆向移动。温度对平衡常数的影响与化学反应的焓变有关。

通过化学热力学可以导出温度与标准平衡常数的关系式

$$\ln \frac{K_2^{\ominus}}{K_1^{\ominus}} = \frac{\Delta_r H_m^{\ominus}}{R}\left(\frac{T_2 - T_1}{T_1 T_2}\right) \tag{3-9}$$

式(3-9)也称为范特霍夫(Van't Hoff)方程，其中 $K_1^{\ominus}$、$K_2^{\ominus}$ 分别表示在温度 T_1 和 T_2 时的标准平衡常数；$\Delta_r H_m^{\ominus}$ 为化学反应的标准摩尔焓变(即为定压热)，其中 r 表示反应(reaction)，R 是摩尔气体常数，其值取 8.314J/(mol·K)。它表明了温度对平衡常数的影响与化学反应的 $\Delta_r H_m^{\ominus}$ 有关。

(1)当反应为吸热反应时，$\Delta_r H_m^{\ominus} > 0$。当升高温度时，即 $T_2 > T_1$，则 $K_2^{\ominus} > K_1^{\ominus}$，平衡向正反应方向移动(正反应为吸热反应)；当反应温度下降时，即 $T_2 < T_1$，$K_2^{\ominus} < K_1^{\ominus}$，即平衡常数随温度的降低而减小，导致 $Q > K_2^{\ominus}$，平衡逆向移动，即向放热方向移动。

(2)当反应为放热反应时，$\Delta_r H_m^{\ominus} < 0$，升高温度，即 $T_2 > T_1$ 时，则 $K_2^{\ominus} < K_1^{\ominus}$，平衡向逆反应方向移动(逆反应为吸热反应)。当反应温度下降时，即 $T_2 < T_1$，则 $K_2^{\ominus} > K_1^{\ominus}$，即平衡常数随温度的降低而增大，从而导致 $Q < K_2^{\ominus}$，平衡正向移动。

从范特霍夫方程还可以看出，$\Delta_r H_m^{\ominus}$ 绝对值越大，温度改变对平衡的影响越大。

例 3-9　已知反应：$2SO_2(g) + O_2(g) \rightleftharpoons 2SO_3(g)$ 在 800K 时的 $K^{\ominus} = 910$，$\Delta_r H_m^{\ominus}$(298.15K) = −197.8kJ/mol。试求 900K 时此反应的 $K^{\ominus}$。假设温度对此反应的 $\Delta_r H_m^{\ominus}$ 的影响可以忽略。

解：由式(3-12)得

$$\ln \frac{K^{\ominus}(900\text{K})}{K^{\ominus}(800\text{K})} = \ln \frac{K^{\ominus}(900\text{K})}{910} = \frac{\Delta_r H_m^{\ominus}(298.15\text{K})}{8.314}\left(\frac{900-800}{800 \times 900}\right)$$

$$\ln K^{\ominus}(900\text{K}) = \ln 910 + \frac{(-197.78) \times 1000}{8.314} \times \frac{100}{800 \times 900}$$

$$K^{\ominus} = 33.4$$

900K 时反应的标准平衡常数为 33.4。

催化剂是能改变化学反应速率，而本身的质量、组成和化学性质在参加化学反应前后保持不变的物质。催化剂虽然能够改变化学反应速率，但对于一个确定的反应来说，催化剂同等程度的加快正、逆反应的速率。由于使用催化剂，正、逆反应的速率改变值均相等，所以不会影响化学平衡状态，只是缩短到达平衡的时间。

总结浓度、压力和温度对化学平衡移动的影响，可以得出一个结论：如果改变平衡系统的条件之一(如浓度、压力或温度)，平衡就会向减弱这种改变的方向移动。这一规律称为化学平衡移动原理，又称为吕·查德里原理。

知识拓展

化学家吕·查德里与平衡移动原理

吕·查德里(Le Chatelier，1850—1936)，法国化学家。1870 年吕·查德里参加了科学学士的考试，被巴黎工业大学录取，1887 年获博士学位。

吕·查德里在学生时代就对水泥等建筑材料的化学问题产生了浓厚的兴趣，如混凝土水泥和石膏材料遇水后凝固，在这些过程中到底发生了哪些化学反应，有哪些因素会影响这些化学反应，如何控制这类物质的凝固速度，怎样才能提高混凝土的强度等。1883 年他开始研究化学平衡，因大多数反应达到平衡状态需要一个缓慢的过程，他认识到“掌握支配化学平衡的规律对于工业尤为重要”，因此他把精力集中在探索影响平衡的各种因素上。吕·查德里得到的第一个结论是升高温度对吸热反应有利，进而他又验证了压力对化学平衡的影响。1884 年得出“平衡移动原理”，而后又在 1925 年对原来的表述进行简化而得现在的形式。

1900 年，吕·查德里在研究平衡移动的基础上通过理论计算，认为 N_2 和 H_2 在高压下可以直接化合生成氨，但在实验过程中发生了爆炸。他没有调查事故发生的原因，而是觉得这个实验有危险，于是放弃了这项研究工作。后来才查明实验失败的原因是他所用的混合气体中含有 O_2，在实验过程中 H_2 和 O_2 发生了爆炸。后来经过德国化学家能斯特的探索研究，最终德国化学家哈伯经过不断的实验和计算，终于在 1909 年取得了鼓舞人心的成果，这就是在 600℃ 的高温、200 个大气压和锇为催化剂的条件下，能得到产率约为 8% 的合成氨。

吕·查德里还研究过陶器和玻璃器皿的退火、磨蚀剂的制造以及燃料、玻璃和炸药的发展等问题，他还为防止矿井爆炸而研究过火焰的物化原理。鉴于吕·查德里对科学研究的贡献，他获得了许多的荣誉。1900 年在法国巴黎获得科学大奖，1904 年在美国获得圣路易奖，1907 年当选为法国科学院院士，1927 年当选为苏联科学院名誉院士。

重点小结

化学平衡	基本概念	可逆反应、化学平衡、标准平衡常数、多重平衡规则、转化率		
	化学平衡的特点	(1) $v_{正}=v_{逆}$；(2) c 为定值；(3) 动态平衡		
	标准平衡常数	表达式*	液体、气体或固体的写法；稀溶液及溶剂写法；不同的反应表达式的写法	
		平衡常数的意义*	(1)特征值；(2)代表反应进行的程度	
		多重平衡规则*	方程式的加减与 $K^{\ominus}$ 之间的关系(计算规则)	
	化学平衡的移动	$K^{\ominus}$ 不变	浓度对化学平衡的影响	增大反应物浓度或减小生成物浓度；减小反应物浓度或增大生成物浓度
			压力对化学平衡的影响*	改变分压对化学平衡的影响；改变总压对化学平衡的影响；惰性气体对化学平衡的影响
		$K^{\ominus}$ 变化	温度对化学平衡的影响	$\Delta_r H_m^{\ominus}>0$，当 $T_2>T_1$，$K_2^{\ominus}$ 与 $K_1^{\ominus}$ 的关系；$\Delta_r H_m^{\ominus}<0$，当 $T_2>T_1$，$K_2^{\ominus}$ 与 $K_1^{\ominus}$ 的关系

习 题

1. 判断题

(1)对于可逆反应，平衡常数越大，反应速率越快。(　　)

(2)平衡常数的数值是反应进行程度的标志，故对可逆反应而言，不管是正反应还是逆反应，其平衡常数均相同。(　　)

(3)某一反应平衡后，再加入些反应物，在相同的温度下再次达到平衡，则两次测得的平衡常数相同。(　　)

(4)在某温度下，密闭容器中反应 $2NO(g) + O_2(g) = 2NO_2(g)$ 达到平衡，当保持温度和体积不变充入惰性气体时，总压将增加，平衡向气体分子数减少即生成 NO_2 的方向移动。(　　)

2. 写出下列反应的化学反应平衡常数 $K^\ominus$。

(1) $CaCO_3(s) + 2H^+(aq) \rightleftharpoons Ca^{2+}(aq) + CO_2(g) + H_2O(l)$

(2) $CaCO_3(s) \rightleftharpoons CaO(s) + CO_2(g)$

(3) $2NO_2(g) \rightleftharpoons N_2O_4(g)$

(4) $Zn(s) + 2H^+(aq) \rightleftharpoons H_2(g) + Zn^{2+}(aq)$

3. 恒容下，增加下列反应物的浓度，试说明转化率的变化情况。

(1) $2NOCl(g) \rightleftharpoons 2NO(g) + Cl_2(g)$

(2) $Zn(s) + CO_2(g) \rightleftharpoons ZnO(s) + CO(g)$

(3) $MgSO_4(s) \rightleftharpoons MgO(s) + SO_3(g)$

4. 在200℃下的体积为 V 的容器里，下面的吸热反应达成平衡态：

$$NH_4HS(g) \rightleftharpoons NH_3(g) + H_2S(g)$$

通过以下各种措施，反应再达到平衡态时，NH_3 的分压跟原来的分压相比，有何变化？

A. 增加氨气；B. 增加硫化氢气体；C. 增加 NH_4HS 固体；D. 升高温度；E. 加入氩气以增加系统的总压。

5. 已知25℃时反应：

(1) $2BrCl(g) \rightleftharpoons Cl_2(g) + Br_2(g)$　　$K_1^\ominus = 0.45$

(2) $I_2(g) + Br_2(g) \rightleftharpoons 2IBr(g)$　　$K_2^\ominus = 0.051$

计算反应 $2ClBr(g) + I_2(g) \rightleftharpoons 2IBr(g) + Cl_2(g)$ 的 $K_3^\ominus$

6. 某温度下，反应 $PCl_5(g) \rightleftharpoons PCl_3(g) + Cl_2(g)$ 的平衡常数 $K^\ominus = 2.25$。把一定量的 PCl_5 引入一真空瓶内，当达平衡后 PCl_5 的分压是 2.533×10^4 Pa。问：

(1)平衡时 PCl_3 和 Cl_2 的分压各是多少？

(2)离解前 PCl_5 的压强是多少？

(3)平衡时 PCl_5 的离解百分率是多少？

7. 可逆反应 $H_2O(g) + CO(g) \rightleftharpoons H_2(g) + CO_2(g)$ 在密闭容器中，建立平衡，在749K时该反应的平衡常数 $K^\ominus = 2.6$。

(1)求 $n(H_2O)/n(CO)$(物质的量比)为1时，CO 的平衡转化率；

(2)求 $n(H_2O)/n(CO)$(物质的量比)为3时，CO 的平衡转化率；

(3)从计算结果说明浓度对平衡移动的影响。

8. 在 308K 和总压 1.00×10^5Pa，N_2O_4 有 27.2% 分解为 NO_2。

(1)计算 $N_2O_4(g)\rightleftharpoons 2NO_2(g)$反应的 $K^{\ominus}$；

(2)计算 308K 时总压为 2.00×10^5Pa 时，N_2O_4 的离解百分率；

(3)从计算结果说明压强对平衡移动的影响。

9. 对于化学平衡：$2HI(g)\rightleftharpoons H_2(g)+I_2(g)$

在 698K 时，$K^{\ominus}=1.82\times10^{-2}$。如果将 HI(g)放入反应瓶内，问：

(1)在[HI]为 0.0100mol/L 时，[H_2]和[I_2]各是多少？

(2)HI(g)的初始浓度是多少？

(3)在平衡时 HI 的转化率是多少？

10. 反应 $SO_2Cl_2(g)\rightleftharpoons SO_2(g)+Cl_2(g)$ 在 375K 时，平衡常数 $K^{\ominus}=2.4$，以 7.6g SO_2Cl_2 和 1.00×10^5Pa 的 Cl_2 作用于 1.0L 的烧瓶中，试计算平衡时 SO_2Cl_2、SO_2 和 Cl_2 的分压。

11. 化学平衡状态的重要特点是什么？

12. 温度如何影响化学反应的平衡常数？

13. 平衡常数与平衡转化率的关系？

14. 化学反应平衡常数的大小能否表示化学反应进行的程度？

15. 简述在任意状态时，化学反应的反应商(Q)和化学反应平衡常数的关系。

16. 催化剂能够影响化学反应的速度，也能影响化学反应的平衡常数吗？

扫码“练一练”

（张浩波　罗　黎）

第四章 酸碱平衡

要点导航

1. 掌握解离度，解离常数，一元弱酸、碱的 pH 计算；同离子效应及其计算，缓冲溶液的组成、原理和 pH 计算。
2. 熟悉多元弱酸、两性物质的 pH 计算；缓冲范围，缓冲溶液的配制。
3. 了解质子论要点，影响质子传递平衡移动的因素，盐效应及其计算。

酸和碱是两类重要的物质，酸碱平衡(equilibrium of acid and base)是水溶液中最重要的平衡体系。例如，人体血液中的酸碱平衡体系对维持人体血液 pH 为 7.35～7.45 起着至关重要的作用。另外很多药物本身就是酸或碱，它们的制备、储存、运输、分析测定条件及药理作用等也都与酸碱性、酸碱平衡密切相关。因此本章将以酸碱质子理论为基础讨论酸碱平衡及其移动规律，讨论酸碱平衡体系中有关各组分的浓度计算，讨论缓冲溶液的组成、性质和应用等。

第一节 酸碱理论的发展

扫码“学一学”

人们对酸碱理论的认识经历了一个由浅入深、由低级到高级的过程。最初，人们是根据物质性质来区别酸碱的，具有酸味、能使蓝色石蕊试纸变红的是酸；具有涩味、能使红色石蕊试纸变蓝的是碱。后来，随着瑞典的阿累尼乌斯(S. A. Arrhenius，1859—1927)电离学说的提出，人们对酸碱的认识产生了飞跃，以电离理论为基础去定义酸碱，使人们对酸碱的本质有了极为深刻的了解。

一、酸碱电离理论

1887 年阿累尼乌斯提出了酸碱电离理论(ionization theory of acid and base)。该理论认为：凡是在水溶液中解离出的阳离子全部是 H^+ 离子的物质称为酸，如 HCl、H_2SO_4、HF 等；解离出的阴离子全部是 OH^- 离子的物质称为碱，如 NaOH、KOH、$Ca(OH)_2$ 等。酸碱反应的实质是 H^+ 离子和 OH^- 离子结合成 H_2O 的反应。酸碱的相对强弱是根据一定浓度下它们在水溶液中解离出 H^+ 离子或 OH^- 离子的多少来衡量。

阿累尼乌斯的酸碱理论是人类对酸碱认识从现象到本质的一次飞跃，是酸碱理论发展的重要里程碑。这一理论对化学这门学科的发展起了巨大的作用，至今仍被广泛地应用。然而，这个理论也存在着局限性，它把酸、碱的认识局限在水溶液体系中，对非水体系和无溶剂体系都不适用。1923 年丹麦的布朗斯台(J. N. Brönsted，1879—1947)和英国的劳莱

(T. M. Lowry，1874—1936)提出了酸碱质子论，同年美国的路易斯(G. N. Lewis，1875—1946)提出了酸碱电子论，将酸碱的物种范围更加扩大了，使酸碱理论的适用范围扩展到非水体系乃至无溶剂体系。

二、酸碱质子论

(一)酸碱的定义

酸碱质子理论(proton theory of acid and base)认为：凡是能够给出质子(H^+)的物质称为酸，凡是能够接受质子的物质称为碱。酸是质子给体，碱是质子受体。例如：HCl、HAc、NH_4^+、HCO_3^-、$[Cr(H_2O)_6]^{3+}$等都能给出质子，都是酸；而 NH_3、Ac^-、HCO_3^-、$[Cr(H_2O)_5(OH)]^{2+}$等都能接受质子，都是碱。质子论中的酸、碱既可以是分子，也可以是正离子或负离子。有些物质既能给出质子为酸，又能接受质子为碱，称为两性物质，如 H_2O、HCO_3^-、$H_2PO_4^-$、HPO_4^{2-} 等。

(二)共轭酸碱

质子论中的酸碱不是孤立的，而是相互依存的。酸给出质子后变成其共轭碱，碱接受质子后变成其共轭酸。这种关系可用通式表示为：酸$\rightleftharpoons$碱＋质子，酸碱的这种相互依存关系称共轭关系。凡是满足上述关系的一对酸碱称共轭酸碱。例如：

$$HBr \rightleftharpoons H^+ + Br^-$$

$$HNO_3 \rightleftharpoons H^+ + NO_3^-$$

$$NH_4^+ \rightleftharpoons H^+ + NH_3$$

$$HS^- \rightleftharpoons H^+ + S^{2-}$$

$$[Cr(H_2O)_6]^{3+} \rightleftharpoons H^+ + [Cr(H_2O)_5(OH)]^{2+}$$

上述方程式左边的酸是右边碱的共轭酸，右边的碱是左边酸的共轭碱。方程式左右两边这种仅相差一个质子的一对酸碱称为共轭酸碱对。

在酸碱质子理论中没有盐的概念，电离理论中的盐，在质子理论中都是离子酸或离子碱。如可溶性盐 NH_4Cl 中的 Cl^- 是碱，NH_4^+ 是酸。

(三)酸碱反应的实质

质子论中共轭酸碱对的半反应是不能单独存在的。因为酸不能自动给出质子，质子也不能独立存在，酸在给出质子的同时，必须存在另一种物质作为碱来接受质子，酸才能变为共轭碱；反之，碱也必须从另外一种酸得到质子，才能变为共轭酸。所以酸性和碱性是通过质子的给出和接受来体现的。质子论中酸碱反应的实质是两对共轭酸碱之间的质子传递反应(proton protolysis reaction)。例如：

$$\overbrace{H_2O + NH_3}^{H^+} \rightleftharpoons NH_4^+ + OH^-$$

$$\overbrace{HAc + NH_3}^{H^+} \rightleftharpoons NH_4^+ + Ac^-$$

$$\overbrace{HAc + H_2O}^{H^+} \rightleftharpoons H_3O^+ + Ac^-$$

$$NH_4^+ + H_2O \rightleftharpoons H_3O^+ + NH_3 \quad (H^+)$$

$$H_2O + H_2O \rightleftharpoons H_3O^+ + OH^- \quad (H^+)$$

$$NH_3 + NH_3 \rightleftharpoons NH_4^+ + NH_2^- \quad (H^+)$$

$$酸_1 + 碱_2 \rightleftharpoons 酸_2 + 碱_1 \quad (H^+)$$

质子论把电离理论中的弱酸、弱碱的电离，水的自偶电离，酸碱中和，离子的水解都归纳为质子传递反应，同时把一些非水质子溶剂中的反应也归纳为质子传递反应。

在酸碱反应中，存在着争夺质子的过程。其结果必然是强酸给出质子转变成其共轭碱——弱碱；强碱夺取强酸的质子转变成其共轭酸——弱酸。酸碱反应总是由较强的酸与较强的碱作用，向生成较弱的碱和较弱的酸的方向进行。相互作用的酸、碱强度越大，反应进行越完全。

（四）酸碱强度

质子论认为：酸碱强度不仅取决于酸碱自身给出质子或接受质子的能力，同时也与反应对象（溶剂）接受和给出质子的能力有关。

在同一溶剂中，不同酸碱的强弱取决于酸碱的本性。酸给出质子的能力强，酸性强；碱接受质子的能力强，碱性强。例如：

$$H_2O + NH_3 \rightleftharpoons NH_4^+ + OH^- \quad (H^+)$$

$$HAc + H_2O \rightleftharpoons H_3O^+ + Ac^- \quad (H^+)$$

$$HNO_3 + H_2O \rightleftharpoons H_3O^+ + NO_3^- \quad (H^+)$$

H_2O、HAc、HNO_3 给出质子的能力渐强，酸性渐强。NH_3 比 H_2O 接受质子能力强，NH_3 在水中显碱性。共轭酸碱对中，酸给出质子的能力越强，其共轭碱接受质子的能力就越弱；反之，碱接受质子的能力越强，其共轭酸给出质子的能力就越弱。换句话说，一个酸的酸性越强，其共轭碱的碱性越弱；一个碱的碱性越强，其共轭酸的酸性越弱。例如：H_2O、HAc、HNO_3 酸性渐强，其共轭碱 OH^-、Ac^-、NO_3^- 碱性渐弱。

同一种酸碱在不同溶剂中的相对强弱由溶剂的性质决定。同一种酸，若溶剂接受质子的能力强，则酸性强；若溶剂接受质子的能力弱，则酸性弱；若溶剂接受质子的能力比该酸还弱，则溶剂给出质子，该酸接受质子显示碱性。例如：

$$HNO_3 + H_2O \rightleftharpoons H_3O^+ + NO_3^- \quad (H^+)$$

$$HNO_3 + HAc \rightleftharpoons H_2Ac^+ + NO_3^- \quad (H^+)$$

$$\overset{H^+}{H_2SO_4 + HNO_3} \rightleftharpoons H_2NO_3^+ + HSO_4^-$$

由于接受质子的能力为 $H_2O > HAc > HNO_3 > H_2SO_4$，所以 HNO_3 在水中给出质子能力强为强酸，在冰醋酸中给出质子能力减弱其酸性显著降低，而在纯 H_2SO_4 中则接受质子表现为碱。

由此可见，比较不同酸、碱的强度必须固定溶剂，最常用的溶剂是水。弱酸、弱碱的强弱用水溶液中弱酸、弱碱的解离平衡常数 $K_a^\ominus$ 和 $K_b^\ominus$ 定量衡量。强酸、强碱在水溶液中完全解离，水不能作为区分它们酸碱性强弱的溶剂，必须用它们在其他质子性溶剂中的解离平衡常数 $K_a^\ominus$ 和 $K_b^\ominus$ 来定量衡量。

三、酸碱电子理论

（一）酸碱定义

酸碱电子理论（electron theory of acid and base）认为：凡是能够接受电子对的物质都称为酸，如 H^+、BF_3、Cu^{2+} 等；凡是能够给出电子对的物质都称为碱，如 OH^-、NH_3、H_2O、Cl^- 等。酸是电子对的受体，碱是电子对的给体。酸碱反应的实质是形成配位键生成酸碱配合物的过程。例如：

酸 + 碱 ⟶ 酸碱配合物

$$HNO_3 + :\!NH_3 \longrightarrow [H \leftarrow NH_3]^+ + NO_3^-$$

$$Zn^{2+} + 4[:NH_3] \longrightarrow [Zn(\leftarrow NH_3)_4]^{2+}$$

$$H^+ + :OH^- \longrightarrow H \leftarrow OH$$

$$CH_3CO^+ + :OC_2H_5^- \longrightarrow CH_3CO \leftarrow OC_2H_5$$

（二）反应类型

根据酸碱电子论，可把酸碱反应分为以下四种类型。

（1）酸碱加合反应：$Ag^+ + Cl^- = AgCl$

（2）碱取代反应：$[Fe(SCN)_6]^{3-} + 3OH^- = Fe(OH)_3 + 6SCN^-$

（3）酸取代反应：$[Cu(NH_3)_4]^{2+} + 4H^+ = Cu^{2+} + 4NH_4^+$

（4）双取代反应：$HAc + NaOH = NaAc + H_2O$

在酸碱电子论中，一种物质究竟属于酸、属于碱，还是属于酸碱配合物，应该在具体的反应中确定。

酸碱电子理论扩大了酸碱的范围，绝大多数物质都能归为酸、碱或酸碱配合物，并可把酸碱概念用于许多有机反应和无溶剂系统，这是它的优点。但正是由于它的包罗万象，显得酸碱的特征不明显，这也是酸碱电子理论的不足之处。

扫码"学一学"

第二节 强电解质溶液

在水溶液中或熔融状态下能导电的化合物称为电解质。按电解质在水溶液中是否完全解离，又分为强电解质和弱电解质。在水溶液中完全解离成离子的是强电解质，如强酸、强碱和大部分盐类；在水溶液中部分解离成离子的是弱电解质，如水、弱酸、弱碱及少部分盐类。

非电解质稀溶液的依数性与溶液中溶质质点的数量成正比，而与溶质的本性无关。对于电解质溶液，由于发生解离且离子之间有相互作用，因而依数性出现反常。如下表 4－1 所示。

表 4－1 几种强电解质水溶液的凝固点下降情况

强电解质	b_B/(mol/kg)	ΔT_f/ K（计算值）	$\Delta T_f'$/ K（实验值）	$i=\dfrac{实验值}{计算值}$
KCl	0.20	0.372	0.673	1.81
KNO_3	0.20	0.372	0.664	1.78
$MgCl_2$	0.10	0.186	0.519	2.79
$Ca(NO_3)_2$	0.10	0.186	0.461	2.48

为了使非电解质稀溶液的依数性公式适用于电解质，荷兰的范特霍夫(J. H. Van't Hoff, 1852—1911)建议在公式中引入校正系数 i，即：

$$\Delta T_f' = iK_f b_B$$

$$i=\frac{\Delta p'}{\Delta p}=\frac{\Delta T_b'}{\Delta T_b}=\frac{\Delta T_f'}{\Delta T_f}=\frac{\pi'}{\pi}$$

校正后的公式适用于电解质稀溶液依数性的计算。习惯上将 i 称为等渗系数。由于电解质在水溶液中是解离的，i 值总是大于 1，但由于解离程度不同，i 值又总是小于百分之百解离时质点所扩大的倍数，如表 4－1 中所示。阿累尼乌斯认为这是电解质在溶液中不完全解离的结果。这对于弱电解质很好理解，因弱电解质在溶液中部分解离，如 HAc 的 $2>i>1$。但对于强电解质，由于其在溶液中完全解离，全部以离子形式存在，如 KCl、KNO_3 等这些在晶体中就以离子堆积形式存在的，在溶液中不可能有分子存在。这一结论显然与依数性的实验结果产生了矛盾。如何解决这个矛盾呢？1923 年荷兰的德拜(P. Debye, 1884—1996)和德国的休克尔(E. Hückel, 1896—1980)提出了强电解质溶液理论。

一、强电解质溶液理论

强电解质溶液理论认为：强电解质在水溶液中是完全解离的，但由于离子间的相互作用，并不完全自由。由于同性离子相斥，异性离子相吸的结果，阴离子周围阳离子较多，阳离子周围阴离子较多，在阴阳离子周围形成了电荷相反的"离子氛"(ion atmosphere)。这种离子间的相互牵制，限制了离子的运动，使它们不能 100% 自由地发挥效能，表面上显示出离子数目减小。

在测量电解质的依数性时，由于离子与“离子氛”之间的相互作用，使实际发挥作用的离子数少于电解质完全解离时应有的离子数目，造成所测的依数性数值小于理论值。

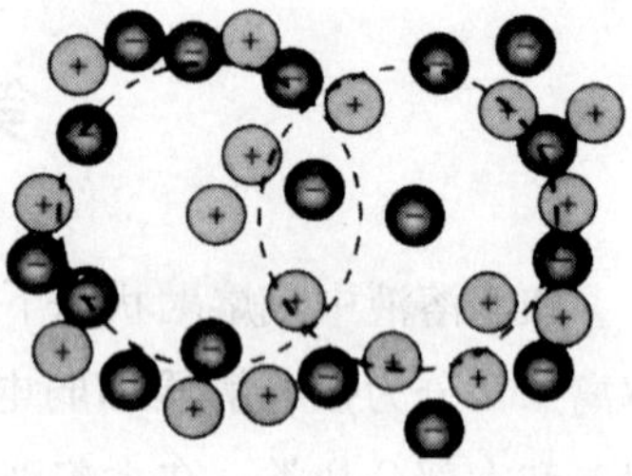

图 4－1 离子氛示意图

德拜－休克尔理论用于1-1 价型强电解质的稀溶液比较成功。在较浓的强电解质溶液中，由于静电引力作用强，带相反电荷的离子就会部分缔合成“离子对”。“离子对”作为一个整体在溶液中运动，使溶液中自由离子的浓度降低。

二、离子强度

强电解质溶液理论表明，离子浓度越大，离子所带电荷越多，离子与它的“离子氛”之间的作用越强。离子与它的“离子氛”之间的这种牵制作用的强弱可用离子强度(ionic strength)的概念来描述。用 I 表示离子强度，z_i 表示溶液中 i 种离子的电荷数，b_i 表示 i 种离子的质量摩尔浓度，其计算公式为：

$$I = \frac{1}{2}\sum_{i} b_i Z_i^2 \tag{4-1}$$

离子强度 I 的单位为 mol/kg。稀溶液中，近似计算时，可用 c_i 代替 b_i 计算，单位为 mol/L。

例 4-1 计算下列溶液的离子强度：

(1) 0.010mol/kg $CaCl_2$ 溶液；

(2) 0.020mol/L NaCl 溶液和 0.020mol/L $Fe_2(SO_4)_3$ 溶液等体积混合。

解：(1) $b(Ca^{2+}) = 0.010\text{mol/kg}$　$b(Cl^-) = 0.020\text{mol/kg}$

$$I = \frac{1}{2}\sum_{i} b_i Z_i^2$$

$$= \frac{1}{2}[0.010\text{mol/kg} \times 2^2 + 0.020\text{mol/kg} \times (-1)^2]$$

$$= 0.030\text{mol/kg}$$

(2) 等体积混合后，溶液中：

$c(Na^+) = c(Cl^-) = 0.010\text{mol/L}$　$c(Fe^{3+}) = 0.020\text{mol/L}$　$c(SO_4^{2-}) = 0.030\text{mol/L}$

$$I = \frac{1}{2}\sum_{i} c_i Z_i^2$$

$$= \frac{1}{2}[0.010\text{mol/L} \times 1^2 + 0.010\text{mol/L} \times (-1)^2 + 0.020\text{mol/L} \times 3^2 + 0.030\text{mol/L} \times (-2)^2]$$

$$= 0.16\text{mol/L}$$

三、活度与活度系数

电解质溶液中由于离子间的相互牵制作用，使真正发挥作用的离子浓度比电解质完全解离时应达到的离子浓度要小一些。因此，将电解质溶液中，实际起作用的离子浓度称为有效浓度(effective concentration)，又称活度(activity)，用 a 表示，它的量纲为 1。活度 a 与

实际浓度 c 的关系为：

$$a_i = \gamma_i \cdot c_i / c^{\ominus} \tag{4-2}$$

式中 $c^{\ominus}=1\text{mol/L}$，为标准态的浓度，$\gamma_i$ 称为活度系数(activity coefficient)，反映了溶液中离子之间相互作用的大小。溶液浓度越大、离子的电荷越高，离子强度越大，γ_i 越小，活度就越偏离实际浓度；当溶液极稀时，$\gamma_i \to 1$，活度接近浓度。

在电解质溶液中，由于正、负离子同时存在，目前单个离子的活度系数不能由实验测定，但可用实验方法来求得电解质溶液中离子的平均活度系数 $\gamma_{\pm}$。对 1-1 价型电解质的离子，平均活度系数定义为正离子和负离子的活度系数的几何平均值，即 $\gamma_{\pm}=\sqrt{\gamma_{+}\cdot\gamma_{-}}$。

活度系数除了能用实验测得，也可通过理论计算求得。按照“离子氛”模型，德拜-休克尔从理论上导出活度系数与离子强度的关系：

$$\lg\gamma_{\pm} = -A\left|z_{+}\cdot z_{-}\right|\sqrt{I} \quad 或 \quad \lg\gamma_i = -Az_i^2\sqrt{I} \tag{4-3}$$

z_{+} 和 z_{-} 分别表示正、负离子所带电荷，在 298K 时的水溶液中 A 值为 0.509。式(4-3)只适用于离子强度小于 0.010mol/kg 的稀溶液。

1961 年，在实验数据基础上，将德拜－休克尔方程修订为如下公式：

$$\lg\gamma_{\pm} = -0.509\times\left|z_{+}\cdot z_{-}\right|\left(\frac{\sqrt{I}}{1+\sqrt{I}}-0.30I\right) \tag{4-4}$$

$$\lg\gamma_i = -0.509\times z_i^2\left(\frac{\sqrt{I}}{1+\sqrt{I}}-0.30I\right) \tag{4-5}$$

对离子强度高达 0.10～0.20mol/kg 的电解质溶液应用式(4-4)、式(4-5)，均可得到较好的结果。

例 4-2　试计算 0.10mol/L NaCl 溶液的离子强度、活度系数、活度。

解： $c(Na^+)=c(Cl^-)=0.10\text{mol/L}$

$$I=\frac{1}{2}\sum_i c_i Z_i^2$$

$$=\frac{1}{2}\left[0.10\text{mol/L}\times1^2+0.10\text{mol/L}\times(-1)^2\right]$$

$$=0.10\text{mol/L}$$

代入公式(4-5)：

$$\lg\gamma(Na^+)=\lg\gamma(Cl^-)=-0.509\times\left|z_{+}\cdot z_{-}\right|\left(\frac{\sqrt{I}}{1+\sqrt{I}}-0.30I\right)$$

$$=-0.509\times1\times\left(\frac{\sqrt{0.10}}{1+\sqrt{0.10}}-0.30\times0.10\right)$$

$$=-0.11$$

$$\gamma(Na^+)=\gamma(Cl^-)=0.78$$

$$a(Na^+)=a(Cl^-)=\gamma(Na^+)\times c(Na^+)/c^{\ominus}=\gamma(Cl^-)\times c(Cl^-)/c^{\ominus}=0.078$$

需要注意的是，对于稀溶液、弱电解质溶液、难溶强电解质溶液，由于溶液中离子浓度小，离子间相互作用弱，可忽略离子强度的影响，直接以浓度代替活度计算。

第三节　弱电解质的质子传递平衡

弱电解质在水溶液中部分解离，已解离的离子和未解离的分子间存在解离平衡(dissoci-

扫码“学一学”

ation equilibrium)。电离理论中的水分子的自偶电离，弱酸、弱碱的解离平衡，盐类水解平衡在酸碱质子论中统称为弱酸、弱碱的质子传递平衡(proton transfer equilibrium)。下面分类讨论如下。

一、水的质子自递平衡和溶液的 pH

(一)水的质子自递平衡

纯水具有微弱的导电性，这是因为水是一个很弱的电解质，分子间存在质子自递平衡(autoprotolysis equilibrium)。

$$H_2O + H_2O \rightleftharpoons H_3O^+ + OH^-$$

简写成：

$$H_2O \rightleftharpoons H^+ + OH^-$$

电离理论中，上述平衡又称为水的电离平衡或解离平衡。

根据化学平衡原理，其平衡常数表达式为：$K_w^\ominus = [H^+][OH^-]$

$K_w^\ominus$ 称为水的离子积常数，简称水的离子积(ionic product of water)，它表示水溶液中 H^+ 和 OH^- 相对平衡浓度的乘积。

实验测得，298K 纯水中的 H^+ 和 OH^- 相对平衡浓度为 1.00×10^{-7}。则，298K 时：

$$K_w^\ominus = [H^+][OH^-] = 1.00 \times 10^{-14}$$

$K_w^\ominus$ 只与温度有关而与浓度无关。由于水的解离平衡是吸热反应，温度升高，$K_w^\ominus$ 值增大，表 4-2 给出了某些温度下的 $K_w^\ominus$ 值。一般室温范围内，通常采用 $K_w^\ominus = 1.00 \times 10^{-14}$。

表 4-2 不同温度时水的离子积

T/K	273	283	293	297	298	323	373
$K_w^\ominus(10^{-14})$	0.114	0.292	0.681	1.00	1.01	5.47	55.0

(二)溶液的 pH

水的离子积常数不因溶入其他物质，存在其他平衡而改变。若已知溶液中的 H^+ 浓度，即可根据水的离子积求出 OH^- 浓度，反之亦然。又由于溶液酸碱性是根据溶液中 H^+ 和 OH^- 浓度相对大小表示的，所以根据水的离子积可统一用 H^+ 浓度或统一用 OH^- 浓度来表示溶液的酸碱性。例如：

298K 时，当溶液中，

$[H^+] = [OH^-] = 1.00 \times 10^{-7}$mol/L，溶液表现为中性；

$[H^+] > 1.00 \times 10^{-7}$mol/L 或 $[OH^-] < 1.00 \times 10^{-7}$mol/L，$[H^+] > [OH^-]$ 溶液表现为酸性；

$[H^+] < 1.00 \times 10^{-7}$mol/L 或 $[OH^-] > 1.00 \times 10^{-7}$mol/L，$[H^+] < [OH^-]$ 溶液表现为碱性。

对于 H^+ 浓度很小的溶液，为了方便，通常用 pH 表示溶液的酸碱性。p 代表一种运算，表示对于一种物理量取负对数，即：

$pH = -\lg[H^+]$　　$pOH = -\lg[OH^-]$　　$pK_w^\ominus = -\lg K_w^\ominus$

298K 时，水溶液中，$pK_w^\ominus = pH + pOH = 14$

$pH = pOH = 7$，溶液表现为中性；

$pH > 7$ 或 $pOH < 7$，溶液表现为碱性；

pH <7 或 pOH >7，溶液表现为酸性。

需要注意的是，上述判断酸碱性的标志必须在室温范围内才适用，因为水的离子积会随温度的变化而改变，在其他温度条件下，上述判据就不适用了。

pH 和 pOH 的适用范围是0～14 之间，pH <0 或 pH >14，H^+或 OH^-浓度大于 1.00mol/L，直接用 H^+或 OH^-的浓度表示溶液的酸碱性更方便。

二、一元弱酸(碱)的质子传递平衡

在水溶液中只能给出一个 H^+(或接受一个 H^+)的弱酸(碱)称为一元弱酸(碱)，酸(碱)的强度可定量用酸(碱)常数或解离常数来描述。

(一)解离常数

以一元弱酸 HAc、NH_4^+ 为例，HAc、NH_4^+ 在水溶液中存在如下质子传递平衡：

$$HAc + H_2O \rightleftharpoons H_3O^+ + Ac^- \qquad NH_4^+ + H_2O \rightleftharpoons H_3O^+ + NH_3$$

简化为：

$$HAc \rightleftharpoons H^+ + Ac^- \qquad NH_4^+ + H_2O \rightleftharpoons H^+ + NH_3 \cdot H_2O$$

根据化学平衡定律：

$$K_a^\ominus = \frac{[H^+][Ac^-]}{[HAc]} \qquad K_a^\ominus = \frac{[H^+][NH_3 \cdot H_2O]}{[NH_4^+]}$$

平衡常数 $K_a^\ominus$ 为酸的质子传递平衡常数，简称酸常数。在水溶液中又是酸的解离常数(dissociation constant)。

同理，一元弱碱 $NH_3 \cdot H_2O$、Ac^-在溶液中也存在质子传递平衡：

$$NH_3 + H_2O \rightleftharpoons OH^- + NH_4^+ \qquad Ac^- + H_2O \rightleftharpoons HAc + OH^-$$

根据化学平衡定律：

$$K_b^\ominus = \frac{[NH_4^+][OH^-]}{[NH_3]} \qquad K_b^\ominus = \frac{[HAc][OH^-]}{[Ac^-]}$$

平衡常数 $K_b^\ominus$ 为碱的质子传递平衡常数，简称碱常数。在水溶液中又是碱的解离常数。

分子酸、分子碱在水溶液中的质子传递平衡，在电离理论中称为酸、碱的解离平衡，其平衡常数，即酸、碱常数又称为解离常数，上述解离常数沿用了电离理论中的名词。对于离子酸、离子碱的质子传递平衡，在电离理论中称为水解平衡，其酸、碱常数等于电离理论中的水解常数 $K_h^\ominus$。

酸、碱常数是表征弱酸、弱碱强度大小的特性常数，其值越大，表示酸、碱性越强，反之，则酸、碱性越弱。$K_a^\ominus$、$K_b^\ominus$ 只与温度有关，而与浓度无关，但温度对它们的影响不显著，在温度变化不大时，通常采用常温下的数值，见附录二。

若将 HAc 的 $K_a^\ominus$ 和其共轭碱 Ac^-的 $K_b^\ominus$ 相乘，得：

$$K_a^\ominus \times K_b^\ominus = \frac{[H^+][Ac^-]}{[HAc]} \times \frac{[HAc][OH^-]}{[Ac^-]} = [H^+][OH^-] = K_w^\ominus$$

同理，将 NH_4^+ 的 $K_a^\ominus$ 和 $NH_3 \cdot H_2O$ 的 $K_b^\ominus$ 相乘也等于水的离子积 $K_w^\ominus$。

由此可知，水溶液中，共轭酸碱对的酸常数和碱常数的乘积等于水的离子积。因此，只要知道任一酸的酸常数，即可由水的离子积求出其共轭碱的碱常数。

(二)解离度

弱酸、弱碱在溶液中的解离程度可用解离度表示。一定温度下，当弱电解质溶液达解离平衡时，已解离的电解质分子数与电解质总分子数之比称为解离度(degree of dissociation)，常用符号 α 表示。即：

$$\alpha = \frac{\text{已解离的分子数}}{\text{解离前的分子总数}} \times 100\%$$

例如，0.10mol/L 的 $NH_3 \cdot H_2O$ 中，298K 时，有 1.3×10^{-3}mol/L 的 $NH_3 \cdot H_2O$ 解离为 NH_4^+ 和 OH^-，则 $NH_3 \cdot H_2O$ 的解离度 α 为 1.3%。

在相同浓度下，不同电解质的解离度大小反映电解质的强弱，电解质越弱，解离度越小。

解离度的大小除决定于电解质的本性外，还与外界因素如溶剂、温度、溶液的浓度等有关。同一电解质溶液，浓度越稀，解离度越大。

对于离子酸、离子碱的解离度 α，在酸碱电离理论中用水解度 h 表示。

（三）一元弱酸（碱）的质子传递平衡的近似计算

对于一元弱酸 HA，在水溶液中均存在下列两种质子传递平衡，可简写为：

$$HA \rightleftharpoons H^+ + A^- \qquad K_a^\ominus = \frac{[H^+][A^-]}{[HA]}$$

$$H_2O \rightleftharpoons H^+ + OH^- \qquad K_w^\ominus = [H^+][OH^-]$$

显然，根据上述平衡，要精确求得溶液中的$[H^+]$，计算比较繁琐复杂，也没有必要，通常情况下，均采取合理的近似计算。

设一元弱酸的浓度为 c mol/L，当 $c \cdot K_a^\ominus \geqslant 20K_w^\ominus$ 时，忽略水的质子自递平衡，只考虑弱酸的质子传递平衡，则：

$$HA \rightleftharpoons H^+ + A^-$$

相对起始浓度 $\qquad c \qquad 0 \qquad 0$

相对平衡浓度 $\qquad c-[H^+] \quad [H^+] \quad [A^-] \approx [H^+]$

$$K_a^\ominus = \frac{[H^+][A^-]}{[HA]} = \frac{[H^+]^2}{c-[H^+]} \tag{4-6}$$

整理得一元二次方程 $[H^+]^2 + K_a^\ominus \cdot [H^+] - c \cdot K_a^\ominus = 0$

$$[H^+] = -\frac{K_a^\ominus}{2} + \sqrt{\frac{K_a^{\ominus 2}}{4} + c \cdot K_a^\ominus} \tag{4-7}$$

当弱酸比较弱，浓度又不太稀，一般$\frac{c}{K_a^\ominus} \geqslant 500$ 或 $\alpha < 5\%$ 时，$c-[H^+] \approx c$，则(4-6)式为：

$$K_a^\ominus = \frac{[H^+]^2}{c}$$

$$[H^+] = \sqrt{c \cdot K_a^\ominus} \tag{4-8}$$

式(4-7)为一元弱酸求$[H^+]$浓度的近似计算式，式(4-8)则称为最简式。

同理，可推导出一元弱碱求算$[OH^-]$浓度的近似计算式、最简式为：

$$[OH^-] = -\frac{K_b^\ominus}{2} + \sqrt{\frac{K_b^{\ominus 2}}{4} + c \cdot K_b^\ominus} \tag{4-9}$$

$$[OH^-] = \sqrt{c \cdot K_b^\ominus} \tag{4-10}$$

例 4-3 求下列 $NH_3 \cdot H_2O$ 溶液的 pH 和解离度 α。（已知 $K_b^\ominus = 1.74 \times 10^{-5}$）

(1) 0.10mol/L (2) 1.0×10^{-3}mol/L。

解：(1) 已知 $c = 0.10$mol/L，$K_b^\ominus = 1.74 \times 10^{-5}$

$\because\ c \cdot K_b^{\ominus} = 1.74 \times 10^{-6} > 20K_w^{\ominus}$，$\dfrac{c}{K_b^{\ominus}} = \dfrac{0.10}{1.74 \times 10^{-5}} > 500$

$\therefore$ 可用最简式计算：$[OH^-] = \sqrt{c \cdot K_b^{\ominus}} = \sqrt{0.10 \times 1.74 \times 10^{-5}} = 1.3 \times 10^{-3}$

$$pOH = -\lg[OH^-] = -\lg 1.3 \times 10^{-3} = 2.89$$

$$pH = 14 - pOH = 11.11$$

$$\alpha = \frac{[OH^-]}{c} \times 100\% = \frac{1.3 \times 10^{-3}}{0.100} \times 100\% = 1.3\%$$

(2) 当 1.0×10^{-3}mol/L，$c \cdot K_b^{\ominus} = 1.74 \times 10^{-8} > 20K_w^{\ominus}$，$\dfrac{c}{K_b^{\ominus}} = \dfrac{1.0 \times 10^{-3}}{1.74 \times 10^{-5}} < 500$

$\therefore$ 需用近似计算式计算：

$$[OH^-] = -\frac{K_b^{\ominus}}{2} + \sqrt{\frac{K_b^{\ominus 2}}{4} + c \cdot K_b^{\ominus}}$$

$$= -\frac{1.74 \times 10^{-5}}{2} + \sqrt{\frac{(1.74 \times 10^{-5})^2}{4} + 1.0 \times 10^{-3} \times 1.74 \times 10^{-5}}$$

$$= 1.2 \times 10^{-4}$$

$pOH = -\lg[OH^-] = -\lg 1.2 \times 10^{-4} = 3.92$

$pH = 14 - pOH = 10.08$

$\alpha = \dfrac{[OH^-]}{c} \times 100\% = \dfrac{1.2 \times 10^{-4}}{1.0 \times 10^{-3}} \times 100\% = 12\%$

例 4-4　将 0.20mol/L HAc 溶液和 0.20mol/L NaOH 溶液等体积混合，计算混合溶液的 pH。

解： 两种是等物质的量溶液混合，HAc 和 NaOH 全部反应生成 NaAc。Ac^- 为一元弱碱，

$$K_b^{\ominus}(Ac^-) = \frac{K_w^{\ominus}}{K_a^{\ominus}(HAc)} = \frac{1.00 \times 10^{-14}}{1.75 \times 10^{-5}} = 5.71 \times 10^{-10}$$

$\because\ c = \dfrac{0.20\text{mol/L}}{2} = 0.10\text{mol/L}$，$c \cdot K_b^{\ominus} = 5.71 \times 10^{-11} > 20K_w^{\ominus}$，

$\dfrac{c}{K_b^{\ominus}} = \dfrac{0.10}{5.71 \times 10^{-10}} > 500$，$\therefore$ 用最简式计算：

$$[OH^-] = \sqrt{c \cdot K_b^{\ominus}} = \sqrt{0.10 \times 5.71 \times 10^{-10}} = 7.6 \times 10^{-6}$$

$$pOH = -\lg[OH^-] = -\lg 7.6 \times 10^{-6} = 5.12$$

$$pH = 14 - pOH = 8.88$$

例 4-5　计算 0.10mol/L NH_4Cl 溶液的 pH 及 NH_4^+ 的解离度 α。

解： NH_4Cl 在溶液中完全解离为 NH_4^+ 和 Cl^-，NH_4^+ 为一元弱酸，其酸常数：

$$K_a^{\ominus} = \frac{K_w^{\ominus}}{K_b^{\ominus}} = \frac{1.00 \times 10^{-14}}{1.74 \times 10^{-5}} = 5.75 \times 10^{-10}$$

$\because\ c = 0.10\text{mol/L}$，$c \cdot K_a^{\ominus} = 5.75 \times 10^{-11} > 20K_w^{\ominus}$，

$\dfrac{c}{K_a^{\ominus}} = \dfrac{0.10}{5.75 \times 10^{-10}} > 500$，$\therefore$ 用最简式计算：

$$[H^+] = \sqrt{c \cdot K_a^{\ominus}} = \sqrt{0.10 \times 5.75 \times 10^{-10}} = 7.6 \times 10^{-6}$$

$$pH = 5.12$$

$$\alpha = \frac{[H^+]}{c} \times 100\% = \frac{7.6 \times 10^{-6}}{0.10} \times 100\% = 7.6 \times 10^{-3}\%$$

（四）稀释定律

解离常数和解离度都能反映弱电解质的解离程度，但它们之间既有联系又有区别。解离常数是化学平衡常数的一种形式，它只与温度有关而与浓度无关；解离度是转化率的一种形式，它表示弱电解质在一定条件下的解离百分率，既与温度有关又与浓度有关。

解离度和解离常数之间的定量关系可推导如下：

设一元弱酸 HA 的起始浓度为 $c$mol/L，解离常数为 $K_a^{\ominus}$，解离度为 α，则：

$$HA \rightleftharpoons H^+ + A^-$$

	HA	H^+	A^-
相对起始浓度	c	0	0
相对平衡浓度	$c-c\alpha$	$c\alpha$	$c\alpha$

$$K_a^{\ominus}=\frac{[H^+][A^-]}{[HA]}=\frac{c\alpha^2}{1-\alpha}$$

当 $\frac{c}{K_a^{\ominus}}\geqslant 500$ 或 $\alpha<5\%$，$1-\alpha\approx 1$ 时，$K_a^{\ominus}=c\alpha^2\quad \alpha=\sqrt{\frac{K_a^{\ominus}}{c}}$ （4-11）

同理，对于一元弱碱可推导出：$K_b^{\ominus}=c\alpha^2\quad \alpha=\sqrt{\frac{K_b^{\ominus}}{c}}$ （4-12）

式(4-11)、式(4-12)表示解离度、解离常数、溶液浓度三者之间的定量关系，称为稀释定律(dilution law)。其含义是在一定温度下，同一弱电解质的解离度与其浓度的平方根成反比，溶液越稀，解离度越大；相同浓度的不同弱电解质的解离度与解离常数的平方根成正比，解离常数越大，解离度也越大。

例 4-6 已知某浓度的 HAc，解离度为 1.0%，$K_a^{\ominus}=1.75\times10^{-5}$，求该 HAc 溶液的起始浓度和 pH。

解：$\because \alpha=1.0\%<5\%$，代入式(4-11)计算：

$$c=\frac{K_a^{\ominus}}{\alpha^2}=\frac{1.75\times10^{-5}}{0.10^2}=0.18$$

$$[H^+]=c\alpha=0.18\times1.00\%=1.8\times10^{-3}$$

$$pH=-\lg[H^+]=-\lg1.8\times10^{-3}=2.74$$

$\therefore$ HAc 的起始浓度为 0.18mol/L，pH 为 2.74。

三、多元弱酸(碱)的质子传递平衡

在水溶液中能给出多个 H^+（或接受多个 H^+）的弱酸(碱)称为多元弱酸(碱)。如 H_2CO_3、H_2S 为二元弱酸，H_3PO_4 为三元弱酸，CO_3^{2-}、PO_4^{3-} 等是多元弱碱。

多元弱酸(碱)在溶液中的质子传递是分步进行的，溶液中存在多步质子传递平衡。例如，二元弱酸 H_2S 在溶液中存在以下两步质子传递平衡。

第一步 $H_2S+H_2O \rightleftharpoons H_3O^+ + HS^-$

简写为：$H_2S \rightleftharpoons H^+ + HS^-$ $\quad K_{a1}^{\ominus}=\frac{[H^+][HS^-]}{[H_2S]}=8.91\times10^{-8}$

第二步 $HS^- + H_2O \rightleftharpoons H_3O^+ + S^{2-}$

简写为：$HS^- \rightleftharpoons H^+ + S^{2-}$ $\quad K_{a2}^{\ominus}=\frac{[H^+][S^{2-}]}{[HS^-]}=1.00\times10^{-19}$

Na_3PO_4 在溶液中完全解离为 Na^+ 和 PO_4^{3-}，PO_4^{3-} 在溶液中存在以下三步质子传递平衡。

第一步　$PO_4^{3-} + H_2O \rightleftharpoons HPO_4^{2-} + OH^-$

$$K_{b1}^{\ominus} = \frac{[HPO_4^{2-}][OH^-]}{[PO_4^{3-}]} = \frac{K_w^{\ominus}}{K_{a3}^{\ominus}} = \frac{1.00 \times 10^{-14}}{4.79 \times 10^{-13}} = 2.09 \times 10^{-2}$$

第二步　$HPO_4^{2-} + H_2O \rightleftharpoons H_2PO_4^- + OH^-$

$$K_{b2}^{\ominus} = \frac{[H_2PO_4^-][OH^-]}{[HPO_4^{2-}]} = \frac{K_w^{\ominus}}{K_{a2}^{\ominus}} = \frac{1.00 \times 10^{-14}}{6.17 \times 10^{-8}} = 1.62 \times 10^{-7}$$

第三步　$H_2PO_4^- + H_2O \rightleftharpoons H_3PO_4 + OH^-$

$$K_{b3}^{\ominus} = \frac{[H_3PO_4][OH^-]}{[H_2PO_4^-]} = \frac{K_w^{\ominus}}{K_{a1}^{\ominus}} = \frac{1.00 \times 10^{-14}}{6.92 \times 10^{-3}} = 1.45 \times 10^{-12}$$

多元弱酸（碱）的质子传递均是逐级减弱，酸（碱）常数逐级减小，一般都彼此相差 $10^4 \sim 10^5$。

多元弱酸（碱）的溶液中除了存在多步质子传递平衡外，还存在水的质子自递平衡，属于多重平衡体系，服从多重平衡规则。溶液中的 H^+、OH^- 浓度是各平衡提供的 H^+、OH^- 浓度的总和，但由于第二、三步质子传递平衡和水的质子自递平衡提供的 H^+、OH^- 非常少，因此，比较多元弱酸（碱）的酸碱性或求 H^+、OH^- 浓度的近似计算只需考虑第一步质子传递平衡。

例 4-7　室温下，计算饱和 H_2S 水溶液中各离子浓度。

解：已知，饱和 H_2S 水溶液中，$c(H_2S) = 0.10\text{mol/L}$

$$K_{a1}^{\ominus} = 8.91 \times 10^{-8},\ K_{a2}^{\ominus} = 1.00 \times 10^{-19}$$

$\because$ $c \cdot K_{a1}^{\ominus} > 20K_w^{\ominus}$，忽略水的解离平衡；$K_{a1}^{\ominus} \gg K_{a2}^{\ominus}$，求 H^+ 近似浓度只考虑第一步质子传递平衡，按一元弱酸的质子传递平衡处理。

又 $\because$ $\frac{c}{K_{a1}^{\ominus}} \geq 500$，$\therefore$ 可用一元弱酸的最简公式计算：

$$[H^+] = \sqrt{cK_{a1}^{\ominus}} = \sqrt{0.10 \times 8.91 \times 10^{-8}} = 9.4 \times 10^{-5}$$

由于 H_2S 的第二步质子传递程度很小，所以 $[HS^-] \approx [H^+] = 9.4 \times 10^{-5}$。

$$[OH^-] = \frac{K_w^{\ominus}}{[H^+]} = \frac{1.00 \times 10^{-14}}{9.4 \times 10^{-5}} = 1.1 \times 10^{-10}$$

求 $[S^{2-}]$ 根据第二步质子传递平衡计算：

$$HS^- \rightleftharpoons H^+ + S^{2-} \qquad K_{a2}^{\ominus} = \frac{[H^+][S^{2-}]}{[HS^-]} = 1.00 \times 10^{-19}$$

由于 $[HS^-] \approx [H^+]$，所以 $[S^{2-}] \approx K_{a2}^{\ominus} = 1.0 \times 10^{-19}$

例 4-8　计算 0.10mol/L Na_3PO_4 溶液的 pH。

解：Na_3PO_4 在水溶液中完全电离为 Na^+ 和 PO_4^{3-}，PO_4^{3-} 的浓度 $c = 0.10\text{mol/L}$，$K_{b1}^{\ominus} = 2.09 \times 10^{-2}$，$K_{b2}^{\ominus} = 1.62 \times 10^{-7}$，$K_{b3}^{\ominus} = 1.45 \times 10^{-12}$

$\because$ $c \cdot K_{b1}^{\ominus} > 20K_w^{\ominus}$，忽略水的质子自递平衡；$K_{b1}^{\ominus} \gg K_{b2}^{\ominus}$，求 OH^- 近似浓度只考虑第一步质子传递平衡，按一元弱碱的质子传递平衡处理。

又 $\because$ $\frac{c}{K_{b1}^{\ominus}} < 500$，$\therefore$ 可用一元弱碱的近似计算公式计算：

$$[OH^-] = -\frac{K_{b1}^{\ominus}}{2} + \sqrt{\frac{K_{b1}^{\ominus 2}}{4} + c \cdot K_{b1}^{\ominus}}$$

$$= -\frac{2.09\times10^{-2}}{2} + \sqrt{\frac{(2.09\times10^{-2})^2}{4} + 0.100\times2.09\times10^{-2}}$$

$$= 3.6\times10^{-2}$$

pOH = 1.44　　　pH = 12.56

通过上述两例计算，可得出以下结论：

(1)当多元弱酸(碱)的 $K_{a1}^{\ominus} \gg K_{a2}^{\ominus} \gg K_{a3}^{\ominus}$，$K_{b1}^{\ominus} \gg K_{b2}^{\ominus} \gg K_{b3}^{\ominus}$ 时，求[H^+]、[OH^-]可当作一元弱酸(碱)处理，衡量多元弱酸碱的强度可用 $K_{a1}^{\ominus}$、$K_{b1}^{\ominus}$。

(2)多元弱酸(碱)第二步质子转移平衡所得的共轭碱(酸)的浓度近似等于 $K_{a2}^{\ominus}$($K_{b2}^{\ominus}$)，与酸(碱)的浓度关系不大，如 H_2S 溶液中，$[S^{2-}] \approx K_{a2}^{\ominus}$；$Na_3PO_4$ 溶液中，$[H_2PO_4^-] \approx K_{b2}^{\ominus}$。

四、两性物质的质子传递平衡

酸碱质子论中，把既能给出质子又能接受质子的物质称为两性物质，如 $H_2PO_4^-$、HPO_4^{2-}、HCO_3^-、NH_4Ac、NH_4CN、甘氨酸(NH_2CH_2COOH)等。

两性物质在溶液中存在下述两个质子传递平衡，以 HCO_3^- 为例：

HCO_3^- 作为酸，在水中的质子传递平衡为：

$$HCO_3^- + H_2O \rightleftharpoons H_3O^+ + CO_3^{2-}$$

可简写为：$HCO_3^- \rightleftharpoons H^+ + CO_3^{2-}$　　$K_a^{\ominus}(HCO_3^-) = K_{a2}^{\ominus}(H_2CO_3) = 4.68\times10^{-11}$

HCO_3^- 作为碱，在水中的质子传递平衡为：

$$HCO_3^- + H_2O \rightleftharpoons H_2CO_3 + OH^- \quad K_b^{\ominus}(HCO_3^-) = \frac{K_w^{\ominus}}{K_{a1}^{\ominus}(H_2CO_3)} = \frac{1.00\times10^{-14}}{4.47\times10^{-7}} = 2.24\times10^{-8}$$

因为 $K_a^{\ominus}(HCO_3^-) < K_b^{\ominus}(HCO_3^-)$，所以 HCO_3^- 显碱性。

由此可知，两性物质水溶液的酸碱性，可以根据 $K_a^{\ominus}$ 和 $K_b^{\ominus}$ 的相对大小来判断。若 $K_a^{\ominus} > K_b^{\ominus}$，则其给出质子的能力大于接受质子的能力，水溶液显酸性，如 $H_2PO_4^-$、NH_4F；若 $K_a^{\ominus} < K_b^{\ominus}$，则其给出质子的能力小于接受质子的能力，溶液显碱性，如 HPO_4^{2-}、HCO_3^-、NH_4CN；若 $K_a^{\ominus} = K_b^{\ominus}$，则其给出质子的能力等于接受质子的能力，溶液显中性，如 NH_4Ac。

两性物质 pH 的近似计算公式，以 $K_a^{\ominus} < K_b^{\ominus}$ 的 HCO_3^- 为例推导如下：

$$HCO_3^- \rightleftharpoons H^+ + CO_3^{2-} \qquad K_a^{\ominus}(HCO_3^-) = K_{a2}^{\ominus}(H_2CO_3) = 4.68\times10^{-11}$$

$$HCO_3^- + H_2O \rightleftharpoons H_2CO_3 + OH^- \quad K_b^{\ominus}(HCO_3^-) = \frac{K_w^{\ominus}}{K_{a1}^{\ominus}(H_2CO_3)} = \frac{1.00\times10^{-14}}{4.47\times10^{-7}} = 2.24\times10^{-8}$$

由于 $K_a^{\ominus} < K_b^{\ominus}$，则上述两个平衡生成的 H^+ 和 OH^- 中和后，OH^- 过量，溶液中 OH^- 浓度为：

$$[OH^-] = [H_2CO_3] - [CO_3^{2-}] \tag{1}$$

由上述两个平衡常数表达式又可得：

$$K_a^{\ominus} = K_{a2}^{\ominus} = \frac{[H^+][CO_3^{2-}]}{[HCO_3^-]} \qquad [CO_3^{2-}] = \frac{K_{a2}^{\ominus}[HCO_3^-]}{[H^+]} \tag{2}$$

$$K_b^{\ominus} = \frac{K_w^{\ominus}}{K_{a1}^{\ominus}} = \frac{[H_2CO_3][OH^-]}{[HCO_3^-]} \qquad [H_2CO_3] = \frac{K_w^{\ominus}[HCO_3^-]}{K_{a1}^{\ominus}[OH^-]} = \frac{[H^+][HCO_3^-]}{K_{a1}^{\ominus}} \tag{3}$$

(2)、(3)式代入(1)得：

$$[OH^-]=\frac{[H^+][HCO_3^-]}{K_{a1}^{\ominus}}-\frac{K_{a2}^{\ominus}[HCO_3^-]}{[H^+]}$$

两边同乘以 $K_{a1}^{\ominus}[H^+]$，并整理得：$[H^+]=\sqrt{\dfrac{K_{a1}^{\ominus}(K_w^{\ominus}+K_{a2}^{\ominus}[HCO_3^-])}{[HCO_3^-]}}$

由于 $K_a^{\ominus}$、$K_b^{\ominus}$ 均很小，所以 $[HCO_3^-]\approx c$，上式近似为：

$$[H^+]=\sqrt{\frac{K_{a1}^{\ominus}(K_w^{\ominus}+cK_{a2}^{\ominus})}{c}}$$

当 $c\cdot K_{a2}^{\ominus}\geqslant 20K_w^{\ominus}$，$K_w^{\ominus}+cK_{a2}^{\ominus}\approx cK_{a2}^{\ominus}$，得近似计算公式为：

$$[H^+]=\sqrt{K_{a1}^{\ominus}\cdot K_{a2}^{\ominus}} \tag{4-13}$$

推广应用到其他两性物质，H^+ 浓度的近似计算式为：

$$[H^+]=\sqrt{K_a^{\ominus}\cdot K_a^{\ominus}(\text{共轭酸})} \tag{4-14}$$

$$pH=\frac{1}{2}pK_a^{\ominus}+\frac{1}{2}pK_a^{\ominus}(\text{共轭酸}) \tag{4-15}$$

式(4-14)、式(4-15)中，$K_a^{\ominus}$ 为两性物质作为酸时的酸常数，$K_a^{\ominus}$(共轭酸)是作为碱时其共轭酸的酸常数。

例 4-9　计算 0.10mol/L NaH_2PO_4 溶液、0.10mol/L Na_2HPO_4 溶液的 pH。

已知：H_3PO_4 的 $pK_{a1}^{\ominus}=2.16$，$pK_{a2}^{\ominus}=7.21$，$pK_{a3}^{\ominus}=12.32$

解：0.10mol/L NaH_2PO_4，根据式(4-15)：

$$\begin{aligned}pH&=\frac{1}{2}pK_a^{\ominus}+\frac{1}{2}pK_a^{\ominus}(\text{共轭酸})\\&=\frac{1}{2}pK_{a2}^{\ominus}+\frac{1}{2}pK_{a1}^{\ominus}\\&=\frac{1}{2}\times(2.16+7.21)=4.69\end{aligned}$$

0.10mol/L Na_2HPO_4，根据式(4-15)：

$$\begin{aligned}pH&=\frac{1}{2}pK_a^{\ominus}+\frac{1}{2}pK_a^{\ominus}(\text{共轭酸})\\&=\frac{1}{2}pK_{a3}^{\ominus}+\frac{1}{2}pK_{a2}^{\ominus}\\&=\frac{1}{2}\times(7.21+12.32)=9.77\end{aligned}$$

例 4-10　计算 0.10mol/L NH_4CN 溶液的 pH。

已知：$NH_3\cdot H_2O$ 的 $K_b^{\ominus}=1.74\times10^{-5}$，HCN 的 $K_a^{\ominus}=6.17\times10^{-10}$

解：NH_4CN 在溶液中完全解离为 NH_4^+ 和 CN^-，一元弱酸 NH_4^+ 和一元弱碱 CN^- 的溶液称为两性物质，在水溶液中存在下列两个质子传递平衡：

$$NH_4^+ + H_2O \rightleftharpoons H^+ + NH_3\cdot H_2O \qquad K_a^{\ominus}=\frac{K_w^{\ominus}}{K_b^{\ominus}}=\frac{1.00\times10^{-14}}{1.74\times10^{-5}}=5.75\times10^{-10}$$

$$CN^- + H_2O \rightleftharpoons HCN + OH^- \qquad K_a^{\ominus}(HCN)=6.17\times10^{-10}$$

根据式(4-14)：$[H^+]=\sqrt{K_a^\ominus \cdot K_a^\ominus(\text{共轭酸})}$

$$=\sqrt{K_a^\ominus(NH_4^+) \cdot K_a^\ominus(HCN)}$$

$$=\sqrt{5.75\times10^{-10}\times6.17\times10^{-10}}$$

$$=6.0\times10^{-10}$$

$$pH=-\lg6.0\times10^{-10}=9.22$$

五、酸碱质子传递平衡的移动

酸碱质子传递平衡和其他化学平衡一样，是一动态平衡。当外界条件如浓度、温度等改变时，会发生平衡移动，使弱酸、弱碱的解离度有所改变。下面主要讨论离子浓度的变化对弱酸、弱碱质子传递平衡的影响。

(一)同离子效应

在弱电解质溶液中，加入一种与弱电解质含有相同离子的强电解质时，将对弱电解质产生怎样的影响呢？

例如：在 HAc 溶液中加入 NaAc 时，HAc 是弱电解质在溶液中存在质子传递平衡，NaAc 是强电解质在溶液中完全解离，如下所示：

$$HAc \rightleftharpoons H^+ + \boxed{Ac^-}$$

$$NaAc \rightarrow Na^+ + \boxed{Ac^-}$$

$$\longleftarrow$$

平衡移动方向

显然，由于 NaAc 的加入，溶液中 Ac^- 离子浓度增大，使 HAc 的质子传递平衡向左移动，HAc 的解离度降低。

这种在弱电解质溶液中，加入与该弱电解质含有相同离子的强电解质，使弱电解质解离度降低的现象称为同离子效应(common ion effect)。

例 4-11 在 0.10mol/L 的 HAc 溶液中，加入 NaAc 晶体，使其浓度为 0.20mol/L，求加入 NaAc 前后的$[H^+]$和解离度 α。(已知 $K_a^\ominus=1.75\times10^{-5}$，忽略固体加入引起的体积变化)

解：加入 NaAc 前，$\because\ c\cdot K_a^\ominus=1.75\times10^{-6}>20K_w^\ominus$，忽略水的质子传递平衡，

又$\because\ \dfrac{c}{K_a^\ominus}=\dfrac{0.10}{1.75\times10^{-5}}>500$，$\therefore$ 用最简式计算：

$$[H^+]=\sqrt{c\cdot K_a^\ominus}=\sqrt{0.10\times1.75\times10^{-5}}=1.3\times10^{-3}$$

$$\alpha=\frac{[H^+]}{c}\times100\%=\frac{1.3\times10^{-3}}{0.100}\times100\%=1.3\%$$

加入 NaAc 后，	HAc	$\rightleftharpoons$	H^+ +	Ac^-
相对起始浓度	0.10		0	0.20
相对平衡浓度	$0.10-[H^+]$		$[H^+]$	$0.20+[H^+]$

代入平衡常数表达式：$K_a^\ominus=\dfrac{[H^+][A^-]}{[HA]}=\dfrac{[H^+](0.20+[H^+])}{0.10-[H^+]}$

由于 Ac^- 的加入，抑制了 HAc 的质子传递，所以 $0.10-[H^+]\approx0.10$，$0.20+[H^+]\approx0.20$，代入上式：

$$[H^+]=\frac{0.10\times1.75\times10^{-5}}{0.20}=8.8\times10^{-6}$$

$$\alpha=\frac{[H^+]}{c}\times100\%=\frac{8.75\times10^{-6}}{0.10}\times100\%=8.8\times10^{-3}\%$$

由计算结果可知，同离子效应对弱电解质的解离度影响幅度较大，降低了近两个数量级。

例 4-12　在 0.20mol/L 的 HCl 溶液中通入 H_2S 至饱和，求溶液中的 S^{2-} 浓度。(已知：$K_{a1}^{\ominus}=8.91\times10^{-8}$，$K_{a2}^{\ominus}=1.00\times10^{-19}$)

解：HCl 完全解离出的 H^+，对 H_2S 的质子传递产生同离子效应，使 H_2S 传递出的 H^+ 几乎为零，体系中的$[H^+]=0.20$mol/L，则：

$$H_2S \rightleftharpoons 2H^+ + S^{2-}$$

相对平衡浓度　0.10　　0.20　　$[S^{2-}]$

$$K_{a1}^{\ominus}K_{a2}^{\ominus}=\frac{[H^+]^2[S^{2-}]}{[H_2S]}=\frac{0.20^2[S^{2-}]}{0.10}=8.91\times10^{-8}\times1.00\times10^{-19}$$

$$[S^{2-}]=2.2\times10^{-26}$$

与例 4-7 没加 HCl 前相比，S^{2-} 浓度由 1.0×10^{-19}mol/L 下降为 2.2×10^{-26}mol/L。由此可知，通过调节饱和 H_2S 溶液中的 H^+ 浓度，可以控制 S^{2-} 浓度，从而使有的金属硫化物沉淀，有的不沉淀，达到分离的目的。

H^+ 和 OH^- 也能对酸、碱的质子传递平衡产生同离子效应，如上例所示。实际应用中，溶液的酸碱度可以抑制或促进某些质子酸碱(电离理论中的盐)的质子转移反应(电离理论中称盐类水解反应)。例如，含有 Sn^{2+}、Sb^{3+}、Bi^{3+}、Fe^{3+}、Pb^{2+}、Hg^{2+} 等离子的盐溶液中，如果 pH 控制不当，都易发生质子转移反应而产生沉淀。如：

$$SnCl_2+H_2O \rightleftharpoons Sn(OH)Cl\downarrow+HCl$$

$$SbCl_3+H_2O \rightleftharpoons SbOCl\downarrow+2HCl$$

$$Pb(NO_3)_2+H_2O \rightleftharpoons Pb(OH)NO_3\downarrow+HNO_3$$

$$Bi(NO_3)_3+H_2O \rightleftharpoons BiONO_3\downarrow+2HNO_3$$

所以，在配制这些盐溶液时，一般是先把盐溶于少量的相应浓酸中，平衡左移，抑制水解，再用水稀释到所需浓度。

(二)盐效应

如果在弱电解质溶液中，加入与弱电解质不含有相同离子的强电解质，对弱电解质的质子传递平衡有没有影响呢?

例如：在 HAc 溶液中加入 NaCl 时，由于 NaCl 是强电解质在溶液中完全解离，溶液中总的离子浓度增大，离子间相互作用增强，离子强度增大，活度系数减小，就不能用浓度代替活度计算了。

例 4-13　在 0.10mol/L HAc 中加入固体 NaCl，使 NaCl 的浓度达到 0.10mol/L，计算溶液中$[H^+]$和 α。($K_a^{\ominus}=1.75\times10^{-5}$)。

解：HAc 解离出 H^+ 和 Ac^- 很少，计算溶液离子强度时可忽略，只计算强电解质 NaCl 的离子强度。

$$I=\frac{1}{2}\sum_i c_i z_i^2=\frac{1}{2}\times(0.10\text{mol/L}\times1^2+0.10\text{mol/L}\times1^2)=0.10\text{mol/L}$$

$$\lg\gamma(H^+) = \lg\gamma(Ac^-) = -0.509 \times |z_+ \cdot z_-| \left(\frac{\sqrt{I}}{1+\sqrt{I}} - 0.30I\right)$$

$$= -0.509 \times 1 \times \left(\frac{\sqrt{0.10}}{1+\sqrt{0.10}} - 0.30 \times 0.10\right)$$

$$= -0.11$$

$\gamma(H^+) = \gamma(Ac^-) = 0.78$

由于离子强度对 HAc 分子的影响很小，所以 $\gamma(HAc) = 1.0$，代入平衡常数表达式：

$$K_a^\ominus = \frac{a(H^+) \times a(Ac^-)}{a(HAc)} = \frac{\gamma(H^+) \cdot [H] \cdot \gamma(Ac^-) \cdot [Ac^-]}{[HAc]} = \frac{0.78^2[H^+]^2}{0.10}$$

$$[H^+] = \sqrt{\frac{0.10 \times 1.75 \times 10^{-5}}{0.78^2}} = 1.7 \times 10^{-3}$$

$$\alpha = \frac{[H^+]}{c} \times 100\% = \frac{1.7 \times 10^{-3}}{0.10} \times 100\% = 1.7\%$$

由计算结果可知，由于 NaCl 的加入使 HAc 的解离度略有增大。

这种在弱电解质溶液中加入与该弱电解质不含相同离子的强电解质，使弱电解质解离度略微增大的作用称为盐效应(salt effect)。酸碱质子论中没有盐的概念，这里为了说明加入不同离子和相同离子的区别，沿用了酸碱电离理论中盐效应的概念。

需要指出的是，在产生同离子效应的同时，必然伴随有盐效应，但稀溶液中，盐效应的影响比同离子效应要弱得多，所以，一般将盐效应的影响忽略，只考虑同离子效应。

扫码"学一学"

第四节　缓冲溶液

许多化学反应，特别是生物体内进行的化学反应，都需在一定的 pH 条件下进行。如生物体内的酶催化反应，pH 稍有偏离，酶的活性就降低甚至丧失。很多药物本身就是酸或碱，它们的制备、分析测定条件及药理作用都与控制一定的 pH 密切相关。那么如何控制溶液的 pH 呢？人们提出了缓冲溶液的概念。

能抵抗外来少量强酸、强碱或水的稀释而保持本身 pH 基本不变的溶液称为缓冲溶液(buffer solution)，缓冲溶液所具有的这种抗酸、抗碱、抗稀释的作用称为缓冲作用(buffer action)。

一、缓冲溶液的组成及作用原理

(一) 缓冲溶液的组成

缓冲溶液由一对共轭酸碱组成，如 HAc-Ac^-、NH_4^+-NH_3 等。组成缓冲溶液的一对共轭酸碱称为缓冲对或缓冲系。

常见的缓冲对有以下几类：

弱酸及其共轭碱：HAc-$NaAc$；

弱碱及其共轭酸：NH_3-NH_4Cl、CH_3NH_2-CH_3NH_3Cl；

两性物质及其共轭酸、碱：H_2CO_3-$NaHCO_3$、H_3PO_4-NaH_2PO_4、NaH_2PO_4-Na_2HPO_4、$C_6H_4(COOH)_2$-$C_6H_4(COOH)COOK$、Na_2HPO_4-Na_3PO_4、$NaHCO_3$-Na_2CO_3。

(二)缓冲作用原理

缓冲作用原理与前面所说的同离子效应密切相关。例如：在 HAc-NaAc 缓冲体系中，HAc 是弱电解质，存在质子传递平衡，NaAc 是强电解质，完全解离。

$$HAc \rightleftharpoons H^{+} + \boxed{Ac^{-}}$$
$$\longleftarrow$$
$$NaAc \rightarrow Na^{+} + \boxed{Ac^{-}}$$

显然，由于溶液中 Ac^- 离子浓度较大，产生同离子效应，使 HAc 的质子传递平衡向左移动，HAc 的解离度降低；造成溶液中 HAc、Ac^- 浓度比较大，H^+ 的浓度较小。

当外加少量强酸时，共轭碱 Ac^- 与 H^+ 作用，平衡向左移动，由于溶液中含有大量 HAc、Ac^-，使所加的 H^+ 几乎全变成了 HAc，HAc 浓度略有增大，Ac^- 浓度略有减小，溶液的 pH 没有明显改变。共轭碱 Ac^- 发挥了抵抗外来少量强酸的作用，所以 Ac^- 是缓冲溶液的抗酸成分(anti-acid component)。

当外加少量强碱时，OH^- 与 H^+ 作用，平衡向右移动，HAc 解离补充消耗掉的 H^+，由于溶液中含有大量 HAc、Ac^-，使消耗的 H^+ 几乎全部得到补充，HAc 浓度略有减小，Ac^- 浓度略有增大，溶液的 pH 几乎不变。共轭酸 HAc 发挥了抵抗外来少量强碱的作用，故 HAc 是缓冲溶液的抗碱成分(anti-base component)。

当外加少量水适度稀释时，平衡向右移动，由于溶液中含有大量 HAc、Ac^-，稀释而减少的 H^+ 几乎全部得到补充，溶液的 pH 几乎不变。

综上所述，由于缓冲溶液中同时含有较大量的抗碱成分和抗酸成分，再利用弱酸或弱碱的质子传递平衡可抵抗并消耗掉外来的少量强酸和强碱，使溶液的 pH 没有明显的变化，这就是缓冲作用原理。

需要指出的是，若在缓冲溶液中加入大量强酸或强碱，则缓冲溶液中抗酸和抗碱成分消耗尽后，就会失去缓冲作用。

除了上述缓冲系外，浓度较大的强酸、强碱溶液，也具有一定缓冲能力。因为外加少量的酸或碱对强酸、强碱浓度影响很小，所以 pH 基本不变。

二、缓冲溶液 pH 的近似计算

(一)缓冲溶液 pH 的近似计算

缓冲溶液中 pH 的近似计算类同于同离子效应中 pH 的近似计算。

例如，在弱酸 HA 及其共轭碱 A^- 组成的缓冲溶液中存在下列质子传递平衡：

	HA	$\rightleftharpoons$	H^+ +	A^-
相对起始浓度	$c(HA)$		0	$c(A^-)$
相对平衡浓度	$c(HA)-[H^+]$		$[H^+]$	$c(A^-)+[H^+]$

由于同离子效应，抑制了弱酸的质子传递，$c(HA)-[H^+]\approx c(HA)$，$c(A^-)+[H^+]\approx c(A^-)$

代入平衡常数表达式：$K_a^{\ominus}=\dfrac{[H^+]\cdot c(A^-)}{c(HA)}$，$[H^+]=\dfrac{K_a^{\ominus}\cdot c(HA)}{c(A^-)}$

两边同取负对数得：$pH=pK_a^{\ominus}+\lg\dfrac{c(A^-)}{c(HA)}$　　(4-16)

推广到共轭酸碱对组成的所有缓冲系得：$pH = pK_a^\ominus + \lg\frac{c(\text{共轭碱})}{c(\text{共轭酸})}$　(4-17)

注：为了方便，缓冲溶液 pH 的计算公式中，带入的均是相对浓度，SI 单位为 1。

例 4-14　计算 0.10mol/L 的 $NH_3 \cdot H_2O$ 和 0.10mol/L 的 NH_4Cl 组成的缓冲溶液的 pH。（已知 $NH_3 \cdot H_2O$ 的 $pK_b^\ominus = 4.76$）

解：由已知条件可知，NH_4^+ 的 $pK_a^\ominus = 14 - pK_b^\ominus = 14 - 4.76 = 9.24$，

$c(NH_3 \cdot H_2O) = 0.10\text{mol/L}$，$c(NH_4^+) = 0.10\text{mol/L}$，代入(4-17)得：

$$pH = pK_a^\ominus + \lg\frac{c(\text{共轭碱})}{c(\text{共轭酸})} = 9.24 + \lg\frac{c(NH_3 \cdot H_2O)}{c(NH_4^+)} = 9.24 + \lg\frac{0.10}{0.10} = 9.24$$

例 4-15　上例缓冲溶液 90ml，（1）加入 10ml 0.010mol/L 的 HCl，（2）加入 10ml 0.010mol/L 的 NaOH，（3）加入 10ml 水，计算以上三个溶液的 pH 分别为多少？

解：(1)在 NH_4^+ 和 $NH_3 \cdot H_2O$ 组成的缓冲溶液中，加入 HCl，H^+ 和 $NH_3 \cdot H_2O$ 结合为 NH_4^+，导致 $c(NH_3 \cdot H_2O)$ 减小，$c(NH_4^+)$ 增大，计算如下：

$$c(NH_4^+) = 0.10\text{mol/L} \times \frac{90\text{ml}}{90\text{ml} + 10\text{ml}} + 0.010\text{mol/L} \times \frac{10\text{ml}}{90\text{ml} + 10\text{ml}} = 0.091\text{mol/L}$$

$$c(NH_3 \cdot H_2O) = 0.10\text{mol/L} \times \frac{90\text{ml}}{90\text{ml} + 10\text{ml}} - 0.010\text{mol/L} \times \frac{10\text{ml}}{90\text{ml} + 10\text{ml}} = 0.089\text{mol/L}$$ 代入

(4-17)得：

$$pH = pK_a^\ominus + \lg\frac{c(\text{共轭碱})}{c(\text{共轭酸})} = 9.24 + \lg\frac{c(NH_3 \cdot H_2O)}{c(NH_4^+)} = 9.24 + \lg\frac{0.089}{0.091} = 9.23$$

(2)在 NH_4^+ 和 $NH_3 \cdot H_2O$ 组成的缓冲溶液中，加入 NaOH，OH^- 和 NH_4^+ 结合为 $NH_3 \cdot H_2O$，导致 $c(NH_4^+)$ 减小，$c(NH_3 \cdot H_2O)$ 增大，计算如下：

$$c(NH_3 \cdot H_2O) = 0.10\text{mol/L} \times \frac{90\text{ml}}{90\text{ml} + 10\text{ml}} + 0.010\text{mol/L} \times \frac{10\text{ml}}{90\text{ml} + 10\text{ml}} = 0.091\text{mol/L}$$

$$c(NH_4^+) = 0.10\text{mol/L} \times \frac{90\text{ml}}{90\text{ml} + 10\text{ml}} - 0.010\text{mol/L} \times \frac{10\text{ml}}{90\text{ml} + 10\text{ml}} = 0.089\text{mol/L}$$

代入(4-17)得：

$$pH = pK_a^\ominus + \lg\frac{c(\text{共轭碱})}{c(\text{共轭酸})} = 9.24 + \lg\frac{c(NH_3 \cdot H_2O)}{c(NH_4^+)} = 9.24 + \lg\frac{0.091}{0.089} = 9.25$$

(3)在 NH_4^+ 和 $NH_3 \cdot H_2O$ 组成的缓冲溶液中，加入 10ml 水，导致 $c(NH_4^+)$、$c(NH_3 \cdot H_2O)$ 同等程度减小，计算如下：

$$c(NH_4^+) = c(NH_3 \cdot H_2O) = 0.10\text{mol/L} \times \frac{90\text{ml}}{90\text{ml} + 10\text{ml}} = 0.090\text{mol/L}$$

代入(4-17)得：

$$pH = pK_a^\ominus + \lg\frac{c(\text{共轭碱})}{c(\text{共轭酸})} = 9.24 + \lg\frac{c(NH_3 \cdot H_2O)}{c(NH_4^+)} = 9.24 + \lg\frac{0.090}{0.090} = 9.24$$

计算结果表明，缓冲溶液中加入少量强酸、强碱和水，缓冲溶液的 pH 基本不变。

例 4-16　0.10mol/L 的 HAc 20ml 和 0.10mol/L 的 NaOH 10ml 混合，求混合溶液的 pH。（已知 HAc 的 $pK_a^\ominus = 4.76$）

解：混合后，HAc 和 NaOH 发生酸碱中和反应，由于 HAc 过量，混合溶液是由过量的 HAc 和生成的 NaAc 组成的缓冲溶液。

过量 HAc 的浓度为：

$$c(\text{HAc}) = \frac{0.10\text{mol/L} \times 20\text{ml} - 0.10\text{mol/L} \times 10\text{ml}}{30\text{ml}} = \frac{1}{30}\text{mol/L}$$

生成 NaAc 的浓度为：

$$c(\text{Ac}^-) = \frac{0.10\text{mol/L} \times 10\text{ml}}{30\text{ml}} = \frac{1}{30}\text{mol/L}$$

代入(4-17)得：

$$\text{pH} = \text{p}K_a^{\ominus} + \lg\frac{c(\text{共轭碱})}{c(\text{共轭酸})} = 4.76 + \lg\frac{c(\text{Ac}^-)}{c(\text{HAc})} = 4.76 + \lg\frac{\frac{1}{30}}{\frac{1}{30}} = 4.76$$

需要注意的是，公式(4-17)只是缓冲溶液的近似计算式，该式的推导中：①忽略了弱酸、弱碱的质子传递平衡提供的 H^+ 和 OH^-。②忽略了离子间的相互作用。若共轭酸碱浓度相差很大或溶液浓度过稀时，就不能忽略弱酸、弱碱的质子传递平衡提供的 H^+ 和 OH^-，不能用起始浓度代替平衡浓度计算；又若共轭酸碱均是离子且浓度较大时，必须考虑离子强度的影响，不能用浓度代替活度计算。这两种情况下，就必须用精确公式求解了，本书不作要求。

（二）缓冲范围

任一缓冲溶液的缓冲能力都是有一定限度的。当缓冲溶液的稀释倍数太大或加入的强酸、强碱量太大时，溶液的 pH 就会发生较大的变化，缓冲溶液就会失去其缓冲作用。

缓冲溶液的近似计算公式表明，缓冲溶液 pH 的改变是由缓冲对的浓度比改变引起的。因此，外加少量酸或碱后，缓冲对的浓度比变化越小，pH 变化越小，缓冲能力越强；反之，缓冲能力越弱。而外加少量酸或碱后，缓冲对浓度比值的变化，又决定于以下两个因素：

(1)当缓冲对的浓度比固定时，缓冲溶液的总浓度越大，外加相同物质的量的一元强酸或一元强碱后，缓冲对的浓度比值变化越小，缓冲能力越强。

(2)当缓冲溶液的总浓度固定时，缓冲对的浓度比越接近 1，外加相同物质的量的一元强酸或一元强碱后，缓冲对的浓度比值变化越小，缓冲能力越强，缓冲对的浓度比等于 1 时，缓冲能力最强。

由于缓冲对的浓度比过大或过小，缓冲溶液都将会失去缓冲作用。因此，为了使缓冲溶液具有较大的缓冲能力，除了考虑有较大的总浓度外，一般还需将缓冲对的浓度比控制在 $\frac{1}{10}$ ~ 10 之间，代入 pH 近似计算公式，得相应的 pH 变化范围：

$$\text{pH} = \text{p}K_a^{\ominus} \pm 1 \tag{4-18}$$

式(4-18)称为缓冲溶液的有效 pH 范围，简称缓冲范围(buffer effective range)。缓冲溶液在此 pH 范围内，缓冲能力较强。表 4－3 列出常用缓冲溶液的缓冲范围。

表 4-3　常用缓冲溶液及其缓冲范围

缓冲溶液	缓冲对	$pK_a^\ominus$	缓冲范围
HCOOH - HCOONa	$HCOOH - HCOO^-$	3.75	2.75 ~ 4.75
HAc - NaAc	$HAc - Ac^-$	4.76	3.76 ~ 5.76
六次甲基四胺 - HCl	$(CH_2)_6N_4H^+ - (CH_2)_6N_4$	5.15	4.15 ~ 6.15
$NaH_2PO_4 - Na_2HPO_4$	$H_2PO_4^- - HPO_4^{2-}$	7.21	6.21 ~ 8.21
$Na_2B_4O_7$ - HCl	$H_3BO_3 - H_2BO_3^-$	9.27	8.27 ~ 10.27
$NH_3 \cdot H_2O - NH_4Cl$	$NH_4^+ - NH_3$	9.24	8.24 ~ 10.24
$NaHCO_3 - Na_2CO_3$	$HCO_3^- - CO_3^{2-}$	10.33	9.33 ~ 11.33
$Na_2HPO_4 - Na_3PO_4$	$HPO_4^{2-} - PO_4^{3-}$	12.32	11.32 ~ 13.32

三、缓冲溶液的选择与配制

配制某一 pH 的缓冲溶液要从选择共轭酸碱对，选取共轭酸碱对的配比以及适当的总浓度等几个方面考虑。实际工作中，可按下述几个步骤进行。

(1)所选用的缓冲对物质不能与反应物、生成物发生作用。对于药用缓冲对，还要考虑缓冲对物质不能与主药发生配伍禁忌，在加温灭菌和贮存期内要稳定，不能有毒性等。

(2)选择适当的缓冲对，使共轭酸的 $pK_a^\ominus$ 与所要求的 pH 相等或相近，使缓冲对的浓度比在 $\frac{1}{10}$ ~ 10 之间，保证有较大的缓冲能力。

(3)控制适当的总浓度，提高缓冲能力。在实际工作中总浓度太高也没必要，一般控制在 0.05 ~ 0.5mol/L 之间。

(4)选好缓冲对后，按所要求的 pH 和总浓度，利用式(4-17)进行计算，求得缓冲对共轭酸碱所需的量。

(5)最后用 pH 计测定和校准所配缓冲溶液的 pH。

例 4-17　欲配制 pH = 4.70 的缓冲溶液 500ml，问应用 100ml 1.0mol/L 的 HAc 和多少毫升 1.0mol/L 的 NaOH 混合，如何配制？(已知 HAc 的 $pK_a^\ominus$ = 4.76)

解：已知 HAc 的 $pK_a^\ominus$ = 4.76，代入式(4-17)得：

$$4.70 = 4.76 + \lg\frac{c(Ac^-)}{c(HAc)}$$

$$\frac{c(Ac^-)}{c(HAc)} = 0.87$$

溶液中 HAc 部分被 NaOH 中和，所求 $c(Ac^-)$ 即是缓冲溶液中 NaOH 的浓度。

$$c(Ac^-) = \frac{V(NaOH) \times 1.0mol/L}{0.50L}$$

$$c(HAc) = \frac{1.0mol/L \times [0.10L - V(NaOH)]}{0.50L}$$

代入上式：$$\frac{V(NaOH) \times 1.0mol/L}{0.50L} = 0.87 \times \frac{1.0mol/L \times [0.10L - V(NaOH)]}{0.50L}$$

$$V(NaOH) = 0.047L = 47ml$$

量取 100ml 1.0mol/L 的 HAc 和 47ml 1.0mol/L 的 NaOH 混合，加水稀释至 500ml 即得 pH＝4.70 的缓冲溶液，最后用 pH 计校准。

例 4-18　配制 pH＝9.50，$c(NH_3 \cdot H_2O)=1.0mol/L$ 的缓冲溶液 1.0L，问如何用浓氨水溶液和固体 NH_4Cl 配制？

（已知 $NH_3 \cdot H_2O$ 的 $pK_b^{\ominus}=4.76$，浓氨水的浓度为 15mol/L）

解：已知 $NH_3 \cdot H_2O$ 的 $pK_b^{\ominus}=4.76$，则 NH_4^+ 的 $pK_a^{\ominus}=9.24$，代入式 4－17 得：

$$9.50=9.24+\lg\frac{1.0}{c(NH_4^+)} \qquad c(NH_4^+)=0.55$$

$$m(NH_4Cl)=1.0L\times0.55mol/L\times53.5g/mol=29g$$

$$V(NH_3 \cdot H_2O)=\frac{1.0mol/L\times1000ml}{15mol/L}=67ml$$

称取 29g 固体 NH_4Cl，加少量水溶解，加入 67ml 浓氨水，加水稀释至 1.0L 即配成 pH＝9.50 的缓冲溶液，最后用 pH 计校准。

四、缓冲溶液在医学上的应用

在人体内极为复杂的物质代谢都是受各种酶控制的，而每种酶又只有在一定 pH 范围的体液中才具有活性。因此，体内的各种体液都必须恒定在一定的 pH 范围内，物质代谢反应才能正常进行。如何维持人体内各种体液的 pH 在一定的范围呢？这就要靠缓冲溶液的作用。下面以人体血液中的缓冲系为例，探讨缓冲溶液在医学上的应用。

血液是由多种缓冲系组成的缓冲溶液，存在的缓冲系主要有：

血浆中：$H_2CO_3-HCO_3^-$、$H_2PO_4^- - HPO_4^{2-}$、$H_nP-H_{n-1}P^-$（H_nP 代表蛋白质）

红细胞中：H_2b-Hb^-（H_2b 代表血红蛋白）、$H_2bO_2-HbO_2^-$（H_2bO_2 代表氧合血红蛋白）、$H_2CO_3-HCO_3^-$、$H_2PO_4^- - HPO_4^{2-}$

在这些缓冲系中，以碳酸缓冲系在血液中浓度最高，缓冲能力最大，在维持血液的正常 pH 的过程中发挥的作用最重要。碳酸在溶液中主要是以溶液溶解的 CO_2 形式存在，在 CO_2（溶解）$-HCO_3^-$ 缓冲系中存在如下平衡：

$$CO_2(溶解)+H_2O \rightleftharpoons H_2CO_3 \rightleftharpoons H^+ + HCO_3^-$$

当$[H^+]$增加时，抗酸成分 HCO_3^- 与它结合使上述平衡向左移动，使$[H^+]$不发生明显改变。当$[H^+]$减少时，上述平衡向右移动，使$[H^+]$不发生明显改变。

血液的正常 pH 范围为 7.35～7.45。若血液的 pH 小于 7.35，则发生酸中毒，若血液的 pH 大于 7.45，则发生碱中毒。

正常血浆中 $HCO_3^- - CO_2$（溶解）缓冲对的浓度比为 20∶1，已超出体外缓冲溶液有效浓度比（即 10∶1～1∶10）的范围，该缓冲系的缓冲能力应该不大。而事实上，在血液中它们的缓冲能力是很强的。这是因为在体外，当 $HCO_3^- - CO_2$（溶解）发生缓冲作用后，HCO_3^- 或 CO_2（溶解）浓度的改变得不到补充或调节。而体内当 $HCO_3^- - CO_2$（溶解）发生缓冲作用后，HCO_3^- 或 CO_2（溶解）的浓度改变可由呼吸作用和肾的生理功能获得补充或调节，使得血液中的 HCO_3^- 和 CO_2（溶解）的浓度保持相对稳定。因此，血浆中的碳酸缓冲系总能保持相当强的缓冲能力。

血浆中碳酸缓冲系的缓冲作用与肺、肾的调节作用的关系可用下式表示：

$$
\begin{array}{ccc}
H_2CO_3 & \underset{+H^+}{\overset{+OH^-}{\rightleftharpoons}} & HCO_3^- \\
\Updownarrow & & \Updownarrow \\
\text{肺} \rightleftharpoons CO_2 + H_2O & & \text{肾}
\end{array}
$$

血液红细胞中的缓冲系以血红蛋白和氧合血红蛋白缓冲系最为重要。血液对体内代谢所产生的大量 CO_2 的缓冲作用，主要是靠它们实现的。代谢过程产生的大量 CO_2 先与血红蛋白离子反应：

$$CO_2 + H_2O + Hb^- \rightleftharpoons HHb + HCO_3^-$$

反应产生的 HCO_3^-，由血液运输至肺，并与氧合血红蛋白反应：

$$HCO_3^- + HHbO_2 \rightleftharpoons HbO_2^- + H_2O + CO_2$$

释放出的 CO_2 从肺呼出。由于血红蛋白和氧合血红蛋白的缓冲作用，在大量 CO_2 从组织细胞运送至肺的过程中，血液的 pH 也不至于受到大的影响。

总之，由于血液中多种缓冲系的缓冲作用和肺、肾的调节作用，使正常人血液的 pH 维持在 7.35 ~ 7.45 的狭小范围。

许多疾病等因素都能引起血液中酸度、碱度暂时增加，若通过缓冲系统和补偿机制仍不能阻止血液 pH 的变化，就会导致酸中毒或碱中毒。如肺气肿引起的肺部换气不足，充血性心力衰竭和支气管炎，糖尿病和食用低碳水化合物、高脂肪食物引起代谢酸的增加，摄食过多的酸等都会引起血液中 H^+ 的增加，身体会首先通过加快呼吸的速度来排除多余的 CO_2，其次是加速 H^+ 的排泄和延长肾里的 HCO_3^- 的停留时间。由于血浆内的缓冲系统和机体的补偿功能的作用，血液中的 pH 可恢复到正常水平。但若在严重腹泻时丧失碳酸氢盐（HCO_3^-）过多，或因肾功能衰竭引起 H^+ 排泄的减少，缓冲系统和机体的补偿功能都不能有效地阻止血液的 pH 降低，则引起酸中毒。在发高烧和气喘换气过速或摄入过多的碱性物质和严重的呕吐等，都会引起血液碱性增加。身体的补偿机制则通过降低肺部 CO_2 的排出量和通过肾增加 HCO_3^- 的排泄来配合缓冲系统，使 pH 恢复正常，这时因尿中的 HCO_3^- 浓度增高便产生碱性尿。若通过缓冲系统和补偿机制还不能阻止血液中 pH 的升高，则引起碱中毒。

知识拓展

超强酸与超强碱

强酸通常是指 pK_a 值小于 -1.74 的酸，如硫酸，而超强酸是指比纯硫酸酸性更强的酸。有的超强酸比纯硫酸酸性强 100 万倍。

大部分超强酸均是腐蚀性的，但也有例外。最强的纯酸是碳硼烷酸（$HCHB_{11}Cl_{11}$），碳硼烷的结构十分稳定且体积较大，一价负电荷被分散在碳硼烷阴离子的表面，因而与氢离子的作用很弱，从而非常容易释放出氢离子。它的酸性是纯硫酸的 100 万倍，但由于其释放出氢离子后难以再发生变化，因此腐蚀性极低。

超强酸多半是由两种或两种以上化合物组成的混合物，如王水。由于超强酸的超强酸性和超强的腐蚀性，一些极难或根本无法实现的化学反应在超强酸的条件下能够顺利进行，因此超强酸对工业生产有重要作用。比如正丁烷，在超强酸的作用下，可以发生碳氢键的断裂，也可以发生碳碳键的断裂，还可以发生异构化反应，这些都是普通酸做不到的。

超强碱就是碱性极强的物质。目前对超强碱尚没有明确的定义，但大部分化学家以氢氧化钠作为强碱和超强碱的界限。超强碱也是腐蚀性物质。

超强碱主要可分为三种：有机化合物、有机金属化合物及无机化合物。有机的超强碱几乎都是含氮的化合物，此外如芳香系的质子海绵等质子螯合剂也是超强碱。有机金属超强碱多半是活性较强的金属产生的有机金属化合物，如有机锂化合物和有机镁化合物；或者是活性较强的金属取代了连接非碳原子上的氢后生成的。无机的超强碱一般是盐类解离后产生的高价数、体积小的阴离子，如氮化锂、氢化钠、氢化钙等。

超强碱在 20 世纪 50 年代开始研究，很多超强碱在有机合成中发挥着越来越重要的作用。有用到超强碱的反应需要特别的处理，因为反应会被水及空气中的二氧化碳和氧气所破坏，所以需在低温的条件下，在不易反应的气体(如惰性气体)中进行，从而减少副反应。

重点小结

<table>
<tr><td rowspan="13">酸碱平衡</td><td>酸碱理论的发展</td><td colspan="2">酸碱定义、共轭酸碱、酸碱反应实质、酸碱强弱</td></tr>
<tr><td>强电解质溶液</td><td colspan="2">强电解质溶液理论、离子强度、活度、活度系数
$I = \frac{1}{2}\sum_i b_i z_i^2$；$a_i = \gamma_i \cdot c_i / c^{\ominus}$
$\lg\gamma_i = -Az_i^2\sqrt{I}$；$\lg\gamma_i = -0.509 \times z_i^2\left(\frac{\sqrt{I}}{1+\sqrt{I}} - 0.30I\right)$</td></tr>
<tr><td rowspan="5">弱电解质的质子传递平衡</td><td>水的质子自递平衡</td><td>水的离子积常数、溶液的 pH</td></tr>
<tr><td>一元弱酸、弱碱的质子传递平衡 *</td><td>解离常数、解离度、一元弱酸、弱碱的 pH 近似计算、稀释定律
$[H^+] = \sqrt{c \cdot K_a^{\ominus}}$；$[OH^-] = \sqrt{c \cdot K_b^{\ominus}}$
$K_a^{\ominus} = c\alpha^2$；$\alpha = \sqrt{\frac{K_a^{\ominus}}{c}}$
$K_b^{\ominus} = c\alpha^2$；$\alpha = \sqrt{\frac{K_b^{\ominus}}{c}}$</td></tr>
<tr><td>多元弱酸、弱碱的质子传递平衡</td><td>多元弱酸、弱碱的质子传递平衡、pH 近似计算
$[H^+] = \sqrt{c \cdot K_{a1}^{\ominus}}$；$[OH^-] = \sqrt{c \cdot K_{b1}^{\ominus}}$</td></tr>
<tr><td>两性物质的质子传递平衡</td><td>两性物质的质子传递平衡、pH 近似计算
$[H^+] = \sqrt{K_a^{\ominus} \cdot K_a^{\ominus}(\text{共轭酸})}$</td></tr>
<tr><td>酸碱解离平衡的移动 *</td><td>同离子效应、盐效应、pH 近似计算</td></tr>
<tr><td rowspan="3">缓冲溶液</td><td>缓冲溶液的组成和作用原理</td><td>缓冲溶液的定义、组成、作用原理</td></tr>
<tr><td>缓冲溶液 pH 的近似计算 *</td><td>缓冲溶液 pH 的近似计算
$pH = pK_a^{\ominus} + lg\frac{c(\text{共轭碱})}{c(\text{共轭酸})}$
缓冲范围 $pH = pK_a^{\ominus} \pm 1$</td></tr>
<tr><td>缓冲溶液的选择与配制</td><td>缓冲溶液的选择与配制步骤、近似计算</td></tr>
</table>

习 题

1. 说明下列名词的含义：

(1)离子强度和活度系数；　　(2)水的离子积常数；

(3)解离常数、解离度和稀释定律；　　(4)同离子效应和盐效应；

(5)缓冲溶液和缓冲范围。

2. 写出下列各酸的共轭碱：

H_2O、HCN、H_3PO_4、HCO_3^-、NH_4^+、HF、HS^-、$[Cu(H_2O)_4]^{2+}$

3. 写出下列各碱的共轭酸：

SO_4^{2-}、$C_2O_4^{2-}$、HPO_4^{2-}、CH_3NH_2、H_2O、$[Al(H_2O)_5(OH)]^{2+}$

4. 根据弱电解质的解离常数，确定下列各水溶液在相同浓度下，pH 由小到大的顺序。

$H_2C_2O_4$、HCOOH、H_3PO_4、NaF、NH_4Cl、$NH_3 \cdot H_2O$、HCl、NaOH

5. 下列说法是否正确？为什么？

(1)一个酸的酸性越强，其共轭碱的碱性越弱；

(2)强电解质溶液的等渗系数总是大于 1，小于强电解质完全解离时所增大的质点倍数；

(3)pH <7 的溶液一定是酸性溶液；

(4)298K 时，pH =6 的 HCl 溶液稀释 100 倍后，pH =8；

(5)0. 20mol/L 的 HAc 溶液稀释为 0. 10mol/L 后，氢离子浓度也为原来的二分之一；

(6)缓冲溶液适量稀释后，其 pH 基本不变。

6. 何谓两性物质？其在水溶液中的酸碱性如何判断？

7. 在 HAc 溶液中加入下列物质时，HAc 的解离度和溶液的 pH 将如何变化？

(1)加水稀释　(2)加 NaAc　(3)加 NaCl　(4)加 HCl　(5)加 NaOH

8. 对于给定的缓冲对，影响缓冲能力的因素是什么？

9. 计算 298K 时，下列混合溶液的 pH。

(1)pH =1. 00 和 pH =3. 00 的 HCl 等体积混合；

(2)pH =1. 00 的 HCl 和 pH =12. 00 的 NaOH 等体积混合。

10. 阿司匹林的有效成分是乙酰水杨酸 $HC_9H_7O_4$，其 $K_a^\ominus = 3.0 \times 10^{-4}$。在水中溶解 6. 5g 乙酰水杨酸，最后稀释至 650ml。计算该溶液的 pH。

11. 计算 0. 10mol/L H_2SO_4 溶液中各离子浓度。已知 H_2SO_4 的 $K_{a2}^\ominus = 1.02 \times 10^{-2}$。

12. 298K 时，已知 0. 10mol/L 的某一元弱酸溶液的 pH 为 3. 00，试计算：

(1)该酸的解离常数和解离度；(2)将该酸溶液稀释一倍后的解离度和 pH。

13. 计算下列弱碱溶液的 pH：

(1)0. 10mol/L NaCN，已知 HCN 的 $K_a^\ominus = 6.17 \times 10^{-10}$；

(2)0. 10mol/L $Na_2C_2O_4$，已知 $H_2C_2O_4$ 的 $K_{a1}^\ominus = 5.62 \times 10^{-2}$，$K_{a2}^\ominus = 1.55 \times 10^{-4}$。

14. 计算下列混合溶液的 pH，已知氨水的 $K_b^\ominus = 1.74 \times 10^{-5}$。

(1)20ml 0. 20mol/L NH_3 水溶液加入 10ml 0. 20mol/L HCl 溶液；

(2)20ml 0. 20mol/L NH_3 水溶液加入 20ml 0. 20mol/L HCl 溶液；

(3)20ml 0. 20mol/L NH_3 水溶液加入 30ml 0. 20mol/L HCl 溶液。

15. 计算(1)0.10mol/L H_2CO_3 溶液中各离子浓度；(2)若用 HCl 调节 pH = 1.00 时，溶液中 CO_3^{2-} 的浓度。(已知：H_2CO_3 的 $K_{a1}^{\ominus} = 4.47 \times 10^{-7}$，$K_{a2}^{\ominus} = 4.68 \times 10^{-11}$)

16. 在 250ml 浓度为 0.20mol/L 的 HAc 溶液中，需加入多少 g 固体 NaAc 才能使其 $[H^+]$浓度降低 100 倍。(已知 $K_a^{\ominus} = 1.75 \times 10^{-5}$)

17. 现有 0.10mol/L HCl 溶液，问：

(1)如使其 pH = 4.0，应该加入 HAc 还是 NaAc?

(2)如果加入等体积的 1.0mol/L NaAc 溶液，则混合溶液的 pH 是多少?

(3)如果加入等体积的 1.0mol/L NaOH 溶液，则混合溶液的 pH 又是多少?

18. 根据下列共轭酸碱的 $pK_a^{\ominus}$，选取适当的缓冲对来配制 pH = 4.50 和 pH = 10.00 的缓冲溶液，并计算所选缓冲对的浓度比。

HAc - NaAc，$NH_3 \cdot H_2O - NH_4Cl$，$NaHCO_3 - Na_2CO_3$，$NaH_2PO_4 - Na_2HPO_4$，$Na_2HPO_4 - Na_3PO_4$

19. 欲配制 500ml pH 为 5.00 的缓冲溶液，问在 250ml 1.0mol/L NaAc 溶液中应加入多少毫升 6.0mol/L 的 HAc 溶液?(已知 $pK_a^{\ominus} = 4.76$)

20. 现有 1.0L 的 0.20mol/L 的 $NH_3 \cdot H_2O$ 和 1.0L 的 0.20mol/L 的 HCl，若配成pH = 9.00 的缓冲溶液，不允许加水，最多能配制多少升缓冲溶液?

21. 计算下列混合溶液的 pH：

(1)20ml 0.10mol/L H_3PO_4 水溶液加入 10ml 0.10mol/L NaOH 溶液；

(2)20ml 0.10mol/L NaH_2PO_4 水溶液加入 10ml 0.10mol/L NaOH 溶液；

(3)20ml 0.10mol/L Na_2HPO_4 水溶液加入 10ml 0.10mol/L NaOH 溶液。

(已知：H_3PO_4 的 $pK_{a1}^{\ominus} = 2.16$，$pK_{a2}^{\ominus} = 7.21$，$pK_{a3}^{\ominus} = 12.32$)

22. 取 0.10mol/L 某一元弱碱溶液 40ml，与 0.10mol/L HCl 溶液 20ml 混合，测得其 pH 为 9.20，试求此弱碱 BOH 的解离平衡常数。

扫码"练一练"

(吴培云　林　舒　倪　佳)

第五章 沉淀-溶解平衡

要点导航

1. 掌握溶度积常数的概念，沉淀-溶解平衡移动规律——溶度积规则。
2. 熟悉溶度积与溶解度的关系，如何根据溶度积规则判断沉淀的生成、溶解、转化、分步沉淀等。
3. 了解沉淀反应在药物生产及质量检验中的应用。

自然界中没有绝对不溶解的物质，只有溶解度大小之分。习惯上我们把100g水中溶解度小于0.01g的物质称为“难溶物”。但这种界限也不是绝对的，如 $PbCl_2$ 的溶解度为0.675g/100g水，尽管用上述标准衡量看起来溶解度稍大，但由于 $PbCl_2$ 相对分子质量较高，饱和溶液的浓度只有 2.43×10^{-2}mol/L。这样的物质通常也看作难溶物。

在难溶物中，溶解在水中即发生完全解离的电解质称为难溶强电解质，本章将讨论难溶强电解质在水溶液中建立的固体和水合离子间的沉淀-溶解平衡，它属于多相平衡。科学实验、化工和药物生产中常利用沉淀-溶解平衡原理进行物质的制备、分离及产品的质量分析等。

扫码“学一学”

第一节 溶度积原理

一、溶度积

AgCl属于难溶强电解质，在一定温度下，将AgCl固体放入水中，AgCl表面的一些 Ag^+ 和 Cl^- 在极性水分子的作用下，以水合离子的形式进入水中，这个过程称为溶解(dissolution)。同时，水合离子 $Ag^+(aq)$ 和 $Cl^-(aq)$ 处在不断地无序运动中，当接近固体表面时，$Ag^+(aq)$ 和 $Cl^-(aq)$ 在受到固体表面阴离子和阳离子的吸引重新沉积到AgCl固体表面，这个过程称为沉淀(precipitation)。

一定温度下，当溶解和沉淀的速率相等时，体系达到动态平衡，称为沉淀-溶解平衡(equilibrium of precipitation dissolution)。达到沉淀-溶解平衡时溶液中的各离子活度不再随时间改变，溶液则为该温度下AgCl的饱和溶液。此平衡可表示为：

$$AgCl(s) \underset{\text{沉淀}}{\overset{\text{溶解}}{\rightleftharpoons}} Ag^+(aq) + Cl^-(aq)$$

根据化学平衡定律，上述平衡常数的表达式为：

$$K_{sp}^{\ominus}(AgCl) = a(Ag^+) \times a(Cl^-)$$

由于讨论的是难溶强电解质，溶解度都很小，溶液中离子浓度较小，离子间相互作用可忽略，可以用浓度代替活度进行计算。

所以，上述平衡常数表达式又可表示为：

$$K_{sp}^{\ominus}=\frac{[Ag^{+}]}{c^{\ominus}}\cdot\frac{[Cl^{-}]}{c^{\ominus}} \tag{5-1}$$

$$简写为：K_{sp}^{\ominus}=[Ag^{+}][Cl^{-}] \tag{5-2}$$

$K_{sp}^{\ominus}$是难溶强电解质的沉淀－溶解平衡常数，反映了物质的溶解能力，故称为溶度积常数，简称溶度积(solubility product)。此处需要注意的是：$K_{sp}^{\ominus}$的量纲为一。(5-1)的表达式中$[Ag^{+}]$、$[Cl^{-}]$是平衡浓度，单位为mol/L，$c^{\ominus}=1mol/L$。(5-2)的简写式中$[Ag^{+}]$、$[Cl^{-}]$表示相对平衡浓度，单位为1。

不同的难溶强电解质，溶度积的表达式符合平衡常数的一般书写规则。为简便起见，沉淀－溶解平衡表达式略去水合符号"aq"。例：

$$ZnS(s)\rightleftharpoons Zn^{2+}+S^{2-}$$

$$K_{sp}^{\ominus}(ZnS)=[Zn^{2+}][S^{2-}]$$

$$PbCl_2(s)\rightleftharpoons Pb^{2+}+2Cl^{-}$$

$$K_{sp}^{\ominus}(PbCl_2)=[Pb^{2+}][Cl^{-}]^2$$

归纳起来，可用通式表示：

$$A_mB_n(s)\rightleftharpoons mA^{n+}+nB^{m-}$$

$$K_{sp}^{\ominus}(A_mB_n)=[A^{n+}]^m[B^{m-}]^n$$

以上表示，在一定温度下，难溶强电解质的饱和溶液中，各组分离子相对平衡浓度幂的乘积是一常数。

$K_{sp}^{\ominus}$与其他化学平衡常数一样，只与难溶强电解质的本性和温度有关，而与离子浓度无关。$K_{sp}^{\ominus}$一般随温度的变化不大。通常采用298.15K时的$K_{sp}^{\ominus}$，一些常见难溶强电解质的$K_{sp}^{\ominus}$见本书附录三。

二、溶度积与溶解度

溶度积($K_{sp}^{\ominus}$)从平衡常数角度表示难溶强电解质溶解的程度，溶解度(s)也可以表示难溶强电解质溶解的程度，因此两者之间存在着必然联系。若以难溶强电解质饱和溶液的物质的量浓度来表示其溶解度s，不同类型的难溶强电解质，溶度积与溶解度之间的定量关系不同。

(一)AB型难溶强电解质

对于AB型难溶强电解质，如AgCl、$BaSO_4$等，达到沉淀－溶解平衡时，生成的阳离子和阴离子的物质的量相等，且等于被溶解的难溶强电解质的物质的量。因此，溶液中阳离子或阴离子的相对平衡浓度在数值上就等于该物质的溶解度。

设AB型难溶强电解质的溶解度为$s$mol/L，则：

$$AB(s)\rightleftharpoons A^{+}+B^{-}$$

相对平衡浓度　　　　s　　s

$$K_{sp}^{\ominus}=[A^{+}][B^{-}]=s^2$$

$$s=\sqrt{K_{sp}^{\ominus}}$$

例5-1　已知AgCl的$K_{sp}^{\ominus}=1.77\times10^{-10}$，求AgCl的溶解度。

解：设AgCl在水中的溶解度为$s$mol/L，在AgCl的饱和溶液中存在如下平衡：

$$AgCl(s) \rightleftharpoons Ag^{+} + Cl^{-}$$

相对平衡浓度 $\quad s \quad s$

$$K_{sp}^{\ominus}(AgCl) = [Ag^{+}][Cl^{-}] = s^2$$

$$s = \sqrt{K_{sp}^{\ominus}(AgCl)} = \sqrt{1.77 \times 10^{-10}} = 1.33 \times 10^{-5} mol/L$$

(二) AB_2 型或 A_2B 型难溶强电解质

AB_2 型或 A_2B 型的难溶强电解质，如 $Mg(OH)_2$、PbI_2、Ag_2CrO_4 等。以 AB_2 型为例，设其溶解度为 smol/L，则：

$$AB_2(s) \rightleftharpoons A^{2+} + 2B^{-}$$

相对平衡浓度 $\quad s \quad 2s$

$$K_{sp}^{\ominus} = [A^{2+}][B^{-}]^2 = s \cdot (2s)^2 = 4s^3$$

$$s = \sqrt[3]{\frac{K_{sp}^{\ominus}}{4}}$$

例 5-2 在 298K 时，$Mg(OH)_2$ 的溶度积是 5.61×10^{-12}。若 $Mg(OH)_2$ 在饱和溶液中完全解离，试计算 $Mg(OH)_2$ 在水中溶解度及 Mg^{2+}，OH^{-} 的浓度。

解：设 $Mg(OH)_2$ 在水中的溶解度为 smol/L

$$Mg(OH)_2(s) \rightleftharpoons Mg^{2+} + 2OH^{-}$$

相对平衡浓度 $\quad s \quad 2s$

$$K_{sp}^{\ominus} = s \cdot (2s)^2 = 5.61 \times 10^{-12}$$

所以 $s = \sqrt[3]{\frac{K_{sp}^{\ominus}}{4}} = \sqrt[3]{\frac{5.61 \times 10^{-12}}{4}} = 1.12 \times 10^{-4} mol/L$

溶液中各离子浓度：

$$[Mg^{2+}] = s = 1.12 \times 10^{-4} mol/L$$

$$[OH^{-}] = 2s = 2.24 \times 10^{-4} mol/L$$

(三) AB_3 型或 A_3B 型

AB_3 型或 A_3B 型的难溶强电解质，如 $Fe(OH)_3$、Ag_3PO_4 等，以 AB_3 型为例，设其溶解度为 smol/L，则：

$$AB_3(s) \rightleftharpoons A^{3+} + 3B^{-}$$

相对平衡浓度 $\quad s \quad 3s$

$$K_{sp}^{\ominus} = [A^{3+}][B^{-}]^3 = s \cdot (3s)^3 = 27s^4$$

$$s = \sqrt[4]{\frac{K_{sp}^{\ominus}}{27}}$$

(四) A_mB_n 型难溶强电解质

若以 A_mB_n 表示任一类型的难溶强电解质，则饱和溶液中存在如下平衡：

$$A_mB_n(s) \rightleftharpoons mA^{n+} + nB^{m-}$$

相对平衡浓度 $\quad ms \quad ns$

$$K_{sp}^{\ominus} = [A^{n+}]^m [B^{m-}]^n$$

$$= (ms)^m \cdot (ns)^n$$

$$= m^m \cdot n^n \cdot s^{m+n}$$

$$s = \sqrt[m+n]{\frac{K_{sp}^{\ominus}}{m^m \cdot n^n}}$$

注意，溶解度与溶度积的换算关系必须满足以下条件。

(1)仅适用于溶解度很小的难溶强电解质。

难溶强电解质的溶解度小，饱和溶液中离子浓度小，离子间相互作用弱，可以用浓度代替活度进行计算。

(2)仅适用于溶解后解离出的离子在水溶液中不发生任何化学反应的难溶强电解质，不适用于易水解的难溶强电解质。

例如，对某些难溶性的硫化物，碳酸盐和磷酸盐水溶液就不能忽略各阴离子的水解反应。

(3)仅适用于溶解后一步完全解离的难溶强电解质。

假如有一种 AB_2 型难溶电解质，若其在水溶液中分两步解离：

$$AB_2(s) \rightleftharpoons AB^+ + B^-$$

$$AB^+ \rightleftharpoons A^{2+} + B^-$$

相对总解离平衡，虽存在 $[A^{2+}][B^-]^2 = K_{sp}$，但溶液中 A^{2+} 与 B^- 的浓度比并不是 1∶2 的关系。因此，前面推导的溶解度与溶度积的换算关系就不适用。

在通常的近似计算中，我们常常会忽略以上三个因素的影响。如难溶硫化物、难溶氢氧化物的近似计算。

利用溶度积和溶解度的关系可以进行两者之间的换算，也可以通过 $K_{sp}^{\ominus}$ 的大小比较溶解度的大小。相同类型的难溶强电解质，可直接根据溶度积大小来比较溶解度的大小。即相同温度下，同种类型的难溶强电解质，$K_{sp}^{\ominus}$ 越大则溶解度越大。不同类型的难溶强电解质，则不能直接用 $K_{sp}^{\ominus}$ 的大小来比较溶解度的大小，必须求算出溶解度才能得出结论。如表 5－1，$K_{sp}^{\ominus}(AgCl) > K_{sp}^{\ominus}(MgF_2)$，但是，$s(AgCl) < s(MgF_2)$。

表 5－1　不同类型难溶强电解质的 $K_{sp}^{\ominus}$ 与溶解度(298K)

类型	难溶强电解质	$K_{sp}^{\ominus}$	s/(mol/L)
AB	AgCl	1.77×10^{-10}	1.33×10^{-5}
	AgBr	5.35×10^{-13}	7.31×10^{-7}
	AgI	8.52×10^{-17}	9.23×10^{-9}
AB_2	MgF_2	5.16×10^{-11}	2.34×10^{-4}
A_2B	Ag_2CrO_4	1.12×10^{-12}	6.54×10^{-5}

三、溶度积规则

由溶度积概念可知，$K_{sp}^{\ominus}$ 是难溶强电解质的饱和溶液中，各组分离子相对平衡浓度的幂的乘积。在一定温度下，$K_{sp}^{\ominus}$ 是一常数。在任意情况下，难溶强电解质溶液中，其组分离子相对浓度的幂的乘积称为离子积，用 Q 表示。

如 $BaSO_4$ 的离子积为：$Q = c(Ba^{2+}) \cdot c(SO_4^{2-})$

在一定温度下，Q 的数值不定，$K_{sp}^{\ominus}$ 仅仅是 Q 的一个特例。

某温度下，在任何给定的溶液中：

当 $Q=K_{sp}^{\ominus}$时，溶液是饱和溶液，即达到沉淀－溶解平衡状态。

当 $Q<K_{sp}^{\ominus}$时，溶液是不饱和溶液，无沉淀析出；若体系中有固体存在，则固体会溶解，直至达新的平衡(饱和)为止。

当 $Q>K_{sp}^{\ominus}$时，溶液是过饱和溶液，沉淀从溶液中析出，直至饱和为止。

上述 Q 与 $K_{sp}^{\ominus}$的关系称为溶度积规则(the rule of solubility)，是沉淀－溶解平衡移动规律的总结，可以用来判断沉淀的生成和溶解。

扫码“学一学”

第二节　沉淀的生成与溶解

沉淀－溶解平衡是一种动态平衡，当平衡条件改变，平衡将会发生移动，生成沉淀或者沉淀溶解。

一、沉淀的生成

根据溶度积规则，当溶液中 $Q>K_{sp}^{\ominus}$时，将会有沉淀析出。可通过加入沉淀剂，增大离子浓度，使平衡向生成沉淀的方向移动。

例 5-3　0.100mol/L 的 $MgCl_2$ 溶液和等体积 0.100mol/L 的氨水混合，能否生成 $Mg(OH)_2$沉淀？已知 $K_{sp}^{\ominus}[Mg(OH)_2]=5.61\times10^{-12}$；$K_b^{\ominus}(NH_3\cdot H_2O)=1.74\times10^{-5}$。

解：两溶液等体积混合后，溶液中：

$$c(Mg^{2+})=c(NH_3\cdot H_2O)=\frac{0.100\text{mol/L}}{2}=0.0500\text{mol/L}$$

$c(OH^-)$主要是混合溶液中的 $NH_3\cdot H_2O$ 电离产生的：

$$NH_3+H_2O \rightleftharpoons NH_4^++OH^-$$

$\dfrac{c(NH_3\cdot H_2O)}{K_b^{\ominus}(NH_3\cdot H_2O)}>500$，可用最简式求算 $c(OH^-)$：

$$c(OH^-)=[OH^-]=\sqrt{K_b^{\ominus}c}=\sqrt{1.74\times10^{-5}\times0.0500}=9.33\times10^{-4}\text{mol/L}$$

$$Q=c(Mg^{2+})\cdot[c(OH^-)]^2=0.0500\times(9.33\times10^{-4})^2=4.35\times10^{-8}>K_{sp}^{\ominus}[Mg(OH)_2]$$

答：根据溶度积规则，溶液中有 $Mg(OH)_2$ 沉淀生成。

例 5-4　向 1.0×10^{-2}mol/L $CdCl_2$ 溶液中通入 H_2S 气体，(1)求开始有 CdS 沉淀生成时的$[S^{2-}]$；(2)Cd^{2+}沉淀完全时，$[S^{2-}]$是多少？已知 $K_{sp}^{\ominus}(CdS)=8.0\times10^{-27}$。

解：(1)

$$CdS(s) \rightleftharpoons Cd^{2+}+S^{2-}$$

$$K_{sp}^{\ominus}=[Cd^{2+}][S^{2-}]$$

故

$$[S^{2-}]=\frac{K_{sp}^{\ominus}}{[Cd^{2+}]}=\frac{8.0\times10^{-27}}{1.0\times10^{-2}}=8.0\times10^{-25}$$

当$[S^{2-}]=8.0\times10^{-25}$mol/L 时，开始有 CdS 沉淀生成。

(2)一般离子与沉淀剂生成沉淀物后，当残留在溶液中的某种离子浓度低于 1.0×10^{-5} mol/L 时就可以认为这种离子沉淀完全了。

依题意求$[Cd^{2+}]=1.0\times10^{-5}$mol/L 时的$[S^{2-}]$。

故
$$[S^{2-}]=\frac{K_{sp}^{\ominus}}{[Cd^{2+}]}=\frac{8.0\times10^{-27}}{1.0\times10^{-5}}=8.0\times10^{-22}$$

即当$[S^{2-}]=8.0\times10^{-22}$mol/L 时，$Cd^{2+}$已被沉淀完全。

例 5-5　在 0.50mol/L $MgCl_2$ 溶液中加入等体积的 0.10mol/L 的氨水，若此氨水中同时含有 0.020mol/L 的 NH_4Cl，试问 $Mg(OH)_2$ 能否沉淀？已知 $K_{sp}^{\ominus}[Mg(OH)_2]=5.61\times10^{-12}$；$K_b^{\ominus}(NH_3\cdot H_2O)=1.74\times10^{-5}$。

解：两溶液等体积混合后，溶液中：

$$c(Mg^{2+})=\frac{0.50\text{mol/L}}{2}=0.25\text{mol/L}$$

$$c(NH_3\cdot H_2O)=\frac{0.10\text{mol/L}}{2}=0.050\text{mol/L}$$

$$c(NH_4^+)=\frac{0.020\text{mol/L}}{2}=0.010\text{mol/L}$$

溶液中的 OH^-是由 0.050mol/L 的 $NH_3\cdot H_2O$ 和 0.010mol/L 的 NH_4Cl 组成的缓冲溶液提供的，根据缓冲溶液求 OH^-浓度的计算公式得：

$$[OH^-]=\frac{K_b^{\ominus}\cdot[NH_3\cdot H_2O]}{[NH_4^+]}=\frac{1.74\times10^{-5}\times0.050}{0.010}=8.7\times10^{-5}$$

$$Q=c(Mg^{2+})\cdot c(OH^-)^2=0.25\times(8.7\times10^{-5})^2=1.9\times10^{-9}>K_{sp}^{\ominus}[Mg(OH)_2]=5.61\times10^{-12}$$

根据溶度积规则，有 $Mg(OH)_2$ 沉淀产生。

二、分步沉淀

当溶液里同时含有多种离子，而且它们都能与同一种沉淀剂反应生成沉淀，那么离子的沉淀顺序将如何呢？第二种离子沉淀时，第一种离子沉淀到什么程度呢？现以含有 Cl^-、I^-的溶液中加入 $AgNO_3$ 为例，运用溶度积规则进行讨论。

例 5-8　在含有 0.0100mol/L 的 Cl^-和 0.0100mol/L 的 I^-的溶液中，逐滴加入$AgNO_3$溶液，哪一种离子先沉淀？当第二种离子开始沉淀时，第一种离子是否沉淀完全？（忽略滴加 $AgNO_3$ 溶液后引起的体积变化）。

解：查附录得：$K_{sp}^{\ominus}(AgCl)=1.77\times10^{-10}$，$K_{sp}^{\ominus}(AgI)=8.52\times10^{-17}$

根据溶度积规则，AgCl 和 AgI 刚开始沉淀时所需要的 Ag^+浓度分别是：

$$[Ag^+]_{AgCl}=\frac{K_{sp}^{\ominus}(AgCl)}{[Cl^-]}=\frac{1.77\times10^{-10}}{0.0100}=1.77\times10^{-8}$$

$$[Ag^+]_{AgI}=\frac{K_{sp}^{\ominus}(AgI)}{[I^-]}=\frac{8.52\times10^{-17}}{0.0100}=8.52\times10^{-15}$$

结果表明，沉淀 I^-所需的$[Ag^+]$要小得多，所以 AgI 先沉淀。继续滴加 $AgNO_3$，当$[Ag^+]$达到 1.77×10^{-8}mol/L 时，AgCl 沉淀也开始生成。

当 Cl^-开始沉淀时，溶液对于 AgCl 来说已达饱和，这时 Ag^+同时满足两个沉淀平衡，即：

$$AgCl(s) \rightleftharpoons Ag^+ + Cl^- \qquad [Ag^+] = \frac{K_{sp}^{\ominus}(AgCl)}{[Cl^-]}$$

$$AgI(s) \rightleftharpoons Ag^+ + I^- \qquad [Ag^+] = \frac{K_{sp}^{\ominus}(AgI)}{[I^-]}$$

$$\frac{K_{sp}^{\ominus}(AgCl)}{[Cl^-]} = \frac{K_{sp}^{\ominus}(AgI)}{[I^-]}$$

设 Cl^- 浓度不随 $AgNO_3$ 的加入而变化，则

$$[I^-] = \frac{K_{sp}^{\ominus}(AgI)}{K_{sp}^{\ominus}(AgCl)} \cdot [Cl^-] = \frac{8.52 \times 10^{-17}}{1.77 \times 10^{-10}} \times 0.0100$$

$$= 4.81 \times 10^{-9} \ll 1.0 \times 10^{-5}$$

计算结果说明，AgCl 开始沉淀时，I^- 已沉淀完全了。

这种加入一种沉淀剂，使溶液中多种离子按到达溶度积的先后次序分别沉淀出来的现象称为分步沉淀（fractional precipitation）。利用分步沉淀原理，控制适当的条件可进行离子的分离，而且沉淀的溶度积相差越大，分离得越完全。在一般的分析中，当离子浓度小于或等于 1.0×10^{-5} mol/L 时，可认为该离子已经沉淀完全。

三、沉淀的转化

在含有沉淀的溶液中，加入适当试剂，使一种沉淀转变成另一种沉淀的过程称沉淀的转化（transformation of precipitation）。沉淀的转化一般有以下两种情况。

（一）溶解度较大的沉淀转化为溶解度较小的沉淀

在盛有白色 AgCl 沉淀的试管中加入 KI 溶液，充分搅拌，白色沉淀将转化为黄色沉淀，反应为：

$$\underset{\text{白色}}{AgCl(s)} + I^- \rightleftharpoons \underset{\text{黄色}}{AgI(s)} + Cl^-$$

该反应的平衡常数为：

$$K^{\ominus} = \frac{[Cl^-]}{[I^-]} = \frac{[Cl^-][Ag^+]}{[I^-][Ag^+]} = \frac{K_{sp}^{\ominus}(AgCl)}{K_{sp}^{\ominus}(AgI)} = \frac{1.77 \times 10^{-10}}{8.52 \times 10^{-17}} = 2.08 \times 10^6$$

根据转化平衡常数的大小可以判断转化的可能性。沉淀转化的平衡常数越大，此种转化将进行得越完全，$K^{\ominus} > 1$，转化可以进行；$K^{\ominus} \geq 10^6$，一般认为沉淀完全转化。

这类将溶解度较大的沉淀转化为溶解度较小的沉淀的方法在实践中有十分重要的意义。例如，用 Na_2CO_3 溶液可以使锅垢中的 $CaSO_4$ 转化为易清除的 $CaCO_3$；用 Na_2SO_4 溶液处理工业残渣中的 $PbCl_2$，可将 $PbCl_2$ 转化为 $PbSO_4$ 等。

（二）溶解度较小的沉淀转化为溶解度较大的沉淀

由溶解度较小的沉淀转化为溶解度较大的沉淀，由于转化反应的 $K^{\ominus} < 1$，这种转化比较困难。当两种沉淀溶解度相差不是太大，控制一定的条件，还是可以实现的。

典型的例子是钡盐的制备，钡的重要矿物资源之一是重晶石（$BaSO_4$），它不仅难溶于水，而且难溶于各种酸（如盐酸、硝酸、醋酸等）。以它为原料制取各种钡盐的方法之一是将它转化为可以用盐酸溶解的 $BaCO_3$。

转化反应如下：

$$BaSO_4(s) + CO_3^{2-} \rightleftharpoons BaCO_3(s) + SO_4^{2-}$$

$$K^\ominus = \frac{[SO_4^{2-}]}{[CO_3^{2-}]} = \frac{K_{sp}^\ominus(BaSO_4)}{K_{sp}^\ominus(BaCO_3)} = \frac{1.08 \times 10^{-10}}{2.58 \times 10^{-9}} = \frac{1}{24}$$

平衡常数 $K^\ominus = \frac{1}{24}$，不是太小，只要控制溶液中的 $[CO_3^{2-}] > 24[SO_4^{2-}]$，反应即可正向进行。实际操作中，可用饱和 Na_2CO_3 溶液处理 $BaSO_4$，搅拌静置，取出上层清液，再加入饱和 Na_2CO_3 溶液，这样多次重复即可使转化反应进行得比较完全。

必须指出的是，这种转化只适用于溶解度相差不大的沉淀之间。如果两沉淀的溶解度相差很大，转化反应的 $K^\ominus$ 很小，这种转化将是十分困难的，甚至是不可能的。

四、沉淀的溶解

根据溶度积规则，欲使沉淀溶解，需满足 $Q < K_{sp}^\ominus$。因此，降低溶液中有关离子的浓度，使 $Q < K_{sp}^\ominus$，沉淀即可溶解。例如，生成弱电解质、发生氧化还原反应、生成配位化合物等方法均可以使沉淀溶解。

（一）生成弱电解质使沉淀溶解

许多难溶物质遇到酸、碱、盐溶液时，由于反应生成 H_2O、弱酸、弱碱、难电离的盐等弱电解质而发生溶解。

1. 生成 H_2O 使沉淀溶解　难溶氢氧化物与酸作用，由于发生中和反应生成 H_2O 而溶解。以 $Cu(OH)_2$ 为例，其在水中的沉淀 - 溶解平衡为：

$$Cu(OH)_2(s) \rightleftharpoons Cu^{2+} + 2OH^-$$

加酸，则 H^+ 与 OH^- 发生反应生成弱电解质 H_2O，降低溶液中 OH^- 浓度，会使 $Cu(OH)_2$ 溶液中的 $Q < K_{sp}^\ominus$，随着酸的加入，平衡不断向溶解的方向移动。

溶解总反应为：

$$Cu(OH)_2(s) + 2H^+ \rightleftharpoons Cu^{2+} + 2H_2O$$

反应平衡常数：

$$K = \frac{[Cu^{2+}]}{[H^+]^2} = \frac{[Cu^{2+}][OH^-]^2}{[H^+]^2[OH^-]^2} = \frac{K_{sp}^\ominus[Cu(OH)_2]}{(K_w^\ominus)^2} = \frac{2.2 \times 10^{-20}}{(1.0 \times 10^{-14})^2} = 2.2 \times 10^8$$

该溶解反应平衡常数 $K^\ominus > 10^6$。可见，反应进行得比较完全。

若所加的酸换成弱酸 HAc，则溶解反应为：

$$Cu(OH)_2(s) + 2HAc \rightleftharpoons Cu^{2+} + 2Ac^- + 2H_2O$$

反应平衡常数：

$$K = \frac{[Cu^{2+}][Ac^-]^2}{[HAc]^2} = \frac{[Cu^{2+}][Ac^-]^2[H^+]^2[OH^-]^2}{[HAc]^2[H^+]^2[OH^-]^2} = \frac{K_{sp}[Cu(OH)_2] \times [K_a(HAc)]^2}{(K_w)^2}$$

$$= \frac{2.2 \times 10^{-20} \times (1.75 \times 10^{-5})^2}{(1.0 \times 10^{-14})^2} = 0.067$$

该溶解反应平衡常数 $K^\ominus < 1$，可见，HAc 溶解 $Cu(OH)_2$ 有一定的难度。

不难看出，难溶氢氧化物酸溶反应的平衡常数 $K^\ominus$ 的大小与难溶电解质的溶解度、所用的酸的强度及水的离子积都有一定的关系。难溶氢氧化物越易溶、酸越强，则 K 就越大，氢氧化物越易溶，反之，则越难。

2. 生成弱酸使沉淀溶解 许多弱酸盐型难溶强电解质，如 $CaCO_3$、$BaCO_3$、FeS 等能溶于强酸溶液中。如，以二价金属硫化物(FeS)为例，其沉淀－溶解平衡体系为：

$$FeS(s) \rightleftharpoons Fe^{2+} + S^{2-}$$

若向该体系里加 HCl，由于 HCl 提供的 H^+ 与 S^{2-} 结合生成弱酸 H_2S，造成溶液中 S^{2-} 浓度减小，$Q < K_{sp}^{\ominus}$，使 FeS 向着溶解的方向进行。体系中同时存在硫化物的沉淀－溶解平衡及 H_2S 的解离平衡。溶解总反应为：

$$FeS + 2H^+ \rightleftharpoons Fe^{2+} + H_2S$$

总反应标准平衡常数为：

$$K^{\ominus} = \frac{[Fe^{2+}][H_2S]}{[H^+]^2} = \frac{[Fe^{2+}][H_2S][S^{2-}]}{[H^+]^2[S^{2-}]} = \frac{K_{sp}^{\ominus}(FeS)}{K_{a1} \cdot K_{a2}} = \frac{6.3 \times 10^{-18}}{8.91 \times 10^{-27}} = 7.1 \times 10^{8}$$

该溶解反应平衡常数 $K^{\ominus} > 10^6$，溶解反应进行得比较彻底。

若上述硫化物换成 CuS，则溶解反应为：

$$CuS + 2H^+ \rightleftharpoons Cu^{2+} + H_2S$$

总反应标准平衡常数为：

$$K^{\ominus} = \frac{[Cu^{2+}][H_2S]}{[H^+]^2} = \frac{K_{sp}^{\ominus}(CuS)}{K_{a1}^{\ominus} \cdot K_{a2}^{\ominus}} = \frac{6.3 \times 10^{-36}}{8.91 \times 10^{-27}} = 7.1 \times 10^{-10}$$

该溶解反应平衡常数 $K^{\ominus} < 10^{-6}$，溶解反应几乎不能进行。

通过以上讨论可知，弱酸盐的 $K_{sp}^{\ominus}$ 越大、生成的弱酸酸性越弱（$K_a^{\ominus}$ 越小），溶解反应的总平衡常数 $K^{\ominus}$ 越大，在酸中溶解性越好，有些弱酸盐不仅可以溶于 HCl，甚至在 HAc 中也能溶解；而 $K_{sp}^{\ominus}$ 极小的弱酸盐，如 CuS，溶解反应平衡常数 $K^{\ominus} < 10^{-6}$，因此，即使遇到最高浓度的 HCl(12mol/L)也不能溶解。

3. 生成弱碱使沉淀溶解 某些难溶氢氧化物遇到酸性的盐（如强酸弱碱盐）溶液，也能溶解。例如 $Mg(OH)_2$ 可溶于 NH_4Cl 溶液中。原因就是 $Mg(OH)_2$ 溶液中的 OH^- 与 NH_4^+ 可以结合生成弱电解质 $NH_3 \cdot H_2O$ 使 OH^- 大量减少，导致 $Mg(OH)_2$ 溶液中 $Q < K_{sp}^{\ominus}$，进而使 $Mg(OH)_2$ 的沉淀－溶解平衡向着溶解的方向进行。溶解的总反应方程式为：

$$Mg(OH)_2(s) + 2NH_4^+ \rightleftharpoons Mg^{2+} + 2NH_3 \cdot H_2O$$

平衡常数为：

$$K^{\ominus} = \frac{[Mg^{2+}][NH_3 \cdot H_2O]^2}{[NH_4^+]^2} = \frac{[Mg^{2+}][NH_3 \cdot H_2O]^2[OH^-]^2}{[NH_4^+]^2[OH^-]^2} = \frac{K_{sp}^{\ominus}[Mg(OH)_2]}{[K_b^{\ominus}(NH_3 \cdot H_2O)]^2}$$

$$= \frac{5.61 \times 10^{-12}}{(1.74 \times 10^{-5})^2} = 1.85 \times 10^{-2}$$

该反应的平衡常数 $K^{\ominus}$ 虽然不是很大，但若加入足量的 NH_4Cl，将 $Mg(OH)_2$ 溶解还是可以实现的。

当然，能否通过生成弱碱而使难溶氢氧化物溶解，可以用溶解反应的平衡常数 $K^{\ominus}$ 的大小进行判断。难溶氢氧化物的 $K_{sp}^{\ominus}$ 越大、生成弱碱的 $K_b^{\ominus}$ 越小，则 $K^{\ominus}$ 越大，溶解反应越容易进行、反之越难。如 $K_{sp}^{\ominus}$ 较小的 $Al(OH)_3$ 就很难溶于 NH_4Cl 溶液中。

4. 生成难解离的盐使沉淀溶解 大多数的盐在水溶液中完全解离，是强电解质，但也有少数的盐在水溶液中难解离，是弱电解质，如 $Pb(Ac)_2$。某些难溶的二价铅盐遇到醋酸盐溶液，会因为生成弱电解质 $Pb(Ac)_2$ 而被溶解，例如，$PbSO_4$ 沉淀能溶于饱和 NaAc 溶液中，反应如下：

$$PbSO_4(s) + 2Ac^- \rightleftharpoons SO_4^{2-} + Pb(Ac)_2$$

(二)利用氧化还原反应使沉淀溶解

如前所述，对于 CuS 等 $K_{sp}^{\ominus}$ 非常小的沉淀，即使加入高浓度的非氧化性强酸也不能有效地降低 S^{2-} 浓度，使沉淀溶解。如果用氧化性的强酸，如热的稀 HNO_3，则可以将 S^{2-} 氧化成单质 S，从而大大降低 S^{2-} 浓度，使 CuS 的 $Q < K_{sp}^{\ominus}$，CuS 沉淀溶解。反应可表示如下：

$$3CuS + 8HNO_3(\text{稀}) = 3Cu(NO_3)_2 + 2NO\uparrow + 3S\downarrow + 4H_2O$$

(三)生成配离子使沉淀溶解

一些难溶强电解质，如 AgX 等，既不溶于非氧化性酸，也不溶于氧化性酸。但它们可以和某些配合剂生成配合物，溶液中游离的离子浓度大大降低，使 $Q < K_{sp}^{\ominus}$，沉淀溶解。如 AgCl 能溶于稀 $NH_3 \cdot H_2O$ 中，AgBr 能溶于 $Na_2S_2O_3$ 溶液中等。

其溶解的反应式可表示如下：

$$AgCl(s) + 2NH_3 \rightleftharpoons [Ag(NH)_3)_2]^+ + Cl^-$$

$$AgBr(s) + 2S_2O_3^{2-} \rightleftharpoons [Ag(S_2O_3)_2]^{3-} + Br^-$$

上述溶解反应能否进行，进行到什么程度，除与沉淀的 $K_{sp}^{\ominus}$ 有关外，还与生成配离子的稳定性有关。

五、同离子效应与盐效应

同离子效应和盐效应不仅对酸碱平衡有影响，同样对沉淀-溶解平衡也有影响。

(一)同离子效应

在难溶强电解质溶液中，加入与难溶强电解质具有相同离子的易溶强电解质，使难溶强电解质的溶解度减小的效应，称为同离子效应(common ion effect)。

例如，在 AgCl 的饱和溶液中加入 NaCl，存在如下平衡关系：

$$AgCl(s) \rightleftharpoons Ag^+ + Cl^-$$

$$NaCl = Na^+ + Cl^-$$

由于 NaCl 的加入，溶液中 Cl^- 浓度增大，使 $Q > K_{sp}^{\ominus}$，平衡将发生左移，生成更多的 AgCl 沉淀，直至建立新的平衡 $Q = K_{sp}^{\ominus}$ 为止。其结果导致 AgCl 的溶解度减小。

例 5-9 已知 298.15K 时，AgCl 在纯水中的溶解度为 1.34×10^{-5} mol/L，分别计算 AgCl 在 0.10mol/L HCl 和 0.20mol/L 的 $AgNO_3$ 中的溶解度。已知 $K_{sp}^{\ominus}(AgCl) = 1.77 \times 10^{-10}$。

解：①设 AgCl 在 0.10mol/L HCl 溶液中的溶解度为 s_1 mol/L，则有：

$$AgCl(s) \rightleftharpoons Ag^+ + Cl^-$$

相对平衡浓度 $\qquad s_1 \qquad s_1 + 0.10$

根据溶度积规则 $\quad K_{sp}^{\ominus}(AgCl) = s_1(s_1 + 0.10) \approx 0.10s_1$

$$s_1 = 1.8 \times 10^{-9}\text{mol/L}$$

②设 AgCl 在 0.20mol/L $AgNO_3$ 溶液中的溶解度为 s_2 mol/L，则平衡时：

$$[Ag^+] = 0.20 + s_2 \approx 0.20\text{mol/L} \qquad [Cl^-] = s_2$$

根据溶度积规则 $\quad K_{sp}^{\ominus}(AgCl) = [Ag^+][Cl^-] = 0.20s_2$

$$s_2 = 8.8 \times 10^{-10}\text{mol/L}$$

由计算结果可知，在 AgCl 的平衡体系中，加入含有相同离子 Ag^+ 或 Cl^- 的试剂后，AgCl 的溶解度均降低很多。在一定浓度范围内，加入的相同离子的量越多，其溶解度降低得越多。因此，实际工作中常利用加入过量的沉淀剂，产生同离子效应，使沉淀反应更趋完全。

(二)盐效应

在难溶强电解质的饱和溶液中，加入与难溶强电解质不具有相同离子的易溶强电解质，使难溶强电解质的溶解度略有增大的效应，称为盐效应(salt effect)。例如在 $BaSO_4$ 饱和溶液中，加入 KNO_3，则有：

$$BaSO_4(s) \rightleftharpoons Ba^{2+} + SO_4^{2-}$$

$$KNO_3 = K^+ + NO_3^-$$

KNO_3 在溶液中完全电离成 K^+ 和 NO_3^-，使溶液中离子强度 I 增大，总的离子浓度增大，离子间相互作用增强，有效离子浓度(即活度) a 减小，最终导致平衡右移，结果 $BaSO_4$ 溶解度稍有增大。

应该注意的是：在产生同离子效应的同时，也产生盐效应。由于在稀溶液中，同离子效应的影响较大，盐效应的影响较小，当两种效应共存时，以同离子效应的影响为主。

如前所述，根据同离子效应，要使沉淀完全，往往加入过量沉淀剂，一般沉淀剂过量20% ~50% 即可。但是沉淀剂的用量并非愈多愈好，如果加入过多的沉淀剂，还可能引起盐效应而使沉淀溶解度增大。

六、沉淀反应的某些应用

沉淀反应的应用十分广泛，如药物生产中制备难溶无机药物，去除易溶药物产品中的杂质，以及产品质量分析和难溶硫化物、氢氧化物的分离等，都涉及沉淀 - 溶解平衡问题。

(一)在药物生产上的应用

许多难溶电解质是采用两种易溶电解质溶液互相混合进行制备的。通常是将原料分别溶解，控制适当的反应条件(如溶液浓度、反应温度、pH 以及混合的速度和方式、放置时间等)来制备沉淀。为制取纯度高、质量好的沉淀，不同的产品需经过反复实验来确定最佳的制备条件。现以《中国药典》2015 年版中的药物 $BaSO_4$、$Al(OH)_3$、NaCl 的制备为例加以说明。

1. 硫酸钡的制备 由于 X 射线不能透过钡离子，因此临床上可用钡盐作 X 光造影剂，诊断胃肠道疾病。然而 Ba^{2+} 对人体有毒害，在钡盐中能够作为诊断胃肠道疾病的 X 光造影剂只有 $BaSO_4$，$BaSO_4$ 既难溶于水，也难溶于酸。

硫酸钡的制备一般以氯化钡和硫酸钠为原料，或向可溶性钡盐溶液中加入硫酸，离子反应方程式如下：

$$Ba^{2+} + SO_4^{2-} = BaSO_4 \downarrow$$

生产硫酸钡最适宜的条件是：在适当浓度的 $BaCl_2$ 热溶液中，缓慢地加入沉淀剂(Na_2SO_4 或 H_2SO_4)，不断搅拌溶液，待硫酸钡沉淀析出后，让沉淀和溶液一起放置一段时间(称为沉淀的老化作用)。沉淀的老化作用是使小晶体溶解，大晶体长大，小晶体表面和内部的杂质在溶解过程中进入溶液，最后所得硫酸钡沉淀不仅颗粒粗大，而且更加纯净。反应所得的沉淀经过过滤、洗涤、干燥后，检查其杂质，测定其含量，符合实施版《中国药典》的质量标准即可供药用。

2. 氢氧化铝的制备 氢氧化铝药用时常制成氢氧化铝片剂(胃舒平)，是一种常见抗酸药，用于治疗胃酸过多，胃及十二指肠溃疡等疾病。

生产氢氧化铝是用矾土(主要成分为 Al_2O_3)作原料，使之溶于硫酸中，生成的硫酸铝再与碳酸钠溶液作用，得到氢氧化铝胶状沉淀。反应方程式如下：

$$Al_2O_3 + 3H_2SO_4 = Al_2(SO_4)_3 + 3H_2O$$

$$Al_2(SO_4)_3 + 3Na_2CO_3 + 3H_2O = 2Al(OH)_3\downarrow + 3Na_2SO_4 + 3CO_2\uparrow$$

氢氧化铝是胶体沉淀，具有含水量高、体积庞大的特点。最适宜的生产条件是在较浓的热溶液中进行沉淀，加入沉淀剂的速度可以快一些，溶液的 pH 保持在 8~8.5，沉淀完全后不必老化，可以立即过滤，经过洗涤、干燥、检查杂质，测定其含量，符合《中国药典》质量标准即可供药用。

3. 药用氯化钠的精制 药用氯化钠是从粗食盐中除去所含杂质而制得的。粗食盐中所含主要杂质是 K^+、Mg^{2+}、Ca^{2+}、Fe^{3+}，重金属离子，SO_4^{2-}、I^-、Br^- 等，还有砂粒、有机杂质。精制过程大体分为以下几个步骤。

(1)将粗食盐在火上煅炒，使有机质炭化，再用蒸馏水溶解成为饱和溶液。

(2)在饱和溶液中加入过量沉淀剂氯化钡溶液，使 SO_4^{2-} 转化成 $BaSO_4$ 沉淀，放置 1h 以后，与其他一些不溶性杂质一并滤去。

(3)在滤液中加入饱和 H_2S 溶液，再加入 Na_2CO_3 溶液，使 pH 达到 10~11，这时重金属成为硫化物或氢氧化物，Fe^{3+} 成为 $Fe(OH)_3$，Ca^{2+} 成为 $CaCO_3$，Mg^{2+} 成为 $MgCO_3$ 及 $Mg(OH)_2$，上一步过量的 Ba^{2+} 成 $BaCO_3$，静置，使沉淀完全，过滤弃杂质。

(4)在滤液中通入 HCl，中和多余的碱，调节 pH 达 3~4，加热蒸发浓缩，并除去多余的 H_2S。

(5)浓缩上述溶液至 NaCl 晶体几乎全部析出，抽滤、洗涤。K^+、I^-、Br^-、NO_3^- 等离子也随母液和洗涤液除去。

(6)所得 NaCl 晶体在 100°C 时烘干(并去除残附的 HCl 气体)。

在氯化钠精制中，包含了利用沉淀反应进行物质分离提纯时需要考虑的共性因素。

(1)沉淀剂的选择 选择的沉淀剂沉淀效率要高，在不引入新杂质的前提下尽可能选用能同时除去几种杂质离子的沉淀剂。过量沉淀剂在后续反应中应该容易除去。

(2)沉淀剂的用量和浓度 在利用沉淀反应除去杂质离子时，总是加入过量、浓的沉淀剂，使沉淀趋于完全，一般以过量 20%~50% 为宜，沉淀剂过多，离子强度过大(盐效应)。

(3)沉淀的条件 溶液的浓度、反应的温度、溶液的 pH、混合的速度以及放置时间等都有一定要求。

(4)成品中残留的杂质含量 因为绝对不溶的沉淀是不存在的，因此在利用沉淀反应除去杂质后的成品中仍夹有微量的杂质。但它不影响实际应用，所以在药典中规定了药物的杂质含量限度。

(二)在药物质量控制上的应用

沉淀-溶解平衡在药品检验工作中经常用到。为保证药物的质量，必须根据国家规定的药品质量标准进行药品检验工作。对产品的质量鉴定，主要包括杂质检查和含量测定两方面。

沉淀反应在杂质检查上的应用，是将一定浓度的沉淀剂加到产品的溶液中，观察是否与要检查的离子产生沉淀。从产品溶液的用量和沉淀剂的浓度与体积，根据 $K_{sp}^{\ominus}$ 数值，可以计算出杂质含量是否符合规定的限度。

(1)注射用水氯离子的检查规定如下：取水样 50ml，加稀硝酸(2mol/L)5 滴，硝酸银溶液(0.1mol/L)1ml，放置半分钟，不得发生浑浊。这个检查反应所根据的原理是 Ag^+ 离子和 Cl^- 离子可以形成难溶的 AgCl 沉淀。加硝酸的作用是防止 CO_3^{2-} 和 OH^- 离子的干扰。Ag_2CO_3 和 Ag_2O 都是难溶的，但在酸性溶液中不能生成。反应方程式为：

$$Ag^+ + Cl^- = AgCl \downarrow$$

$$2Ag^+ + CO_3^{2-} = Ag_2CO_3 \downarrow$$

$$2Ag^+ + 2OH^- = 2AgOH \downarrow = Ag_2O \downarrow + H_2O$$

根据样品的体积和所用试剂的浓度和体积，从 AgCl 的 $K_{sp}^{\ominus}$ 可以计算出注射用水中 Cl^- 允许存在的限度，在此条件下，溶液中

$$[Ag^+] = \frac{1}{50+1} \times 0.1 = 2 \times 10^{-3}$$

因为 $$K_{sp}^{\ominus} = [Ag^+][Cl^-] = 1.8 \times 10^{-10}$$

所以 $$[Cl^-] = K_{sp}^{\ominus}/[Ag^+] = \frac{1.8 \times 10^{-10}}{2 \times 10^{-3}} = 9 \times 10^{-8}$$

以上计算说明如果 $[Cl^-] > 9 \times 10^{-8}$ mol/L 时，将产生 AgCl 沉淀，使溶液混浊。这个浓度(9×10^{-8} mol/L)就是允许 Cl^- 离子存在的限度。

(2)硫酸根也是一个容易在药品中出现的阴离子。检查药品中含有微量硫酸盐的方法是利用硫酸盐与新配制的 $BaCl_2$ 溶液在酸性溶液中作用生成 $BaSO_4$ 浑浊，将它与一定量的标准 K_2SO_4 与 $BaCl_2$ 在同一条件下用同样方法处理所生成的浑浊比较，以计算样品中含硫酸盐的限度。

(3)在药品的杂质检验中，很重要的一个检查项目是重金属的检查。所谓重金属系指在弱酸性(pH 约为 3)溶液中，能与 H_2S 试液作用的，如铜、钴、镍、银、铅、铋、砷、锑、锡等盐类。因为在药品的生产过程中，以混入铅杂质的机会最多，而且铅又易积蓄中毒，故检查时以铅为代表。检查方法是在样品溶液中加入 H_2S 试液，使其与微量重金属离子作用生成棕色液或暗棕色浑浊，与一定量的标准铅溶液按同法处理后所显的颜色或浑浊进行比较，以推断出样品中重金属的含量限度。必要时重金属的检查也可在碱性溶液中以 Na_2S 为试剂进行检查。

知识拓展

硫化物沉淀的分离

许多金属硫化物溶解度很小，但彼此之间溶度积相差比较大，可利用这个特点进行某些离子之间的相互分离。

根据溶度积规则，溶液中能否生成金属硫化物沉淀，与溶液中 S^{2-} 和金属离子的浓度有关，即当 $Q > K_{sp}^{\ominus}$ 时，就可生成金属硫化物沉淀。金属硫化物是弱酸 H_2S 的盐，溶液中 S^{2-}

离子浓度又与溶液中$[H^+]$离子浓度直接有关，因此控制溶液的酸度，通入H_2S气体就可达到硫化物沉淀的分离。

H_2S是一种二元弱酸，其饱和水溶液中S^{2-}离子浓度可由H_2S的电离常数关系中求得。

$$\frac{[H^+]^2[S^{2-}]}{[H_2S]}=K_{a1}^{\ominus}\cdot K_{a2}^{\ominus}$$

$$[S^{2-}]=K_{a1}^{\ominus}\cdot K_{a2}^{\ominus}\frac{[H_2S]}{[H^+]^2}$$

对于常见二价金属离子生成的硫化物，具有如下的沉淀-溶解平衡

$$MS(s)\rightleftharpoons M^{2+}+S^{2-}$$

其溶度积表达式为$[M^{2+}][S^{2-}]=K_{sp}^{\ominus}$，于是$[S^{2-}]=K_{sp}^{\ominus}/[M^{2+}]$

如果把不同硫化物沉淀所需的硫离子浓度与这种硫离子浓度下的最高H^+离子浓度二者之间的关系联系起来，就能得出不同硫化物沉淀时的最高H^+离子浓度，即：

$$[H^+]^2=K_{a1}^{\ominus}\cdot K_{a2}^{\ominus}[H_2S][M^{2+}]/K_{sp}^{\ominus}(MS)\text{或}[H^+]=\sqrt{K_{a1}^{\ominus}\cdot K_{a2}^{\ominus}[H_2S][M^{2+}]/K_{sp}^{\ominus}(MS)}$$

式中，$K_{a1}^{\ominus}=8.91\times10^{-8}$，$K_{a2}^{\ominus}=1.00\times10^{-19}$，$H_2S$饱和溶液的浓度为0.1mol/L。由上式可见硫化物开始沉淀时的pH与金属硫化物的溶度积有关，也与溶液中金属离子的起始浓度有关。同理，如果当沉淀完毕后留下的金属离子在10^{-5}mol/L以下，就认为沉淀已达到完全的程度，也可计算出溶液中的氢离子浓度应控制的范围。

重点小结

沉淀溶解平衡	基本概念	溶度积$K_{sp}^{\ominus}$(难溶强电解质沉淀-溶解平衡的平衡常数)
	溶度积与溶解度的关系	相同类型的难溶强电解质可直接比较，不同类型的需通过计算进行比较
	溶度积规则	$Q=K_{sp}^{\ominus}$时；溶液是饱和溶液，即达到沉淀-溶解平衡状态
		$Q>K_{sp}^{\ominus}$时；溶液是过饱和溶液，沉淀从溶液中析出，直至饱和为止
		$Q<K_{sp}^{\ominus}$时；溶液是不饱和溶液，无沉淀析出；若体系中有固体存在，沉淀物溶解，直至达新的平衡(饱和)为止
	沉淀的生成与溶解*	沉淀的生成：需满足$Q>K_{sp}^{\ominus}$
		沉淀的溶解：需满足$Q<K_{sp}^{\ominus}$
		分步沉淀：加入沉淀剂，溶液中多种离子按到达溶度积的先后次序分别沉淀出来
		沉淀转化：溶度积大的沉淀容易转化为溶度积小的沉淀；溶度积相差越大，转化越完全。两种难溶物溶度积相差不大时，通过控制离子浓度，溶度积小的沉淀也可以转换为溶度积大的沉淀
	同离子效应和盐效应	同离子效应：在难溶强电解质溶液中，加入与难溶强电解质具有相同离子的易溶强电解质，使难溶强电解质的溶解度减小的效应
		盐效应：在难溶强电解质的饱和溶液中加入不含有相同离子的易溶强电解质，使难溶强电解质的溶解度略有增大的效应

习　题

1. 0.010mol/L $AgNO_3$溶液与0.010mol/L K_2CrO_4溶液等体积混合，能否产生Ag_2CrO_4沉淀？已知$K_{sp}^{\ominus}(Ag_2CrO_4)=1.12\times10^{-12}$。

2. 在0.050L 3.0×10^{-4}mol/L Pb^{2+}溶液中加入0.10L 0.0030mol/L^{-1}的I^-溶液后，能否产生PbI_2沉淀？已知$K_{sp}^{\ominus}(PbI_2)=9.8\times10^{-9}$。

3. 在10ml 0.10mol/L $MgCl_2$ 溶液中加入 10ml 0.10mol/L $NH_3 \cdot H_2O$，问有无$Mg(OH)_2$沉淀生成？已知 $K^{\ominus}[Mg(OH)_2] = 5.61 \times 10^{-12}$；$K_b^{\ominus}(NH_3 \cdot H_2O) = 1.74 \times 10^{-5}$。

4. 在含浓度均为0.010mol/L 的 I^-、Cl^-溶液中加入 $AgNO_3$ 溶液是否能达到分离目的？已知：$K_{sp}^{\ominus}(AgCl) = 1.77 \times 10^{-10}$，$K_{sp}^{\ominus}(AgI) = 8.52 \times 10^{-17}$。

5. 向 Fe^{2+} 和 Cr^{3+} 浓度分别为 0.01mol/L 和 0.030mol/L 的混合溶液中，逐滴加入浓 NaOH 溶液，若要使第一种离子沉淀完全，第二种离子不沉淀，应怎样控制溶液的 pH？已知：$K_{sp}^{\ominus}[Fe(OH)_2] = 4.87 \times 10^{-17}$，$K_{sp}^{\ominus}[Cr(OH)_3] = 6.3 \times 10^{-31}$。

6. 已知：298.15K 时，$Zn(OH)_2$ 的溶度积为 3×10^{-17}，计算：

(1)$Zn(OH)_2$ 在水中的溶解度；

(2)$Zn(OH)_2$ 的饱和溶液中 $c(Zn^{2+})$、$c(OH^-)$和 pH；

(3)$Zn(OH)_2$ 在0.10mol/L NaOH 中的溶解度；

(4)$Zn(OH)_2$ 在0.10mol/L $ZnSO_4$ 中的溶解度。

7. 现有一瓶含有 Fe^{3+} 杂质的 0.1mol/L $MgCl_2$ 溶液，欲使 Fe^{3+} 以 $Fe(OH)_3$ 沉淀形式除去，溶液中的 pH 应控制在什么范围？已知：$K_{sp}^{\ominus}[Fe(OH)_3] = 2.79 \times 10^{-39}$。

8. 在0.10mol/L $ZnCl_2$ 溶液中不断通入 H_2S 气体达到饱和，如何控制溶液的 pH 使 ZnS 不沉淀？已知：$K_{sp}^{\ominus}(ZnS) = 2.5 \times 10^{-22}$。

9. 难溶电解质的溶度积与溶解度之间的关系？

10. 溶度积常数与哪些因素有关，溶解度与哪些因素有关？

11. 为何 $BaSO_4$ 在生理盐水中的溶解度大于在纯水中的，而 AgCl 在生理盐水中的溶解度却小于在纯水中的？

12. 在 $ZnSO_4$ 溶液中通入 H_2S 气体只出现少量的白色沉淀，但若在通入 H_2S 之前，加入适量固体 NaAc 则可形成大量的沉淀，为什么？

扫码"练一练"

（邹淑君　李德慧）

第六章 氧化还原反应

要点导航

1. 掌握氧化还原反应和氧化还原电对的基本概念；元素氧化值的定义和计算；用离子－电子法配平方程式的方法。

2. 熟悉原电池的定义及表示符号；电极反应、电池反应、标准电极电势的概念及相关计算；利用电极电势判断氧化剂、还原剂的强弱，反应的方向和限度。

3. 了解元素标准电极电势图的概念和应用；利用标准平衡常数求算某些物理常数的方法。

氧化还原反应是一类非常重要的化学反应，在医药行业中具有极其重要的应用。例如，药物在体内吸收代谢，药物的制备生产和质量控制，药物的稳定性等都与氧化还原反应密切相关。同时，它还在生命过程中扮演着十分重要的角色，如光合作用、呼吸过程、能量转换、新陈代谢、神经传导等。

本章将介绍氧化值的概念，电极电势的概念及其应用，氧化还原反应平衡常数的求算，以及元素电势图的概念及其应用等。

第一节 氧化还原反应

扫码"学一学"

一、氧化还原反应的基本概念

在氧化还原反应中，物质失去电子的过程称为氧化，得到电子的过程称为还原。

$$Zn + Cu^{2+} \Longrightarrow Cu + Zn^{2+}$$

上述反应中，Zn 失去电子发生氧化反应，本身是还原剂，又称为电子的供体；Cu^{2+} 得到电子发生还原反应，本身为氧化剂，又称为电子的受体。

在上述反应中，反应物之间电子的转移是很明显的。但在仅有共价化合物参与的反应中，并没有反应物之间电子的完全转移，只是发生了共用电子对的偏移。例如：

$$H_2 + Cl_2 \Longrightarrow 2HCl$$

由于氯的电负性大于氢，所以在 HCl 分子中共用的电子对偏向氯的一方，尽管其中的氯和氢都没有获得电子或失去电子，却也有一定程度的电子对偏移。这种反应同样属于氧化还原反应。

综上所述，氧化还原反应实质是反应前后有电子得失或电子对偏移的反应。

氧化还原反应可以根据其电子转移方向的不同分成两个半反应，或者说，氧化还原反应可以看成由两个半反应构成。例如：

$$Zn + Cu^{2+} = Cu + Zn^{2+}$$

反应中 Zn 失去电子，生成 Zn^{2+}，发生氧化反应。

其氧化半反应为： $Zn - 2e^- \longrightarrow Zn^{2+}$

Cu^{2+} 得到电子，生成 Cu，发生还原反应。

其还原半反应为： $Cu^{2+} + 2e^- \longrightarrow Cu$

在半反应中，同一元素的两种不同氧化值的物种组成了电对。由 Zn^{2+} 与 Zn 所组成的电对可表示为 Zn^{2+}/Zn，由 Cu^{2+} 与 Cu 所组成的电对可表示为 Cu^{2+}/Cu。电对中氧化值较高的物种为氧化型(态)，氧化值较低的物种为还原型(态)。电对可表示为氧化型/还原型。由此，半反应的通式可表示为：

$$\text{氧化型} + ne^- \rightleftharpoons \text{还原型}$$

或 $$Ox + ne^- \rightleftharpoons Red$$

对于由两个电对构成的氧化还原反应，如果以(1)表示还原剂所对应的电对，(2)表示氧化剂所对应的电对，则氧化还原反应方程式可写为：

$$\text{还原型}(1) + \text{氧化型}(2) \rightleftharpoons \text{氧化型}(1) + \text{还原型}(2)$$

其中，还原型(1)为还原剂，在反应中被氧化为氧化型(1)；氧化型(2)是氧化剂，在反应中被还原为还原型(2)。在氧化还原反应中，失电子与得电子，氧化与还原，氧化剂与还原剂既是对立的，又是相互依存的，共处于同一反应中。因此，氧化还原反应也可定义为氧化还原电对之间电子的传递反应。

二、氧化值

为了更方便地讨论氧化还原问题，1948 年美国的格拉斯顿(Samuel Glasstone，1897—1986)在价键理论和电负性的基础上提出了氧化值(也称为氧化数)的概念。几十年来经过不断修正补充，1970 年国际纯粹和应用化学联合会(IUPAC)对氧化值做了较严格的定义：氧化值是某元素一个原子的荷电数，这个荷电数可由假设把每个键中的电子指定给电负性更大的原子而求得。

根据这个定义，得出如下确定氧化值的规则：

(1)在任何形态的单质中，元素的氧化值为零。

(2)氢在化合物中的氧化值一般为 +1，但在金属氢化物(如 LiH、CaH_2 等)中，氢的氧化值为 -1。

(3)在化合物中，氧的氧化值一般为 -2，但在过氧化物(如 Na_2O_2、H_2O_2)中，氧的氧化值为 -1；在超氧化物(如 KO_2)中，氧的氧化值为 -1/2；在氟氧化物(如 OF_2)中，氧的氧化值为 +2。

(4)在所有的氟化物中，氟的氧化值都为 -1。

(5)在中性分子中，所有元素的氧化值的代数和为零。

(6)在离子化合物中，单原子离子，元素的氧化值等于离子所带的电荷数；多原子离子，所有元素的氧化值代数和等于离子所带的电荷数。

利用上述规则，可以求出各种元素的氧化值。

例 6-1 试计算 $(NH_4)_2S_2O_8$ 中 S 的氧化值。

解：设 S 在 $(NH_4)_2S_2O_8$ 中的氧化值为 x，则根据求算规则：

$$2\times(+1)+2x+8\times(-2)=0$$

$$x=+7$$

故 S 的氧化值为 +7。

例 6-2 试计算 Pb_3O_4 中 Pb 的氧化值。

解：设 Pb_3O_4 中 Pb 的氧化值为 y，由于氧的氧化值为 −2，则：

$$3y+4\times(-2)=0$$

$$y=+\frac{8}{3}$$

故 Pb 的氧化值为 $y=+\frac{8}{3}$。

氧化值与化合价的区别在于：氧化值是指某元素一个原子在化合状态时的形式电荷数（或表观电荷数），可以是正数、负数或分数，它可以表征元素的平均荷电数，而不强调它究竟以何种物种形式存在。如 $FeCl_3$ 中除有 Fe^{3+} 存在外，还可能有 $FeOH^{2+}$、$FeCl^{2+}$、$FeCl_2^+$ 等物种存在，这时通常用罗马数字写成铁(Ⅲ)或 Fe(Ⅲ)，表明铁的氧化值是 +3。化合价表示原子结合成分子时，原子数目的比例关系。从分子结构来看，化合价也就是离子键和共价键化合物的电价数和共价数，只为整数。虽然化合价比氧化值更能反映分子内部的基本属性，但氧化值在分子式的书写和方程式的配平中很有实用价值。例如 Fe_3O_4，很多情况下人们可以不知道它实际是 $FeO\cdot Fe_2O_3$，可以不知道其中 Fe 的化合价为 +2、+3，只要知道 Fe 的氧化值为 $+\frac{8}{3}$ 就行了。

氧化还原反应也可以根据氧化值的改变进行定义：元素氧化值升高的过程是氧化，元素氧化值降低的过程是还原。凡是反应前后元素氧化值改变的反应都是氧化还原反应。

三、氧化还原反应的配平

配平氧化还原反应方程式的方法很多，若根据氧化剂和还原剂的氧化值变化相等的原则进行配平，则称为氧化值法；若根据氧化剂和还原剂得失电子数相等的原则进行配平，则称为离子-电子法。下面着重介绍这两种配平方法。

（一）氧化值法

氧化值法配平反应方程式的原则是：氧化剂的氧化值降低的总数必须等于还原剂的氧化值升高的总数。

例 6-3 用氧化值法配平 $KMnO_4+HCl\rightarrow MnCl_2+Cl_2$ 反应方程式。

解：①写出反应物和生成物的化学式，并标出氧化值有变化的元素，计算出反应前后氧化值的变化。其中，氧化值增加或减小的数值，以数字前面加"+"或"−"号表示。

$$(2-7=-5)\times 2$$

$$K\overset{+7}{Mn}O_4+H\overset{-1}{Cl}\rightarrow KCl+\overset{+2}{Mn}Cl_2+\overset{0}{Cl_2}$$

$$(0-(-1)=+1)\times 2\times 5$$

②根据氧化值法的配平原则，确定氧化剂和还原剂化学式前面的系数，得到下列不完全的方程式：

$$2KMnO_4+16HCl\longrightarrow 2KCl+2MnCl_2+5Cl_2$$

③根据反应式两边同种原子的总数相等的原则，逐一调整系数，用观察法配平反应式两边其他原子数目。通常先配平非氢非氧原子，然后再核对 H 原子和 O 原子是否相等。由于左边多 16 个 H 原子和 8 个 O 原子，右边应加 8 个水分子，得到配平的氧化还原方程式：

$$2KMnO_4 + 16HCl = 2KCl + 2MnCl_2 + 5Cl_2 + 8H_2O$$

(二)离子 - 电子法

离子 - 电子法又称半反应法。由于本章讨论原电池、电极电势时，常将氧化还原反应分成氧化、还原两个半反应，因此，离子 - 电子法尤为重要，它不仅能与后面的内容相衔接，而且也特别适合于较复杂的氧化还原方程式的配平。

离子 - 电子法配平反应方程式的原则是：氧化剂得到的电子总数等于还原剂失去的电子总数。

例 6-4 用离子 - 电子法配平 $KMnO_4$ 在稀 H_2SO_4 溶液中氧化 $FeSO_4$ 的反应方程式。

解：①写出未配平的离子反应式：

$$MnO_4^- + Fe^{2+} \longrightarrow Mn^{2+} + Fe^{3+}$$

②将上述离子反应式拆分成氧化和还原两个半反应。

还原半反应：$MnO_4^- \rightarrow Mn^{2+}$

氧化半反应：$Fe^{2+} \rightarrow Fe^{3+}$

③根据物料平衡和电荷平衡，分别配平两个半反应，使每个半反应两边的各种元素的原子总数和电荷数相等。

还原半反应： $$MnO_4^- + 8H^+ + 5e^- = Mn^{2+} + 4H_2O \quad (a)$$

氧化半反应： $$2Fe^{2+} - 2e^- = 2Fe^{3+} \quad (b)$$

④根据氧化剂和还原剂得失电子数相等的原则，确定两个半反应的最小公倍数，两反应式相加得配平的离子方程式。

$$(a)\times 2 \quad 2\,MnO_4^- + 16H^+ + 10e^- \longrightarrow 2Mn^{2+} + 8H_2O$$

$$(b)\times 5 \quad 10\,Fe^{2+} - 10e^- \longrightarrow 10Fe^{3+}$$

两式相加得：$2\,MnO_4^- + 16H^+ + 10Fe^{2+} = 2Mn^{2+} + 10Fe^{3+} + 8H_2O$

⑤将配平的离子方程式写为分子方程式，注意反应前后氧化值没有变化的离子的配平。

$$2KMnO_4 + 10FeSO_4 + 8H_2SO_4 = 2MnSO_4 + 5Fe_2(SO_4)_3 + K_2SO_4 + 8H_2O$$

例 6-5 用离子 - 电子法配平重铬酸钾在稀硫酸介质中氧化碘化钾的反应方程式。

解：①写出未配平的离子反应式：

$$Cr_2O_7^{2-} + I^- \longrightarrow Cr^{3+} + I_2$$

②将上述未配平的反应式拆分成氧化和还原两个半反应：

$$Cr_2O_7^{2-} \longrightarrow Cr^{3+}\text{（还原反应）}$$

$$I^- \longrightarrow I_2\text{（氧化反应）}$$

③ 分别配平两个半反应式，使等式两边的原子个数和净电荷数相等：

$$Cr_2O_7^{2-} + 14H^+ + 6e^- = 2Cr^{3+} + 7H_2O \quad (a)$$

$$2I^- - 2e^- = I_2 \quad (b)$$

④ 根据氧化剂和还原剂得失电子数必须相等的原则，将两个半反应式中乘以适当的系数(由得失电子数的最小公倍数确定)，然后两式相加，消去电子，得到配平的离子方程式。

$(a) \times 1 \quad Cr_2O_7^{2-} + 14H^+ \quad + 6e^- = 2Cr^{3+} + 7H_2O$

$(b) \times 3 \quad 6I^- - 6e^- = 3I_2$

两式相加得：$Cr_2O_7^{2-} + 14H^+ + 6I^- = 2Cr^{3+} + 7H_2O + 3I_2$

⑤加上未参与氧化还原反应的正、负离子，将上述配平的离子方程式改写成分子反应方程式：

$$K_2Cr_2O_7 + 6KI + 7H_2SO_4 = Cr_2(SO_4)_3 + 3I_2 + 7H_2O + 4K_2SO_4$$

另外，配平半反应时，H 与 O 配平原则是：在酸性介质中，缺氧一边加 H_2O，每缺一个氧原子，加 1 个 H_2O，同时另一边加 2 个 H^+。在中性或碱性介质中，缺氧一边加 OH^-，每缺一个氧原子，加 2 个 OH^-，同时另一边加 1 个 H_2O。

上述两种配平方法，各有优缺点。氧化值法应用范围比较广泛，在水溶液中或者非水、高温熔融状态下都适合。离子－电子法虽只适用于水溶液中的反应，但对配平有复杂化合物及某些有机物参加的反应比较方便。

第二节　电极电势

扫码“学一学”

一、原电池

（一）原电池的工作原理

氧化还原反应过程中有电子的转移。例如把一块锌片放在 $CuSO_4$ 溶液中，可以观察到有一层红棕色的铜沉积在锌片的表面上，蓝色硫酸铜溶液的颜色逐渐变浅，而锌片也慢慢溶解。在这一过程中，由于锌与硫酸铜直接接触，电子由锌原子直接转移给铜离子，发生了锌的氧化反应和铜离子的还原反应：

$$Zn + Cu^{2+} = Zn^{2+} + Cu$$

$$\Delta_r H_m^\ominus(298K) = -218.66kJ/mol$$

显然，这是一个伴随有热量放出的反应，表明化学能转变为了热能。

电子沿导线定向移动产生电流，而上述反应中，电子转移是直接进行的，看不到电流的产生。那么能否组成一种装置利用氧化还原反应产生电流呢？这就引入了原电池装置。如图 6－1 所示，用两个烧杯分别盛放 $ZnSO_4$ 溶液和 $CuSO_4$ 溶液，在 $ZnSO_4$ 溶液中插入锌棒，在 $CuSO_4$ 溶液中插入铜棒，将锌棒和铜棒用导线连接起来，并串联一个检流计。两个烧杯中的溶液用盐桥（一个装满饱和 KCl 和琼脂冻胶的倒置 U 型管）相连。接通电路以后，可以观察到，检流计的指针向一方偏转，表明导线中确有电流通过，根据指针偏转方向，判定电子是由锌棒流向铜棒。随着反应的进行，锌棒不断溶解，铜棒上有铜析出。

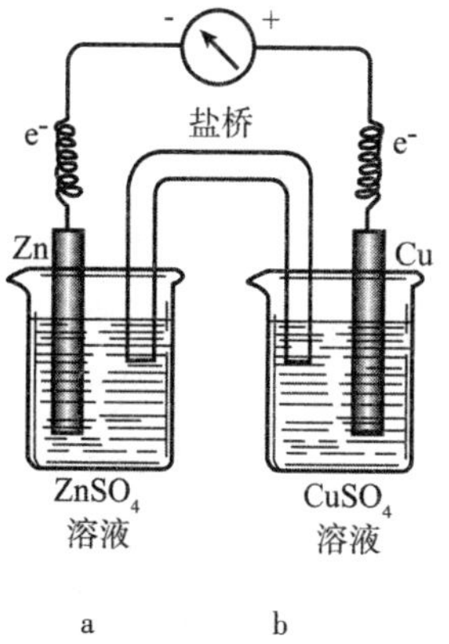

图 6－1　铜锌原电池

上述装置中，锌比铜活泼，发生氧化反应，失去电子成为 Zn^{2+} 离子进入溶液。

$$Zn \longrightarrow Zn^{2+} + 2e^-$$

相对而言，Cu 不活泼，溶液中的 Cu^{2+} 获得电子，发生还原反应生成 Cu 沉积在铜棒上。

$$Cu^{2+} + 2e^- \longrightarrow Cu$$

锌失去的电子由锌棒经金属导线流向铜棒，提供给 Cu^{2+}。随着反应的进行，$ZnSO_4$ 溶液中因有过多的 Zn^{2+} 带正电荷，$CuSO_4$ 溶液中 SO_4^{2-} 相对过剩带负电荷，这将影响电子从锌棒移向铜棒。但由于盐桥的存在，其中的 Cl^- 向 $ZnSO_4$ 溶液扩散，K^+ 向 $CuSO_4$ 溶液扩散，分别中和了过剩的电荷，使反应持续地进行，电流不断地产生。所以盐桥的作用是沟通电路、平衡电荷及消除液接电势。

上述装置中进行的总反应为：

$$Zn + Cu^{2+} = Zn^{2+} + Cu$$

该反应与将锌棒直接插入 $CuSO_4$ 溶液中的反应完全一致，但是在这个装置里，电子通过导线由锌棒定向流到铜棒，从而形成了电流，将化学能转变成了电能。这种利用氧化还原反应产生电流的装置叫原电池。上述原电池称为 Cu - Zn 原电池，也叫丹尼耳(J. F. Daniell)电池。

原电池是由两个半电池组成，每个半电池也叫一个电极。在每个半电池中同时包含由同一种元素的不同氧化值的两个物种所组成的电对，分别在两个半电池中发生的氧化或还原反应，称为半电池反应(也叫电极反应)。给出电子的电极叫负极，发生了氧化反应；得到电子的电极叫正极，发生了还原反应。在 Cu - Zn 原电池中，锌和锌盐溶液组成一个半电池(a 烧杯)，铜和铜盐溶液组成另一个半电池(b 烧杯)。锌极(锌半电池)为负极，铜极(铜半电池)为正极，电极反应为：

$$\text{负极}\quad Zn \longrightarrow Zn^{2+} + 2e^- \text{(氧化)} \qquad (1)$$

$$\text{正极}\quad Cu^{2+} + 2e^- \longrightarrow Cu \text{(还原)} \qquad (2)$$

每一个电极反应都包含有同一元素高氧化值的氧化型物质和低氧化值的还原型物质，即每一个电极都是由一个氧化还原电对组成，可表示为“氧化型/还原型”。例如(1)(2)式中的电对可分别表示为 Zn^{2+}/Zn 和 Cu^{2+}/Cu。正极和负极两个电极反应构成总的电池反应：

$$Zn + Cu^{2+} \rightleftharpoons Zn^{2+} + Cu$$

(二)原电池的符号

一般情况下，原电池的装置可用简单的电池符号表示。以 Cu - Zn 原电池为例，其电池符号可表示为：

$$(-)Zn \mid Zn^{2+}(c_1) \parallel Cu^{2+}(c_2) \mid Cu(+)$$

原电池符号的书写有如下规定：

(1)一般把负极写在左边，正极写在右边。电解质溶液依次写在中间，金属电极材料写在左右两边的外侧，最外侧标明正负极。

(2)用单垂线“|”表示不同物相之间的界面，同一相内不同物质用逗号隔开。

(3)用双垂线“‖”表示盐桥。

(4)组成电池的物质用化学式表示，要注明各物质的物态(s，l，g)、溶液要注明浓度 c、气体要注明压力(p)，此外还要注明外界压力和温度(标准压力、298.15K 常可省略)。

例 6-6 写出电池反应 $Cl_2(100kPa) + 2Fe^{2+}(1.0mol/L) \rightleftharpoons Cl^-(2.0mol/L) + 2Fe^{3+}(0.1mol/L)$ 的原电池符号。

解：将氧化还原反应分解成两个半反应：

$$\text{正极}\quad Cl_2 + 2e^- \rightleftharpoons 2Cl^- \qquad \text{(还原)}$$

$$\text{负极}\quad Fe^{2+} \rightleftharpoons Fe^{3+} + e^- \qquad \text{(氧化)}$$

原电池符号：

$(-)Pt \mid Fe^{2+}(1.0mol/L), Fe^{3+}(0.1mol/L) \parallel Cl^-(2.0mol/L) \mid Cl_2(100kPa) \mid Pt(+)$

(－)和(＋)分别表示负极和正极，其中 Fe^{3+} 与 Fe^{2+} 处于同一液相中，写出的顺序不分先后，用逗点分开即可。两个半电池中都不含有金属导体，因此需加入惰性电极作为金属导体，才能组成原电池。惰性电极只输送电子，不参与电极反应，一般用铂电极或石墨电极。

例 6-7　写出电池反应 $Cr_2O_7^{2-} + 6Cl^- + 14H^+ \rightleftharpoons 2Cr^{3+} + 3Cl_2\uparrow + 7H_2O$ 的原电池符号。

解：将氧化还原反应分解成两个半反应。

还原反应：$Cr_2O_7^{2-} + 14H^+ + 6e^- \rightleftharpoons 2Cr^{3+} + 7H_2O$

氧化反应：$2Cl^- \rightleftharpoons Cl_2\uparrow + 2e^-$

故 $Cr_2O_7^{2-}/Cr^{3+}$ 电对为正极，Cl_2/Cl^- 电对为负极。

原电池符号：

$(-)C \mid Cl_2(p) \mid Cl^-(c_1) \parallel H^+(c_2), Cr^{3+}(c_3), Cr_2O_7^{2-}(c_4) \mid C(+)$

其中 c_1、c_2、c_3、c_4 分别表示各离子的浓度。

例 6-8　已知原电池：$(-)Pt \mid Sn^{2+}(c_1), Sn^{4+}(c_2) \parallel Fe^{3+}(c_3), Fe^{2+}(c_4) \mid Pt(+)$，写出其电极反应及电池反应式。

解：电极反应式：负极　$Sn^{2+} \rightleftharpoons Sn^{4+} + 2e^-$（氧化）

正极　$Fe^{3+} + e^- \rightleftharpoons Fe^{2+}$（还原）

电池反应式：　$2Fe^{3+} + Sn^{2+} \rightleftharpoons 2Fe^{2+} + Sn^{4+}$

（三）常用电极的类型

电极也就是半电池，是电池的基本组成部分，其类型较多，构造各异。常用电极通常有以下四种类型。

1. 金属－金属离子电极　将金属片（或棒）插入到其盐溶液中构成的电极。如 Cu^{2+}/Cu 电对所组成的电极。

电极符号　$Cu \mid Cu^{2+}(c)$

电极反应　$Cu^{2+} + 2e^- \rightleftharpoons Cu$

2. 气体－离子电极　由气体与其相应离子溶液构成的电极，这种电极需要加入惰性电极作导电极板。如氯电极和标准氢电极。

氯电极：电极符号　$Pt \mid Cl_2(p) \mid Cl^-(c)$

电极反应　$Cl_2 + 2e^- \rightleftharpoons 2Cl^-$

标准氢电极：电极符号　$Pt \mid H_2(p^\ominus) \mid H^+(c^\ominus)$

电极反应　$2H^+ + 2e^- \rightleftharpoons H_2$

3. 氧化还原电极　将惰性电极浸入含有同一元素的两种不同氧化值的离子溶液中所构成的电极。如 Sn^{4+}/Sn^{2+} 电对所组成的电极。

电极符号　$Pt \mid Sn^{2+}(c_1), Sn^{4+}(c_2)$

电极反应　$Sn^{4+} + 2e^- \rightleftharpoons Sn^{2+}$

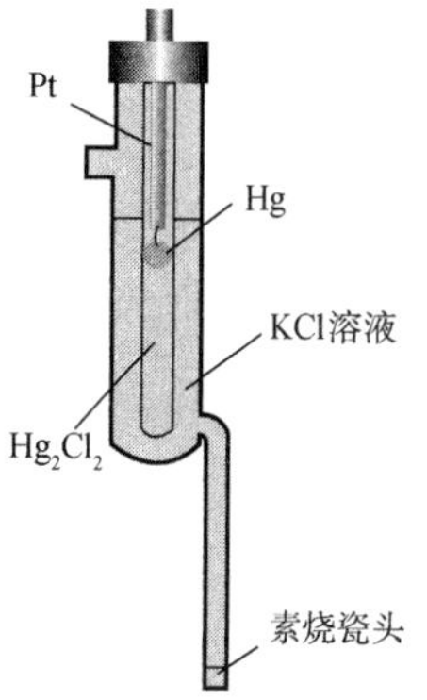

图 6－2　饱和甘汞电极

4. 金属－金属难溶盐电极　由金属、金属难溶盐和含有该难溶盐的阴离子溶液构成。如 AgCl(s)/Ag(s) 电对所组成的电极，是在 Ag 的表面涂有 AgCl，然后浸入一定浓度的 Cl^- 离子溶液中。

电极符号　　Ag，AgCl(s) | $Cl^-(c)$

电极反应　　$AgCl + e^- \rightleftharpoons Ag + Cl^-$

又如实验室常用的甘汞电极(简写为 SCE，见图 6 - 2)是由汞和甘汞混合物与饱和 KCl 溶液组成。

电极符号　　Hg(l) | $Hg_2Cl_2(s)$ | $Cl^-(c)$

电极反应　　$Hg_2Cl_2(s) + 2e^- \rightleftharpoons 2Hg + 2Cl^-$

二、电极电势

(一) 电极电势的产生

在 Cu - Zn 原电池中，有电流产生表明原电池的两个电极之间存在电势差，是什么原因导致铜电极和锌电极的电极电势不同呢？电极电势是如何产生的呢？德国化学家能斯特(W. H. Nernst，1864—1941)于 1889 年提出了如下"双电层理论"。

金属晶体是由金属原子、金属离子和自由电子所组成。当把金属(M)片插入含有该金属离子(M^{n+})的盐溶液中时，一方面极性很大的水分子与构成晶体的金属离子互相吸引而发生水合作用，致使一部分金属离子与其他离子的结合力减弱，离开金属进入附近的盐溶液中；另一方面溶液中的金属离子也可能受金属表面自由电子的吸引又沉积在金属表面上。当金属溶解的速率与金属离子沉积的速率相等时，就建立了如下动态平衡：

$$M^{n+} + ne^- \rightleftharpoons M$$

若金属越活泼(如锌单质)，金属离子浓度越小，开始时，溶解速率大于沉积速率，随着溶解的进行，溶解速率逐渐减小，沉积速率逐渐增大，达到平衡时，金属表面带负电荷，靠近金属附近的盐溶液带正电荷，这时在金属表面和盐溶液的界面处就形成了双电层，如图 6 - 3(a)所示。反之，若金属越不活泼(如铜单质)，溶液中金属离子浓度越大，开始时，沉积速率大于溶解速率，随着沉积的进行，沉积速率逐渐减小，溶解速率逐渐升高，平衡时金属表面带正电荷，附近盐溶液带负电荷，形成了如图 6 - 3(b)所示的双电层结构。这种在金属和其盐溶液之间因形成双电层结构而产生的电势差称为金属的平衡电极电势，简称电极电势，用符号 $E(M^+/M)$ 表示，单位为 V(伏)。如锌的电极电势用 $E(Zn^{2+}/Zn)$ 表示，铜的电极电势用 $E(Cu^{2+}/Cu)$ 表示。

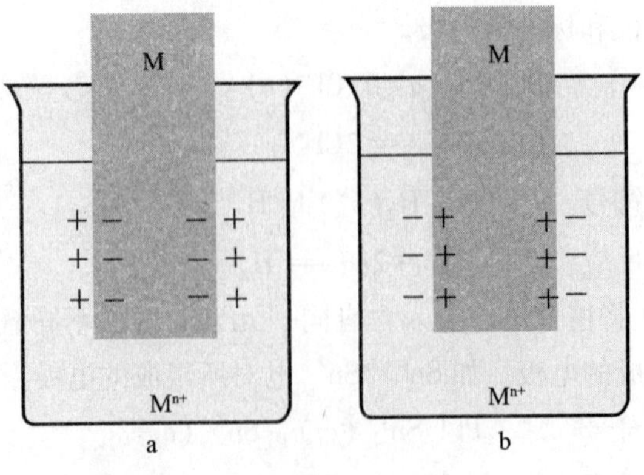

图 6 - 3　金属的双电层结构

(二) 标准氢电极

当两个不同的电极组成原电池时，由于电极电势不同导致两极之间存在电势差，电子可以从电极电势低的电极流向电极电势高的电极，因而产生电流。但是迄今为止，单一电极的电极电势绝对值不能从实验上测定或从理论上计算。而在实际应用中，只要有相对值即可。因此可以选定某一电极作为标准，将待测电极和这个标准电极组成一个原电池，通过测定该电池的电动势，就可以求出待测电极的相对电极电势值。通常所说的某电极的电极电势就是相对电极电势。

按照1953年IUPAC的规定，采用标准氢电极作为标准电极。IUPAC规定：在298.15K下，氢气分压为100kPa，氢离子浓度为1mol/L时，这样的电极叫标准氢电极（可简写为SHE、NHE），其标准电极电势 $E^{\ominus}(H^+/H_2)=0.0000V$。图6-4是标准氢电极的示意图。在金属铂片上镀一层蓬松的铂粉（称为铂黑），将镀有铂黑的铂电极插入含氢离子的酸性溶液中，并不断通入纯氢气，使铂电极上的铂黑吸附的氢气达到饱和，就构成了氢电极。氢电极反应如下：

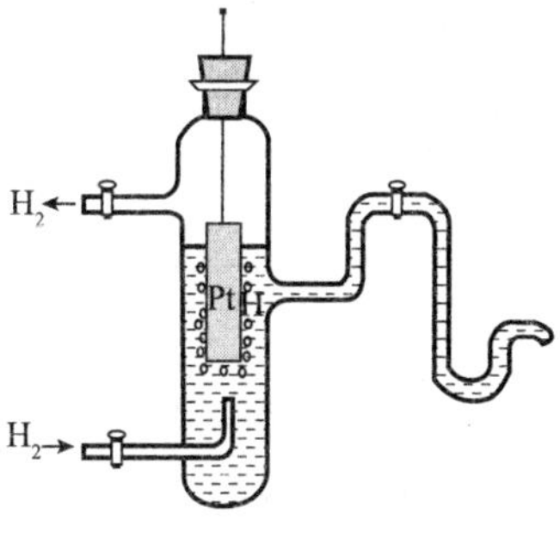

图6-4　标准氢电极示意图

$$2H^+(aq)+2e^- \rightleftharpoons H_2(g)$$

（三）标准电极电势

原电池电动势是构成原电池的两个电极间的电势差，等于正极的电极电势减去负极的电极电势。可表示为：

$$E_{MF}=E_{(+)}-E_{(-)} \tag{6-1}$$

如果要确定某电极的相对电极电势值，可把该电极与标准氢电极组成原电池，由于标准氢电极的电极电势 $E^{\ominus}(H^+/H_2)=0.0000V$，这样根据测量的该原电池的电动势即可确定待测电极的相对电极电势。若构成原电池的两电极均为标准态，则测得的电动势就为标准电动势，用符号 $E^{\ominus}_{MF}$ 表示：

$$E^{\ominus}_{MF}=E^{\ominus}_{(+)}-E^{\ominus}_{(-)} \tag{6-2}$$

在标准状态下，以标准氢电极为比较标准而测得的相对电极电势就称为某电极的标准电极电势，用符号 $E^{\ominus}$ 表示，单位为V。需要说明的是：电极的标准态与热力学中介绍的热力学标准态是一致的，组成电极的若是溶液，浓度为1mol/L（严格地说是活度为1），若是气体，则气体分压为100kPa，若是固体或液体必须是纯净物，反应温度未指定，IUPAC推荐参考温度为298.15K。

因为式(6-2)中标准氢电极的电极电势已规定，根据测得的原电池电动势即可求出待测电极的标准电极电势。

例如测定 Zn^{2+}/Zn 电对的标准电极电势。将锌电极与氢电极组合成一个原电池，原电池符号为：

$$(-)Zn \mid Zn^{2+}(1mol/L) \parallel H^+(1mol/L) \mid H_2(100kPa) \mid Pt(+)$$

测得该原电池的电动势为0.7618V，根据式(6-2)：

$$E^{\ominus}_{MF}=E^{\ominus}(H^+/H_2)-E^{\ominus}(Zn^{2+}/Zn)=0.0000-E^{\ominus}(Zn^{2+}/Zn)=0.7618V$$

$$E^{\ominus}(Zn^{2+}/Zn)=-0.7618V$$

用同样的方法可以测得其他各种电极的标准电极电势（也可用热力学方法计算得到），并将其按一定的方式汇集在一起就构成了标准电极电势表（见本书末的附录四）。

使用标准电极电势表时应注意以下几点。

（1）在标准电极电势表中，电极反应表示为：

$$氧化型+ne^- \rightleftharpoons 还原型$$

在氧化还原电对中，氧化型和还原型是互相依存的。但要注意的是：同一种物质在某一电对中是氧化型，在另一电对中却可能是还原型。例如 Sn^{2+} 在 $Sn^{2+}+2e^- \rightleftharpoons Sn$（$E^\ominus = -0.1375V$）中是氧化型，但在 $Sn^{4+}+2e^- \rightleftharpoons Sn^{2+}$（$E^\ominus = +0.151V$）中是还原型。

(2)从电极电势表中可以看出，自上而下 $E^\ominus$ 值逐渐增大。说明氧化型物质的氧化能力依次增强，而还原型物质的还原能力依次减弱。较强的氧化剂其对应的还原剂的还原能力较弱，较强的还原剂其对应的氧化剂的氧化能力较弱。

(3)可以根据表中数据判断标态下氧化还原反应的方向：较强的氧化剂和较强的还原剂可自发反应，生成其相对应的较弱的还原剂和较弱的氧化剂。如

$$Br_2(液) + 2Fe^{2+} \rightleftharpoons 2Br^- + 2Fe^{3+}$$

由于 $E^\ominus(Br_2/Br^-) = 1.066V$ 较高，$E^\ominus(Fe^{3+}/Fe^{2+}) = 0.771V$ 较低，所以较强的氧化剂 Br_2(液)与较强的还原剂 Fe^{2+} 发生反应，变成相对应的较弱的还原剂 Br^- 与较弱的氧化剂 Fe^{3+}。

(4)标准电极电势的数据与电极反应的方向及系数无关，它是一个强度性质，只反映了氧化还原电对得失电子的趋势。

例如：　$\frac{1}{2}Cl_2(g) + e^- \rightleftharpoons Cl^-$　　$E^\ominus(Cl_2/Cl^-) = 1.3583V$

也可以书写为：$2Cl^- - 2e^- \rightleftharpoons Cl_2(g)$　　$E^\ominus(Cl_2/Cl^-) = 1.3583V$

(5)电极反应中有 H^+ 出现均查酸表，有 OH^- 出现均查碱表，若没有 H^+ 或 OH^- 出现时，可以从存在状态来考虑。

例如：$Fe^{3+} + e^- \rightleftharpoons Fe^{2+}$，此反应只能在酸性溶液中存在，故查酸表。另外，若电极反应不受 H^+、OH^- 的影响，其电极电势也列在酸表中，如：

$$Na^+ + e^- \rightleftharpoons Na \qquad E^\ominus(Na^+/Na) = -2.71V$$

第三节　电极电势的影响因素

扫码"学一学"

一、能斯特方程式

标准电极电势只适用于标准状态下，条件改变电极电势的数据也会改变。影响电极电势的因素很多，除了电极本性外，还有温度、各物质的浓度、气体的分压、溶液的 pH 等诸多外界因素。对于给定的电极，其电极电势与各物质浓度、气体分压及温度之间的关系遵循能斯特(Nernst)方程。

对于任意一个电极反应：

$$Ox + ne^- \rightleftharpoons Red$$

由热力学推导，其电极电势的 Nernst 方程式为：

$$E = E^\ominus + \frac{RT}{nF}\ln\frac{c(Ox)}{c(Red)} \tag{6-3}$$

式中 $E^\ominus$ 为标准电极电势(V)，R 为气体摩尔常数[8.314J/(mol·K)]，F 为法拉第常数[96485J/(V·mol)]，T 为绝对温度(K)，n 为电极反应中转移的电子数。表达式中[Ox]/[Red]的表示式与标准平衡常数的书写方式相同。即 c(氧化型)/c(还原型)表示在电极反应中，氧化型一边各物质相对浓度幂次方的乘积与还原型一边各物质相对浓度幂次方

的乘积之比。如果是气体物质，其分压应用相对分压表示；而对于溶液，其相对浓度，由于除以 1mol/L 的结果在数值上与原浓度数值相同，仅仅是消去了浓度单位，为简便起见，本章的有关计算涉及浓度时均直接代入浓度数值进行计算。当 T 为 298.15K 时，代入有关常数，得：

$$E = E^{\ominus} + \frac{0.0592\text{V}}{n}\lg\frac{c(\text{Ox})}{c(\text{Red})} \qquad (6\text{-}4)$$

式(6-4)是最常用的电极反应的能斯特方程式。

二、浓度对电极电势的影响

从式(6-4)可以看出，在一定温度下，改变氧化型或还原型物质的浓度，会导致$\frac{c(\text{Ox})}{c(\text{Red})}$的比值变化，进而电极电势数值也会变化。氧化型浓度愈大、还原型浓度越小，E 值愈大；还原型浓度愈大、氧化型浓度越小，E 值愈小。但在一般情况下，直接加大或减小参与反应的物质的浓度对电极电势影响不会很大，电极电势的大小主要还是决定于体现电极本性的 $E^{\ominus}$ 值。但当氧化型、还原型的浓度受其他平衡的影响变化较大或在反应式中其相关物质的系数较大时，电极电势的变化将会较大。

（一）浓度对电极电势的影响

例 6-9　已知电极反应：$Sn^{4+} + 2e^- \rightleftharpoons Sn^{2+}$　　$E^{\ominus} = 0.151\text{V}$

试求(1)$c(Sn^{4+}) = 0.1\text{mol/L}$，$c(Sn^{2+}) = 1\text{mol/L}$；

(2)$c(Sn^{4+}) = 1\text{mol/L}$，$c(Sn^{2+}) = 0.1\text{mol/L}$ 时的电极电势值。

解：(1)$E(Sn^{4+}/Sn^{2+}) = E^{\ominus} + \frac{0.0592\text{V}}{\text{n}}\lg\frac{c(Sn^{4+})}{c(Sn^{2+})}$

$$= 0.151\text{V} + \frac{0.0592\text{V}}{2}\lg\frac{0.1}{1}$$

$$= 0.121\text{V} < E^{\ominus}$$

(2)$E(Sn^{4+}/Sn^{2+}) = 0.151\text{V} + \frac{0.0592\text{V}}{2}\lg\frac{1}{0.1}$

$$= 0.181\text{V} > E^{\ominus} = 0.151\text{V}$$

上述例题说明浓度对电极电势的影响规律：降低氧化型物质浓度或增大还原型物质浓度，电极电势值减小；反之增大氧化型物质浓度或降低还原型物质浓度，电极电势值增大。

（二）酸度改变对电极电势的影响

在电极反应中若 H^+ 或 OH^- 参加了反应，溶液酸度变化常常显著影响电极电势。

例 6-10　$MnO_4^- + 8H^+ + 5e^- \rightleftharpoons Mn^{2+} + 4H_2O$　$E^{\ominus} = 1.51\text{V}$，若 $c(MnO_4^-) = c(Mn^{2+}) = 1\text{mol/L}$，试求 298.15 K 条件下：(1)$c(H^+) = 3.0\text{mol/L}$ 时；(2)$c(H^+) = 0.10\text{mol/L}$ 时的电极电势。

解：(1)$E(MnO_4^-/Mn^{2+}) = E^{\ominus} + \frac{0.0592\text{V}}{n}\lg\frac{c(MnO_4^-)[c(H^+)]^8}{c(Mn^{2+})}$

$$= 1.51\text{V} + \frac{0.0592\text{V}}{5}\lg 3^8 = 1.56\text{V} > E^{\ominus}$$

(2)$E(MnO_4^-/Mn^{2+}) = 1.51\text{V} + \frac{0.0592\text{V}}{5}\lg 0.1^8 = 1.42\text{V} < E^{\ominus}$

上述例题说明：对于 H^+ 位于氧化型一端的电极反应，增大 H^+ 浓度，电极电势值增大；

减小 H^+ 浓度，电极电势值减小。

当大多数含氧酸或含氧酸盐作为氧化剂时，溶液酸度的提高总是使电对的 E 值增大，有利于增强它们的氧化能力。反之，一些较低氧化态的含氧酸及其盐，或氢氧化物的还原能力总是随着溶液碱性的加强而增强。

（三）沉淀生成对电极电势的影响

如果在反应体系中加入某一种沉淀剂，由于沉淀的生成，必然降低氧化型或还原型离子的浓度，则电极电势值将发生改变。

例 6-11 已知 $Ag^+ + e^- \rightleftharpoons Ag$，$E^\ominus = 0.7996$ V，AgBr 的 $K_{sp}^\ominus = 5.35 \times 10^{-13}$，求在此体系中加入 NaBr 达到沉淀平衡，$Br^-$ 的浓度为 1mol/L 时的电极电势。

解： 如果在反应体系中加入沉淀剂 Br^-，则由于 AgBr 沉淀的生成必然降低氧化型 Ag^+ 离子的浓度，则电极电势值也必然减小。

当达到沉淀平衡，$[Br^-] = 1$mol/L

$$[Ag^+] = \frac{K_{sp}^\ominus}{[Br^-]} = K_{sp}^\ominus = 5.35 \times 10^{-13}$$

$$E(Ag^+/Ag) = E^\ominus + \frac{0.0592\text{V}}{n}\lg c(Ag^+)$$

$$= 0.7996\text{V} + 0.0592\text{V} \times \lg 5.35 \times 10^{-13}$$

$$= 0.0731\text{V} < E^\ominus$$

沉淀剂 Br^- 的加入减小了 Ag^+ 的浓度，使电对 Ag^+/Ag 的电极电势显著降低，下降了 0.7265V，此时 Ag^+ 的氧化能力大大削弱，而 Ag 单质的还原能力大大增强。

上面计算的电极电势也属于电对：$AgBr(s) + e^- \rightleftharpoons Ag + Br^-$ 的标准电极电势。

即：　$E(Ag^+/Ag) = E^\ominus(AgBr/Ag) = 0.0731$V

这是因为将 Ag 插在 Ag^+ 的溶液中所组成的电极 Ag^+/Ag，当加入 NaBr 后，产生了 Ag-Br 沉淀，而形成了一种新的金属－金属难溶盐 AgBr/Ag 电极。其标准态溶液中离子浓度为 $c(Br^-) = 1$mol/L，Ag、AgBr 都为纯固体。

同法可以算出 $E^\ominus(AgCl/Ag)$ 和 $E^\ominus(AgI/Ag)$ 的数值。

	$E^\ominus$/V	
$Ag^+ + e^- \rightleftharpoons Ag$	0.7996	减小 ↓
$AgCl(s) + e^- \rightleftharpoons Ag + Cl^-$	0.2223	
$AgBr(s) + e^- \rightleftharpoons Ag + Br^-$	0.0731	
$AgI(s) + e^- \rightleftharpoons Ag + I^-$	−0.152	

从 $E^\ominus$ 可见：卤化银的溶度积 $K_{sp}^\ominus$ 越小，Ag^+ 离子的平衡浓度越小，$E^\ominus(AgX/Ag)$ 值也越小，它的氧化能力越弱。若电对的还原型生成沉淀，则和上述结果相反。若电对的氧化型和还原型都形成沉淀，就要比较二者 $K_{sp}^\ominus$ 的相对大小。若 $K_{sp}^\ominus$（氧化型）$< K_{sp}^\ominus$（还原型），则氧化型物质浓度降低得多，电对的电极电势也降低；反之，若 $K_{sp}^\ominus$（氧化型）$> K_{sp}^\ominus$（还原型），则还原型物质浓度降低得多，电对的电极电势会升高。

（四）配合物生成对电极电势的影响

若配位化合物的生成造成某一电极的氧化型物质或者还原型物质浓度改变，则可能导致此电极的电极电势数据改变。如下述电对：

$$Ag^+ + e^- \rightleftharpoons Ag,\ E^\ominus = +0.7996\text{V}$$

当在该体系中加入氨水时，由于 Ag^+ 和 NH_3 分子生成了难解离的 $[Ag(NH_3)_2]^+$ 配离子：

$$Ag^+ + 2NH_3 \rightleftharpoons [Ag(NH_3)_2]^+$$

溶液中 $[Ag^+]$ 浓度降低，因而电极电势值也随之下降。若所加配位剂使生成的配离子越稳定，则银离子浓度减少越多，电极电势值越小，银离子的氧化能力越弱。其相关的定量计算将在配位平衡一章中介绍。

一般来说，由于难溶化合物或配合物的生成使氧化型的离子浓度减小时，电极电势值会变小，氧化型物质的氧化能力减小，还原型物质的还原能力加大。若难溶化合物或配合物的生成使还原型的离子浓度减小时，电极电势值会变大，氧化型物质的氧化性加大，还原型物质的还原性减小。

第四节　电极电势的应用

扫码“学一学”

一、判断氧化剂和还原剂的相对强弱

电极电势值的大小可用来判断氧化剂和还原剂的相对强弱。电极电势的值越大，电对中氧化型物质越容易被还原，是较强的氧化剂；电极电势的值越小，电对中还原型物质越容易被氧化，是较强的还原剂。较强的氧化剂其对应的还原型物质的还原能力较弱，较强的还原剂其对应的氧化型物质的氧化能力较弱。如表 6 - 1 的氧化剂、还原剂氧化还原能力的比较。

表 6 - 1　部分常见氧化剂和还原剂氧化或还原能力的比较（298.15K）

半反应	$E^\ominus$/V
$K^+ + e^- \rightleftharpoons K$	-2.931
$Ca^{2+} + 2e^- \rightleftharpoons Ca$	-2.868
$Zn^{2+} + 2e^- \rightleftharpoons Zn$	-0.7618
$Sn^{2+} + 2e^- \rightleftharpoons Sn$	-0.1375
$Pb^{2+} + 2e^- \rightleftharpoons Pb$	-0.1262
$2H^+ + 2e^- \rightleftharpoons H_2$	0.0000
$AgCl + e^- \rightleftharpoons Ag + Cl^-$	0.2223
$I_2(s) + 2e^- \rightleftharpoons 2I^-$	0.5355
$O_2 + 2H^+ + 2e^- \rightleftharpoons H_2O_2$	0.695
$Fe^{3+} + e^- \rightleftharpoons Fe^{2+}$	0.771
$Br_2(l) + 2e^- \rightleftharpoons 2Br^-$	1.066
$Cr_2O_7^{2-} + 14H^+ + 6e^- \rightleftharpoons 2Cr^{3+} + 7H_2O$	1.33
$MnO_4^- + 8H^+ + 5e^- \rightleftharpoons Mn^{2+} + 4H_2O$	1.51
$H_2O_2 + 2H^+ + 2e^- \rightleftharpoons 2H_2O$	1.776
$S_2O_8^{2-} + 2e^- \rightleftharpoons 2SO_4^{2-}$	2.01
$F_2(g) + 2e^- \rightleftharpoons 2F^-$	3.053

氧化剂的氧化能力增强（↓）

还原剂的还原能力增强（↑）

表(6-1)所列电对中，左侧氧化剂的氧化能力由上至下随 $E^\ominus$ 增大而逐渐增强，最强的

氧化剂是 F_2；右侧还原剂的还原能力由下至上随 $E^\ominus$ 减小而逐渐增强，最强的还原剂是 K。

一般而言，在标准状态下电对的 $E^\ominus$ 值大于 1.0V，其氧化型物质是常用的强氧化剂，如 $KMnO_4$、$K_2Cr_2O_7$、H_2O_2、Cl_2 等；$E^\ominus$ 值小于零或稍大于零，其电对的还原型物质是常用的还原剂，如 Zn、Pb、Mg、Sn^{2+} 等。

如果条件改变，电对的氧化还原能力也会受影响。在非标准状态下比较氧化剂和还原剂的相对强弱时，必须利用能斯特方程式进行计算，求出非标准状态下的电极电势值，然后再进行比较。

二、判断氧化还原反应进行的方向

氧化还原反应的方向，可以比较参与反应的两个电对的电极电势的大小而定。即用电极电势高的电对中的氧化型物质氧化电极电势低的电对中的还原型物质来判断反应方向。另外，原则上氧化还原反应均可设计成原电池，根据电池电动势大小，也可判断其反应的方向。当 $E_{MF}>0$，反应正向自发进行；$E_{MF}<0$，反应逆向自发进行；$E_{MF}=0$，反应达到平衡状态。标准状况下，可以根据标准电池电动势的大小判断反应方向。当 $E^\ominus_{MF}>0$，反应正向自发进行；$E^\ominus_{MF}<0$，反应逆向自发进行；$E^\ominus_{MF}=0$，反应达到平衡状态。

例 6-12 已知 $Sn^{2+}+2e^- \rightleftharpoons Sn \quad E^\ominus=-0.1375V$

$Pb^{2+}+2e^- \rightleftharpoons Pb \quad E^\ominus=-0.1262V$

试判断 298.15K 时，氧化还原反应：$Sn+Pb^{2+} \rightleftharpoons Sn^{2+}+Pb$ 在下列条件下进行的方向。

(1) $c(Sn^{2+})=c(Pb^{2+})=1mol/L$。

(2) $c(Sn^{2+})=1mol/L$，$c(Pb^{2+})=0.01mol/L$。

解：(1)标准状态：

$$E^\ominus_{MF}=E^\ominus_{(+)}-E^\ominus_{(-)}=E^\ominus(Pb^{2+}/Pb)-E^\ominus(Sn^{2+}/Sn)$$
$$=-0.1262V-(-0.1375V)$$
$$=0.0113V>0$$

反应正向自发进行。

(2)非标准状态：

$$E(Pb^{2+}/Pb)=E^\ominus+\frac{0.0592V}{2}\lg c(Pb^{2+})$$
$$=-0.1262V+\frac{0.0592V}{2}\lg 0.01=-0.1854V$$

$$E_{MF}=E_{(+)}-E_{(-)}$$
$$E_{MF}=E(Pb^{2+}/Pb)-E^\ominus(Sn^{2+}/Sn)$$
$$=-0.1854V-(-0.1375V)$$
$$=-0.0479V<0$$

反应逆向自发进行。

例 6-13 已知：$Cu^{2+}+2e^- \rightleftharpoons Cu \quad E^\ominus=0.3419V$

$Fe^{3+}+e^- \rightleftharpoons Fe^{2+} \quad E^\ominus=0.771V$

298.15K 时，假设可以构成如下原电池：

$(-)Cu \mid Cu^{2+}(0.1mol/L) \parallel Fe^{2+}(0.01mol/L), Fe^{3+}(0.1mol/L) \mid Pt(+)$

(1)写出电池反应式；

(2)根据所给浓度判断电池反应进行的方向。

解：(1)电池反应式：$2Fe^{3+} + Cu \rightleftharpoons 2Fe^{2+} + Cu^{2+}$

(2)由于是非标准状态，则：

$$E(Fe^{3+}/Fe^{2+}) = E^{\ominus} + \frac{0.0592V}{n}\lg\frac{c(Fe^{3+})}{c(Fe^{2+})}$$

$$= 0.771V + 0.0592V\lg\frac{0.1}{0.01} = 0.8302V$$

$$E(Cu^{2+}/Cu) = E^{\ominus} + \frac{0.0592V}{n}\lg c(Cu^{2+})$$

$$= 0.3419V + \frac{0.0592V}{2}\lg 0.1 = 0.3123V$$

$$E_{MF} = E_{(+)} - E_{(-)}$$

$$= E(Fe^{3+}/Fe^{2+}) - E(Cu^{2+}/Cu)$$

$$= 0.8302V - 0.3123V$$

$$= 0.5179V > 0$$

反应正向自发进行。

对于两个电对的$E^{\ominus}$值相差不太大的氧化还原反应，浓度的改变则有可能引起反应方向的改变。而$E_{MF}^{\ominus}$值相差较大的氧化还原反应，浓度的改变一般不会引起反应方向的改变。

三、判断氧化还原反应进行的程度

氧化还原反应和其他化学反应一样，也可以用反应的平衡常数定量地说明反应进行的程度。不过氧化还原反应平衡常数的计算，有它的特点和规律。现以铜铅原电池为例进行说明。

电池反应式：$Pb + Cu^{2+} \rightleftharpoons Pb^{2+} + Cu$

当反应开始时，假设各离子浓度都为1mol/L(标准电极)，两个半电池的电极电势分别为：

正极：$Cu^{2+} + 2e \rightleftharpoons Cu$　　　$E^{\ominus} = 0.3419V$

负极：$Pb - 2e \rightleftharpoons Pb^{2+}$　　　$E^{\ominus} = -0.1262V$

随着电池反应的进行，$c(Pb^{2+})$不断增加，$c(Cu^{2+})$不断减少。若反应温度为25℃，根据能斯特方程，它们的电极电势分别为：

$$E(Pb^{2+}/Pb) = E^{\ominus}(Pb^{2+}/Pb) + \frac{0.0592V}{2}\lg c(Pb^{2+})$$

$$E(Cu^{2+}/Cu) = E^{\ominus}(Cu^{2+}/Cu) + \frac{0.0592V}{2}\lg c(Cu^{2+})$$

浓度的改变导致铅电极的电极电势值逐渐增大，铜电极的电极电势值逐渐减少。最后两电极的电势相等，原电池的电动势等于零，氧化还原反应达到平衡状态，此时各离子的浓度均为平衡浓度。即

$$E(Pb^{2+}/Pb) = E^{\ominus}(Pb^{2+}/Pb) + \frac{0.0592V}{2}\lg[Pb^{2+}]$$

$$E(Cu^{2+}/Cu) = E^{\ominus}(Cu^{2+}/Cu) + \frac{0.0592V}{2}\lg[Cu^{2+}]$$

反应在25℃时的平衡常数表达式为：$K^{\ominus}=\dfrac{[Pb^{2+}]}{[Cu^{2+}]}$，则上式整理为：

$$\lg K^{\ominus}=\frac{2[E^{\ominus}(Cu^{2+}/Cu)-E^{\ominus}(Pb^{2+}/Pb)]}{0.0592V}$$

$$=\frac{2}{0.0592V}\times(0.3419V+0.1262V)$$

$$=15.81$$

$$K^{\ominus}=6.46\times10^{15}$$

$K^{\ominus}$值很大，说明铅置换铜的反应可以进行完全。由此可见，利用电极反应的标准电势可以计算相应氧化还原反应的平衡常数$K^{\ominus}$。

将上述推导推广应用到所有氧化还原反应，得298.15K，氧化还原反应的平衡常数$K^{\ominus}$的计算通式为：

$$\lg K^{\ominus}=\frac{n[E^{\ominus}_{(+)}-E^{\ominus}_{(-)}]}{0.0592V}=\frac{nE^{\ominus}_{MF}}{0.0592V} \tag{6-5}$$

式中：n为配平的氧化还原反应式中电子转移的数目。

显然，从式(6-5)可以看出，$E^{\ominus}_{(+)}$与$E^{\ominus}_{(-)}$的差值愈大，$K^{\ominus}$愈大，即氧化剂和还原剂间进行的氧化还原反应愈完全。在温度一定时，氧化还原反应的标准平衡常数与标准电动势$E^{\ominus}_{MF}$及转移的电子数有关。即氧化还原反应的标准平衡常数只与氧化剂和还原剂的本性有关，而与反应物的浓度无关。计算表明，对于$n=2$的反应，$E^{\ominus}_{MF}=+0.2V$时，或者当$n=1$，$E^{\ominus}_{MF}=+0.4V$时，均有$K^{\ominus}>10^{6}$，此平衡常数已较大，可以认为反应已进行相当完全。

例6-14 已知：$Cu^{2+}+2e^{-}\rightleftharpoons Cu \quad E^{\ominus}=0.3419V$

$Zn^{2+}+2e^{-}\rightleftharpoons Zn \quad E^{\ominus}=-0.7618V$

求电池反应：$Cu^{2+}+Zn\rightleftharpoons Cu+Zn^{2+}$在298.15K的平衡常数$K^{\ominus}$，并判断反应进行的程度。

解：

$$\lg K^{\ominus}=\frac{n[E^{\ominus}_{(+)}-E^{\ominus}_{(-)}]}{0.0592V}=\frac{n[E^{\ominus}(Cu^{2+}/Cu)-E^{\ominus}(Zn^{2+}/Zn)]}{0.0592V}$$

$$=\frac{2\times[0.3419V-(-0.7618V)]}{0.0592V}=37.29$$

$$K^{\ominus}=1.95\times10^{37}$$

$K^{\ominus}$很大，说明该反应向右进行得很彻底。

四、测定物理常数

水的离子积、弱酸的解离常数、难溶电解质的溶度积和配离子的稳定常数等，其实就是某些特定条件下的标准平衡常数。这些常数均可以通过设定合适的原电池，测定原电池电动势，根据氧化还原反应的标准平衡常数与原电池的标准电动势的定量关系式而求得。

例6-15 根据标准电极电势求298.15K时AgBr的K_{sp}值。

解：用Ag^{+}/Ag和$AgBr/Ag$，Cl^{-}电对组成原电池。查表可知

(1) $Ag^{+}+e^{-}\rightleftharpoons Ag \qquad E^{\ominus}(Ag^{+}/Ag)=0.7996V$

(2) $AgBr+e^{-}\rightleftharpoons Ag+Br^{-} \qquad E^{\ominus}(AgBr/Ag)=0.0731V$

设计一个原电池，原电池符号为：

$$(-)Ag, AgBr(s) \mid KCl(1mol/L) \parallel AgNO_3(1mol/L) \mid Ag(+)$$

电池反应式为式(1) - 式(2)：

$$Ag^+ + Br^- \rightleftharpoons AgBr(s)$$

电池电动势：$E^{\ominus}_{MF} = E^{\ominus}_{(+)} - E^{\ominus}_{(-)} = 0.7996V - 0.0731V = +0.7265V$

此电池反应的平衡常数：

$$\lg K^{\ominus} = \frac{1 \times E^{\ominus}}{0.0592V} = \frac{1 \times 0.7265V}{0.0592V} = 12.272$$

∴ $K^{\ominus} = 1.87 \times 10^{12}$

则 AgBr 的溶度积为：

$$K^{\ominus}_{sp} = \frac{1}{K^{\ominus}} = \frac{1}{1.87 \times 10^{12}} = 5.35 \times 10^{-13}$$

五、元素电势图及其应用

(一)元素电势图

大多数非金属元素和过渡金属元素可以有多种氧化值，同一元素的不同氧化值物质其氧化能力或还原能力不同。为了能更清楚地表示同一元素各种不同氧化值物质的氧化还原能力以及它们之间的关系，拉特默(W. M. Latimer)提出将它们的标准电极电势以图解方式表示，此图称为元素电势图或者拉特默图。画元素电势图时，将某一元素的各种氧化值按从高到低(或从低到高)的顺序排列，在能构成电对的两种氧化值之间用直线连接起来并在直线上标明相应电对的标准电极电势值。根据溶液 pH 的不同，元素电势图又可以分为两大类：$E^{\ominus}_A$ 表示溶液 pH = 0 时相应电对的标准电极电势。$E^{\ominus}_B$ 表示溶液 pH = 14 时相应电对的标准电极电势。书写某一元素的电势图时，既可以将全部氧化值列出，也可以根据需要列出其中的一部分。

例如铁的元素电势图为：

（Fe^{3+} 与 Fe 之间：−0.037）

酸性介质($E^{\ominus}_A$/V)　FeO_4^{2-} —— +2.20 —— Fe^{3+} —— +0.771 —— Fe^{2+} —— −0.447 —— Fe

碱性介质($E^{\ominus}_B$/V)　FeO_4^{2-} —— +0.9 —— $Fe(OH)_3$ —— −0.56 —— $Fe(OH)_2$ —— −0.88 —— Fe

元素电势图不仅可以表明一种元素各氧化值之间的电极电势高低和相互关系，还可以判断哪些氧化值物质在酸性或碱性溶液中能稳定存在。

(二)元素电势图的应用

1. 判断歧化反应能否发生　歧化反应是一种自身氧化还原反应，是指氧化作用和还原作用发生在同一分子内部处于同一氧化态的元素上，使该元素的原子(或离子)一部分被氧化，另一部分被还原。

例如某元素的三种氧化值组成两个电对，按其氧化值由高到低排列为：

$$A \xrightarrow{E^{\ominus}_{左}} B \xrightarrow{E^{\ominus}_{右}} C$$

氧化态降低 →

假设 B 能发生歧化反应，那么 B 获得电子还原为 C，作为电池的正极；B 失去电子氧

化为 A，作为电池的负极，所以

$$E^{\ominus}_{MF}=E^{\ominus}_{正}-E^{\ominus}_{负}=E^{\ominus}_{右}-E^{\ominus}_{左}>0$$

$$即\ E^{\ominus}_{右}>E^{\ominus}_{左}$$

假设 B 不能发生歧化反应，则：

$$E^{\ominus}_{MF}=E^{\ominus}_{正}-E^{\ominus}_{负}=E^{\ominus}_{右}-E^{\ominus}_{左}<0$$

$$即\ E^{\ominus}_{右}<E^{\ominus}_{左}$$

根据以上原则，试判断 Cl_2 是否能够发生歧化反应？

$E^{\ominus}_{B}/V$　　ClO^- —— +0.26 —— Cl_2 —— +1.3583 —— Cl^-

（ClO^- 至 Cl^-：+0.81）

因为 $E^{\ominus}_{右}>E^{\ominus}_{左}$，所以在碱性溶液中，$Cl_2$ 不稳定，它将发生下列歧化反应：

$$Cl_2+2OH^-\rightleftharpoons ClO^-+Cl^-+H_2O$$

例 6-16　pH = 7 时，氧元素电势图为：

O_2 —— −0.33 —— $\cdot O_2^-$ —— +0.87 —— O_2^{2-}

试判断此条件下 $\cdot O_2^-$ 是否能够稳定存在？若能发生反应，写出离子方程式。

解：由于 $E_{右}>E_{左}$，所以 $\cdot O_2^-$ 在水溶液中会歧化：

$$2\cdot O_2^-+2H^+\rightleftharpoons H_2O_2+O_2$$

$\cdot O_2^-$ 是超氧离子自由基，从电极电势看，超氧自由基歧化趋势很大，它在水溶液中是不稳定的。但在生理 pH 范围（pH = 7 左右），$\cdot O_2^-$ 主要还是以游离的形式存在。因为歧化反应将在两个 $\cdot O_2^-$ 之间发生，由于负电荷间的排斥，使两个 $\cdot O_2^-$ 难于接近，所以反应速率不高。但超氧化物歧化酶（SOD，是一种含 Cu 和 Zn 的酶）可以催化这一反应，使这一歧化反应达到极高的速率。

2. 从已知电对的 $E^{\ominus}$ 值求未知电对的 $E^{\ominus}$ 值　利用元素电势图，可由几个相邻电对的已知标准电极电势，求出其他电对的标准电极电势。

假设有一元素的电势图为：

$$A\xrightarrow[n_1]{E^{\ominus}_1}B\xrightarrow[n_2]{E^{\ominus}_2}C\xrightarrow[n_3]{E^{\ominus}_3}D$$

（A 至 D：$E^{\ominus}$，n）

由热力学方法可推导出下式：

$$E^{\ominus}=\frac{n_1E^{\ominus}_1+n_2E^{\ominus}_2+n_3E^{\ominus}_3}{n_1+n_2+n_3}$$

若有 i 个相邻电对，则：

$$E^{\ominus}=\frac{n_1E^{\ominus}_1+n_2E^{\ominus}_2+\cdots n_iE^{\ominus}_i}{n_1+n_2+\cdots n_i}\qquad(6\text{-}6)$$

例 6-16　已知 298K 时，溴元素在碱性溶液中的电势图：

（BrO_3^- 至 Br^-：+0.61）

BrO_3^- —— ? —— BrO^- —— +0.4556 —— Br_2 —— +1.066 —— Br^-

（BrO^- 至 Br^-：?）

试求(1)$E^{\ominus}(BrO_3^-/BrO^-)=?$；(2)$E^{\ominus}(BrO^-/Br^-)=?$；(3)判断 BrO^- 能否歧化？

解：(1)$0.61V=\dfrac{[E^{\ominus}(BrO_3^-/BrO^-)\times 4+0.4556V\times 1+1.066V\times 1]}{6}$

$$E^{\ominus}(BrO_3^-/BrO^-)=\frac{(0.61V\times 6-0.4556V\times 1-1.066V\times 1)}{4}=0.535V$$

(2)$E^{\ominus}(BrO^-/Br^-)=\dfrac{1\times 0.4556V+1\times 1.066V}{2}=+0.7608V$

(3)因为 $E^{\ominus}(BrO^-/Br^-)>E^{\ominus}(BrO_3^-/BrO^-)$，所以在碱性溶液中 BrO^- 可以发生歧化反应。

知识拓展

微生物燃料电池简介

微生物燃料电池(microbial fuel cell，简称 MFC)作为一种清洁的可再生能源的利用形式，受到了广泛关注。MFC 是将微生物作为生物催化剂将化学能直接转化为电能的装置，其原理是利用微生物的作用进行能量转换(如碳水化合物的代谢或光合作用等)，把呼吸作用产生的电子传递到电极上。其具有能量转化效率高、净化环境、操作条件温和、生物相容性好等方面的优势。MFC 有如下几种分类：根据微生物种类不同，分为纯菌 MFC 与混菌 MFC；根据电子由菌体到电极传递方式不同，分为有介体 MFC 与无介体 MFC；根据反应器构造不同，分为双室 MFC 与单室 MFC。MFC 的研究可以追溯到 1910 年，英国植物学家 Potter 以铂作电极，放入细菌培养液中，发现其产生了电流。但 MFC 始终存在普遍产能较低，成本又相对较高的问题，使其至今无法成为真正意义上的能源形式。因此，国内外大量的研究集中在改进电池结构、电极材料、电子产生传输机理以及微生物群落方面，目前已经取得了丰硕的成果。例如美国科学家研究出使用葡萄糖为燃料，催化剂为 cerevisiae 酵母，尺寸至 $0.07cm^2$ 的微型 MFC。将此 MFC 驱动的血糖浓度检测仪植入血管管壁上，通过自带 MFC，可仅提取少量血糖进行血糖分析，且利用其中的葡萄糖发电，一方面维持自身的能量，另一方面则可以产生电磁信号，向外界传递关于血糖浓度的信息，从而达到长时间监测血糖的功能。此微型 MFC 能源直接来自于生物体内部，所以不会产生“多余”物质，从而可避免对生物体的感染和伤害。

重点小结

<table>
<tr><td rowspan="9">氧化还原反应</td><td>基本概念</td><td colspan="3">氧化还原反应实质、氧化值、氧化剂、还原剂、氧化还原电对</td></tr>
<tr><td>反应方程式配平</td><td colspan="3">氧化值法配平；离子电子法配平*</td></tr>
<tr><td rowspan="2">电极电势 E</td><td>原电池</td><td colspan="2">电极反应、原电池符号*、惰性电极</td></tr>
<tr><td>电极电势*</td><td colspan="2">电极电势、标准氢电极、标准电极电势、标准电极电势表</td></tr>
<tr><td>影响 E 的因素</td><td>能斯特方程*</td><td colspan="2">物质本性的影响 $E^{\ominus}$、浓度对 E 的影响 、酸度对 E 的影响、沉淀生成对 E 的影响*、配合物生成对 E 的影响</td></tr>
<tr><td rowspan="4">电极电势的应用</td><td colspan="3">判断氧化剂和还原剂的强弱、判断氧化还原反应的方向和程度*</td></tr>
<tr><td rowspan="3">元素电势图*</td><td colspan="2">标准电势图的构成</td></tr>
<tr><td rowspan="2">元素电势图的应用</td><td>判断能否发生歧化反应</td></tr>
<tr><td>由已知 $E^{\ominus}$ 求未知 $E^{\ominus}$</td></tr>
</table>

习　题

1. 写出下列各分子或离子中，P 的氧化值：

H_3PO_4，P_4O_6，P_2H_4，H_3PO_3，HPO_4^{2-}，PH_4^+。

2. 已知下列氧化还原电对：

Br_2/Br^-；$HBrO/Br_2$；NO_3^-/HNO_2；Co^{3+}/Co^{2+}；O_2/H_2O；As/AsH_3；

查出各电对的标准电极电势，指出标准状态下：

(1)最强的还原剂和最强的氧化剂是什么？

(2)Br_2 能否发生歧化反应？说明原因。

(3)哪些电对的 $E^\ominus$ 与 H^+ 浓度无关？

3. 用氧化值法完成并配平下列各反应式

(1) $NaNO_2 + NH_4Cl \longrightarrow N_2 + NaCl + H_2O$

(2) $S + K_2CrO_4 \longrightarrow Cr_2O_3 + K_2SO_4 + K_2O$

(3) $Cu + HNO_3 \longrightarrow Cu(NO_3)_2 + NO + H_2O$

(4) $KMnO_4 + C_{12}H_{22}O_{11} \longrightarrow CO_2 + MnO_2 + K_2CO_3 + H_2O$

(5) $I_2 + Na_2S_2O_3 \longrightarrow Na_2S_4O_6 + NaI$

4. 用离子-电子法配平下列各反应式

(1) $MnO_4^- + Sn^{2+} \longrightarrow Sn^{4+} + Mn^{2+}$　　（酸性介质）

(2) $BrO_3^- + Br^- \longrightarrow Br_2$　　（酸性介质）

(3) $Cr_2O_7^{2-} + SO_3^{2-} \longrightarrow SO_4^{2-} + Cr^{3+}$　　（酸性介质）

(4) $MnO_4^- + SO_3^{2-} \longrightarrow SO_4^{2-} + MnO_2$　　（中性介质）

(5) $MnO_4^- + SO_3^{2-} \longrightarrow SO_4^{2-} + MnO_4^{2-}$　　（碱性介质）

5. 将下列反应设计成原电池，用标准电极电势判断标准状态下电池的正极和负极，写出电极反应，写出电池符号。

(1) $Zn + 2Ag^+ \rightleftharpoons Zn^{2+} + 2Ag$

(2) $2Fe^{3+} + Fe \rightleftharpoons 3Fe^{2+}$

(3) $3I_2 + 6KOH \rightleftharpoons KIO_3 + 5KI + 3H_2O$

6. 写出下列原电池的电池反应式，并计算它们的电动势(298K)。

(1) $(-)Pt \mid Cl_2(p^\ominus) \mid Cl^-(0.1mol/L) \parallel Mn^{2+}(c^\ominus), H^+(10mol/L) \mid MnO_2(s), Pt(+)$

(2) $(-)Sn \mid Sn^{2+}(0.10mol/L) \parallel Pb^{2+}(0.01mol/L) \mid Pb(+)$

7. 已知 $E^\ominus(NO_3^-/NO)=0.96V$，$E^\ominus(S/S^{2-})=-0.476V$，$K_{sp}^\ominus(CuS)=6.3\times10^{-36}$，计算标准状态下，下列反应能否自发向右发生。

$$2NO_3^- + 3CuS + 8H^+ \rightleftharpoons 3S + 3Cu^{2+} + 2NO + 4H_2O$$

8. 计算 298K 时，下列反应的标准平衡常数。

(1) $2Fe^{3+} + Cu \rightleftharpoons 2Fe^{2+} + Cu^{2+}$

(2) $3I_2 + 6OH^- \rightleftharpoons 5I^- + IO_3^- + 3H_2O$

9. 已知：$H_3AsO_4 + 2H^+ + 2e^- \rightleftharpoons H_3AsO_3 + H_2O$　$E^\ominus(H_3AsO_4/H_3AsO_3)=0.560V$

$I_2 + 2e^- \rightleftharpoons 2I^-$　$E^\ominus(I_2/I^-)=0.5355V$

(1)求反应 $H_3AsO_4 + 2H^+ + 2I^- \longrightarrow I_2 + H_3AsO_3 + H_2O$ 的平衡常数。

(2)其他条件不变，分别判断 $c(H^+) = 10mol/L$ 时、$pH = 9$ 时反应朝什么方向进行？

10. 298K 时，测得如下原电池

$(-)Ag, AgCl(s) \mid Cl^-(1.0mol/L) \parallel Ag^+(1.0mol/L) \mid Ag(+)$ 的 $E^{\ominus}_{MF} = 0.5773V$。

(1)若已知 $E^{\ominus}(Ag^+/Ag) = 0.7996V$，求 $E^{\ominus}(AgCl/Ag)$ 值。

(2)写出电池反应式，并计算其平衡常数 $K^{\ominus}$ 和 $K^{\ominus}_{sp}(AgCl)$。

11. 已知：$Fe(OH)_3 + e^- \rightleftharpoons Fe(OH)_2 + OH^-$　$E^{\ominus}[Fe(OH)_3/Fe(OH)_2] = -0.56V$；$K^{\ominus}_{sp}[Fe(OH)_3] = 2.79 \times 10^{-39}$，$K^{\ominus}_{sp}[Fe(OH)_2] = 4.87 \times 10^{-17}$，求 $E^{\ominus}(Fe^{3+}/Fe^{2+})$ 的值。

12. 在酸性溶液中，Mn 的元素电势图为：

MnO_4^- 至 MnO_2：?　　MnO_4^{2-} 至 Mn^{3+}：+1.224

$E^{\ominus}_A/V$　MnO_4^- ——+0.558—— MnO_4^{2-} ——+2.26—— MnO_2 ——+0.906—— Mn^{3+} ——?—— Mn^{2+}

MnO_4^- 至 Mn^{2+}：+1.51

(1)计算 $E^{\ominus}(MnO_4^-/MnO_2)$ 和 $E^{\ominus}(Mn^{3+}/Mn^{2+})$；

(2)元素 Mn 的哪几种氧化态在酸性条件下不稳定易歧化？

13. 什么是氧化值？它与化合价区别在哪？如何计算分子或离子中各个元素的氧化值？

14. 如何判断氧化还原反应？哪些物质是氧化剂，哪些物质是还原剂？

15. 如何把一个氧化还原反应设计成原电池？

16. 试用能斯特方程式来说明影响电极电势的因素有哪些？

17. 在氧化还原电对中，当氧化型或还原型物质发生下列变化时，电极电势将发生怎样的变化？

(1)氧化型物质生成沉淀；

(2)还原型物质生成弱酸。

18. 电极电势值的大小体现了物质的哪些能力，为什么与化学反应方程式的写法无关？

(郭　惠　张晓青)

扫码“练一练”

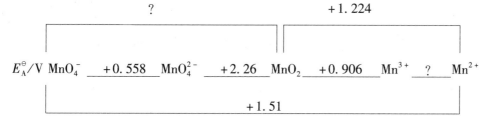

第七章　原子结构

要点导航

1. 掌握原子核外电子排布；电子层结构与元素周期系，元素性质的周期性变化规律。

2. 熟悉薛定谔方程、原子轨道和波函数、四个量子数、原子轨道和电子云的角度分布图、径向分布图；鲍林近似能级图、屏蔽效应和钻穿效应。

3. 了解氢原子光谱，核外电子运动特征和原子模型的建立。

第一节　原子的结构

扫码“学一学”

一、原子的组成

（一）电子的发现

1879 年英国的克鲁克斯（W. Crookes，1832—1919）发现，降低气体的压力可以改善气体的导电能力，当气压降低至 $10^{-3} \sim 10^{-4}$ mmHg 时，可以观察到一种阴极射线，该射线在磁场或电场中会发生偏转，说明它是由带负电的粒子组成，称之为电子。1897 年英国的汤姆逊（J. J. Thomson，1856—1940）通过实验测定了电子的电荷与质量比（即荷质比），他发现任何来源的电子荷质比均相同，为 1.759×10^{11} C/kg。因此证明电子存在于所有物质中，并不因来源不同而不同。1909 年美国的密里根（R. A. Millikan，1868—1953）借“油滴实验”确定了电子的电量为 1.602×10^{-19} C，从而推算出电子的质量为 9.109×10^{-31} kg。

（二）质子和中子的发现

1911 年英国的卢瑟福（E. Rutherford，1871—1937）与他的学生用 α 粒子（He^{2+}）轰击一块金箔，并用荧光屏探测 α 粒子方向改变的程度（如图 7－1）。

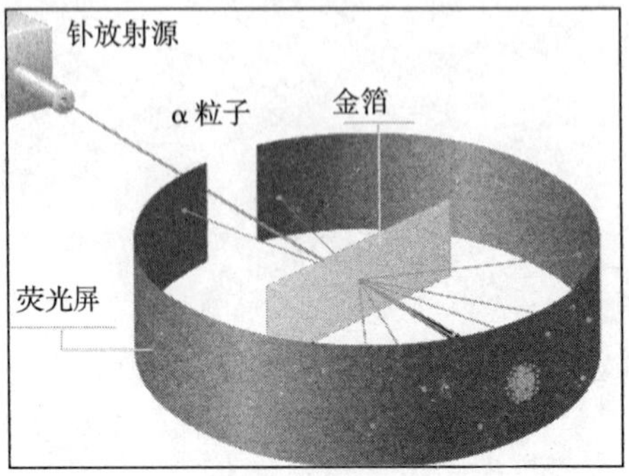

图 7－1　卢瑟福的 α 粒子的散射实验

实验发现，绝大多数 α 粒子似乎不受阻碍地通过金箔射到荧光屏上，只有极少数的 α 粒子像是遇到不可穿透的壁垒反弹回来或发生折射。通过测定反弹回来的 α 粒子的相对数目计算，卢瑟福指出原子中存在一个几乎集中全部质量，而大小仅为原子 $1/10^4$ 的带正电荷的微粒，他把这种微粒称为原子核。

此后卢瑟福提出原子结构的“天体行星模型”，即把微观的原子比做“太阳系”，带正电的原子核好比“太阳”，电子在绕核的固定轨道上运动，就像行星绕着太阳运动一样。这个模型不能说明原子核带正电荷，但此后的系列实验给了他提示，他预言了质子的存在。1919 年，卢瑟福用高速 α 粒子去轰击氮、氟、钾等元素的原子核，结果发现了质子。1920 年，他又预言了中子的存在。1932 年英国的查德维克(J. Chadwick，1891—1974)用实验证实了中子的存在，并确定中子的质量与质子的几乎相等。

(三)原子的组成

原子由原子核和核外电子组成，原子核是由质子和中子两种微粒组成，核外电子绕核高速运动。原子很小，但原子核更小，它的体积只占原子体积的几千亿分之一。

二、相对原子质量

(一)元素

元素是相同质子数的一类原子的总称，例如氕、氘、氚都是氢元素。元素仅代表种类，没有数量多少的含义，而原子既代表种类也有数量的含义。对于质子数相同，中子数不同的原子在周期表中处于同一个位置，因此也称为同位素。

(二)原子序数

原子作为一个整体不显电性，而核电荷数又是由质子数决定的。按核电荷数由小到大的顺序给元素编号，所得的序号称为该元素的原子序数。显然：

原子序数 = 核电荷数 = 核内质子数 = 原子核外电子数

(三)相对原子质量

原子的实际质量非常小，进行实际质量计算将是非常麻烦的，例如一个氢原子的实际质量为 1.673×10^{-27} kg，一个氧原子的质量为 2.657×10^{-26} kg，一个 ^{12}C 原子的质量为 1.993×10^{-26} kg。因此微观粒子的质量一般都用碳原子单位 u 表示，$1u = 1.6605837\times10^{-27}$kg。某个原子的相对原子质量是指与 ^{12}C 原子(原子核内有 6 个中子的碳原子)质量的 1/12 相比较所得的数值。元素的相对原子质量是其各种同位素相对原子质量的加权平均值，在元素周期表中最下面的数字为相对原子质量。

第二节　核外电子运动的特征

扫码“学一学”

卢瑟福的原子模型可以解释 α 粒子的散射现象，因此奠定了近代原子结构理论的基础。但是原子中带负电的电子如果不运动，就会被带正电的原子核吸引过去，如果电子绕核运动，则要辐射能量而使能量减小，速度变慢，电子就会以螺旋线形的途径坠入到原子核上，原子不复存在。但这不符合实际，如何解决这些问题呢？20 世纪初，德国的普朗克(M. Planck，1858—1947)提出了量子论，爱因斯坦(A. Einstein，1885—1962)提出了光子学说。丹麦的玻尔(N. Bohr，1885—1962)在上述理论基础上于 1913 年提出了他的设想，建立了玻尔理论，成功地解决了上述问题，并解释了氢原子光谱，把原子结构理论推向新的高度。

一、核外电子运动的特殊性

（一）量子化特征

物体表面不反射光，却能百分之百吸收射在它上面的电磁辐射，这类物体就称黑体。处于热平衡时，黑体具有最大的吸收比，因而也就有最大的单色辐出度，称为黑体辐射。一定温度下，标准黑体的辐射曲线是一定的。19 世纪的物理学家要用经典物理学原理解析黑体辐射曲线，但几乎都失败了。1900 年，普朗克为了解决黑体辐射实验数据和经典理论计算方法之间的矛盾，提出能量子假说：辐射黑体分子、原子的振动可看作谐振子，这些谐振子可以吸收和发射辐射能，但这些谐振子的能量只能处于某些分立的状态，它的能量不能像经典物理学所允许的任意值，相应的能量是某一最小能量 ε（能量子）的整数倍，即 1ε，2ε，$3\varepsilon\cdots$，$n\varepsilon$，n 为正整数，即量子数。对于频率为 ν 的能量子，能量为 $\varepsilon = h\nu$，带电谐振子的吸收或发射的能量为

$$E = nh\nu \tag{7-1}$$

式(7-1)中 h 称为普朗克常数，其值为 $6.626 \times 10^{-34}\ \mathrm{J \cdot s}$ 。

虽然普朗克发现了能量子，而量子化的概念是在黑体辐射的特殊场合中引入了，但之后的研究发现许多微观粒子都是以能量或其他物理量不能连续变化为特征的，因此都称为量子化。量子化是微观世界中一个重要规律，电子的运动当然也符合这个规律。

（二）波粒二象性

众所周知，光的波粒二象性。受到光的波粒二象性启发，1924 年，法国的德布罗意（De Broglie，1892—1987）在他的博士论文中大胆地假设所有的实物粒子都具有波粒二象性，而且认为光的波粒二象性的关系式同样能适用于电子等实物粒子

$$\lambda = \frac{h}{p} = \frac{h}{mv} \tag{7-2}$$

式(7-2)中，m、v、p、λ 分别为电子的质量、运动速度、动量和波长。h 为普朗克常数，通过普朗克常数，把电子的波动性和粒子性定量地联系在一起。

1927 年美国的戴维森（C. J. Davisson，1881—1958）和革末（Germer，1896—1971）在纽约贝尔实验室，用高能电子束代替 X 射线轰击一块镍金属晶体样品时（图 7－2），得到的电子衍射照片与 X 射线图像十分相似。电子衍射照片具有一系列明暗相间的衍射环纹，这是由于波的互相干涉的结果，而且从衍射图样上求出的电子波的波长证实了德布罗意的预言。

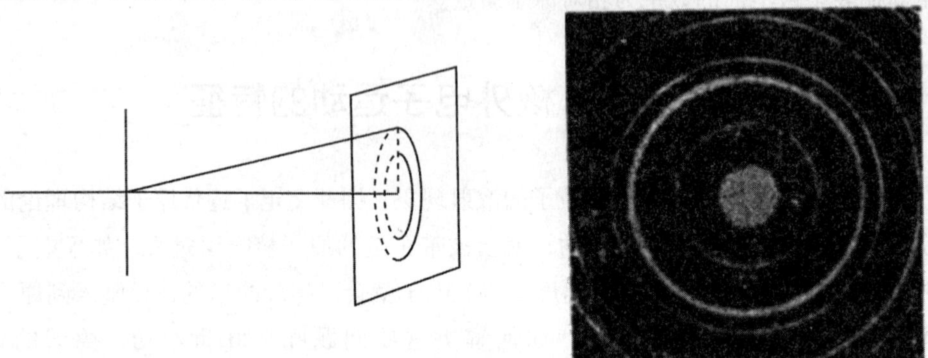

图 7－2 电子衍射示意图

波粒二象性是物质普遍现象，当实物波的波长远远大于实物直径时(如，电子)，该实物运动就显露出明显的波动性；反之，则没有明显的波动性。微观粒子的波动性是每个运动着的微粒本身的特性，具有统计规律，即实物波是大量粒子在统计行为下的概率波。

(三)海森堡测不准原理

在经典力学中，宏观物体的运动有确定轨道，任一瞬间都有确定的坐标和动量(或速度)。例如子弹、炮弹和行星等宏观物体在运动过程中，不仅具有一定速度，同时随时可准确地确定它们的位置。而对于具有波粒二象性的微观粒子，是否也可以这样呢？答案是否定的。也就是说，对于高速运动的微观粒子，若某个瞬间能够确定它的位置，就不能准确确定它的动量，反之亦然。

1927年，德国的海森堡(W. Heisenberg，1901—1976)提出了著名的测不准原理。在一个量子力学系统中，一个粒子的位置和它的动量不可能被同时确定。也就是说，对于一个运动电子的动量测定越准确，则对它的位置测定越不准确。测不准原理的数学式为

$$\Delta x \cdot \Delta p \geqslant \frac{h}{4\pi} \tag{7-3}$$

现在可以用测不准原理检验一下氢原子的基态电子，该电子的运动速度为2.18×10^{7}m/s，质量为9.1×10^{-31}kg，假设我们对电子速度的测量偏差为1%，则

$$\Delta p = \Delta mv = 9.1\times10^{-31}\times2.18\times10^{7}\times0.01 = 2.0\times10^{-25}\text{kg}\cdot\text{m/s}$$

而电子的运动坐标的测量偏差为

$$\Delta x = \frac{h}{4\pi\Delta mv} = \frac{6.63\times10^{-34}}{4\times3.14\times2.0\times10^{-25}} = 2.64\times10^{-10}\text{m} = 264\text{pm}$$

而氢原子的共价半径只有37pm，这个位置的不确定度已经比原子本身还大，说明高速运动的电子不可能确定它在某时刻的位置。测不准原理反映了微观粒子运动的基本规律，是物理学的重要原理。

二、玻尔理论

(一)氢原子光谱

连续光谱：天空中的彩虹是太阳光经过空气中水蒸气分光得到的，如果将白炽灯发出的光，通过棱镜折射后，可分出七色光的彩色光带，光带间没有明显的分界线，这种光谱称之为连续光谱。

线状光谱：原子光谱是一些线状光谱，因为原子中的电子运动状态发生变化时发射或吸收有特定频率的电磁频谱。发射谱是一些明亮的细线，吸收谱是一些暗线。原子的发射谱线与吸收谱线位置精确重合。每种原子都有其特征谱线，能发出其特征的光。如钠原子能发出黄色的光(589nm)，现代照明用的节能高效高压钠灯就是根据钠原子的特性制造的。原子特有的线状光谱可以作为化学分析的工具，根据原子的发射光谱可以作元素的定性分析，利用谱线的强度可以作元素的定量测定。在原子光谱中，氢原子光谱最简单，很早就受到人们重视(图7-3)。

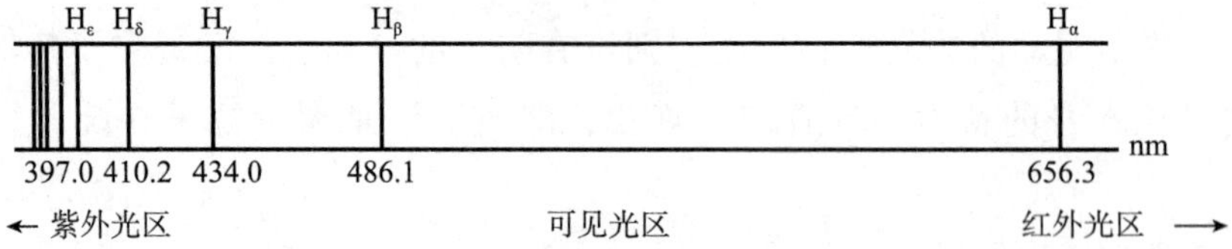

图 7－3 氢原子线状光谱

氢原子光谱可分为紫外光区、红外光区和可见光区，各区都有若干条谱线。在可见光区内有五条明显的谱线，分别为 H_α、H_β、H_γ、H_δ、H_ε，各谱线的波长分别为 656. 3、486. 1、434. 0、410. 2、397. 0nm，且可以看出，从 H_α 到 H_ε 等谱线间的距离越来越短(见图 7－3)，呈现出明显的规律性。1883 年，巴尔麦([瑞]J. J. Balmer，1825—1898)就把当时已知可见光区观察到的氢原子光谱归纳成一个经验公式

$$\lambda = B\frac{n^2}{n^2 - 4} \tag{7-4}$$

式中 λ 为波长，B 为常数，当 n 分别等于 3，4，5，6，7 时，将分别算出这 5 条谱线的波长。因此，可见光区这几条谱线也称为巴尔麦线系。

1913 年，里德堡([瑞]J. Rydberg)找出了能概括谱线的波数之间普遍联系的经验公式

$$\sigma = R_H\left(\frac{1}{n_1^2} - \frac{1}{n_2^2}\right) \tag{7-5}$$

式(7-5)中 σ 为波数(指 1cm 的长度相当于多少个波长)，R_H 称为里德堡常数，其值为 $1.097 \times 10^5 cm^{-1}$，$n_1$ 和 n_2 为正整数，且 $n_2 > n_1$，后来在紫外区发现的莱曼(Lyman)线系，红外区发现帕邢(Paschen)线系也都能很好地符合里德堡公式。

(二)玻尔氢原子模型

为了解释氢原子谱线的规律性，1913 年，玻尔在普朗克的量子论和爱因斯坦的光子学说的启发下，大胆提出氢原子模型(也称为行星模型)，其中心思想可概括如下。

(1)氢原子中的电子只能在某些特定的圆形轨道(稳定轨道)上运动，其条件是这些轨道的角动量 P 必须是 $h/2\pi$ 的整数倍，

$$P = mvr = nh/2\pi$$

式中 m、v 是电子的质量和速度；r 是圆形轨道的半径；h 是普朗克常数；n 是量子数，为 1、2、3、…。电子在稳定轨道上运动时不释放能量。玻尔推出氢原子中各种特定轨道的能量服从下式：

$$E = -\frac{13.6}{n^2}(eV) = -\frac{2.18 \times 10^{-18}}{n^2}(J) \tag{7-6}$$

(2)原子中的电子在不同轨道上运动有不同的能量，也就是有不同的能级，电子在轨道上绕核作圆形轨道运动时既不吸收也不辐射能量。原子中的电子尽可能在离核最近的轨道上，此时的原子处于基态。受到外界能量激发时电子可以跃迁到离核较远、能量较高的轨道上，这时的原子和电子处于激发态。

(3)电子从较高能级跃迁到较低能级时，以辐射方式释放能量。频率与两能级之差有关

$$h\upsilon = E_2 - E_1 \tag{7-7}$$

根据玻尔理论计算出氢原子光谱中各条谱线的频率，计算结果与实测十分吻合。当氢原子中电子从 $n = 3$ 的较高能级跃迁到 $n = 2$ 的较低能级时，辐射出具有频率 4.57×10^{14} (s^{-1})(波长为656nm)的光子，相当 H_{α} 谱线……(图 7-4)。根据玻尔理论可以求出基态氢原子轨道半径为53pm(0.53Å)，这个数值叫玻尔半径(a_0)，常用 a_0 作为原子、分子中的长度单位。

玻尔理论在解释氢原子(或类氢离子)的光谱和原子轨道能级的关系上十分成功，它指出核外电子运动的量子化特性，对探索原子的结构起了重要作用。但玻尔理论仍是以经典理论为基础，且其理论又与经典理论相抵触，在解决其他原子的光谱时就遇到了困难。例如把玻尔理论用于求解其他原子光谱时，理论结果与实验不符，且不能求出谱线的强度及频率，也不能说明氢原子光谱的精细结构。这些缺陷主要是由于把微观粒子(电子，原子等)看作是经典力学中的质点，从而把经典力学规律强加于微观粒子上(如轨道概念)而导致的。

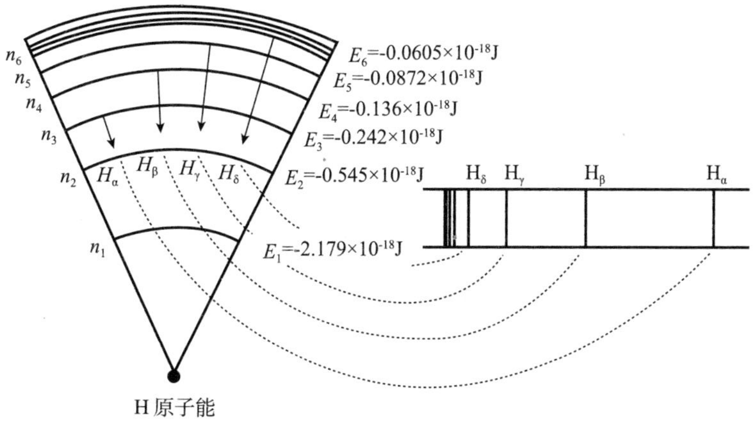

图 7-4　氢原子光谱的产生和氢原子结构示意图

玻尔理论的提出，打破了经典物理学一统天下的局面，开创了揭示微观世界基本特征的前景，为量子理论体系奠定了基础，这是一个了不起的创举。

第三节　氢原子结构的量子力学模型

扫码"学一学"

一、薛定谔方程

用量子力学处理氢原子核外电子的理论模型中，最基本的方程式是在 1926 年，奥地利的薛定谔(Schrödinger，1887—1961)提出的，是描述微观粒子运动的波动方程，即薛定谔方程

$$\frac{\partial^2\psi}{\partial x^2} + \frac{\partial^2\psi}{\partial y^2} + \frac{\partial^2\psi}{\partial z^2} + \frac{8\pi^2 m}{h^2}(E - V)\psi = 0 \tag{7-8}$$

式中，ψ 称为波函数，它是空间坐标 x、y、z 的函数，E 为总能量，V 为势能，m 为电子的质量，h 为普朗克常数。

解一个体系(如氢原子体系)的薛定谔方程，一般可以得到一系列的波函数 ψ_1、ψ_2、ψ_3、…、ψ_n 和一系列对应的能量 E_1、E_2、E_3、…、E_n，而薛定谔方程的每一个合理的解

ψ 代表体系中电子的可能运动状态，因此在量子力学中是用波函数和与其对应的能量来描述微观粒子运动状态。波函数 ψ 既是描述核外电子运动状态的数学函数，又是空间坐标的函数，其空间图像可以形象地理解为电子运动的空间范围，因此也称为“原子轨道”。对于氢原子中电子运动的规律，从薛定谔方程求解波函数 ψ 可以得到准确的解；但对于其他多电子原子中电子运动的规律，仅能求得近似解。

解薛定谔方程时为了得到合理的解，必需引入三个参数(n, l, m)，这三个参数的取值只允许是某些不连续的分立值，这就是微粒运动的量子化的特征，量子力学中把这类特定常数称为量子数。由于每个解受到三个参数 n、l、m 的制约，因而一个波函数(一个运动状态或一个原子轨道)可以简化用一组量子数来描述。

在测定氢原子光谱时，如果提高光谱仪的分辨率，又发现每一条谱线又分裂为几条波长极接近的谱线，称为氢原子光谱的精细结构。为了解释这个现象，必须引入另一个参数(m_s)，叫自旋量子数，它表示电子除绕核做运动外，还有自身旋转运动。下面分别讨论四个量子数的意义、取值以及与运动状态的关系。

二、四个量子数

(一)主量子数

主量子数(n)是表示电子出现概率最大的区域(即原子轨道)离核远近的物理量，n 越小，该区域离核越近，能量越低，n 是决定原子轨道能量高低的主要因素。

n 的取值为 1 到∞正整数，也可用相应的电子层符号表示(按光谱学的习惯表示)。

n 值	1	2	3	4	5	6	7 ……
电子层	一	二	三	四	五	六	七 ……
电子层光谱符号	K	L	M	N	O	P	Q ……
离核平均距离	近———————————————→远						

(二)角量子数

研究表明，在同一电子层中，原子轨道的形状也是不相同的，这些轨道上电子的能量稍有差别，因此认为同一电子层可分为一个或几个亚层。

角量子数(l)也称副量子数或电子亚层，决定电子在原子中角度运动的行为，是确定原子轨道形状的量子数，对于多电子原子，它也是影响轨道能量的次要因素。取值受 n 的限制，对于给定的 n，l 的取值从 0 到($n-1$)的正整数，共有 n 个取值，并用相应的轨道光谱符号(s、p、d、f……)表示，不同的 l 值，对应轨道的形状是不同的，如 $n=3$，l 可取 0，1，2，l 取 0 时，轨道符号为 3s，形状为球形；l 取 1 时，轨道符号为 3p，形状为无柄哑铃形；l 取 2 时，轨道符号为 3d，形状为梅花瓣形…。

注意，氢原子或类氢离子的轨道能级仅由 n 决定(因为它们的原子核外只有一个电子)，与 l 无关。

(三)磁量子数

磁量子数(m)是根据原子的线状光谱在磁场中还能发生分裂，显示微小的能量差别的现象提出的，是描述原子轨道在空间有不同的伸展方向。m 的取值，受角量子数(l)的限制，它可取 0，±1，±2，… ±l，对于给定的 l 值，m 有($2l+1$)个取值。对于 n 和 l 相同、m 不同的轨道其能量基本相同，我们称之为等价轨道或简并轨道。m 也可用光谱符号表示。当 $l=0$，$m=0$，仅一个取值，即一个取向，用 s 表示；$l=1$，$m=+1$，0，-1，有三种取向，光谱符号分别为(p_x，p_y，p_z)，$l=2$，$m=+2$，$+1$，0，-1，-2，有五种取向，光谱符号为(d_{z^2}，d_{xz}，d_{yz}，d_{xy}，$d_{x^2-y^2}$)……。

每一个原子轨道是指 n，l，m 组合一定时的波函数 $\psi_{n,l,m}$，代表原子核外某一电子的运动状态，例如：

量子数	$\psi_{n,l,m}$	运动状态
$n=2$，$l=0$，$m=0$	$\psi_{2,0,0}$或ψ_{2s}	2s 轨道
$n=2$，$l=1$，$m=0$	$\psi_{2,1,0}$或ψ_{2p_z}	$2p_z$ 轨道
$n=3$，$l=2$，$m=0$	$\psi_{3,2,0}$或$\psi_{3d_{z^2}}$	$3d_{z^2}$轨道

由 n 和 l 表示的 2s、2p、3d 等原子轨道，其能量不同，常称它们为 2s 能级、2p 能级、3d 能级等。

(四) 自旋量子数

为了解释氢原子光谱的精细结构引入自旋量子数，根据量子力学计算，自旋量子数(m_s)的取值只有两个，分别为 $=+1/2$，$-1/2$，通常用↑和↓表示电子有两种不同的自旋方式。

综上所述，描述一个原子轨道需要用三个量子数，而描述一个原子轨道上运动的电子，则需要用四个量子数。

因为四个量子数的取值是相互制约的，所以，当主量子数 n 确定后，该电子层中可以容纳的电子数也就确定，如表 7－1 所示。

表 7－1　核外电子运动的可能状态数

n	l(取值 $l<n$)	轨道符号(能级)	m (取值 $m\leq l$)	轨道数	各电子层轨道数	可容纳的电子数($2n^2$)
1	0	1s	0	1	1	2
2	0	2s	0	1	4	8
	1	2p	+1，0，－1，	3		
3	0	3s	0	1	9	18
	1	3p	+1，0，－1	3		
	2	3d	+2，+1，0，－1，－2	5		
4	0	4s	0	1	16	32
	1	4p	+1，0，－1，	3		
	2	4d	+2，+1，0，－1，－2	5		
	3	4f	+3，+2，+1，0，－1，－2，－3	7		

三、波函数的图像表示

波函数是描述核外电子运动状态的数学函数式，是薛定谔方程的系列解，见表 7－2，需要说明的是，在波函数的求解过程中根据需要，可以将波函数从直角坐标转换成球极坐标来表示。一个数学函数式可以用图像来描述，而与波函数图像相关的空间区域，与所描述的粒子出现的概率密切相关。但波函数 $\psi_{n,l,m}(r,\ \theta,\ \varphi)$ 中有三个自变量 r，θ，φ，作图很困难，但从表 7－2 所列波函数可以看出，一个函数可表示成两个函数的乘积。

$$\psi_{n,l,m}(r,\theta,\varphi) = R_{n,l}(r) \cdot Y_{l,m}(\theta,\varphi) \tag{7-9}$$

其中 $R_{n,l}(r)$ 仅与半径 r 有关，称为径向波函数；$Y_{l,m}(\theta,\ \varphi)$ 仅与角度 θ，φ 有关称为角度波函数。这两个函数分别只含有一个自变量和两个自变量，作图就容易了。下面我们分别作原子轨道 ψ 和概率密度 $|\psi|^2$ 随角度 θ，φ 和随半径 r 变化的图像。

表 7－2　氢原子的部分波函数(a_0/玻尔半径)

轨道	$\psi(r,\ \theta,\ \varphi)$	$R(r)$	$Y(\theta,\ \varphi)$
1s	$\sqrt{\frac{1}{\pi a_0^3}}e^{-r/a_0}$	$2\sqrt{\frac{1}{a_0^3}}e^{-r/a_0}$	$\sqrt{\frac{1}{4\pi}}$
2s	$\frac{1}{4}\sqrt{\frac{1}{2\pi a_0^3}}(2-\frac{r}{a_0})e^{-r/2a_0}$	$\sqrt{\frac{1}{8a_0^3}}(2-\frac{r}{a_0})e^{-r/2a_0}$	$\sqrt{\frac{1}{4\pi}}$
$2p_x$	$\frac{1}{4}\sqrt{\frac{1}{2\pi a_0^3}}(\frac{r}{a_0})e^{-r/2a_0}sin\theta cos\varphi$		$\sqrt{\frac{3}{4\pi}}\sin\theta\cos\varphi$
$2p_y$	$\frac{1}{4}\sqrt{\frac{1}{2\pi a_0^3}}(\frac{r}{a_0})e^{-r/2a_0}sin\theta sin\varphi$	$\sqrt{\frac{1}{24a_0^3}}(\frac{r}{a_0})e^{-r/2a_0}$	$\sqrt{\frac{3}{4\pi}}\sin\theta\sin\varphi$
$2p_z$	$\frac{1}{4}\sqrt{\frac{1}{2\pi a_0^3}}(\frac{r}{a_0})e^{-r/2a_0}cos\theta$		$\sqrt{\frac{3}{4\pi}}\cos\theta$

(一)波函数角度分布图

若将波函数的角度部分 $Y(\theta,\ \varphi)$ 随角度的变化作图，可以得到原子轨道的角度分布图。由于波函数的角度部分对整个波函数即原子轨道的图像影响较大，而且原子轨道的角度分布图对原子间的成键作用也很重要，因此这里首先讨论原子轨道的角度分布图。

由上表可知氢原子的 s 轨道的角度分布函数为：

$$Y(s) = \frac{1}{\sqrt{4\pi}} \tag{7-10}$$

式(7－10)说明 $Y(s)$ 与角度无关，以 $\frac{1}{\sqrt{4\pi}}$ 为半径作图可得一个球面，球面上的 $Y(s)$ 值均相等。

原子 p_z 轨道的角度分布函数为 $Y(p_z) = \sqrt{3/4\pi} \cdot \cos\theta$，即 $Y(p_z)$ 只与 θ 有关，而与 φ 无关，将 θ 角从 0°变化至 180°，可以算出相应数值，再根据这些数值在球极坐标上画出直线，连接各直线端点，可得 p_z 轨道的角度分布图。见图 7－5。其他轨道角度分布图也是用相同方法绘制。图 7－6是氢原子 s、p、d 各轨道角度分布剖面图，图中正、负号是从 $Y_{l,m}(\theta,\ \varphi)$ 的三角函数中自然得出。

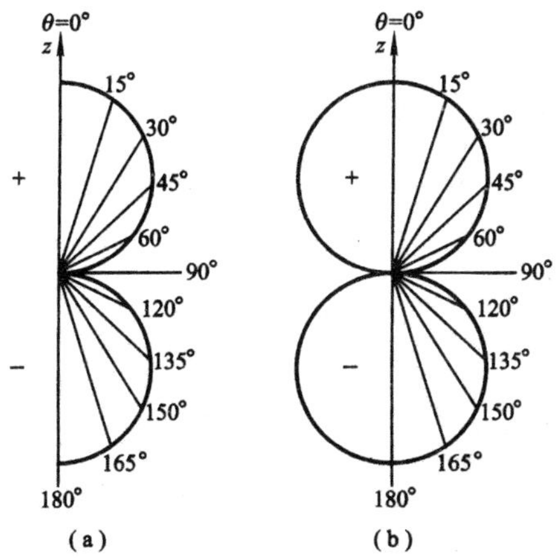

图 7－5　p_z 轨道角度分布图

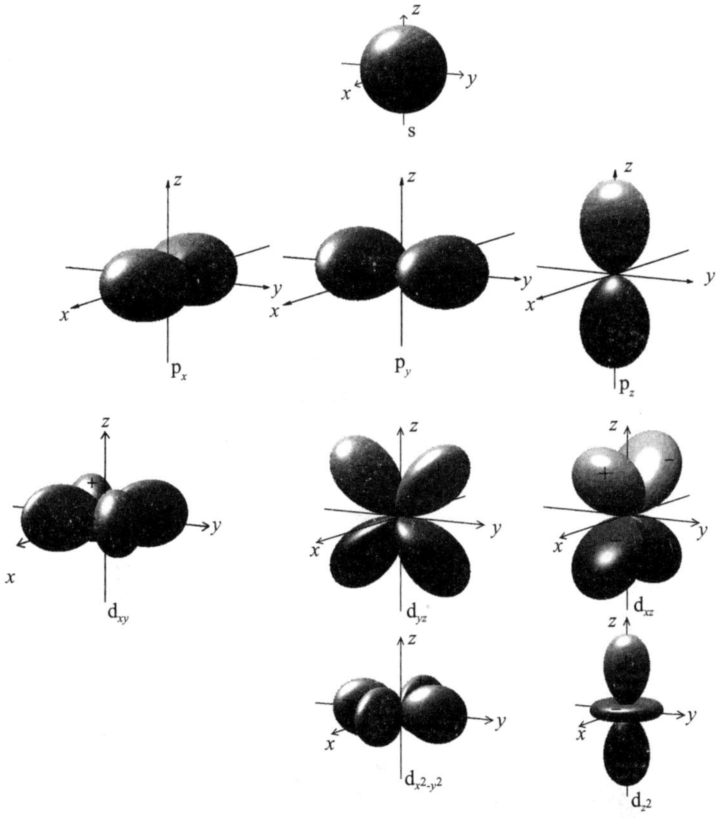

图 7－6　氢原子波函数角度分布图

波函数角度分布图的着眼点是描述原子轨道的角度分布情况，其形状与能级层数无关，各层的 s 轨道，其 Y 值相同，故角度分布图是相同的；各层的 p 轨道角度分布图也是相同的，有三个，分别叫 p_x、p_y、p_z，它们的图像分别是沿 x 轴、y 轴、z 轴的两个球；d 轨道有五个；f 轨道有七个(图形较复杂，从略)。

(二) 电子云的角度分布图

由于电子的运动没有固定的轨道，虽然在某个瞬间不可能同时准确地测定它所处的位置和运动速度，但可以用统计的方法去讨论该电子在核外空间某一区域内出现的机会是多少，这个机会就是概率，而微单位体积中电子出现的概率就是概率密度。为了形象化地表示出电子的概率密度分布，常用小黑点的疏密来表示空间各点的概率密度大小。由于电子

在原子核外空间一定范围内出现，可以想象原子核被一团带负电荷的云雾笼罩，因此人们形象地把它称为“电子云”。电子云密度大的地方，表明电子在该处出现的机会多；电子云密度小的地方，表明电子在该处出现的机会少。而概率密度又可以直接用$|\psi|^2$来表示，若以$|\psi|^2$来作图，所得图像就是电子云的近似图像。图 7 - 7 是氢原子的电子云示意图，氢原子的 1s 电子云呈球形对称。

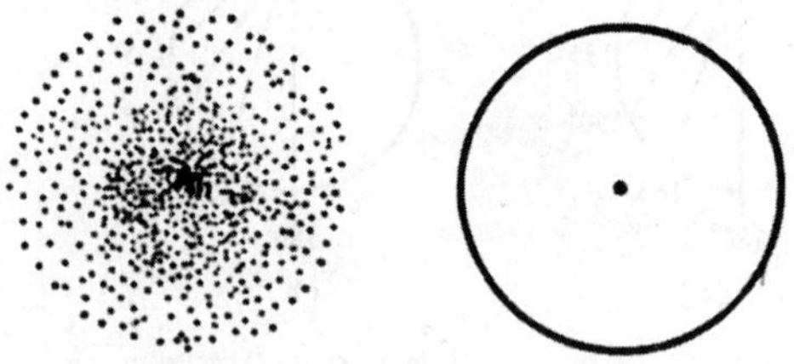

图 7 - 7　氢原子 1s 电子云图和电子云剖面界面图

由于电子具有波粒二象性，所以它的运动轨迹不可能像宏观物体那样有固定的轨道，但可以用统计的方向去讨论某电子在核外空间某一区域内出现的概率是多少。而$|\psi|^2$就代表电子在空间某点单位微体积中出现的概率，即电子在空间出现的概率密度。

将$|Y(\theta, \varphi)|^2$随角度(θ, φ)的变化作图，可得电子云的角度分布图，图 7 - 8 为氢原子电子云的角度分布示意图。

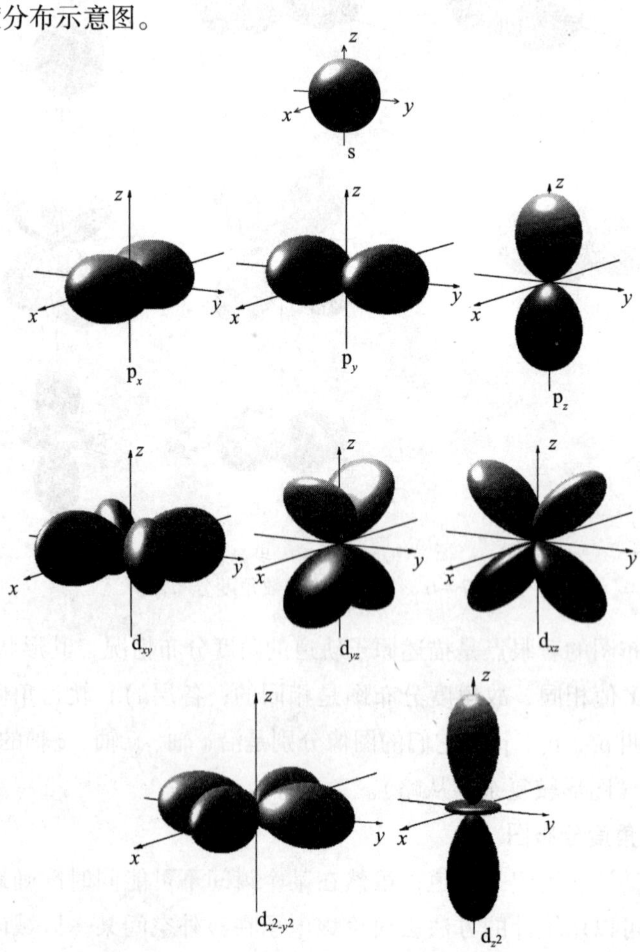

图 7 - 8　氢原子的几种电子云的角度分布示意图

电子云角度分布能表示出电子在空间不同角度出现的概率密度大小，并不能表示电子出现的概率密度与离核远近的关系。它们和波函数的角度分布图的形状相似，只是波函数的角度分布图上有正负号，而它们没有；电子云的角度分布图要比原子轨道的角度分布图“瘦”一些，这是因为 $|Y|$ 值小于1，所以 $|Y|^2$ 值更小。

值得注意的是：无论是原子轨道角度分布图还是电子云角度分布图，都不是电子运动的轨道，它们不是实验的结果，也不是能直接观察到的，而仅是两种函数图形，每种图形所代表的意义不同。除 s 轨道以外，其他轨道的角度分布是有方向性的，这是共价键具有方向性的本质原因。因此不能将此图形误认为是原子轨道的形状。

(三)波函数径向分布图

氢原子各轨道的径向分布函数 $R_{n,l}(r)$ 表示波函数随半径 r 的变化，以 $R_{n,l}(r)$ 对 r 作图，就是波函数的径向分布图，如图 7-9 所示。

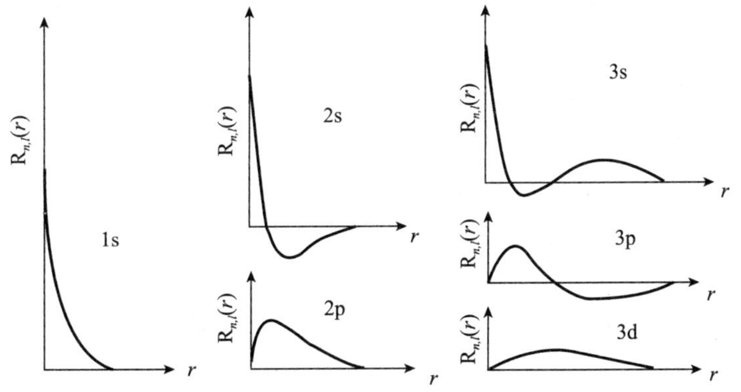

图 7-9　氢原子轨道径向分布示意图

因波函数仅是描述电子运动状态的数学公式，其他物理意义并不明确，因此 R 函数也没有明确物理意义，对图 7-9 也不作太多的描述。

(四)电子云的径向分布图

前面我们已经提到波函数 $|\psi|^2$ 代表电子在空间某点微单位体积中出现的概率，即概率密度。从图 7-7 可以看出，离核越近，小黑点越密，概率密度越大，但电子在某空间区域出现的概率又如何描述呢？因为概率 = 概率密度 × 体积，所以，电子在距核的距离为 r 处，薄层球壳的厚度为 dr，此处球壳的体积为 $4\pi r^2 dr$，微单位厚度($dr=1$)球壳内电子出现的概率应为 $|R(r)|^2 \times 4\pi r^2 = 4\pi r^2 R^2$，则 $4\pi r^2 R^2$(或 r^2R^2)称为 D 函数，利用 D 函数对 r 作图，得到电子壳层概率径向分布图，亦称电子云径向分布图。此图表示电子出现的概率大小与离核远近的关系，见图 7-10。

图 7-10 中横坐标的单位为玻尔半径($a_0 = 52.9$pm)，从图中我们可以发现：①不同类型的轨道，D 函数径向分布图中的极大值数不同(也称峰数)，峰数为($n-l$)。如 3s 轨道的 D 函数有 3 个峰($3-0=3$)，3d 轨道的 D 函数只有一个峰($3-2=1$)；②n 相同，l 不同，峰数不同，l 越小，峰数越多，但 l 越小，最小峰离核越近，主峰(最大峰)离核越远；③n 越大，主峰离核越远；④n 不同，其电子活动区域不同，n 相同，电子活动区域相近，所以从概率的径向分布图中可看出核外电子是分层分布的。

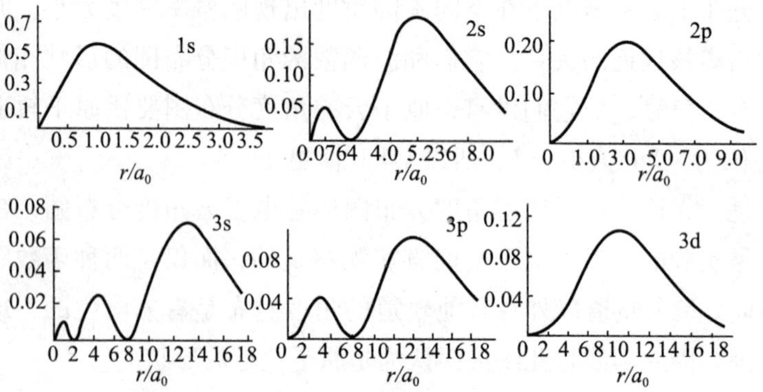

图 7-10 电子云径向分布示意图

值得注意的是，氢原子 1s 电子的 D 函数图像表明，该电子在离核 52.9pm 处的球壳内出现的概率是最大的。而 52.9pm 正好是玻尔理论中 1s 电子运动的轨道半径，即玻尔半径 a_0。而新量子力学指出氢原子 1s 电子在原子核外任何一点都可能出现，只是在一个玻尔半径的球壳出现的概率最大，可谓是殊途同归了。

（五）电子云黑点图

在以原子核为原点的空间坐标系内，综合电子云的径向分布图和电子云的角度分布图，用黑点疏密表示电子出现的概率密度，所得图像称电子云图，如图 7-11 所示。

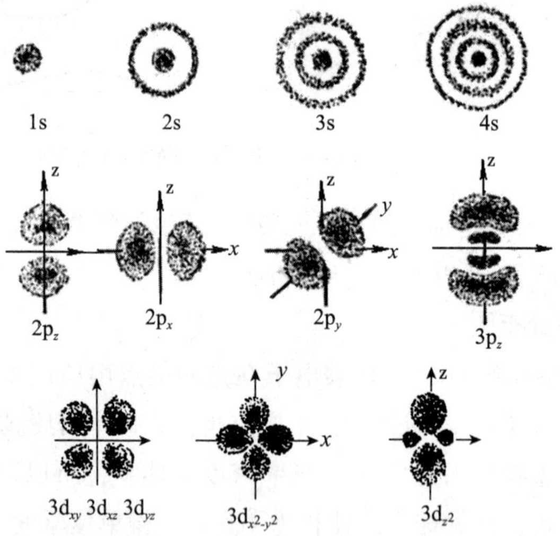

图 7-11 氢原子电子云黑点剖面图

第四节 多电子原子的结构

扫码“学一学”

一、多电子原子的原子轨道能级

多电子原子（除 H 以外的所有元素的原子）的核外电子的排布是根据原子轨道能级高低顺序来进行的，由于有钻穿效应和屏蔽效应的共同影响，轨道能量高低并不仅仅由主量子数决定，还与角量子数及电子的具体排布有关，最终根据光谱实验的结果和对元素周期律的分析、归纳、总结出核外电子的排布规律。

(一)鲍林原子轨道近似能级图

鲍林根据光谱实验的结果，总结出多电子原子中原子轨道能量高低顺序，并绘制成能级近似图(图 7－12)，以表示同一原子内原子轨道之间能量的相对高低顺序，该图可以说明以下几个问题。

(1)按照能量从低到高的顺序排列，并且将能级相近的原子轨道排在一组，目前分为七个能级组。

(2)每个能级组中，每一个小圆圈表示一个原子轨道，将 3 个等价 p 轨道、5 个等价 d 轨道、7 个等价 f 轨道…排成一列，表示在该能级组中它们的能量相等。除第一能级组外，其他能级组中，原子轨道的能级都有差别。

(3)同一原子中，原子轨道的能级主要由主量子数 n 和角量子数 l 来决定，如：$E_{1s} < E_{2s} < E_{3s} < E_{4s}$；$E_{4s} < E_{4p} < E_{4d} < E_{4f}$。同层轨道能级不同的现象，称为“能级分裂”。在第四能级组及以上，出现 n 较大，但能量较低的情况，如：$E_{4s} < E_{3d}$，这种能级错位的现象称“能级交错”(energy level overlap)。这些原子轨道能级高低变化的情况，通常可以通过“屏蔽效应”和“钻穿效应”来加以解释。

我国著名化学家徐光宪提出：基态电中性原子的电子组态符合($n + 0.7l$)的顺序，此顺序可定量的表示出各能级组之间的差异以及同层中电子亚层之间的能量差异。例如第四能级组的 4s 轨道，3d 轨道和 4p 轨道的能级用此规则计算为：$E_{4s} = 4 + 0.7 \times 0 = 4.0$，$E_{3d} = 3 + 0.7 \times 2 = 4.4$，$E_{4p} = 4 + 0.7 \times 1 = 4.7$，因为整数部分都为 4，则是第四能级组，而小数部分不同，则代表在此能级组中能量仍有差异。

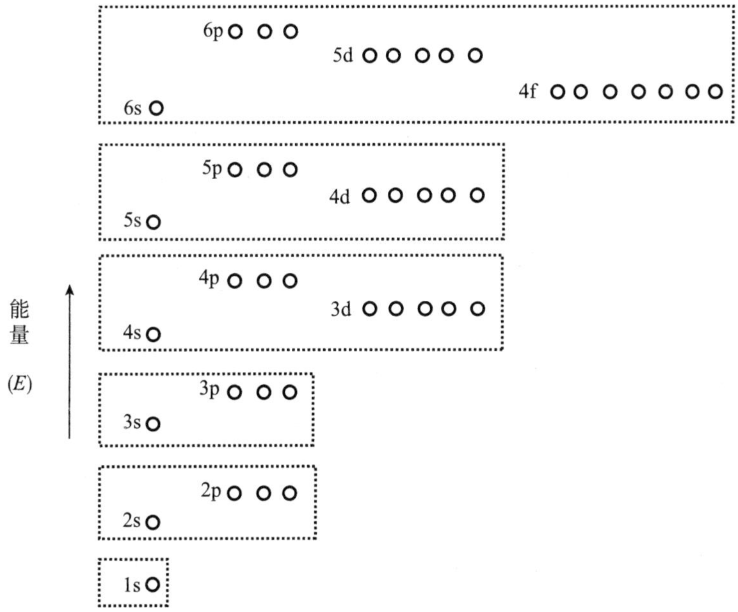

图 7－12　鲍林原子轨道近似能级图

(二)屏蔽效应

多电子原子中，电子一方面受到原子核的吸引，另一方面受到其他电子的排斥，从而使核对电子的吸引力降低。由于核外电子处于高速运动状态，要准确地确定这种排斥作用是不可能的，因此可以采取一种近似处理方法：将其他电子对某一电子排斥的作用归结为抵消了一部分核电荷，使其有效核电荷(effective nuclear charge)降低，削弱了核电荷(Z)对该电子吸引的作用，称为屏蔽效应(sereening effect)。被其他电子屏蔽后的核电荷称为有效核电荷，常用符号 Z^* 表示。有效核电荷与核电荷的关系为：

$$Z^* = Z - \sigma \tag{7-11}$$

式中，σ 称为屏蔽常数，它表示其他电子对指定电子的排斥作用，相当于其他电子将核电荷抵消的部分。这样，我们就可以把多电子原子体系近似地看成是具有一定有效核电荷数的单电子体系，多电子原子中每个轨道(或电子)允许的能级就可以写为：

$$E = -2.18 \times 10^{-18}\frac{(Z^*)^2}{n^2} = -2.18 \times 10^{-18}\frac{(Z-\sigma)^2}{n^2}(\mathrm{J}) \tag{7-12}$$

σ 的数值与 n、l 均有关，它代表其他电子对电子 i 的屏蔽作用的总和。斯莱特([美] J. C. Slater)根据光谱实验的结果，提出一套估算屏蔽常数 σ 的方法，称为斯莱特规则。此规则提供的各类电子屏蔽常数列于表 7-3 中。

表 7-3　原子轨道中各电子的斯莱特屏蔽常数

被屏蔽电子	屏蔽电子							
	1s	2s，2p	3s，3p	3d	4s，4p	4d	4f	5s，5p
1s	0.3							
2s，2p	0.85	0.35						
3s，3p	1.00	0.85	0.35					
3d	1.00	1.00	1.00	0.35				
4s，4p	1.00	1.00	0.85	0.85	0.35			
4d	1.00	1.00	1.00	1.00	1.00	0.35		
4f	1.00	1.00	1.00	1.00	1.00	0.85	0.35	
5s，5p	1.00	1.00	1.00	1.00	0.85	0.85	0.85	0.35

根据上表可以计算各原子核外的各层电子受到的有效核电荷的大小，例如元素 23 号钒元素的电子排布式为 $1s^22s^22p^63s^23p^63d^34s^2$。

对于 1s 电子：$\sigma_{1s} = 0.30$，$Z^* = 23 - 0.30 = 22.70$

对于 2s、2p 电子：$\sigma_{2s} = \sigma_{2p} = 0.35 \times 7 + 0.85 \times 2 = 4.15$，$Z^* = 23 - 4.15 = 18.85$

对于 3s、3p 电子：$\sigma_{3s} = \sigma_{3p} = 0.35 \times 7 + 0.85 \times 8 + 1.00 \times 2 = 11.25$，$Z^* = 23 - 11.25 = 11.75$

对于 3d 电子：$\sigma_{3d} = 0.35 \times 2 + 1.00 \times 18 = 18.70$，$Z^* = 23 - 18.70 = 4.30$

对于 4s 电子：$\sigma_{4s} = 0.35 \times 1 + 0.85 \times 11 + 1.00 \times 10 = 19.70$，$Z^* = 23 - 19.70 = 3.30$

从上述计算可以看出，电子离核越远，被屏蔽的核电荷越多，受到核的吸引力越小，因此能量越高。

(三)钻穿效应

从电子云的径向分布图(7-10)可以看出，当 n 相同，而 l 不同，其径向分布有很大的区别，l 越小，峰数越多。例如 3s 有 3 个峰，3p 有 2 个峰，3d 只有 1 个峰，但主峰位置相近，都处在离核较远的一个区域。但是 3s 轨道的 3 个峰中有 2 个离核较近，3p 轨道的 2 个峰中有 1 个离核较近，这说明 3s、3p 电子不仅会出现在离核较远的区域，还有机会钻到内层空间而更靠近原子核。其钻穿作用依 3s、3p、3d 顺序减弱，因此 l 值越小，钻穿作用越大，受到的屏蔽作用就较小，能感受到更多的有效核电荷，能量随之降低。这种由于角量子数 l 不同，电子的钻穿能力不同，而引起的能级能量的变化称为钻穿效应(drill through effect)。

在多电子原子中，原子轨道的能级变化大体有以下三种：

(1) n 不同、l 相同的能级，n 越大，轨道离核越远，外层电子受内层的屏蔽效应也越大，能量越高，核对该轨道上的电子吸引力就越弱。因此有 $E_{1s} < E_{2s} < E_{3s} < E_{4s}$。

(2) n 相同、l 不同的能级，当 n 相同时，角量子数 l 越小，峰数越多，钻穿效应越强，因此钻穿能力 ns > np > nd > nf，所以受核的吸引 ns > np > nd > nf。因此同层轨道产生能级分裂，如：$E_{4s} < E_{4p} < E_{4d} < E_{4f}$。

(3) n 不同，l 不同的能级，原子轨道的能级顺序较为复杂。例如 4s 的能级低于 3d，这是因为 4s 电子的钻穿效应较 3d 电子大得多，钻得越深，核对它的吸引力增强，使其能级降低的作用超过了主量子数增大使轨道能级升高的作用，故有 $E_{4S} < E_{3d}$，使能级发生错位，也称能级交错。同样也能解释 $E_{5s} < E_{4d}$；$E_{6s} < E_{4f} < E_{5d}$等能级交错现象。

二、基态原子的电子层结构

(一) 电子排布的三原则

根据光谱实验的数据和量子力学理论的总结、归纳，可得出多电子原子中核外电子排布时需要遵循下列三个原则。

1. 能量最低原理　核外电子的排布，应尽可能使整个体系的能量最低，这样才能符合自然界的能量越低越稳定的普遍规律。也就是说，在基态时，电子在原子轨道填充的顺序，应先从最低能级 1s 轨道开始，依次往能级较高的轨道上填充(即按鲍林原子轨道近似能级图，由低到高排布)，故称为能量最低原理(lowest energy principle)。

2. 泡利不相容原理　奥地利的泡利(W. Pauli，1900—1958)在光谱实验现象的基础上，提出了后被实验证实的一个假设，“在同一个原子中不可能存在四个量子数完全相同的两个电子，称为泡利不相容原理”。按照泡利不相容原理，每个原子轨道最多能容纳两个电子，这两个电子自旋量子数的取值分别为 $m_s = +\frac{1}{2}$和 $m_s = -\frac{1}{2}$，或用↑、↓表示，即一个为顺时针自旋，另一个为逆时针自旋。

3. 洪特规则　德国的洪特(F. Hund，1896—1997)根据大量光谱实验数据，总结出在 n 和 l 相同的等价轨道中，电子尽可能分占各等价轨道，且自旋方向相同，称为洪特规则，也称为等价轨道原理。量子力学计算证实，按洪特规则，且自旋方向相同的单电子越多，能量就越低，体系就越稳定。

此外，量子力学理论还指出，在等价轨道中电子排布全充满、半充满和全空状态时，体系能量最低最稳定，这也可称为洪特规则的特例。

全充满　p^6，d^{10}，f^{14}　　半充满　p^3，d^5，f^7　　全空　p^0，d^0，f^0

根据核外电子排布三原则，结合鲍林近似能级图，可排布各种原子基态时的电子层结构。下面讨论核外电子排布和书写电子排布式的几个实例。

按照鲍林原子轨道近似能级图，电子填充各能级轨道的先后顺序为：

1s 2s 2p 3s 3p 4s 3d 4p 5s 4d 5p 6s 4f 5d 6p 7s 5f 6d 7p …

(二)基态原子的电子层结构

根据上述电子排布原则，就可以写出各原子的电子结构式，如已知原子序数为16的硫原子，其电子结构式为：$1s^2 2s^2 2p^6 3s^2 3p^4$；原子序数为29的铜原子，其电子结构式为：$1s^2 2s^2 2p^6 3s^2 3p^6 3d^{10} 4s^1$。为了避免因原子序数大导致电子结构式过长，常将内层电子结构用前一周期稀有气体元素电子结构表示，并用[ ]括起来，称为原子实体。例如上述铜的结构式就可写为[Ar] $3d^{10}4s^1$。

例7-1 根据核外电子排布原则，写出原子序数为6，17，27的元素原子的符号及电子排布式。

解：根据核外电子排布原则

元素原子的符号	电子排布式
$_{6}C$	$1s^2 2s^2 2p^2$
$_{17}Cl$	$1s^2 2s^2 2p^6 3s^2 3p^5$ 或 [Ne]$3s^2 3p^5$
$_{24}Cr$	$1s^2 2s^2 2p^6 3s^2 3p^6 3d^5 4s^1$ 或 [Ar]$3d^5 4s^1$

24号铬元素、29号元素的排布是因半充满的 d^5 和全充满的 d^{10} 结构体系非常稳定的缘故。在结构的书写中需要注意一点，鲍林近似能级图是电子填充前的能量高低顺序图，随着电子的填充，轨道的能量就会发生变化。例如，在3d轨道没填充电子时比4s轨道能量高，因此电子先进入4s轨道，后进入3d轨道。例如，26号Fe原子价层电子排布顺序为 $4s^2 3d^6$，一旦3d轨道上排布电子，这些电子就会对外层的4s轨道上的电子有屏蔽效应，使其受核吸引力减小，导致4s轨道上的电子能量升高，这时 $E_{3d} < E_{4s}$。而核外电子排布式最终是从低到高排列的，因此Fe原子的电子结构式为：[Ar]$3d^6 4s^2$。以第四周期副族元素为例，电子填充时先填4s轨道，后填3d轨道，只要3d轨道有电子，能级不再交错，所以特别要注意最终的书写顺序。

在化学反应中，人们关注的是能参与化学反应的电子，也称之为价电子。对主族元素来说，价电子是最外层电子，对副族元素来说，价层电子是次外层电子和最外层电子。根据光谱实验的结果，将各元素原子的价层电子排布在周期表中已经列出，见最后一页的元素周期表。

需要指出的是，在周期表中的价层电子排布中，并非所有原子的价层电子排布都能用电子排布三原则解释，因为随着核电荷数的增加，核与电子之间，电子与电子之间的作用力更加复杂，所以从第五周期到第七周期都有一些原子的核外电子的排布出现“例外”，如铌Nb，钌Ru，铑Rh，钯Pd，钨W，铂Pt等。因此核外电子的排布最终以光谱实验结果来确定。

扫码“学一学”

第五节 元素周期表

早在1869年俄国的门捷列夫(Mendeleev，1834—1907)就提出元素周期表，当时他对已经发现的63种元素的性质进行总结和比较，发现元素性质是随相对原子质量的增加发生周期性变化。虽然当时对元素周期表的意义并不很明确，但随着科学家们对原子结构的深入研究，才真正理解它的科学内涵。从第一张元素周期表开始100多年以来，已经出现了多种不同形式的周期表，而周期表的制作目的是为研究元素性质周期性变化，研究对象不同，周期表的形式不同。现今使用的周期表称为维尔纳长式周期表，是由诺贝尔奖得主瑞典的维尔纳(Werner，1866—1919)首先提出的。

一、元素的周期

在周期表中，每一横行就是一个周期。不难发现，随着原子序数(核电荷)的增加，电子填充完一个能级组后，就进入下一能级组，因此不断有新的电子层出现。每个周期的开始，都是电子从 ns^1 开始填充到 ns^2np^6 结束(除第一周期外)，重复出现。短周期是能级组中没有 d 或 f 轨道的，一个完整周期中的元素的数目正好是能级组中轨道数的两倍。所以周期产生于一个新的电子层的开始。

元素周期数和能级组数的与关系，如表7－4所示。

表7－4 周期数与能级组数的关系

能级组序数	周期数	周期特点	所含元素数目	原子轨道数
1	1	超短周期	2	1
2	2	短周期	8	4
3	3	短周期	8	4
4	4	长周期	18	9
5	5	长周期	18	9
6	6	特长周期	32	16
7	7	未完成周期	—	16

二、元素的族

在长式周期表中，从左到右共有18个纵列，所有元素被分为16个族，其中有7个主族，也称A族，该族元素最后一个电子填充在 s 或 p 轨道上，共占7个纵列；1个零族(或ⅧA族)，是最后一列，该族元素也称稀有气体，其电子构型异常稳定；8个副族，也称B族，该族元素的最后一个电子填充在 $(n-1)$d 轨道上，ⅠB～ⅦB各占1列，Ⅷ族(或ⅧB族)占有3列。

副族数＝价电子层上电子数(参与反应的电子)＝最高氧化值

(Ⅷ族只有Ru和Os元素可达＋8，ⅠB族有例外)

其中注意副族与主族价电子层的区别，ⅠB、ⅡB族与ⅠA、ⅡA族的最外层电子均为 $ns^{1\sim2}$，但ⅠB、ⅡB族次外层 d 轨道上电子是全满的，而ⅠA、ⅡA族次外层 d 轨道未填充电子。ⅢA族价电子层为 ns^2np^1，而ⅢB族价电子层为 $(n-1)d^1ns^2$。

对于同一族的元素因其价电子层构型相似，它们的化学性质也十分相似。

三、元素的区

元素的分区特点是根据元素原子的核外电子排布，主要依据最后一个电子所填充的轨道来区分，长式周期表中的元素分为五个区。

1. s区 元素的最后一个电子填充在 s 轨道上的属 s 区元素，包括碱金属的ⅠA族元素和碱土金属的ⅡA族元素，价电子构型是$ns^{1\sim2}$，位于周期表中最左侧两列，它们都是活泼的金属元素。

2. p区 元素的最后一个电子填充在p轨道上的属p区元素，包括ⅢA－0(或ⅧA)族元素，分别称为硼族元素(ⅢA)、碳族元素(ⅣA)、氮族元素(ⅤA)、氧族元素(ⅥA)、卤族元素(ⅦA)和“零族”稀有气体元素，价电子构型是$ns^2np^{1\sim6}$，位于周期表中最右侧6列，金属非金属在此区交界，非金属元素稍多。

如果从硼元素到砹元素间划一条直线，则将元素分为非金属区(右上角)和金属区(左下角)，线上及两侧元素往往兼具金属性和非金属性。元素半导体：在元素周期表的ⅢA族至ⅦA族分布着11种具有半导性的元素，其中C代表金刚石。C、P、Se具有绝缘体与半导体两种形态；Sn、As、Sb具有半导体与金属两种形态；B、Si、Ge、Te具有半导性。P容易分解，应用价值不大。As、Sb、Sn的稳定态是金属，半导体是不稳定的形态。但有些元素因制备工艺上的困难和性能方面的局限性而尚未被利用。现在已得到利用主要有Ge、Si、Se 3种元素。其中Ge、Si在半导体材料中应用最广。

3. d区元素 元素的最后一个电子填充在d轨道上属d区元素，包括ⅢB—Ⅷ族元素，价电子构型为$(n-1)d^{1\sim9}ns^{1\sim2}$，它位于周期表中的中间位置。通常d区元素又称过渡元素，其含义是指从s区金属元素向着p区非金属元素过渡，也有的指从d能级不完全的电子填充到完全填充的过渡，d区元素都是金属元素。值得注意的是，该区元素的价电子结构是先写$(n-1)d$，后写ns。但电子填充顺序是先填ns，后填写$(n-1)d$轨道，不可理解为最后一个电子是填充到ns轨道上。

4. ds区元素 元素的最后一个电子也是填充在d轨道上，但d能级达全满状态，最外层电子排布又与s区相同的属ds区元素，包括ⅠB族元素和ⅡB族元素，价电子构型为$(n-1)d^{10}ns^{1\sim2}$，位于周期表中间过渡区的右侧，ds区元素均为金属元素。

5. f区元素 元素的最后一个电子填充在f轨道上的元素称为f区元素，其价电子构型是$(n-2)f^{1\sim14}(n-1)d^{0\sim2}ns^2$，包括镧系元素(57～71号元素)和锕系元素(89～103号元素)，位于周期表的最下边。这一区中同周期的元素之间的性质差别很小，这一点在镧系各元素中表现得很明显。

目前使用的元素周期表的结构是因核外电子排布周期性变化而来的，所以如果熟知元素核外电子的排布，就能推出该元素在周期表中的位置及性质。

例7-2 对于原子序数为28的元素，试写出该元素的电子层结构式，并指出该元素位于周期表中哪个周期？哪一族？哪一区？并写出该元素的名称和化学符号。

解：原子序数为28的元素，电子层结构式为：$1s^22s^22p^63s^23p^63d^84s^2$

或简写为：$[Ar]3d^84s^2$

根据 周期数＝能级组数 族数＝价层电子数

该元素属于第4周期，Ⅷ族元素，位于d区，元素名称为镍，化学符号为Ni。

扫码“学一学”

第六节 元素性质的周期性

元素的性质取决于原子的结构，由于原子的电子层结构存在着周期性的变化，因此与电子层结构相关的元素的一些基本性质亦呈现周期性的变化。这里主要介绍原子半径、电离能、电子亲和能和电负性等的变化规律。

一、原子半径

原子半径通常是指以实验方法(例如：X 射线衍射等方法)测定的相邻两原子核间距离的一半。从理论上说，核外电子无严格固定的运动轨道，因此原子的大小无严格的边界，无法精确测定一个单独原子的半径。目前所使用的原子半径数据只有相对的、近似的意义。

根据原子间结合力的不同，原子半径一般可分为：共价半径、范德华半径和金属半径。原子半径的单位通常是 nm(10^{-9}m)或 pm(10^{-12}m)。

1. 共价半径　同种元素的两原子以共价单键结合时，核间距离的一半。

2. 金属半径　金属单质晶体中，相邻两原子核间距离的一半。

3. 范德华半径　分子晶体中，相邻的不同分子之间靠范德华力相互吸引的两个相同原子核间距离的一半。

通常情况下，共价半径最小，金属半径较大，范德华半径最大。在比较元素的某些性质时，原子半径的取值最好用同一套数据。表 7－5 中列出了周期表中各元素的原子半径(本表有金属半径，共价半径，惰性气体的原子半径是范德华半径)。图 7－13 为共价半径与范德华半径的关系示意图，图中 r_c 为共价半径，r_v 为范德华半径。

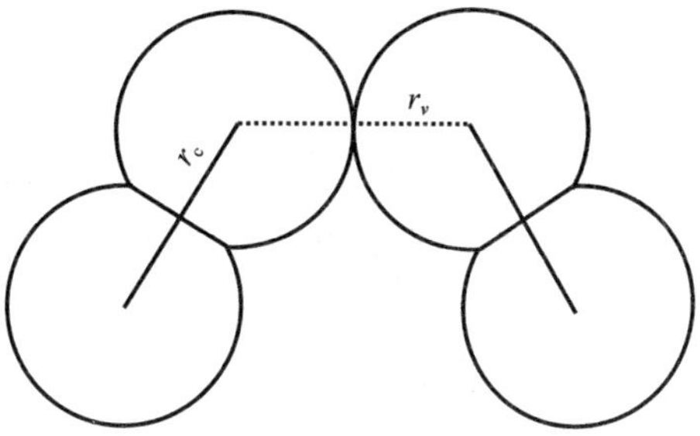

图 7－13　共价半径和范德华半径关系示意图

表 7－5　元素的原子半径(pm)

H																	He
37																	122
Li	Be											B	C	N	O	F	Ne
152	111											88*	77	70	66	64	160
Na	Mg											Al	Si	P	S	Cl	Ar
186	160											143*	117	110	104	99	191
K	Ca	Sc	Ti	V	Cr	Mn	Fe	Co	Ni	Cu	Zn	Ga	Ge	As	Se	Br	Kr
227	197	161	145	132	125	124	124	125	125	128	133	122	122	121	117	114	198*
Rb	Sr	Y	Zr	Nb	Mo	Tc	Ru	Rh	Pd	Ag	Cd	In	Sn	Sb	Te	I	Xe
248	215	181	160	143	139	136	135	138	137	144	149	163	141	141	137	133	217
Cs	Ba	La	Hf	Ta	W	Re	Os	Ir	Pt	Au	Hg	Tl	Pb	Bi	Po	At	Rn
265	217	188	159	143	137	137	134	136	136	144	160	170	175	155	153		
			Ce	Pr	Nd	Pm	Sm	Eu	Gd	Tb	Dy	Ho	Er	Tm	Yb	Lu	
			183	183	182	181	180	204	180	178	177	177	176	175	194	173	

(1)同一周期元素原子半径的变化规律　主族元素原子半径从左到右逐渐减小(惰性气体元素除外)。由于同一周期的元素电子层数不变，从左到右原子的核电荷数逐渐增多，核对电子的束缚能力就越来越强，导致原子半径逐渐减小。副族元素，原子半径的变化比较复杂。但总体的变化趋势仍是从左到右依次减小。但锰、铜、锌元素的半径却略有增加，原因是它们的次外层 d 电子处于半满 d^5 或全满 d^{10} 的状态，此时 d 轨道电子云对称，屏蔽作用比较大，核对外层电子吸引力有所减弱，所以此处原子半径减小缓慢，甚至有的还稍增大。

(2)同族元素原子半径的变化规律　主族元素的原子半径从上至下逐渐增大，这是由于电子层逐渐增加所起的。

副族元素的原子半径第四周期到第五周期因电子层数增加而增大，但第五周期到第六周期的原子半径由于“镧系收缩”的影响而非常接近。所谓“镧系收缩”是指镧系元素(57 ~ 71，排在 f 区)随着原子序数增加，核电荷也在增加，相应增加的电子填入 4f 轨道上(最外层电子排布是 $6s^2$)，它比 5s、5p 轨道上的电子有较大的屏蔽作用，因此随着原子序数的增加，最外层受核的吸引力仅缓慢增加，导致原子半径缓慢减小。从镧到镥，经历 14 种元素，而原子半径总共减小 10pm。使得第六周期过渡元素的原子半径与第五周期同一族过渡元素的半径相近，即镧系收缩的作用(半径减小)与周期增加的作用(半径增大)相互抵消。与 d 区类似，同样在 f 轨道的电子处于半满或全满时，屏蔽作用增强，导致半径不但没有减小，反而有所增加。

“镧系收缩”的意义在于，它使同周期相邻的两个镧系元素的化学性质极为相似，也使同族相邻两个原子的化学性质极为相似。在自然界中镧系元素、第五周期与第六周期锆与铪、铌与钽……金属往往是全部或部分共生，镧系元素相互间分离要比非镧系元素分离困难得多。

二、电离能

气态的基态原子失去一个电子成为气态正一价离子时所消耗的能量，称为该元素的第一电离能(First ionization energy)，用符号“I_1”表示，电离能可以用 eV/(原子或离子)作单位，也可以用 kJ/mol 作单位，他们之间的换算关系为 1eV/atom ≈ 96.49kJ/mol，或 1kJ/mol ≈ 1.032×10^{-2}eV/atom。

若从气态的正一价离子再失去一个电子成为气态的正二价离子时，所消耗的能量就称为第二电离能 I_2，依次类推，分别为 I_3、I_4……。通常情况下 $I_1 < I_2 < I_3 < I_4$……，这是因为气态正离子的价态越高，核外电子数越少，离子的半径也越小，外层电子受有效核电荷作用就越大，故失去电子越困难，所消耗的能量就越大。

例如：

$$H(g) - e^- \longrightarrow H^+(g) \qquad I_1 = 1312kJ/mol$$

$$Li(g) - e^- \longrightarrow Li^+(g) \qquad I_1 = 520kJ/mol$$

$$Li^+(g) - e^- \longrightarrow Li^{2+}(g) \qquad I_2 = 7298kJ/mol$$

$$Li^{2+}(g) - e^- \longrightarrow Li^{3+}(g) \qquad I_3 = 11815kJ/mol$$

电离能的大小可表示原子失去电子的倾向，从而可说明元素的金属性。如电离能越小表示原子失去电子所消耗能量越少，就越易失去电子，则该元素在气态时金属性就越强。

元素的电离能可以从元素的发射光谱实验测得。通常情况下，常使用的是第一电离能。

元素的电离能在周期表中呈现明显的周期性变化，图 7－14 可以看出元素的第一电离能呈周期性变化。

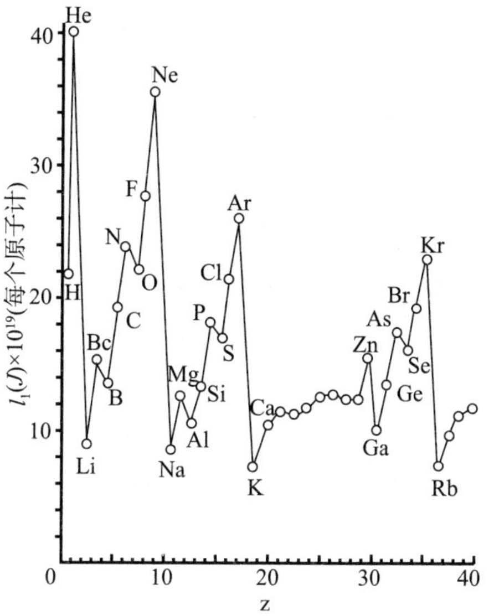

图 7－14　元素的第一电离能周期性变化

电离能大小受原子的核电荷数、半径和电子构型的影响。同一周期的元素从左到右，核电荷数增加，半径减小，因此电离能逐渐增大。每一周期电离能最低的是碱金属，越往右电离能越大。同一族元素从上到下，虽然核电荷是增加的，但电子层数也在增加，因此半径增大，导致电离能逐渐减小。从图 7－14 中看到ⅠA 族元素中按 Li、Na、K……顺序电离能越来越小，但同一周期从ⅠA 族到零族元素的电离能总体增大，但有两处有起伏，如 Be 与 B，N 与 O，其他周期此处也类似。这是因为此处电子层结构为 ns^2np^0 与 ns^2np^1、ns^2np^3 与 ns^2np^4，而 p 轨道全空、半满，结构上相比要稳定一些，失去一个 p 电子破坏了这种稳定状态，所需能量较高。

对于过渡元素，由于增加的电子是填入内层，引起屏蔽效应大，它抵消了核电荷增加所产生的影响，因此它们的第一电离能变化不大。

此外，电离能还可用于说明元素通常的氧化值，表 7－6 列出钠、镁、铝的各级电离能，可以看出，钠的第二电离能、镁的第三电离能、铝的第四电离能迅速增大，这表明钠、镁、铝分别难以失去第二、第三、第四个电子，故通常呈现的氧化值分别为＋1、＋2、＋3。所以元素的电离能是元素的重要性质之一。

表 7－6　钠、镁、铝元素的电离能

元素	电离能(kJ/mol)				
	I_1	I_2	I_3	I_4	I_5
Na	494	45600	6940	9540	13400
Mg	736	1450	7740	10500	13600
Al	577	1820	2740	11600	14800

注：引自 Mac Millian. Chemical and Physical Date(1992)

三、电子亲和能

与电离能的定义相反，把基态气态原子得到一个电子形成负一价的气态阴离子所放出的能量，称为该元素原子的电子亲和能，以符号 E 表示，单位常用 kJ/mol。例如：

$$F(g) + e^- \longrightarrow F^-(g) \quad E_1 = -328.2\text{kJ/mol}$$

$$Cl(g) + e^- \longrightarrow Cl^-(g) \quad E_1 = -348.6\text{kJ/mol}$$

$$O(g) + e^- \longrightarrow O^-(g) \quad E_1 = -141.0\text{kJ/mol}$$

元素的第一电子亲和能一般为负值，因为电子落入中性原子的核场里势能有所降低，体系能量减小。但ⅡA 族原子(ns^2)和稀有气体原子(ns^2np^6)的最外层电子亚层处于充满状态，要加合一个电子需要吸收能量，第一电子亲和能为正值。而所有元素原子的第二电子亲和能都为正值，因为阴离子对再加合一个电子是有排斥作用的，环境必须对体系作功才能实现。例如：$O^-(g) + e^- \longrightarrow O^{2-}(g) \quad E_2 = 780\text{kJ/mol}$

应该说元素原子第一电子亲和能负值越大(放热多)，原子越容易得到电子，大多数情况下确实如此。由于电子亲和能难以直接测定，而间接方法又不准确，因此元素电子亲和能的数据不全，所以本教材未列出电子亲和能的数据。

在元素周期表中，电子亲和能的变化规律与电离能变化规律类似，无论是在周期或族中，主族元素的电子亲和能都是随着原子半径减小而增大(放热多)。因为半径减小，核电荷对外层电子的引力增大，得到电子变易所致。主族元素同一族从上到下总的趋势是电子亲和能是减小(放热少)。但ⅢA 到ⅦA 各族的第二周期元素的电子亲和能一般均比第三周期元素的电子亲和能小。这是因为第二周期的元素(O、F 等)半径较小，而同族元素核外电子数相同，导致电子云密度较大，电子之间的排斥力较强，当结合一个电子时由于排斥力而使放出的能量减小。周期表中，非金属性最强的是氟元素，但电子亲和能最大的却是氯元素。

四、元素的电负性

电离能、电子亲和能适用于孤立的原子，能从不同角度反映某元素的原子失去或得到电子的能力，但都有局限性。因为有些元素在形成化合物时，并不一定要得失电子，而通常是电子发生偏移。为了较全面地反映原子在分子中争夺电子的能力大小，1932 年美国化学家鲍林首先提出了元素电负性的概念。

电负性(X_p)是指原子在分子中吸引成键电子的能力，并指定最活泼的非金属元素氟的电负性为4.0，然后通过热化学方法计算得出其他元素的电负性值。后人经过改进，把氟的电负性定为3.98，得出另一套电负性数据，见表7-7。

表7-7 鲍林的元素电负性

H	2.18															
Li 0.98	Be 1.57											B 2.04	C 2.55	N 3.04	O 3.44	F 3.98
Na 0.93	Mg 1.31											Al 1.61	Si 1.90	P 2.19	S 2.58	Cl 3.16

续表

K	Ca	Sc	Ti	V	Cr	Mn	Fe	Co	Ni	Cu	Zn	Ga	Ge	As	Se	Br
0.82	1.00	1.36	1.54	1.63	1.66	1.55	1.8	1.88	1.91	1.90	1.65	1.81	2.01	2.18	2.55	2.96
Rb	Sr	Y	Zr	Nb	Mo	Tc	Ru	Rh	Pd	Ag	Cd	In	Sn	Sb	Te	I
0.82	0.95	1.22	1.33	1.60	2.16	1.9	2.28	2.2	2.2	1.93	1.69	1.73	1.96	2.05	2.1	2.66
Cs	Ba	La	Hf	Ta	W	Re	Os	Ir	Pt	Au	Hg	Tl	Pb	Bi	Po	At
0.79	0.89	1.10	1.3	1.5	2.36	1.9	2.2	2.2	2.28	2.54	2.00	2.04	2.33	2.02	2.0	2.2

注：引自 Mac Millian. Chemistry and Physical Date(1992)。

表中列出了鲍林电负性数值，需要说明两点：自从1932年鲍林提出电负性概念以后，有不少人对这个问题进行探讨，由于计算方法不同，现在已经有几套关于电负性数据。因此，使用数据时要注意出处，并尽量采用同一套电负性数据。表7-7中所列电负性是该元素最稳定氧化态时的电负性值，同一元素处于不同氧化态时，其电负性值也会不同。

从表7-7中可以看出，元素的电负性具有明显的周期性变化：

同一周期主族元素，从左到右，电负性逐渐增加，碱金属的电负性最低，右边的卤素电负性最高。

同一主族元素，从上到下，电负性递减；副族元素电负性的变化规律性不强，这与镧系收缩有关。

在所有元素中氟的电负性最大，铯的电负性最小。根据电负性大小，可以衡量元素的金属性和非金属性。一般认为电负性在2.0以下的为金属元素，电负性在2.0以上的为非金属元素，但它们没有严格的界限。

另外元素的电负性表现的是原子在分子中的特性，不能过于绝对地理解，它会随着周围环境不同而变化，它连接了不同的基团都会影响到原子的电负性。例如C元素，在单键、双键和叁键中电负性有区别，这点在有机化合物中就能反映出来。

知识拓展

亚原子

现代粒子物理学的研究已经深入到亚原子粒子上，自20世纪60年代以来，物理学家们在高能实验室内“制造”了一大批(约300多种)比原子核更小的合成粒子，它们统称为亚原子。例如电子、质子、中子以及放射和散射所造成的粒子如光子、中微子和渺子等许多其他奇特的粒子。根据参与基本相互作用的性质，可将亚原子进行分类：

强子：参与强力(或核力)作用的粒子，如质子、中子、重子、π介子等。

轻子：参与弱力、电磁力、引力作用的粒子，如电子、电子中微子、μ子、μ子中微子、τ子、τ子中微子等。

传播子：传递强作用和弱作用，如传递强作用的8种胶子，传递弱作用的W+、W-、Z0中间玻色子等。

按现代粒子物理学中的标准模型理论而言，强子是由夸克、反夸克和胶子组成的。胶子是量子色动力学中的力子，它将夸克连在一起，强子是这些连接的产物。例如每个质子和中子包含三个夸克，每个介子包含两个夸克。自然界中还没有被发现单独存在夸克和胶子，而是两个或三个地连在一起。而胶子的作用就是不断地在夸克之间来回跳动，将夸克胶结在一起。

现代结构的研究，拆开原子已成了常态。虽然原子核敲开较难，但在高能的冲击下也会发生分裂。但并不意味着用高速粒子轰击质子或中子，就能得到夸克。而是用一个极小的高速电子穿过质子的内部，将其中的一个夸克猛烈地弹开，使我们确信质子内部的什么地方确有夸克。至于夸克、轻子类的亚原子是否还可以再“分”，则有待于科学家进一步去研究了。

重点小结

原子结构	原子的结构	组成原子的微粒(质子、中子和电子)	
		相对摩尔质量	
	核外电子运动的特征	能量量子化	
		具有波粒二象性	
		遵循测不准关系	
		玻尔理论 *	
	氢原子结构的量子力学模型	四个量子数	薛定谔方程*；四个量子数的意义和取值范围*
		波函数的图像描述	波函数与原子轨道*；电子云*
	多电子原子结构	原子轨道近似能级图	泡利能级组*；钻穿效应和屏蔽效应的理解*
		基态核外电子排布规则	能量最低原理 泡利不相容原理 洪特规则
	元素周期表	周期表的结构与原子电子层的关系	
		各周期、族、区的电子层结构	
	元素性质周期性变化	原子半径；电离能；电子亲和能；电负性	电离能与半径和电子层结构的关系*

习　题

1. 填空题

(1)下列各组量子数中，能量最高、最低的分别是________。

A. (3, 2, 2, +1/2)　　B. (3, 1, −1, +1/2)

C. (3, 1, 1, +1/2)　　D. (2, 1, −1, +1/2)

(2)下列各组量子数中，不合理的是________。

A. (3, 2, 1, +1/2)　　B. (3, 1, 0, +1/2)

C. (3, 0, 0, +1/2)　　D. (2, 2, −1, +1/2)

(3)3d 轨道的主量子数是________，角量子数是________。

(4)一个原子轨道需要用________个量子数描述，核外的一个电子需要用________个量子数描述。

(5)周期表中第五、六周期的ⅣB，ⅤB，ⅥB 族元素的性质非常相似，这是由于________导致的。

(6) Cu^{2+}的价电子构型为________。基态 Cu 原子的价电子吸收能量跃迁到波函数为 $\Psi_{4,3,0}$的轨道上，该轨道的符号是________。

(7)下列基态原子中，未成对电子的数目分别是，${}_{12}Mg$ ________，${}_{15}P$ ________，${}_{21}Sc$ ________，${}_{28}Ni$ ________。

(8)第二周期元素的原子电负性变化规律是________。

2. $3d_{x^2-y^2}$与 $3d_{xy}$轨道在能量，角度分布图形状及空间的取向上有区别吗？

3. 请用你所学的知识说明多电子原子轨道能级分裂($E_{4s}<E_{4p}<E_{4d}\cdots$)的原因。

4. 请写出下列原子的电子排布式：

F　　Mg　　Cu　　Ar　　Co

5. Na^+具有与 Ne 原子相同的电子排布，它们的 2p 轨道能级相同吗？原因是？

6. 下列各组电子排布中，哪些属于原子的基态？哪些属于原子的激发态？

(1) $1s^22s^2$　　(2) $1s^22s^12p^1$　　(3) $1s^22s^22p^5$　　(4) $1s^22s^22p^43s^1$

7. 量子数 $n=3$，$l=1$，$m=-1$ 的轨道中允许的电子数最多是多少？

8. 试写出 s 区、p 区、d 区及 ds 区元素的价层电子构型。

9. 根据洪特规则，判断下列原子中的未成对电子数。

Na　　Ag　　Cr　　N　　S

10. 下列轨道中哪些是简并轨道？

1s　　2s　　3s　　$2p_x$　　$2p_y$　　$2p_z$　　$3p_x$

11. 指出符号 $3d_{xy}$及 4p 所表示的意义及电子的最大容量。

12. 简述周期表中原子半径、电离能和电负性的变化规律。第二周期元素的第一电离能为什么在 Be 和 B 以及 N 和 O 之间出现转折？

13. 请解释下列事实：

(1)共价半径：Be > B，Be < Mg

(2)第一电离能 Be > B，N > O

(3)电负性：F > Cl

14. 给出周期表中符合下列要求的元素的名称和符号：

(1)电负性最大的元素

(2)第一电离能最大的元素

(3)最活泼的非金属元素

(4)电负性最大的元素

(5)硬度最大的元素

(6)密度最大的元素

15. 原子的最外层仅有一个电子，该电子的一组量子数是 4，0，0，$-1/2$，试问，符合上述条件的原子有几种？原子序数分别是多少？

16. 原子光谱为什么是线状光谱？

17. 2p 轨道与 3p 原子轨道的角度分布图有区别吗？

18. 为什么所有原子第一层最多只能有两个电子，最外层最多只能有 8 个电子？

19. 原子的主量子数为 n 的电子层中有几种类型的原子轨道？第 n 层中共有多少个原子

轨道？角量子数为 l 的亚层中含有几个原子轨道？

20. 什么是等价轨道？p、d 轨道的等价轨道分别是多少？

21. 为什么第四周期副族元素排布电子时，先排 4s 轨道上的电子，再排 3d 轨道上的电子，而失电子时，先失 4s 轨道上电子，后失去 3d 轨道上的电子？

扫码"练一练"

（杨爱红　曹秀莲）

第八章　分子结构与化学键

要点导航

1. 掌握价键理论(现代价键理论、杂化轨道理论及价层电子对互斥理论)的基本要点；分子间作用力和氢键。

2. 熟悉分子轨道理论的要点，能够用分子轨道理论处理第一、第二周期同核双原子分子；离子键的形成与特征，离子极化的概念。

3. 了解共价键的键参数；分子间作用力对物质性质的影响；离子极化对化合物性质的影响。

物质的结构决定物质的性质，而分子是物质能独立存在并保持其化学特性的最小微粒，所以，物质的化学性质主要取决于分子的性质，研究分子的结构就是要掌握分子的性质并最终掌握物质的性质。

分子由原子组成，分子或晶体中相邻原子(或离子)间强烈的相互作用称为化学键。所以，化学键是一种结合力。化学键一般可分为离子键、共价键和金属键。共价键理论包括价键理论和分子轨道理论，其中价键理论含电子对的概念、杂化轨道理论、价层电子对互斥理论几个层次的内容。研究分子中各原子间化学键的特征，对探索物质的性质、结构和功能等具有重要意义。本章重点讨论共价键、离子键、分子间力以及离子极化等问题。

第一节　共价键

扫码“学一学”

对共价键本质问题的探讨一直是化学键理论研究的重要内容。为了描述电负性相近或相等的元素的原子如何形成稳定的分子(如 HCl、CCl_4、H_2、O_2等)，1916 年美国化学家路易斯(G. N. Lewis)提出了经典共价键理论，初步揭示了共价键与离子键的区别，但并没有阐明共价键的本质。对于有电荷排斥的两个原子如何能靠共用电子对结合起来？路易斯理论无法解释。1927 年，德国的海特勒(W. Heitler)和波兰的伦敦(F. London)用量子力学求解氢分子的电子运动状态，成功地揭示了共价键的本质，将应用量子力学研究氢分子的结果推广到其他复杂分子体系，发展成共价键理论。后来鲍林(Pauling)等又发展了这一理论，建立现代价键理论(Valence Bond Theory)，简称 VB 法，亦称电子配对法。现代价键理论在解释多原子分子或离子的立体结构时遇到困难，1931 年鲍林又提出杂化轨道理论。1940 年西季维克(N. V. Sidgwick)和鲍威尔(H. M. Powell)提出一种能简单判断分子几何构型的理论模型，到 20 世纪 50 年代经吉利斯皮(R. J. Gillespie)和尼霍姆(R. S. Nyholm)加以发展，形成价层电子对互斥理论。这些理论共同特点：共用电子对存在于分子中相邻两原子的原子轨道重叠的部分，电子只局限在两个相邻原子间的小区域内运动。虽然它简单直观，但因没有考虑整个分子的情况，因此在解释有些分子的形成，以及氧分子、硼分子的顺磁性方面遇到困难。1932 年美国化学家马里肯(R. S. Muliiken)和德国的洪特(F. Hund)等人创立了分子轨道理论(Molecular Orbital Theory)，亦称 MO 法。该理论不仅能解释上述理论所不能解释的问题，还提出了三电子键和单电子键的概念。1965 年美国的伍德沃德(R. B. Woodward，1917—1979)和霍夫曼(R. Hoffmann，1937—)又提出分子轨道对称守恒原理，使化学键理论更加完善。

一、经典价键理论

1916 年，路易斯通过对实验现象的归纳总结，提出了经典共价键理论。他认为：分子中的原子可以通过共用电子对形成分子。在分子中，每个原子的外层电子应达到稳定的稀有气体 8 电子结构(He 为 2 电子)。靠共用电子对形成的化学键叫共价键(covalent bond)，形成的分子称为共价分子。例如，H_2、N_2 和 NH_3 的电子配对等情况可表示成：

H:H　　:N⋮⋮N:　　H:N̈:H（N 下方为 H）

如果原子间共用一对、两对或三对电子，分别称为共价单键、双键、叁键，H_2 分子是共价单键结合，N_2 分子是共价叁键结合，NH_3 分子是三个 N－H 共价单键结合。但是经典共价键理论没有阐明共价键的本质，例如，两原子核外带负电荷的电子为什么不使两原子相互排斥，原子核外电子配对反而能使两原子牢固结合？另外，中心原子周围的价电子数不足 8 或超过 8 的物质也能稳定存在，如，BF_3，PCl_5 和 SF_6 分子，B，P 和 S 原子周围的电子数分别为 6，10 和 12，不满足或超过 8 电子结构，但事实是这些分子仍然是稳定的。总之，路易斯理论尚不完善，但是，路易斯的电子对成键概念却为共价键理论的发展奠定了基础。

二、现代价键理论

现代价键理论又称 VB 法或电子配对法。

(一)共价键的形成和本质

1927 年海特勒和伦敦用量子力学处理 H_2 分子形成的过程中，得到 H_2 分子的能量 E 和核间距 R 之间的关系曲线，如图 8－1 所示。

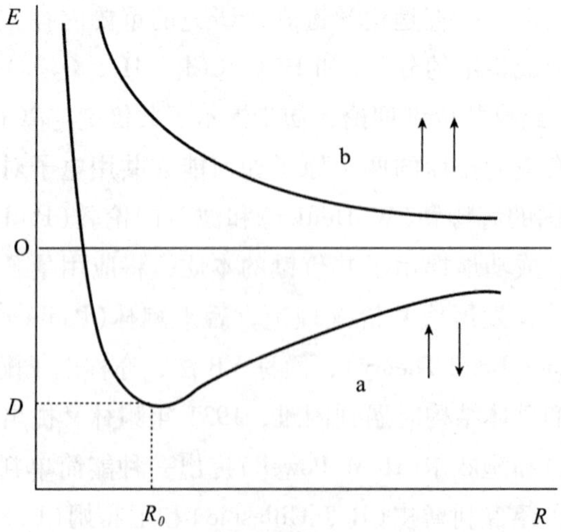

图 8－1　H_2 分子的能量与核间距的关系示意图

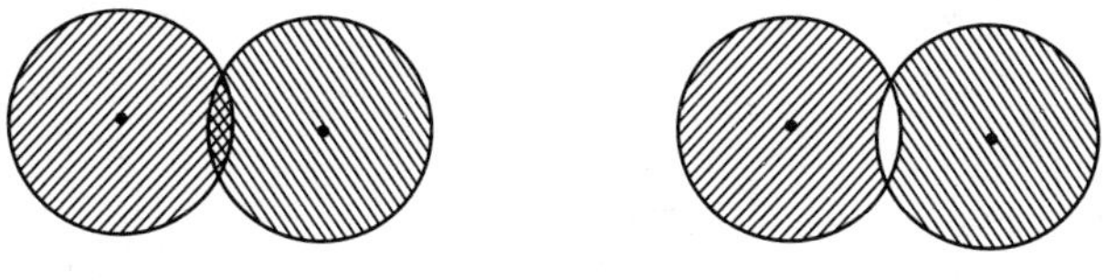

图 8－2　H_2 分子的两种状态

假设两个氢原子电子自旋方向相反（a 线），当它们相互靠近时，随着核间距 R 的减小，两个 1s 原子轨道发生重叠（波函数相加），核间形成一个概率密度较大的区域［图 8－2（a）］。两个氢原子核都被该区域吸引，系统能量降低，低于两个氢原子单独存在时的能量和。当核间距达到平衡距离 R_0（74pm）时，系统能量达到最低点，降低值 D 约为 458kJ/mol，近似等于 H_2 分子的键能，所以可以形成稳定的 H_2 分子，这种状态称为 H_2 分子的基态。如果两个氢原子核再靠近，原子核间斥力增大，使系统的能量迅速升高，排斥作用又将氢原子推回平衡位置。

如果两个氢原子电子自旋方式相同（b 线），当它们靠近时，两个原子轨道异号叠加（即波函数相减），核间电子概率密度减小［图 8－2（b）］，增大了两核间的斥力，系统能量升高，处于不稳定态，称之为排斥态。此时氢分子的能量曲线没有最低点，即它的能量高于两个孤立的氢原子的能量之和，说明不会形成稳定的 H_2 分子。总之，价键理论继承了路易斯共享电子对的概念，又在量子力学理论的基础上，指出共价键的本质是由于原子轨道重叠，原子核间电子概率密度增大，增强对原子核吸引而成键。

（二）价键理论的基本要点

1. 电子配对　具有自旋相反的未成对电子的原子相互接近时，原子的未成对电子可以相互配对形成共价键，称为电子配对原理。例如，H—H、H—F、H—O—H、N≡N 等。

就 N_2 分子而言，N 原子外层有 3 个未成对的电子分别占据 3 个方向的 2p 轨道，它可以与另一个 N 原子的 3 个自旋相反的未成对的电子配对，形成共价叁键。

2. 原子轨道重叠　形成共价键时，成键电子的原子轨道一定要发生重叠，原子轨道重叠程度越大，两核间电子的概率密度越大，形成的共价键越稳定，称为原子轨道最大重叠原理。

（三）共价键的特征

1. 共价键的饱和性　原子在形成共价分子时，所形成的共价键数目取决于它具有的未成对电子数，这就是共价键的饱和性。例如，H、O、N 的未成对电子数分别为 1、2、3 个，它们形成分子时，共价键的键数分别为 1、2、3。在形成氢分子时，氢原子与氢原子只形成一个单键，不可能再与第三个氢原子结合；一个氧原子只能与两个氢原子结合为 H_2O 分子。

2. 共价键的方向性　根据原子轨道最大重叠原理，在形成共价键时原子轨道总是要寻找能达到最大重叠的方向成键。这样两核间的电子云密度最大，形成的共价键就更牢固，这就是共价键的方向性。除 s 轨道呈球形对称无方向性外，p、d、f 轨道在空间都有一定的伸展方向。在形成共价键时，当轨道与轨道沿着键轴（两个原子核的连线）达到最大程度的重叠，才能有效地形成共价键。s 轨道与 s 轨道重叠时，各方向靠近都可达到最大重叠，如图 8－3（a）；而 s 轨道与 p 轨道、p 轨道与 p 轨道重叠时，则必须沿着具有最大值的轴向靠近才能达到最大程度的重叠，如图 8－3（b），（d），（e），而其他方向则受阻碍（该方向还有其他轨道)不能达到最大重叠，如图 8 -3(c)，(f)，因而不能成键。

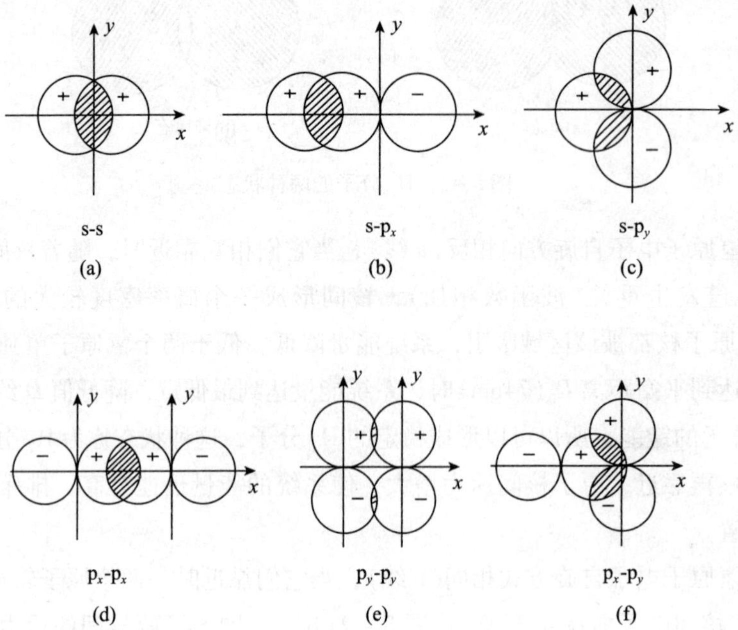

图 8 -3　s 轨道、p 轨道的几种重叠方式

(四)共价键的类型

1. σ 键和 π 键　根据原子轨道的重叠方式，共价键可区分为 σ 键和 π 键。

两原子轨道沿键轴方向以“头碰头”方式重叠，重叠部分呈圆柱形分布且对称于键轴，该共价键称为 σ 键。例如，H_2 分子是 s - s 轨道重叠，HCl 分子是 s - p_x 轨道重叠，Cl_2 分子是 p_x - p_x 重叠[图 8 -4(a) ~ (c)]，形成的键都是 σ 键。两原子轨道沿键轴方向以“肩并肩”方式重叠，其重叠部分对通过键轴的一个节面呈镜面反对称性，该共价键称为 π 键[图 8 -4(d)]。由于 σ 键重叠程度大于 π 键，因此 σ 键键能大于 π 键键能，σ 键的稳定性大于 π 键。在化学反应中，π 键电子较活泼，容易参与化学反应。

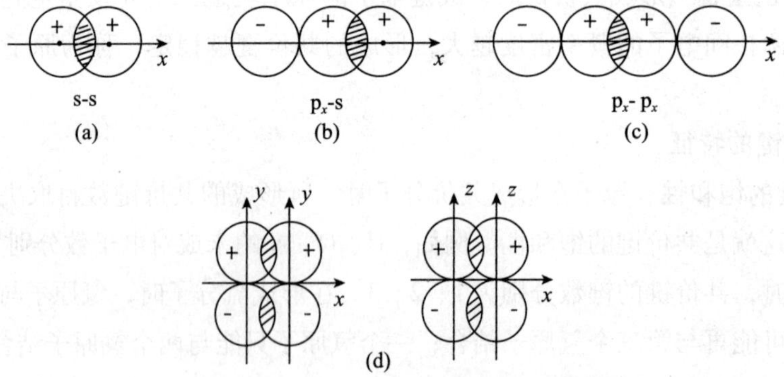

图 8 -4　σ 键与 π 键示意图

例如，N_2 分子以 3 对共用电子把 2 个 N 原子结合在一起。N 原子的外层电子构型为 $2s^2 2p_x^1 2p_y^1 2p_z^1$，以 x 为键轴，当 2 个 N 原子沿 x 轴接近时，p_x 与 p_x 轨道形成 σ 键，而 2 个 N 的 p_y - p_y，p_z - p_z 轨道沿 x 轴接近，只能在键轴两侧形成两个互相垂直的 π 键，如图 8 -5 所示。

因此分子中若是单键，则是 σ 键。若是双键，则一个是 σ 键，另一个是 π 键；若是叁

键则一个是 σ 键，另外两个都是 π 键。

2. 配位键　共价键中共用的两个电子通常由两个原子分别提供，但也可以由一个原子单独提供一对电子，被两个原子共用。凡共用的一对电子由一个原子单独提供的共价键称为配位键。配位键用箭头"⟶"而不用短线表示，以示区别。箭头方向是从提供电子对的原子指向接受电子对的原子。如在 CO 分子中，碳原子的两个未成对的 2p 电子可与 O 原子的两个未成对的 2p 电子形成两个共价键，除此之外，O 原子的已成对的 2p 电子还可与 C 原子的一个 2p 空轨道形成一个配位键，其结构式可写为：$C \leftrightarrows O$。

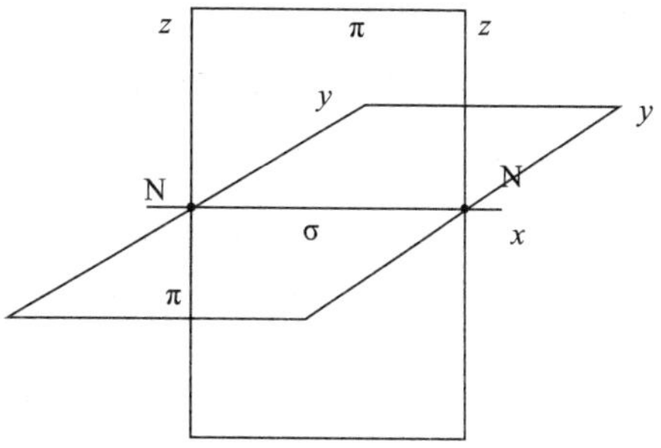

图 8-5　N_2 分子的成键示意图

由此可见，形成配位键的条件是：①提供共用电子对的原子的价电子层具有孤对电子；②接受共用电子对的原子有空的价层轨道。很多无机化合物的分子或离子都有配位键，如 NH_4^+、HBF_4、$[Cu(NH_3)_4]^{2+}$ 等。

一些重要的天然物质如血红素、叶绿素的分子中都有配位键。一些有机合成的催化反应的研究也应用到配位键理论。

三、杂化轨道理论

以 CH_4 分子为例，经实验测知，甲烷分子的空间构型为正四面体构型，4 个 C—H 键及夹角完全相同。而 C 原子的外层电子构型是 $2s^2 2p_x^1 2p_y^1$，即只有 2 个未成对的 p 电子，按价键理论观点，只能形成 2 个单键，如何形成 4 个相同的 C—H 键呢？即便是 2s 电子激发到 2p 轨道，C 原子激发态电子构型为 $2s^1 2p_x^1 2p_y^1 2p_z^1$，虽然可以形成 4 个键，但也不会是等同的。价键理论无法解释这一现象。

为了解释多原子分子的几何构型，即分子中各原子在空间的分布情况，1931 年鲍林在量子力学的基础上提出了杂化轨道理论（hybrid orbital theory）。

1. 杂化轨道的概念　杂化轨道理论认为：原子在形成分子的过程中，受靠近它的原子影响，倾向于将同一原子内、不同类型、能量相近的原子轨道重新组合。这种重新组合的过程称为杂化，重组后的原子轨道称为杂化轨道。

2. 杂化轨道的基本要点

（1）只有能量相近的轨道才能相互杂化。所以常见的有同层轨道 $ns\ np$，$ns\ np\ nd$ 的杂化和次外层 $(n-1)$d 和同层轨道 ns、np 的杂化。

（2）杂化轨道成键能力大于未杂化轨道。因为杂化轨道的形状更有利于轨道形成最大重叠，故成键能力增强了。

（3）参加杂化的原子轨道的数目与形成的杂化轨道的数目相同。如 sp^3 杂化轨道表示 1 个 s 轨道和 3 个 p 轨道进行杂化，即得到 4 个杂化轨道。

（4）不同类型的杂化，杂化轨道空间取向不同。总是倾向于轨道间键角最大使相邻共价键上的电子对排斥力最小，从而使整个分子体系能量降低。

扫码"看一看"

3. 杂化轨道的类型

（1）sp 杂化　sp 杂化轨道由 1 个 ns 轨道和 1 个 np 轨道组合而成，每个杂化轨道含有

1/2s 轨道成分和 1/2p 轨道成分，两个杂化轨道在空间伸展方向呈直线形，夹角为 180°。sp 杂化轨道的形状为葫芦状，以较大的一头成键更有利(图 8－6)。

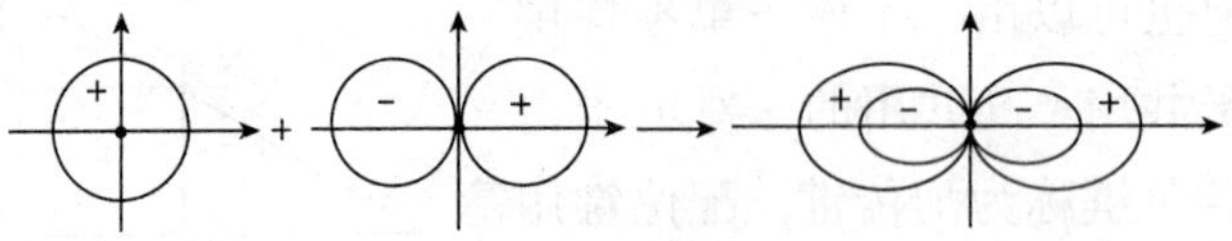

图 8－6　sp 杂化轨道形成及空间取向示意图

图 8－7 是气态 $BeCl_2$ 分子的 sp 杂化轨道形成示意图。$BeCl_2$ 几何构型为直线形，Be 原子位于 2 个 Cl 原子的中间，键角∠ClBeCl 为 180°；中心原子 Be 的外层电子构型为 $2s^2$，成键时 1 个 2s 电子激发到 1 个空的 2p 轨道上，与此同时，1 个 s 轨道和 1 个 p 轨道组合成 2 个 sp 杂化轨道，Cl 原子的 2p 轨道与杂化轨道重叠成键。

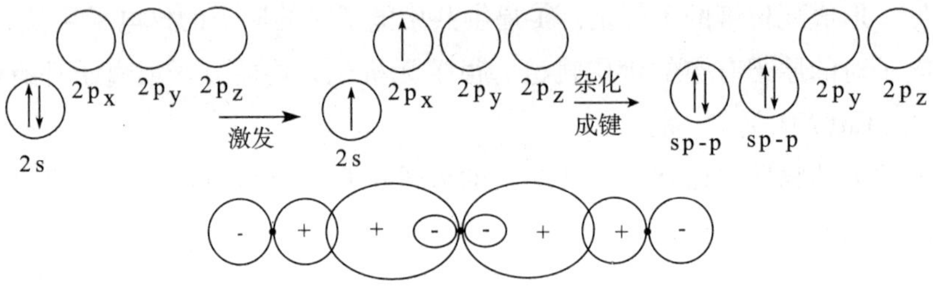

图 8－7　$BeCl_2$ 分子的形成示意图

CO_2 和 C_2H_2 分子的空间构型也可用 sp 杂化轨道的概念分别说明。根据实验测定，CO_2 分子中的 3 个原子成一直线，C 原子居中。为了说明 CO_2 分子的这一构型，一般认为 C 原子的外层电子结构为 $2s^22p^2$，在成键时先激发为 $2s^12p_x^12p_y^12p_z^1$，再发生 sp 杂化，形成 2 个 sp 杂化轨道。另两个未参与杂化的 2p 轨道仍保持原状，并与 sp 杂化轨道相垂直。碳原子的 sp 杂化轨道分别与两个氧原子的 $2p_x$ 轨道重叠形成 σ 键，而 C 原子的 2 个未杂化的 2p 轨道分别与 2 个氧原子另一 2p 轨道侧面重叠形成 π 键(图 8－8)。同理，乙炔(C_2H_2)分子中，每个 C 原子 2 个 sp 杂化轨道分别与 H 原子的 s 轨道及相邻的 C 原子的 sp 杂化轨道重叠成键，而未杂化的 2 个 2p 轨道则相互重叠形成 π 键，所以 C_2H_2 分子中的 C≡C 是由一个 σ 键，两个 π 键所组成。

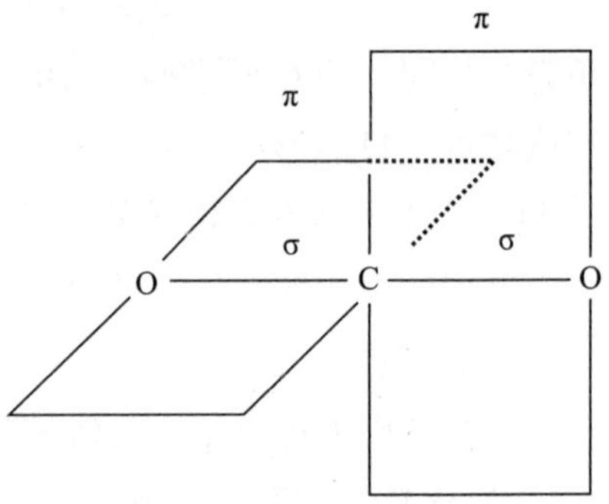

图 8－8　CO_2 分子的 σ 键和 π 键示意图

(2)sp^2 杂化　由 1 个 s 轨道和 2 个 p 轨道组合而成，每个杂化轨道含有 1/3s 轨道成分和 2/3p 轨道成分，杂化轨道间夹角为 120°，空间构型为平面三角形，见图 8－9。

图 8－10 是 BF_3 分子的 sp^2 杂化轨道形成示意图。BF_3 分子的 4 个原子在同一平面上，B 原子位于中心，键角∠FBF 等于 120°，空间构型为平面三角形。中心原子 B 的外层电子构型为 $2s^22p^1$，成键时 1 个 2s 电子激发到 1 个空的 2p 轨道上，与此同时，1 个 s 轨道 2 个 p 轨道组合成 3 个

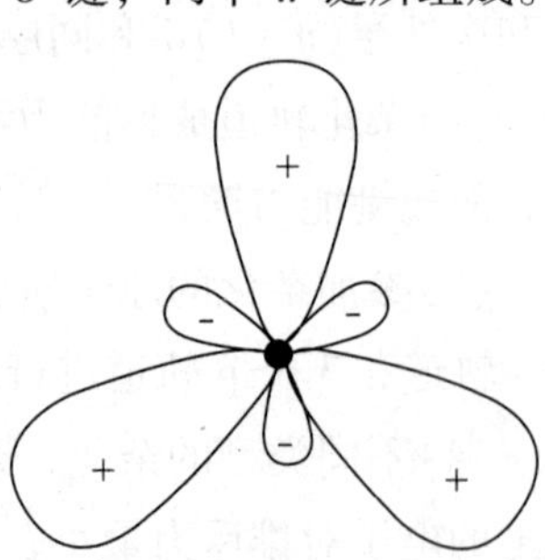

图 8－9　sp^2 杂化轨道示意图

sp^2 杂化轨道，每个杂化轨道再与 F 原子外层有未成对电子的 p 轨道重叠形成 σ 键。

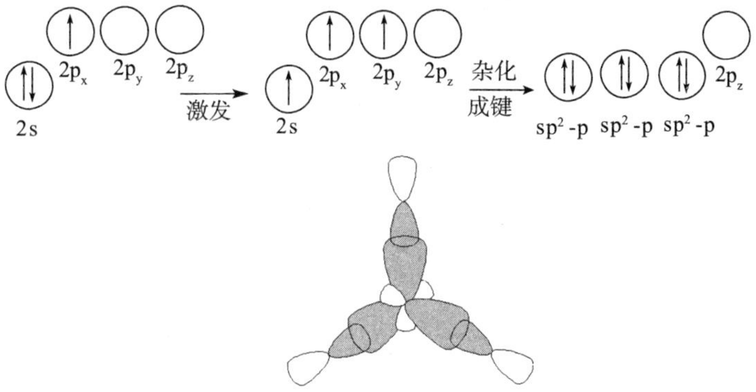

图 8－10　BF_3 分子中 sp^2 杂化轨道形成示意图

C_2H_4 分子的空间构型也可用 sp^2 杂化轨道的概念加以说明。在乙烯分子中，2 个 C 原子和 4 个 H 原子处于同一平面上，每个 C 原子用 3 个 sp^2 杂化轨道分别与 2 个 H 原子的 s 轨道及另一个 C 原子的 sp^2 杂化轨道成键，而 2 个 C 原子各有 1 个未杂化的 2p 轨道相互重叠形成 1 个 π 键，所以 C_2H_4 分子的 C ═C 双键中一个是 sp^2—sp^2 重叠形成的 σ 键，另一个是 p—p 轨道重叠形成的 π 键，如图 8－11。

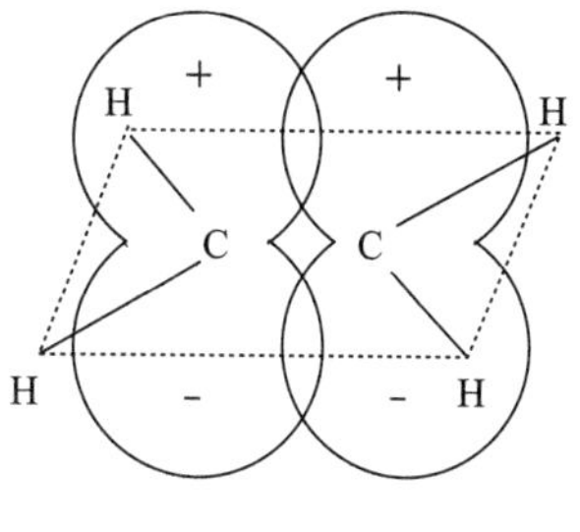

图 8－11　乙烯分子示意图

(3) sp^3 杂化　由 1 个 s 轨道和 3 个 p 轨道组合而成，每个杂化轨道含有 1/4 s 轨道成分和 3/4 p 轨道成分，sp^3 杂化轨道间夹角为 109°28′，空间构型为正四面体。

如图 8－12 所示，气态 CH_4 分子中的 C 原子属于 sp^3 杂化。基态 C 原子的最外层电子构型是 $2s^22p^2$，在 H 原子的影响下，C 原子的 1 个 2s 电子激发进入 1 个 $2p_z$ 轨道中，使 C 原子外层电子构型为 $2s^12p_x^12p_y^12p_z^1$。然后 1 个 2s 轨道和 3 个 2p 轨道进行杂化，形成 4 个能量相等的 sp^3 杂化轨道，每个 sp^3 杂化轨道中有一个未成对电子，4 个杂化轨道分别与 4 个 H 原子的 1s 轨道重叠形成 4 个 σ 键，键角∠HCH 等于 109°28′，空间构型为正四面体。

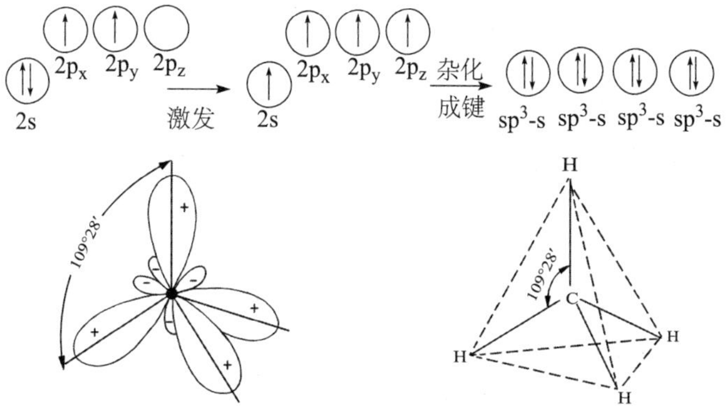

图 8－12　CH_4 分子中 sp^3 杂化轨道的形成示意图

4. 等性杂化与不等性杂化　根据杂化轨道中是否含有孤对电子，将杂化分为等性杂化与不等性杂化。如果杂化轨道中都含有一个未成对电子或都不含电子，生成的杂化轨道成分相同，且能量相等，这种杂化就称为等性杂化。前面所讲的杂化均为等性杂化。如果杂化轨道中既有未成对电子，也有孤对电子对的存在(不参与成键)，杂化后所得到的一组杂化轨道并不完全简并，这种杂化过程称为不等性杂化。

例如 NH_3 分子和 H_2O 分子中的 N 原子和 O 原子则分别采取 sp^3 不等性杂化。

NH_3 分子中基态 N 原子的最外层电子构型是 $2s^22p_x^12p_y^12p_z^1$，在 H 原子影响下，N 原子的 1 个 2s 轨道和 3 个 2p 轨道进行不等性 sp^3 杂化，形成 4 个 sp^3 杂化轨道。其中 3 个 sp^3 杂化轨道中各有 1 个未成对电子，1 个 sp^3 杂化轨道被孤对电子占据，孤对电子仅受中心原子核吸引，而成键电子对受两个原子核的吸引，因此孤对电子的电子云更集中于中心原子，轨道能量较低。N 原子用 3 个有未成对电子的 sp^3 杂化轨道分别与 3 个 H 原子的 1s 轨道重叠，形成 3 个 N—H σ 键。由于孤对电子的电子云密集在 N 原子的周围，对三个 N—H 键的电子云有较大的排斥作用，使 N－H 键之间的夹角被压缩到 107.3°，因此 NH_3 分子的空间构型为三角锥形，如图 8－13 所示。

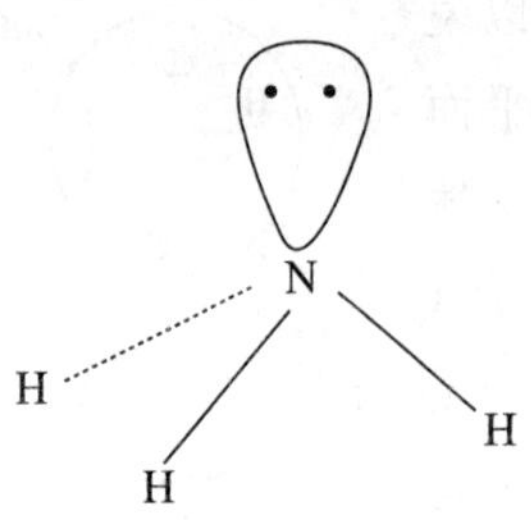

图 8－13　NH_3 分子的结构

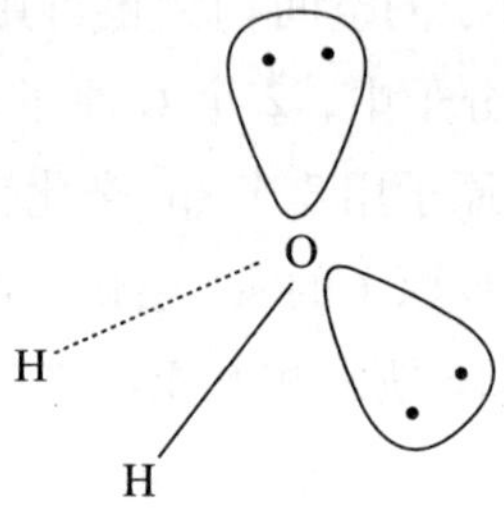

图 8－14　H_2O 分子的结构

H_2O 分子中基态 O 原子的最外层电子构型为 $2s^22p^4$，在 H 原子的影响下，O 原子采取 sp^3 杂化，形成 4 个 sp^3 杂化轨道。其中 2 个杂化轨道中有未成对电子，另外 2 个杂化轨道被孤对电子占据。O 原子用 2 个各含有未成对电子的 sp^3 杂化轨道分别与 2 个 H 原子的 1s 轨道重叠，形成 2 个 O—H σ 键。由于孤对电子受 O 原子核的吸引力较强，电子云集中，对两个 O—H 键的成键电子对有更大的排斥作用，使 O—H 键之间的夹角被压缩到 104.5°，因此水分子的空间构型为 V 形或角形，如图 8－14。

此外，过渡元素的原子 $(n-1)$d 轨道与 ns np 轨道还能形成其他类型的杂化轨道，这些将在配位化合物一章中介绍。

注意：杂化轨道总是用于构建分子的 σ 轨道，未参加杂化的 p 轨道可能用于构建 π 轨道，在学习杂化轨道理论时既要掌握杂化轨道的空间分布，也要掌握未杂化的 p 轨道与杂化轨道的空间关系，否则难以全面掌握分子的化学键结构。

四、价层电子对互斥理论

价层电子对互斥理论(Valence Shell Electron Pair Repulsion)，简称 VSEPR 法，用于判断共价分子或离子的空间构型，简便、实用且与实验事实较为吻合。该理论是西季维克与鲍威尔于 1940 年提出来的，1957 年吉利斯皮和尼霍姆加以发展。

(一)价层电子对互斥理论的基本要点

(1)当中心原子与配位原子或原子团组成分子时，分子的空间构型取决于中心原子的价层电子对数。价层电子对包括成键电子对与孤电子对。

(2)分子的空间构型采取价层电子对相互排斥作用最小的构型，因此价层电子对间尽可能远离。设想中心原子的价电子层为一个球面，球面上相距最远的两点是直径的两个端点，相距最远的三点是通过球心的内接三角形的 3 个顶点……以此类推，5 点对应着三角双锥的 5 个顶点，6 点对应着八面体的顶点。因此，中心原子价层电子对排布方式与分子的几何构型的关系，见表 8－1。

(3)价层电子对间斥力大小取决于电子对之间的夹角大小以及价层电子对的类型。一般规律是：

孤电子对—孤电子对 > 孤电子对—成键电子对 > 成键电子对—成键电子对

叁键 > 双键 > 单键

表 8－1　中心原子价层电子对排布方式和分子几何构型的关系

中心原子价层电子对数	成键电子对数	孤电子对数	化学式及实例	中心原子价层电子对的排布方式	分子几何构型
2	2	0	AX_2：CO_2	:—— A ——:	直线形
3	3	0	AX_3：BCl_3	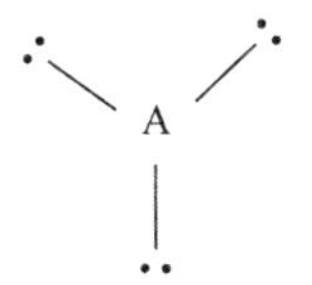	平面三角形
	2	1	AX_2：SO_2		V 形或角形
4	4	0	AX_4：CCl_4	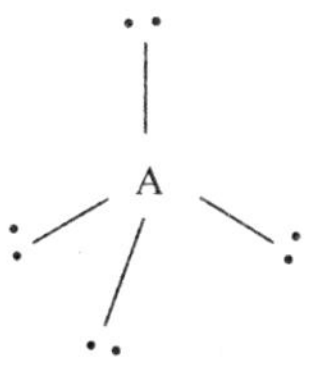	四面体
	3	1	AX_3：NH_3		三角锥形
	2	2	AX_2：H_2O		角形
5	5	0	AX_5：PCl_5	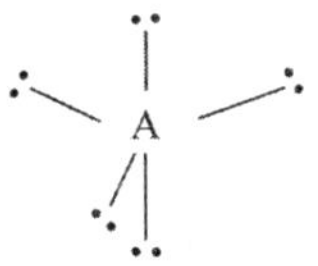	三角双锥形
	4	1	AX_4：$TeCl_4$		变形四面体
	3	2	AX_3：BrF_3		T 形
	2	3	AX_2：XeF_2		直线形
6	6	0	AX_6：SF_6	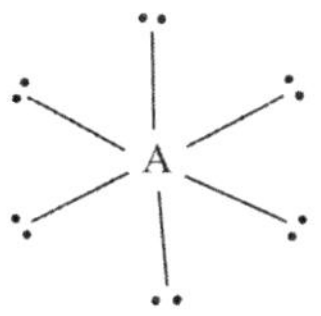	八面体
	5	1	AX_5：IF_5		四角锥形
	4	2	AX_4：XeF_4		平面四方形

(二)价层电子对互斥理论推断分子或离子的空间构型的步骤

1. 确定中心原子的价层电子对数　中心原子的价层电子对数由下式确定：

价层电子对数 =(中心原子价电子数 + 配位原子提供电子数 - 离子电荷代数值)/ 2

电子数的计算方法是：作为配位原子氢和卤素原子各提供 1 个价电子；氧和硫原子提供的电子数为零。作为中心原子，ⅡA～ⅧA 主族元素的原子提供所有的价电子，如氧和硫提供所有的 6 个价电子；若所讨论的物种是离子，则应加上或减去与电荷相应的电子数，例如 NH_4^+ 离子中的中心原子 N 的价层电子对数为 $(5+4-1)/2=4$；SO_4^{2-} 离子中的中心原子 S 的价电子对数为 $(6+2)/2=4$。若算出的中心原子价层电子对数出现小数时，则在原整数位数进 1，按整数计算。如：NO_2 分子中，N 的价层电子对数为 $(5+0)/2=2.5$，则 N 原子的价层电子对数按3计算。

2．确定电子对排布 根据中心原子价层电子对数，从表8－1中找到相应的电子对排布。

3．推断分子的几何构型 确定中心原子的孤电子对数，推断分子的几何构型。孤电子对数可通过下式计算：

孤电子对数＝（中心原子的价电子数－与配位原子成键用去的价电子数之和）/2

例如，SF_4 分子：

$$n=(6-1\times4)/2=1$$

若孤电子对数 $n=0$，分子的几何形状与价层电子对的空间构型是相同的，如 $BeCl_2$、BF_3、CH_4、PCl_5 和 SF_6 的几何构型分别是直线型、三角形、四面体、三角双锥和八面体。

若孤电子对数不为零，分子的几何构型和价层电子对的空间构型不相同。例如：NH_3 分子的价层电子对数为4，价层电子对空间构型为四面体，但分子的几何构型为三角锥，因为四面体的一个顶点被孤对电子占据。又如 H_2O 分子，价层电子对中有两对孤对电子，价层电子对空间构型为四面体，而分子的几何构型是V形，两对孤对电子占据了四面体的两个顶点。

根据中心原子价层电子对数及其中所含孤电子对数的确定，依据价层电子对互斥理论的基本要点即可判断以短周期元素为中心的简单分子或原子团的几何构型了。

（三）判断分子（离子）几何构型的实例

1．判断 CH_4 分子的几何构型 在 CH_4 分子中，中心原子C有4个价电子，4个H原子提供4个电子。因此中心原子C的价层电子总数为8，即有4对电子。由表8－1可知，C原子的价层电子对排布为正四面体。由于价层电子对全部是成键电子对，因此 CH_4 分子的空间构型为正四面体。

2．判断 BrF_3 分子的几何构型 Br为ⅦA族元素，族数为7，Br作为中心原子提供7个价电子，与Br同为卤素的F作为配位原子时，仅提供1个电子。中心原子Br的价层电子对数＝$(7+1\times3)/2=5$，价层电子对应排布成为三角双锥构型。

Br原子有7个价电子，仅有3个电子分别与3个F原子形成 σ 键，余下4个电子，即两对孤对电子占据三角双锥的平面三角形的2个顶点，因此 BrF_3 分子的几何构型为T形（表8－1）。

3．判断 H_2S 分子的几何构型

中心原子S价层电子对＝（S价层电子数＋2个H提供的电子数）/2＝$(6+2)/2=4$

配位原子数＝成键电子对数＝2，孤电子对数＝2，H_2S 分子为V形或角形。

4．判断 I_3^- 离子的几何构型 I_3^- 离子中一个碘原子为中心原子，两个碘原子为配位原子。中心原子I的价层电子对数＝$(7+1\times2+1)/2=5$，价层电子对的几何构型为三角双锥。孤电子对数 $n=(7+1-2)/2=3$，I_3^- 的3对孤对电子占据是三角双锥的平面三角形的3个顶点，该离子的几何构型为直线形。

总之，价层电子对互斥理论可以预测许多分子的几何构型，简明、直观，尤其是在一系列稀有气体元素化合物构型的预言上，多数被实验证实是正确的。但是，该理论的应用有局限，对过渡元素和长周期主族元素形成的分子常与实验结果不吻合。该理论不适用有明显极性的碱土金属卤化物，如高温气态分子 CaF_2、SrF_2 等的几何构型并非直线形，而是 V 形，键角都小于 180°。同时，该理论不能说明原子结合时的成键原理。为此，讨论分子结构时，往往先用 VSEPR 理论确定分子的几何构型，然后再用杂化轨道理论等说明成键原理。

五、分子轨道理论

1927 年，海特勒(W. H. Heitler)和伦敦(F. London)利用量子力学方法解决共价键问题，建立了现代价键理论，成功地解释了共价键的特点、形成条件及特征，但在解释氧分子的顺磁性，H_2^+ 和 He_2^+ 的形成，He_2、Be_2、Ne_2 分子无法存在等问题时却遇到了困难。为此，1932 年，美国的马利肯(R. S. Mulliken)和德国的洪特(F. Hund)提出了一种新的共价键理论——分子轨道理论，建立了分子的离域电子模型。该理论认为分子中的电子围绕整个分子运动，而不隶属于某个原子或存在于特定的原子轨道上。该理论能较好的解释诸如单质分子、化合物分子、分子离子、分子自由基、分子离子自由基等的化学结合，由于计算机技术的应用，分子轨道理论发展很快，在药物设计等领域也得到了广泛应用。

(一)分子轨道理论的要点

(1)分子轨道理论认为，在分子中的电子不局限于在某个原子的核与电子构成的势场中运动，而是在所有原子核与所有电子构成的势场中运动。分子中每个电子的运动状态也可通过薛定谔方程求解，用波函数 ψ 来描述，ψ 即为分子轨道。

(2)分子轨道可以由组成分子的原子的原子轨道线性组合而成。例如，两个原子轨道 ψ_a 和 ψ_b 线性组合成两个分子轨道 ψ_{I} 和 ψ_{II}。

$$\psi_{\mathrm{I}} = C_1\psi_a + C_2\psi_b$$

$$\psi_{\mathrm{II}} = C_1\psi_a - C_2\psi_b$$

式中 C_1 和 C_2 是常数。

组合形成的分子轨道与组合前的原子轨道数目相等，但轨道能量不同。

ψ_{I} 是能量低于原子轨道的成键分子轨道，是原子轨道同号重叠(波函数相加)形成的，电子出现在核间区域概率密度大，对两个核产生强烈的吸引作用，形成的键强度大。

ψ_{II} 是能量高于原子轨道的反键分子轨道，是原子轨道异号重叠(波函数相减)形成的。在两核之间出现节面，即电子在核之间出现的概率密度小，对成键不利。

(3)原子轨道线性组合要遵循能量相近原则、对称性匹配原则和轨道最大重叠原则。

能量相近原则：只有能量相近的原子轨道才能有效地组合成分子轨道。例如，H 原子的 1s 轨道能量为 -2.179×10^{-18} J，F 原子的 2s 轨道能量和 2p 轨道能量分别为 -6.428×10^{-18} J 和 -2.98×10^{-18} J，能量相近的是 H 原子的 1s 轨道与 F 原子的 2p 轨道，所以生成 HF 分子时，这两个轨道可以有效地组成分子轨道。

对称性匹配原则：只有对称性相同的原子轨道才能组合成分子轨道。所谓对称性相同是指组合成分子轨道的原子轨道以其原子核心的连线(即键轴)旋转 180°时，原子轨道的符号都不变或都变。例如 s－s，s－p，以 x 轴为键轴时 p_x-p_x、p_y-p_y、p_z-p_z，这些轨道都是对称性相同或匹配，可以组成分子轨道。如果原子轨道绕键轴旋转 180°以后，原子轨道符号一个改变，另一个不变，这时轨道不匹配，见图 8－15。

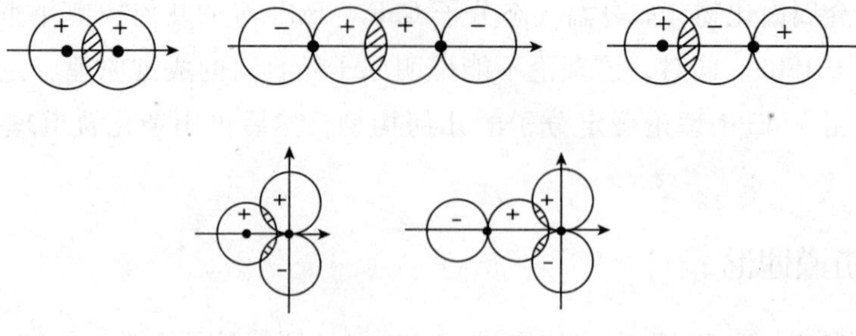

图 8－15　原子轨道对称性匹配与不匹配示意图

轨道最大重叠原则：在满足能量相近、对称性匹配原则的前提下，原子轨道同号重叠程度越大，形成的共价键越稳定。

电子在分子轨道中填充的原则，亦遵循能量最低原理，泡利不相容原理及洪特规则。

(二)几种简单分子轨道的形成

根据原子轨道组合方式不同，可将分子轨道分为 σ 轨道和 π 轨道。

1. σ 轨道　原子轨道以“头碰头”的方式组合成的分子轨道都称 σ 轨道。它可以是：

s－s 轨道的线性组合　2 个原子的 ns 轨道相互接近、重叠时产生 1 个成键分子轨道 σ_{ns} 和 1 个反键分子轨道 σ_{ns}^*，如图 8－16(a)。

s－p 轨道的线性组合　1 个原子的 s 轨道与另一个原子的 p 轨道以“头碰头”方式重叠时，产生 1 个成键分子轨道 σ_{sp} 和 1 个反键分子轨道 σ_{sp}^*，如图 8－16(b)所示。

p－p 轨道的线性组合　2 个原子的 p 轨道以“头碰头”方式重叠时，产生 1 个成键分子轨道 σ_p 和 1 个反键分子轨道 σ_p^*，如图 8－16(c)。

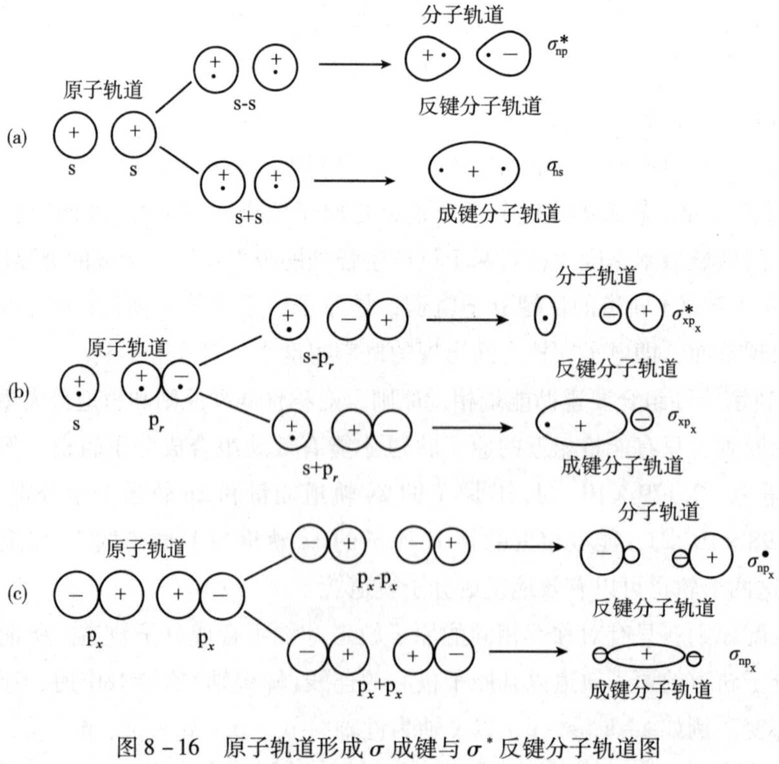

图 8－16　原子轨道形成 σ 成键与 σ^* 反键分子轨道图

图中可见，反键分子轨道在两核间有节面，而成键分子轨道则没有。

2. π 轨道　2 个原子的 p 轨道之间以“肩并肩”的方式发生重叠，分别形成成键分子轨

道 π_p 及反键分子轨道 π_p^*（图 8－17）。

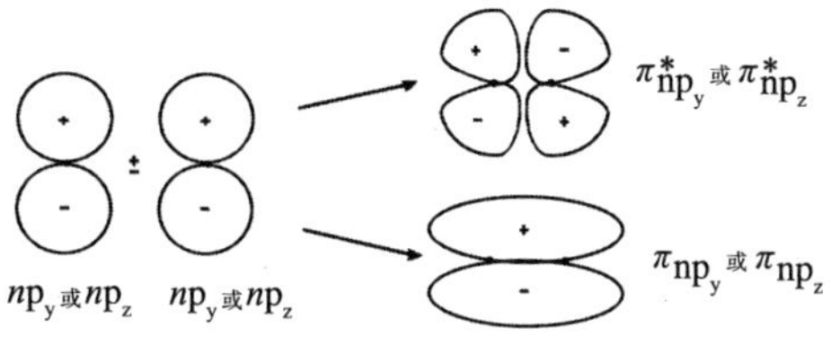

图 8－17　原子轨道形成 π_p 成键与 π_p^* 反键分子轨道图

从图 8－16 与图 8－17 比较不难看出，π 分子轨道有通过键轴的节面，而 σ 分子轨道没有通过键轴的节面。

综上所述，s－s 轨道，s－p 轨道，p－p 轨道可以形成 σ 分子轨道；而 p－p 轨道也可形成 π 分子轨道，就看重叠的方式，而 p－d 轨道只能形成 π 分子轨道。

（三）分子轨道能级图及其应用

1．同核双原子分子的分子轨道能级图　将分子轨道的能量由低到高排列，可得到分子轨道能级图。（图 8－18）为同核双原子分子轨道能级图。其中图（a）适用于 O_2 和 F_2 分子。O 原子的 2p 轨道与 2s 轨道的能级差 $\Delta E = 2.64 \times 10^{-18}$J，F 原子的 2p 轨道与 2s 轨道的能级差 $\Delta E = 3.45 \times 10^{-18}$J，他们的 2s 和 2p 原子轨道能量相差较大，2s－2s 形成的 σ_{ns}^* 轨道能量与 σ_{2px} 的能量相差较大（σ_{ns}^* 与 σ_{2px} 能量数据见表 8－2），不会产生相互作用，故它们的分子轨道排列中，π_{2p} 能级高于 σ_{2p}。

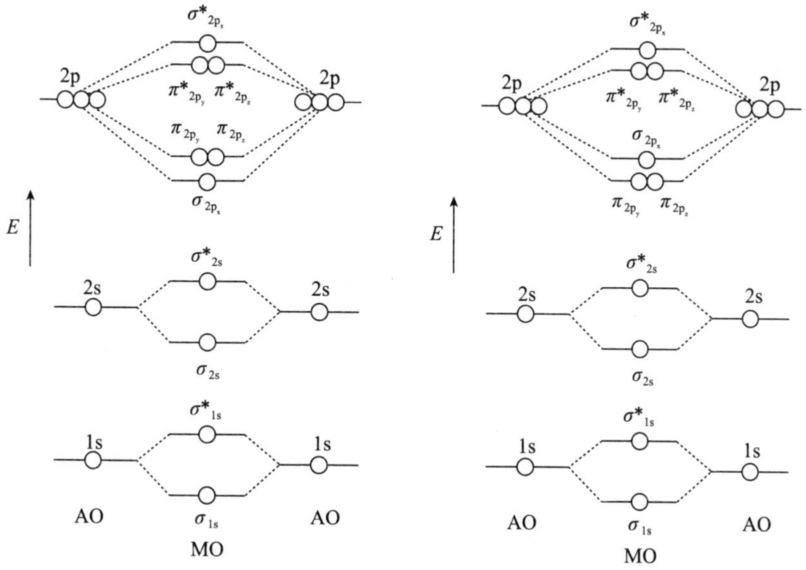

(a) 2s和2p能级相差较大　　(b) 2s和2p能级相差较小

图 8－18　同核双原子分子分子轨道能级图

图（b）适合于包括 N 元素在内的 3 到 7 号元素形成的双原子分子。它们的 2s 和 2p 原子轨道能级相差较小，如 N、C 和 B 原子的 2p 和 2s 轨道的能量差分别为 $\Delta E = 2.03 \times 10^{-18}$J，$\Delta E = 0.4 \times 10^{-18}$J 和 $\Delta E = 0.80 \times 10^{-18}$J。当原子相互靠近时，2s－2s 形成的 σ_{2s}^* 轨道能量与 σ_{2px} 的能量相近（σ_{2s}^* 与 σ_{2px} 能量数据见表 8－2），产生相互作用而发生能级交错，使得它们的分子轨道排列中，π_{2p} 能级低于 σ_{2p} 能级。分子轨道的能量，目前主要是从电子吸收光谱、光电子能谱(PES)或相关计算来确定的。表 8-2 列出了 N_2 和 O_2 分子的相关轨道能量数据。

表 8-2 N、O 的原子轨道与 N_2、O_2 的分子轨道能级

分子	原子轨道		分子轨道				
	2s	2p	σ_{2s}	σ_{2s}^*	σ_{2p_x}	π_{2p}	π_{2p}^*
O_2 轨道能量/(10^{-18}J)	-5.19	-2.55	-7.19	-4.79	-3.21	-3.07	-2.32
N_2 轨道能量/(10^{-18}J)	-4.10	-2.07	-5.69	-3.00	-2.50	-2.74	1.12

在分子轨道理论中，分子中的电子进入成键分子轨道使系统能量降低，对成键有贡献，电子进入反键分子轨道使系统能量升高，对成键起削弱或抵消作用。总之，成键轨道中电子越多，分子越稳定；反键轨道中电子越多，分子越不稳定。分子的稳定性通过键级来描述，键级越大分子越稳定。分子轨道理论把分子中净的成键电子对数称为键级，即：

$$键级 = \frac{1}{2}(成键轨道中的电子数 - 反键轨道中的电子数)$$

2. 同核双原子分子的分子轨道式 依据分子轨道能级图，电子在分子轨道中填充的原则，遵循能量最低原理，泡利不相容原理及洪特规则，电子填充的分子轨道能级顺序称为分子轨道式。

(1) H_2、He 与 H_2^+、He_2^+ 的分子轨道式。

H_2 分子的分子轨道式为：$(\sigma_{1s})^2$，键级为 1；H_2^+ 的分子轨道式为 $(\sigma_{1s})^1$，键级为 1/2 = 0.5，不太稳定。He_2^+ 分子的分子轨道式为：$(\sigma_{1s})^2(\sigma_{1s}^*)^1$，键级为 (2-1)/2 = 0.5，也不太稳定。

(2) 第二周期同核双原子分子的分子轨道式。

N_2 共有 14 个电子，其分子轨道式为：

$$N_2[(\sigma_{1s})^2(\sigma_{1s}^*)^2(\sigma_{2s})^2(\sigma_{2s}^*)^2(\pi_{2p_y})^2(\pi_{2p_z})^2(\sigma_{2p_x})^2]$$

成键轨道有 10 个电子，反键轨道有 4 个电子，键级为 3，稳定性很高。其中对成键有贡献的主要是 $(\pi_{2p_y})^2(\pi_{2p_z})^2$ 和 $(\sigma_{2p_x})^2$ 这 3 对电子，即形成 2 个 π 键和 1 个 σ 键，构成 N_2 分子中的叁键，与价键理论讨论的结果一致。

O_2 共有 16 个电子，其分子轨道式为：

$$O_2[(\sigma_{1s})^2(\sigma_{1s}^*)^2(\sigma_{2s})^2(\sigma_{2s}^*)^2(\sigma_{2p_x})^2(\pi_{2p_y})^2(\pi_{2p_z})^2(\pi_{2p_y}^*)^1(\pi_{2p_z}^*)^1]$$

成键轨道有 10 个电子，反键轨道有 6 个电子，键级为 2，比较稳定性。其中对成键有贡献的主要是 $(\sigma_{2p_x})^2$ 和 $(\pi_{2p_y})^2(\pi_{2p_y}^*)^1(\pi_{2p_z})^2(\pi_{2p_z}^*)^1$，前者相当于一个 σ 键，而后者则出现两个三电子 π 键(成键轨道 2 个电子，反键轨道 1 个电子)，对成键的贡献仅相当于半个 π 键，两个三电子 π 键相当于一个 π 键，这与价键理论讨论的相同。

但在价键理论中 O_2 分子中电子都已配对，无法解释它的顺磁性。从分子轨道理论就清楚地看出，O_2 分子中有两个未成对电子，是顺磁性分子。

Be_2 分子共有 8 个电子，其分子轨道式为：$KK(\sigma_{2s})^2(\sigma_{2s}^*)^2$，可见进入其成键轨道的电子数与反键轨道的电子数相等，没有能量降低值，因此从理论上推测 Be_2 分子与 He_2 分子一样不能稳定存在，事实上 Be_2 分子至今尚未发现。

六、键参数

键参数是描述共价键性质的一些物理量，它包括：键级、键能、键长和键角。

(一) 键级

键级的概念仅在分子轨道理论提出，对于简单分子，键级依下式计算：

$$键级 = \frac{1}{2}(成键轨道中的电子数 - 反键轨道中的电子数)$$

例如，F_2，O_2，N_2 的键级分别为1、2、3。与组成分子的原子系统相比，成键轨道中电子数目愈多，使分子系统的能量降低得愈多，分子也就越稳定；反之，反键轨道中电子数目的增多则抵消这种能量降低作用，削弱了分子的稳定性。所以键级愈大，分子也愈稳定。

(二) 键能

共价键的强度可用键断裂时所需的能量大小来衡量。在100kPa下，1mol气态共价分子AB完全断裂成气态A原子和B原子所需要吸收的能量称为AB键的解离能。即

$$A-B(g) \xrightarrow{100kPa} A(g) + B(g) \quad D(A—B)$$

例如，在298K时，D(H—Cl) = 432kJ/mol，D(Cl—Cl) = 243kJ/mol。在多原子分子中断裂气态分子中的某一个键，形成两个气态“碎片”时所需的能量称为这个键的解离能。例如：

$$HOCl(g) \longrightarrow H(g) + OCl(g); \quad D(H—OCl) = 326kJ/mol$$

$$HOCl(g) \longrightarrow Cl(g) + OH(g); \quad D(Cl—OH) = 251kJ/mol$$

$$H_2O(g) \longrightarrow H(g) + OH(g); \quad D(H—OH) = 499kJ/mol$$

$$HO(g) \longrightarrow H(g) + O(g); \quad D(O—H) = 429kJ/mol$$

对双原子分子来说，键能就是键的解离能。而对于多原子分子来说。键能和键的解离能是不同的。例如：H_2O 含2个O—H键，每个键的解离能不同。但O—H键的键能应是两个解离能的平均值。综上所述，解离能指的是在标准状态下，气态分子拆开成气态原子所需的能量，而键能是指某种键的平均能量。

(三) 键长

分子中两原子核间的平衡距离称为键长。例如，F_2 分子中2个F原子的核间距为141.4pm，所以F—F键长就是141.4pm。键长和键能都是共价键的重要性质，可由实验（主要是分子光谱或热化学）测知。表8-3列出一些共价键的键长和键能数据。

表8-3　常见共价键的键能和键长数据(298K，100kPa)

共价键	键能/(kJ/mol)	键长 l/pm	共价键	键能/(kJ/mol)	键长 l/pm
H—H	436	74	C—C	346	154
H—F	570	92	C═C	602	134
H—Cl	432	127	C≡C	835	120
H—Br	366	141	C—H	414	109
H—I	298	161	N—N	159	145
H—O	464	96	N≡N	946	110
H—N	389	101	Cl—Cl	243	199
H—S	368	134	Br—Br	193	228

由表8-3中数据可见，H—F、H—Cl、H—Br、H—I的键能逐渐减小，而键长逐渐增大；单键、双键及叁键的键能是增大的，键长是缩短的，但并非成倍的关系。

(四)键角

键角是指分子中相邻的共价键之间的夹角。键角与键长都能反映分子的空间构型，如H_2O分子中2个O—H键之间的夹角是104.5°，这就决定于H_2O分子是V形结构。而H_2S分子中H—S键键长较长，但键角较小，但同样是V形结构。键角可通过X射线单晶衍射测定结构得出数据。

扫码“学一学”

第二节　分子的极性

一、键的极性

键的极性是由于成键原子的电负性不同而引起的。如果成键原子的电负性相同，共用电子对将均匀的绕两原子核运动，原子轨道相互重叠形成的电子云密度最大区域恰好在两核的中间位置，两个原子的正、负电荷中心重合，这样的共价键称为非极性共价键(nonpolar covalent bond)。例如Cl_2、N_2分子中的共价键就是非极性共价键。当成键原子的电负性不同时，两原子核之间的电子云密度最大区域会偏离两原子核的中间位置，就会使键的负电荷中心与两个原子核的正电荷中心不重合，这样的共价键称为极性共价键(polar covalent bond)，例如在HBr分子中，H—Br键就是极性共价键，电子云偏向Br原子一端，Br原子一端带负电荷，H原子一端带正电荷，因而键就有了极性。

共价键极性的大小，可以用键矩μ来衡量。键矩的定义为：

$$\vec{\mu} = q \times d$$

式中，q是正、负两极的电量，d为正、负两极的距离。键矩μ是矢量，其方向是从正极指向负极，其单位是“得拜”，以D(Debye)表示。

一般来说，如果成键的两个原子的电负性差值越大，键矩就越大，键的极性就越大，构成共价键的离子性成分也就越大。因此，共价键与离子键是相对的，没有严格的界限，可以这样认为，极性共价键是由离子键到非极性共价键的过渡状态。

二、分子的极性

每个分子都可以看成是由带正电的原子核和带负电的电子所组成的体系。整个分子是电中性的，但从分子内部电荷的分布情况来看，可认为正、负电荷各集中于一点，称为电荷重心。如果正、负电荷重心重合则称为非极性分子，反之称为极性分子。分子的正、负电荷重心又称为分子的正、负极，所以极性分子又叫偶极子。

对于双原子分子来说，共价键的极性就是分子的极性。如O_2、F_2、H_2、Cl_2等都是非极性分子；HCl、HBr、CO、NO等都是极性分子。

对于多原子分子来说，分子的极性不仅与化学键的极性有关，还与分子的空间构型有关。所以多原子分子的极性与键的极性不一定相同。如果分子中化学键是极性键，但分子的空间构型是完全对称的，且正、负电荷重心重合，为非极性分子。例如BF_3，分子中的

B—F 键是极性共价键，但由于分子呈平面三角形，整个分子的正、负电荷重心重合在一起，键的极性相互抵消，故 BF_3 分子为非极性分子。如果分子中的化学键为极性键，且分子的空间构型不对称，则正、负电荷重心不重合，为极性分子。例如，NH_3 分子中的 N—H 键为极性键，但在呈三角锥形的 NH_3 分子中，正、负电荷重心不重合，键的极性不能抵消，因此，NH_3 分子是极性分子。如果分子中的化学键都是非极性键，不管分子在空间的几何构型是否对称，均为非极性分子。分子极性的大小常用电偶极矩（dipole moment）μ来度量，偶极矩的定义为：

$$\vec{\mu} = q \times d$$

式中，q 为电荷重心上的电量，d 为分子中正、负两极之间的距离，称为偶极长。偶极矩（μ）也是矢量，其方向和单位与键矩相同。分子的偶极矩与分子中各化学键键矩的关系是：

分子的偶极矩 = 分子中各化学键键矩的矢量和

利用分子的偶极矩可以判断分子的极性。如果经实验测得某分子的偶极矩为零，则该分子为非极性分子。偶极矩越大，分子的极性也越大。表中列出了一些分子的偶极矩和分子的空间构型。

表 8-4　分子的偶极矩和几何构型

分子	$\vec{\mu}(\times 10^{-30})$/C·m	几何构型	分子	$\vec{\mu}(\times 10^{-30})$/C·m	几何构型
H_2	0	直线	HCl	3. 44	直线
CS_2	0	直线	NH_3	4. 90	三角锥形
BF_3	0	平面正三角形	H_2O	6. 17	角形
CCl_4	0	正四面体	H_2S	3. 67	角形

由上表可见，结构对称（如直线形、平面正三角形、正四面体）的多原子分子，其分子的电偶极矩为零；结构不对称（如角形、四面体、三角锥）的多原子分子，其分子的电偶极矩不为零。因此，可以根据分子的电偶极矩推出分子的空间构型。反过来，若知道了分子的空间构型，也可以判断分子的电偶极矩是否等于零。

第三节　分子间作用力和氢键

扫码“学一学”

从前面的讨论可以知道，分子内原子之间有较强的作用力，即化学键。化学键是决定分子化学性质的主要因素。不过单从化学键角度还不能说明物质的全部性质和变化，比如气体分子可以凝聚成液体，直至固体；气体凝聚成固体后，具有一定的形状和体积；F_2、Cl_2、Br_2、I_2 的状态依次由气态、液态变到固态；这些都说明不仅分子内原子之间有相互作用，分子之间也有作用力。

最早注意到这种作用力存在的是荷兰物理学家范德华，并对此进行了卓有成效的研究，所以人们又称分子之间的作用力为范德华力。1930 年伦敦应用量子力学原理阐明了分子间力是一种电性作用力。分子之间作用力的与化学键相比，要弱得多，一般只有化学键强度的百分之几到十分之几。然而，分子间作用力是决定物质的物理性质如沸点、熔点、汽化热、熔化热、溶解度、黏度等的主要因素。

一、范德华力

分子间力(intermolecular forces)是一种静电力，是分子间偶极与偶极之间的静电引力。根据产生的原因，一般将分子间力分为三种类型：取向力、诱导力和色散力。

(一)取向力

取向力存在于极性分子之间。极性分子由于正、负电荷重心不重合，始终存在一个正极和负极，这种偶极称为分子的固有偶极或永久偶极。当极性分子彼此靠近时，固有偶极发生相互作用，同极相斥，异极相吸，使得极性分子有按一定方向排列的趋势，这个过程称为取向，由此产生的作用力称为取向力(orientation force)，如图 8－19 所示。分子的极性越大，固有偶极的作用越强，取向力就越大。

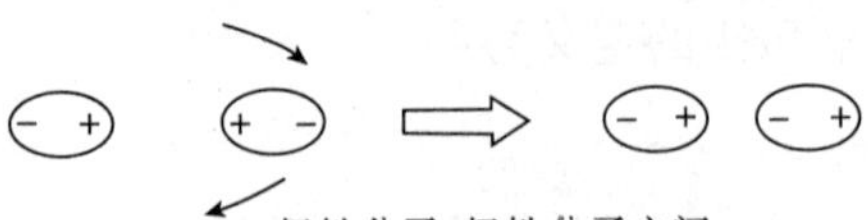

图 8－19　取向力的示意图

(二)诱导力

诱导力存在于极性分子之间、极性分子与非极性分子之间。极性分子在外电场(可以是邻近的极性分子或离子)影响下电子云也可以发生变形，产生诱导偶极。诱导偶极的产生使极性分子的偶极矩增大，使非极性分子产生了临时偶极。而固有偶极与诱导偶极之间的作用力称为诱导力(induction force)。所以极性分子与极性分子之间除了有取向力外，还有诱导力；而非极性分子与极性分子之间，就没有取向力，有诱导力。极性分子的极性越大，诱导作用越强，产生的诱导偶极越大，它们之间的诱导力也越大。

(三)色散力

色散力存在于一切分子之间。由于分子中的电子在核外无规则运动，任何一个瞬间都不可能在核周围对称分布，可以发生瞬时的电子与原子核之间的相对位移，造成正、负电荷重心的分离，这样产生的偶极称为瞬时偶极，瞬时偶极间的相互作用力则称为色散力(dispersion force)。分子越容易变形，瞬时偶极越大，色散力越大。不难理解，所有分子的核与电子任何瞬间都不可能完全重合，不论其原来是否存在偶极，都会有瞬时偶极产生，因此色散力是普遍存在的。

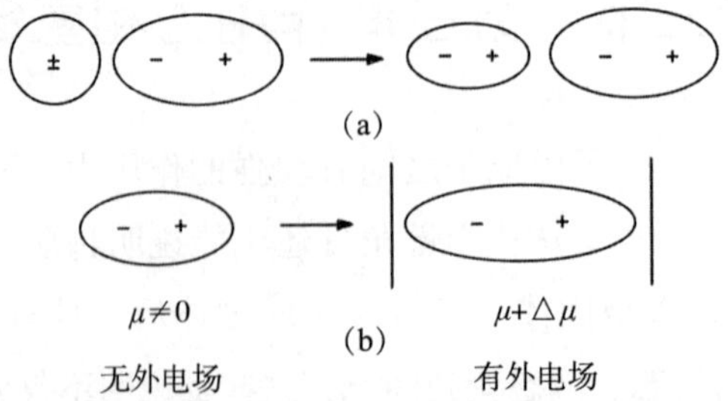

（a）非极性分子的诱导偶极；（b）极性分子的诱导偶极

图 8－20　诱导偶极示意图

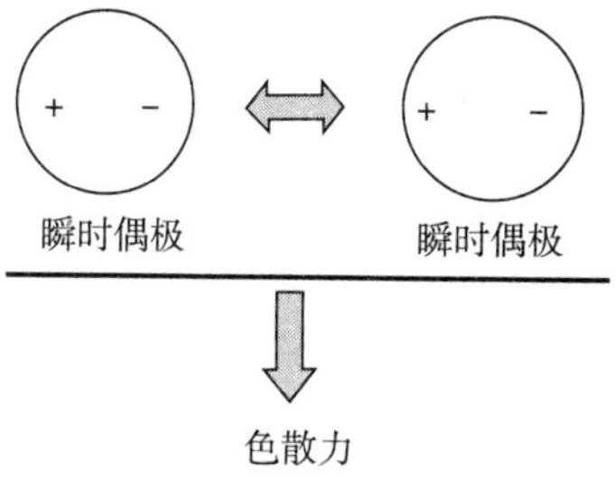

图 8 - 21　色散力示意图

色散力的强度与分子的大小有关，在大分子中，电子离原子核较远，因此在外电场作用下容易变形而被极化。一般说来，分子大小是随相对分子质量递变的。分子的相对分子质量越大，分子的变形性越大，分子间的色散力也越大。

综上所述，取向力、诱导力和色散力统称分子间力（也叫范德华力），其中取向力和诱导力只有极性分子参与作用时才存在，而色散力普遍存在于任何相互作用的分子中。

（四）分子间力的特点

（1）它是永久存在于分子近距离的作用力，作用范围一般是 0.3 ~ 0.5nm。

（2）作用能量一般是几个千焦/摩尔，比化学键能小 1 ~ 2 个数量级。分子间力没有方向性和饱和性。

（3）三种作用力中，色散力是主要的，诱导力是次要的，取向力只在较大极性分子间占一定比例。

表 8 - 5 的数据表明，对大多数分子来说，色散力是最主要的作用力。只有偶极矩很大的分子（如水分子），取向力才显得很重要，而诱导力通常都是很小的，即使在 HCl 这样强的极性分子间的作用力中，色散力仍高达 79%。

分子间作用力虽然比较小（与化学键相比），但可以影响物质的许多物理性质，通常物质的分子间作用力越大，沸点、熔点越高。

对结构相似的同系物，如稀有气体、卤素单质、直链烷烃、烯烃等，分子间作用力大小由色散力决定，故这些同系物的熔点和沸点都随着相对分子质量的增大而升高。

对于相对分子质量相近而极性不同的分子，极性物质的熔点和沸点往往高于非极性物质。如 CO 和 N_2 的相对分子质量相近，但 CO 的熔点和沸点高于 N_2。这是因为前者除存在色散力外，还有取向力和诱导力。

表 8 - 5　一些物质的分子间作用力

分子	$\vec{\mu}$（$\times10^{-30}$）	$E_{取向力}$	$E_{诱导力}$	$E_{色散力}$	$E_{总}$	$E_{色散力}/E_{总}$
	C·m	kJ/mol	kJ/mol	kJ/mol	kJ/mol	%
H_2	0	0	0	0.17	0.17	100
HCl	3.60	3.31	1.00	16.83	21.14	79.61
HBr	2.67	0.69	0.502	21.94	23.11	94.93
HI	1.40	0.025	0.113	25.87	26.00	99.5
NH_3	4.90	13.31	1.55	14.73	29.59	49.78
H_2O	6.17	36.39	1.93	9.00	47.32	19

二、氢键

如果按照范德华力的观点，H_2O 的沸点应该比 H_2S 低，因为前者分子较后者小，色散力较小，但事实恰好相反（表 8 - 6）。同样，HF 在卤化氢系列中，NH_3 在氮族氢化物中，都出现类似的反常现象。这说明在 H_2O、HF 和 NH_3 分子这几个含氢的化合物中除了有范德华力外，还存在一种特殊的作用力，由于有氢存在，故称之为氢键(hydrogen bond)。

表8-6　氧族氢化物的沸点和熔点

氧族的氢化物	H_2O	H_2S	H_2Se	H_2Te
沸点/K	373	202	232	271
熔点/K	273	187	212.8	224

(一)氢键的形成和特点

当氢原子与电负性大而半径很小的N、O、F以共价键结合而成NH_3、H_2O、HF时，其共用电子对强烈地偏向N、O、F，即电子云密集在N、O、F原子一边。这时，氢原子几乎成为带正电的裸核，即质子。由于质子的半径特别小(30pm)，正电荷密度特别高，强烈吸引另一个电负性大且含有孤对电子的原子Y(如F、O、N)，产生静电引力，即X—H…Y，这种引力称为氢键。

氢键的特点是：具有饱和性和方向性(图8-22)。

H原子很小，X、Y又比较大，H与X、Y接触后，第三个电负性大的原子就很难再接近H，因此1个H原子只能形成1个氢键，称之为饱和性。形成氢键以后，为了减少X、Y之间斥力，需键角尽可能接近180°，即X—H…Y应在一直线上，称之为方向性。但如果分子内产生氢键，则键角将小于180°。

(a)氢键的饱和性　　(b)氢键的方向性

图8-22　氢键的饱和性与方向性

(二)氢键的类型

氢键可分成分子间氢键和分子内氢键两类。分子间氢键是由分子X—H(X为F、O、N)与另一个含有Y原子(Y为F、O、N)的分子之间形成的氢键，用X—H…Y表示。分子间氢键的存在使简单分子聚合在一起，这种由于分子间氢键而结合的现象称为缔合。图8-23(a)，(b)表示出HF分子间、甲酸分子间的氢键，图8-24表示蛋白质分子间的氢键。

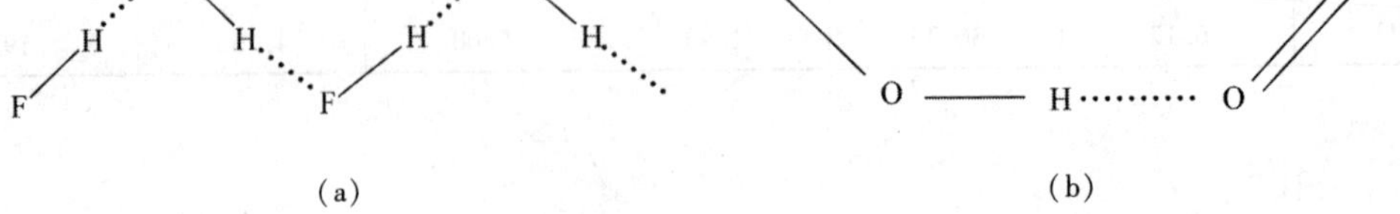

(a)　　(b)

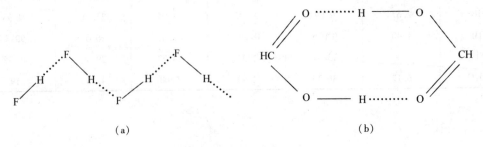

图8-23　分子间氢键

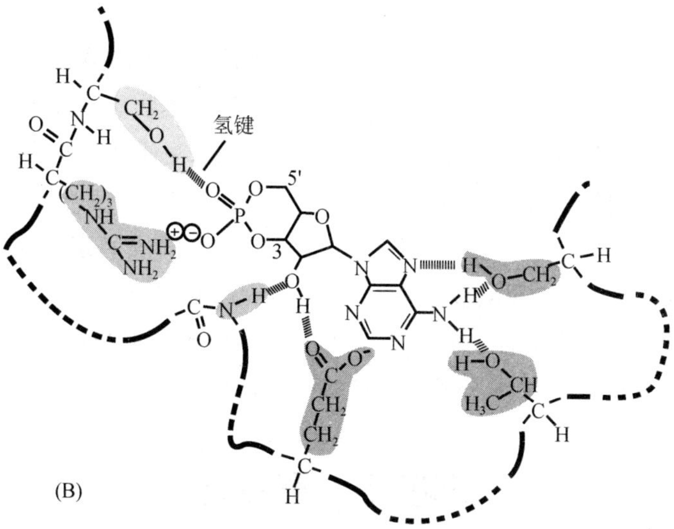

图 8－24　蛋白质分子间氢键示意图

某分子的 X—H 键与其分子内部的 Y 原子在位置适合时形成的氢键称为分子内氢键。例如 HNO_3 分子中存在如图 8－25(a)所示的分子内氢键。分子内氢键还常见于邻位有合适取代基的芳香族化合物，如邻硝基苯酚、邻苯二酚等，如图 8－25(b)和 8-25(c)所示。分子内氢键往往在分子内形成较稳定的多原子环状结构，使化合物的极性下降，因而熔点和沸点降低，由此可以理解为什么硝酸是低沸点酸(83℃)，而硫酸是高沸点酸(338℃，形成分子间氢键)。

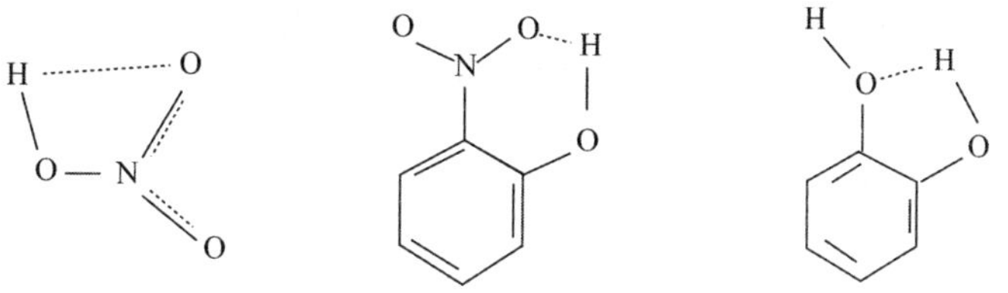

图 8－25　分子内氢键示意图

(三)氢键对物质性质的影响

尽管氢键比共价键弱得多，但它却比分子间作用力要强，因而对含有氢键物质的物理性质产生很大的影响。比如对熔点、沸点的影响，分子间氢键的形成会使物质的熔点和沸点显著升高。

水的一些不同寻常的性质是氢键作用的直接结果。例如，水比其他液体或固体的比热大，反映了破坏氢键需要很大的能量。当温度升高时，氢键的数目将减少，但仍然有足够多的氢键，使得水的蒸发热大于其他液体的蒸发热。另外冰的密度比水小也是来源于氢键的作用。分子内氢键的形成，常使其熔点和沸点低于同类化合物。如邻硝基苯酚的熔点是 45℃，而间位和对位硝基苯酚的熔点分别为 96℃和 114℃。

对溶解度的影响，如果溶质分子和溶剂分子间能形成分子间氢键，将有利于溶质的溶解。例如 H_2O 与 C_2H_5OH 可以任意比例混溶，NH_3 易溶于 H_2O 都是由于形成分子间氢键的结果。若溶质形成分子内氢键，则其在极性溶剂中的溶解度降低。如邻硝基苯酚在水中的溶解度小于对硝基苯酚。

通常只有 N、O、F 原子之间与氢相连的物质才能形成稳定的氢键。除了常见的水、醇、羧酸等简单化合物外，一些对生命具有重要意义的基本物质，如蛋白质、脂肪及糖类等，都含有氢键。在某种意义上来说，氢键对于生命比水更重要，没有氢键的存在，也就没有这些特殊而又稳定的大分子结构，也正是这些大分子支撑了生物机体。因为许多生物大分子都含有 N—H 键和 O—H 键，所以在这类物质中氢键非常普遍，并且对这些物质的性质产生重要的影响。如 DNA(脱氧核糖核酸)是由具有两根主链的多肽链组成，两个主链间以大量的氢键连接形成螺旋状的立体构型。同时，DNA 分子的每根主链也可以通过氢键使其碱基配对而复制出相同的 DNA 分子，物种从而可以繁衍。

扫码"学一学"

第四节　离子键

一、离子键的形成

1916 年，德国化学家柯塞尔(W. Kossel，1888—1956)提出了离子键模型。柯赛尔认为：在一定条件下，当电负性较小的活泼金属元素的原子与电负性较大的活泼非金属元素的原子相互接近时，活泼金属原子失去最外层电子，形成具有稀有气体稳定结构的带正电荷的阳离子；而活泼非金属原子得到电子，形成具有稀有气体稳定结构的带负电荷的阴离子。阴、阳离子之间靠静电引力相互吸引，当它们充分接近时，离子的原子核之间及电子之间的排斥作用也增大，当它们之间的相互吸引作用和排斥作用达到平衡时，系统的能量降到最低。这种由阴、阳离子的静电作用而形成的化学键叫离子键(ionic bond)。

以 NaCl 为例，离子键形成的过程可简单表示如下：

$$\left.\begin{array}{l}\mathrm{Na(g)}: 1s^2 2s^2 2p^6 3s^1 \longrightarrow \mathrm{Na^+(g)}: 1s^2 2s^2 2p^6 \\ \mathrm{Cl(g)}: 1s^2 2s^2 2p^6 3s^2 3p^5 \longrightarrow \mathrm{Cl^-(g)}: 1s^2 2s^2 2p^6 3s^2 3p^6\end{array}\right]\longrightarrow \mathrm{NaCl(s)}$$

形成离子键的条件是两原子电负性的差值要足够大，一般要大于 2.0 左右。由离子键形成的化合物称为离子型化合物(ionic compound)。

二、离子键的特点

离子键的特点是没有方向性和饱和性。把离子看成带电球体，它对空间各个方向的离子都有静电作用，所以没有方向性；而且只要空间允许，每个离子都会因静电引力吸引更多的带相反电荷的离子，因此离子键也没有饱和性。

在离子晶体中，每一离子周围排列电荷相反离子的数目是固定的。例如，在 NaCl 晶体中，每个 Na^+ 周围有 6 个 Cl^-，每个 Cl^- 周围也有 6 个 Na^+；在 CsCl 晶体中，每个 Cs^+ 周围有 8 个 Cl^-，每个 Cl^- 周围有 8 个 Cs^+。见图 8－26。

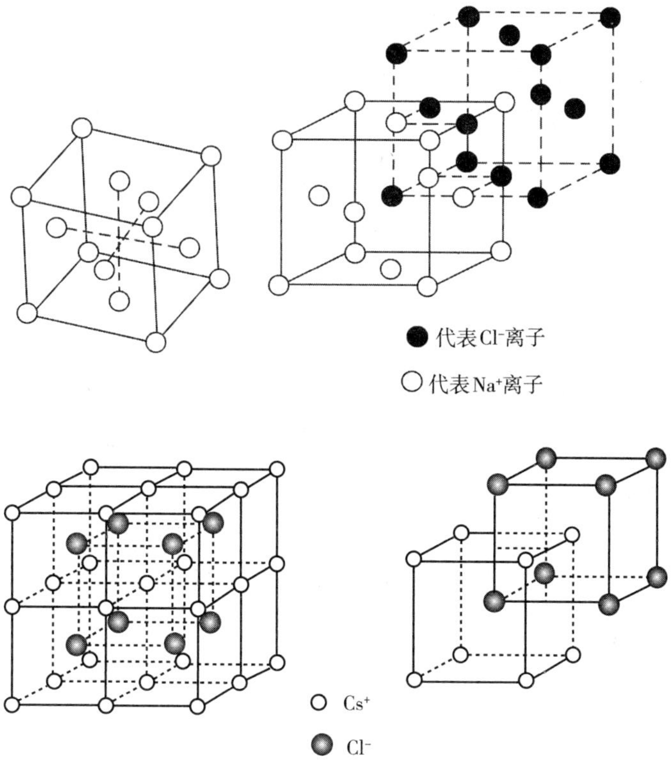

CsCl型基本结构

图 8－26　NaCl 和 CsCl 晶体示意图

一个离子周围排列相反电荷离子的数目主要取于正、负离子的半径比(r_+/r_-)，比值越大，周围排列相反电荷离子的数目就越多。

离子键是由原子得失电子后形成的正、负离子之间通过静电引力作用而形成，它的本质是静电作用力，离子电荷越大，离子间的距离越小，离子间的引力越强，离子键越稳定。因此，在离子晶体中无法分辨出一个个独立的“分子”。例如，在 NaCl 晶体中，不存在独立的 NaCl 分子，所以 NaCl 是氯化钠的化学式，而不是分子式。

三、离子的特征

离子化合物是由离子构成的，因此离子的性质必定在很大程度上决定离子化合物的性质。下面对离子的几种特征分别作一简要的介绍。

(一) 离子半径

所谓离子半径，是指离子在晶体中的接触半径。假定阴、阳离子的核间距为阴、阳离子的半径之和，利用 X 射线衍射法测定阴、阳离子的平均核间距，如果知道了阴离子的半径，就可推出与之相结合的阳离子的半径。从原子结构的观点不难得出离子半径变化的一些规律：

(1)各主族元素离子半径从上而下随电子层数的增加而递增。例如：

$$r(F^-) < r(Cl^-) < r(Br^-) < r(I^-)$$

(2)同一周期主族元素正离子半径随族数递增而减小。例如：

$$r(Na^+) > r(Mg^{2+}) > r(Al^{3+})$$

(3)若同一元素能形成几种不同电荷的阳离子时，则高价离子的半径小于低价离子的半径。例如：

$$r(Fe^{3+})(64pm) < r(Fe^{2+})(76pm)$$

离子半径是决定离子化合物中正、负离子之间吸引力的重要因素。一般来讲，离子半径越小，离子间吸引力越大，离子化合物的熔、沸点也越高。

(二)离子的电荷

从离子键的形成过程可以知道，阳离子的电荷就是相应原子(或原子团)失去的电子数；阴离子的电荷就是相应原子(或原子团)得到的电子数。

离子电荷(ionic charge)也是影响离子化合物中正、负离子之间吸引力的重要因素。离子电荷越多，对相反电荷的离子的吸引力越强，形成的离子化合物的熔、沸点也越高。例如，大多数碱土金属离子 M^{2+} 的盐类的熔点比相应碱金属离子 M^{+} 的盐类高，如 MgO 的熔点远高于 NaCl 的熔点。

(三)离子的电子层构型

原子形成离子时，所失去或者得到的电子数和原子的电子层结构有关。一般是原子得或失电子之后，使离子的电子层达到更稳定的结构。

简单阴离子(如 Cl^-、F^-、S^{2-} 等)的外层电子层构型为 ns^2np^6 的 8 电子的稀有气体结构。但是，简单的阳离子的电子层构型比较复杂，有以下几种：

(1)2 电子层构型　外层为 $1s^2$ 排布，如 Li^+、Be^{2+} 等。

(2)8 电子层构型　外层为 ns^2np^6 排布，如 Na^+、Ca^{2+}、Ba^{2+} 等。

(3)18 电子层构型　外层为 $ns^2np^6nd^{10}$ 排布，如 Ag^+、Zn^{2+}、Cu^{2+} 等。

(4)18 +2 电子层构型　次外层有 18 个电子，最外层有 2 个电子，即 $(n-1)s^2(n-1)p^6(n-1)d^{10}ns^2$，如 Sn^{2+}、Pb^{2+}、Te^{4+} 等。

(5)9 ~ 17 电子层构型　属于不规则电子层构型，最外层有 9 ~ 17 个电子，即 $ns^2np^6nd^{1-9}$，如 Fe^{2+}、Fe^{3+}、Cr^{3+} 等。

离子的外层电子构型会影响离子之间的相互作用，使键的性质有所改变，从而影响晶体的物理性质(如熔点、溶解度等)。

四、离子极化理论

离子极化理论是离子键理论的重要补充。离子极化理论认为：离子化合物中除了起主要作用的静电引力之外，诱导力起着很重要的作用。离子本身带电荷，阴、阳离子接近时，在相反电场的影响下，电子云变形，正、负电荷重心不再重合，产生诱导偶极，导致离子极化，致使物质在结构和性质上发生相应的变化。

(一)离子极化的产生

离子极化是指离子在外电场影响下发生电子云变形而产生诱导偶极的现象。

孤立的简单离子的电荷分布是球形对称的，离子的正、负电荷中心重合，所以无偶极存在[图 8 -27(a)]。但离子在外电场的影响下，原子核与电子云会发生相对位移，即电子云发生了变形，偏离了球形对称，产生了诱导偶极[图 8 -27(b)]。实际上离子带电荷本身就可以产生电场，使其相邻带有异电荷的离子产生诱导偶极而变形[图 8 -27(c)]。

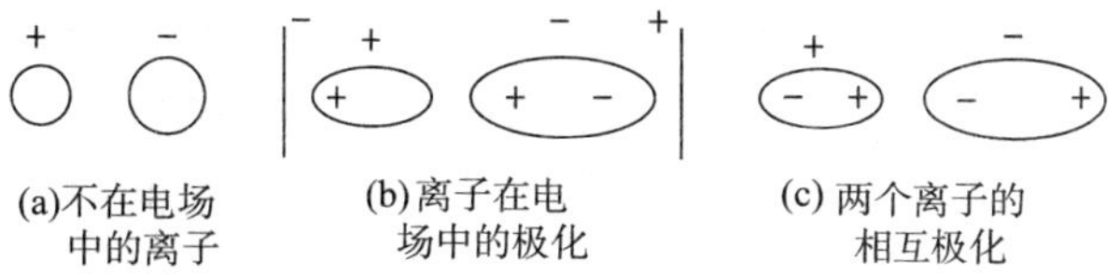

图 8-27　离子极化示意图

在离子晶体中，每个离子都处于邻近带异电荷离子产生的电场中，因此离子极化现象在离子晶体中普遍存在。正离子产生的电场，可以使负离子极化而变形；负离子的电场也可使正离子极化而变形。正、负离子相互极化的结果，使正、负离子都产生了诱导偶极。

(二)离子的极化作用、变形性

离子极化作用的大小决定于离子的极化力和变形性。离子使异号离子极化而变形的作用称为该离子的“极化作用”；被异号离子极化而发生离子电子云变形的性质称为该离子的“变形性”。虽然异号离子之间都可以使对方极化，但因阳离子具有多余的正电荷，半径较小，在外壳上缺少电子，它对相邻的阴离子有明显的极化作用；而阴离子则因半径较大，电子云容易变形，被诱导产生诱导偶极。所以，对阳离子来说，极化作用应占主要地位，而对阴离子来说，变形性应占主要地位。

1. 离子的极化作用的规律

(1)离子的电子构型相同，半径相近时，电荷高的阳离子有较强的极化作用。例如：$Al^{3+}>Mg^{2+}>Na^{+}$，负离子半径越小，电荷越多，极化作用越强。

(2)半径相近，电荷相等，对于不同电子构型的阳离子，其极化作用大小顺序见表 8-7。

表 8-7　不同电子构型阳离子的极化作用大小顺序

18 电子和 18+2 电子构型以及氦型离子。如：Ag^{+}、Pb^{2+}、Li^{+} 等	>	9~17 电子构型的离子。如：Fe^{2+}、Ni^{2+}、Cr^{3+} 等	>	8 电子构型的离子。如：Na^{+}、Ca^{2+}、Mg^{2+} 等

(3)离子的电子构型相同，电荷相等，半径越小，离子的极化作用越大。

2. 离子的变形性规律

(1)正离子电荷越低，半径越大，越容易变形；负离子电荷越多，半径越大，越容易变形。

(2)在离子电荷相同、半径相近的情况下，不同电子构型正离子变形性的变化规律是：8 电子构型 <9~17 电子构型 <18 或(18+2)电子构型。

(3)一般来说，复杂负离子的变形性较小。

(三)离子的附加极化作用

在上面的讨论中，对于主族阳离子，以它对阴离子的极化作用为主；而阴离子则以变形性为主。但是，对于 18 或 18+2 电子构型，9~17 电子构型的阳离子，则极化作用和变形性都很大，这些阳离子受到阴离子的极化作用致其电子云也发生变形。两种离子相互极化使阴、阳离子的极化程度均显著增大，这种现象称为附加极化作用。附加极化作用加大了离子间引力，因而会影响离子间引力所决定的许多化合物性质。

AgCl 虽然是由 Ag^{+} 和 Cl^{-} 组成，但却表现出某些共价化合物的性质，如溶解度较小。

这是因为 Ag^+ 为 18 电子构型，极化作用强，使 Cl^- 电子云变形，而 Ag^+ 离子本身的变形性也较大，其电子云变形后产生的诱导偶极反过来又加强了对 Cl^- 的极化能力。这种附加极化作用的结果，使正、负离子的电子云均产生较大程度的变形，导致正、负离子的电子云发生重叠，致使键的极性减弱。随着正、负离子相互极化作用的增强，键的类型开始向共价型过渡，由离子型晶体转变成共价型晶体。图 8－28 表示出离子相互极化作用导致离子键逐步向共价键过渡的情况示意图。

（四）离子极化对物质性质的影响

离子极化理论对于由典型离子键向典型共价键过渡的一些过渡型化合物的性质可以作出比较好的解释。下面举例说明离子极化对化合物性质的影响。

1. 离子晶体熔点、沸点下降 由于离子极化作用加强，化学键类型发生变化，使离子键逐渐向极性共价键过渡。导致晶格能降低。例如：AgCl 与 NaCl 同属于 NaCl 型晶体，但 Ag^+ 离子的极化力和变形性远大于 Na^+ 离子，所以，AgCl 的键型为过渡型，晶格能小于 NaCl 的晶格能。因而 AgCl 的熔点（455℃）远远低于 NaCl 的熔点（800℃）。

2. 化合物的颜色加深 影响化合物颜色的因素很多，其中离子极化作用是一个重要的因素。在化合物中，阴、阳离子相互极化的结果，使电子能级改变，致使激发态和基态间的能量差变小。所以，只要吸收可见光部分的能量即可引起激发，从而呈现颜色。极化作用愈强，激发态和基态能量差愈小，化合物的颜色就愈深。例如：AgCl 为白色沉淀、AgBr 为浅黄色沉淀、AgI 为黄色沉淀。

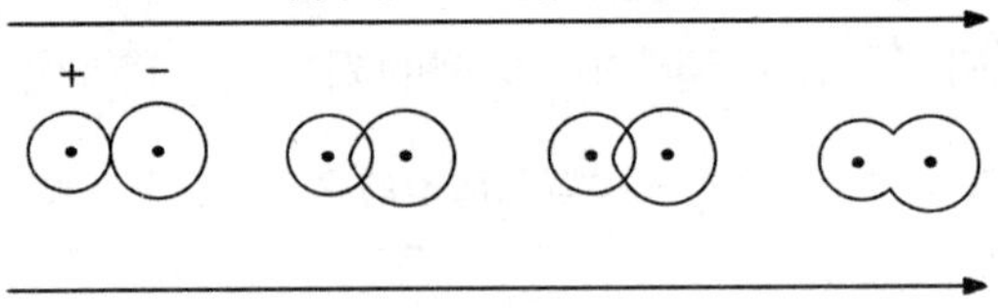

图 8－28 离子极化对键型的影响

3. 溶解度下降 物质的溶解是一个复杂的过程，它不仅与晶格能、水化能、键能等因素有关，但离子的极化也往往起很重要的作用。一般说来，由于偶极水分子的吸引，离子化合物是可溶于水的，而共价型的化合物却难溶于水。因为水的介电常数（约为 80）大，离子化合物中阳、阴离子间的吸引力在水中可以减少 80 倍，容易受热运动及其他力量冲击而分离溶解。如果离子间相互极化强烈，离子间吸引力很大，甚至于键型变化，由离子键向共价键过渡，无疑会增加溶解的难度。因此，随着无机物中离子间相互极化作用的增强，共价程度增强，其溶解度下降（表 8－8）。

表 8－8 离子键到共价键的过渡对化合物溶解度的影响

	AgCl	AgBr	AgI
溶度积 $K_{sp}^{\ominus}$	1.77×10^{-10}	5.35×10^{-13}	8.52×10^{-17}

4. 影响离子晶格变形 在典型的离子化合物中，可以根据离子半径比规则确定离子晶格类型。但是，如果阴、阳离子之间有强烈的相互极化作用，晶格类型就会偏离离子半径比规则。在 AB 型化合物中，离子间相互极化的结果缩短了离子间的距离，往往也减小了晶体的配位数。晶型将依下列顺序发生改变：

$$\xrightarrow[\text{相互极化作用递增，晶型的配位数递减。}]{\text{CsCl 型 \quad NaCl 型 \quad ZnS 型 \quad 分子晶体}}$$

例如：AgCl、AgBr 和 AgI，按离子半径比规则计算，它们的晶体都应该属于 NaCl 型晶格(配位数为6)。但是，AgI 却由于离子间很强的附加极化作用，促使离子强烈靠近，结果 AgI 以 ZnS 型晶格存在。

5．盐的水解度增大 盐类水解是指盐类溶于水后，阳离子或阴离子和水分子间相互作用，生成弱电解质(弱酸、弱碱、碱式盐或氧基盐等)的过程。水解作用的强弱与阳离子及阴离子对水分子所具有的电场力大小有关。若离子的电场力强，对水分子的极化作用大，能够引起水分子变形产生较大偶极，甚至断裂成两部分：OH^-、H^+，与离子电荷相反的一部分组合在一起，形成水解产物。对于盐来说，不一定阴、阳离子同时发生水解。若盐的阴离子水解，则产生弱酸，其酸的强度越弱，盐的水解度越大。若阳离子水解，其水解能力与离子极化力成正比。离子的极化力越大，离子的水解度越大(pK_a 值越小)。

6．导电率和金属性增强 有的情况下，阴离子被阳离子极化后，使自由电子脱离了阴离子，这样就使离子晶格向金属晶格过渡，电导率因而增加，金属性也相应增强，硫化物的不透明性，金属光泽等都与此有关。如 FeS、CoS、NiS 等化合物，特别是它们的矿石均有金属光泽。

离子极化理论从离子键理论出发，把化合物的组成元素看成正、负离子，并在此基础上讨论正、负离子之间的相互作用，因此离子极化理论是离子键理论的重要补充，在解释无机物性质方面具有一定的实用价值。然而此理论还没有得到量子化学家更多的支持，而且在无机化合物中，离子型的化合物也毕竟只是一部分，所以在应用时应充分注意它的局限性，不宜随意套用。

根据离子极化理论的观点，在离子晶体中，由于正、负离子之间存在相互极化作用导致电子云重叠，因此在离子键中，存在一定的共价键成分。近代实验及量子化学的计算证明，即使在电负性最小的 Cs 与电负性最大的 F 所形成的 CsF 中，离子之间的作用力也不完全是静电作用，仍有原子轨道重叠的成分，即有部分共价键的性质。另一方面，共价键具有极性，说明共价键中包含有一定程度的离子性成分。所以离子键与共价键虽然有本质的区别，但两者是相对的，没有严格的界限。

知识拓展

化学键理论发展史的几点启示

化学键理论历经百余年发展，整个发展史给了我们几点启示。

1. 世界是普遍联系和永恒发展的。任何一位科学家在某个时期提出的观点存在偶然性，但化学思想的发展却有规律性。化学键理论的发展史中，众多科学家所提出的理论共同构成了一个较完整的思想理论体系。如化学键的电子理论直接导致了酸碱理论的进步，使早期的电离学说发展为酸碱质子理论、酸碱的广义电子理论，也为以后物质结构的研究和结构化学的建立开辟了道路。

2. 矛盾是科学发展的动力。人们正是在解决矛盾的过程中，加深了对客观世界的认识。如克塞尔提出的化合价理论解释了离子化合物的形成，但无法解释氢气、氯气等非离子化合物；路易斯理论解释了克塞尔的问题，却无法解释复杂的多原子共价化合物，直至现代价键理论的出现，而现代价键理论仍有局限。

3. 科学工作者要有全面观察问题的能力，不局限于某一专业的狭小范围，要善于运用新理论研究解决问题。人类对化学运动本质的探索和物理学有着密切的联系。量子化学即是运用物理学的量子力学理论来研究化学键问题而形成的现代理论化学的重要内容之一。

4. 化学键理论研究方兴未艾。目前，人们正考虑借助量子物理新发展和适当数学工具以一种简单的形式来建构量子化学体系；另外，将化学键研究引入到一切电子体系，形成诸如生物大分子量子化学研究、分子与材料设计的微观研究、量子药理学等一系列分支学科。化学键理论也会在与其他学科的发展与互动中丰富与完善。

重点小结

	内容	重点
分子结构	共价键	1. 现代价键理论的要点及应用* 2. 杂化轨道理论的要点及应用* 3. 价层电子对互斥理论要点及应用* 4. 分子轨道理论的要点及应用*
	分子的极性	1. 键的极性 2. 分子的极性*
	分子间作用力和氢键	1. 范德华力三种类型* 2. 氢键的形成和特点
	离子键	1. 离子键的特点 2. 离子的电子层构型 3. 离子的极化作用、变形性及其对键型的影响*

习　题

1. 原子轨道有效组合成分子轨道需满足哪些条件？

2. 由杂化轨道理论可知，CH_4、PCl_3、H_2O 分子中，C、P、O 均采用 sp^3 杂化，为什么实验测得 PCl_3 的键角为 101°，H_2O 的键角为 104.5°，均小于 CH_4 的键角 109°28′？

3. 下列轨道沿 x 轴方向分别形成何种共价键？

(1) p_y-p_y　(2) p_x-p_x　(3) $s-p_x$　(4) p_z-p_z　(5) $s-s$

4. 请指出下列分子中，每个 N 原子或 C 原子所采取的杂化类型：

(1) NO_2^+　(2) NO_2　(3) NO_2^-　(4) $CH\equiv CH$　(5) $CH_2=CH—CH_3$

5. 试用分子轨道理论预言：O_2^+ 的键长与 O_2 的键长哪个较短？N_2^+ 的键长与 N_2 的键长哪个更长？为什么？

6. 写出 O_2、O_2^+、O_2^-、O_2^{2-}、N_2、N_2^+ 分子或离子的分子轨道式，计算它们的键级，比较它们的相对稳定性，指出它们是顺磁性还是反磁性？

7. 请用分子轨道理论解释下列现象：

(1) He_2 分子不存在

(2) O_2 分子为顺磁性

(3) N_2 分子比 N_2^{2-} 离子稳定

8. 判断下列哪些化合物的分子能形成氢键？其中哪些分子形成分子间氢键，哪些分子能形成分子内氢键？

NH_3；H_2CO_3；HNO_3；CH_3COOH ；$C_2H_5OC_2H_5$；HCl

9. 在下列各对化合物中，哪一个化合物中的键角大？说明原因。

(a) CH_4 和 NH_3　(b) OF_2 和 Cl_2O

(c) NH_3 和 NF_3　(d) PH_3 和 NH_3

10. 排列并解释异核双原子分子 HF、HCl、HBr 和 HI 的极性大小。

11. 试比较下列物质溶解度的大小

(1)邻硝基苯酚和对硝基苯酚　(2)AgCl、AgBr、AgI　(3)CuCl、NaCl

12. 解释下列实验现象

(1)沸点：HF > HI > HCl，$BiH_3 > NH_3 > PH_3$

(2) $SiCl_4$ 比 CCl_4 易水解。

13. 请指出下列分子间存在的作用力。

(1) CH_3CH_2OH 和 H_2O　(2) C_6H_6 和 H_2O　(3) C_6H_6 和 CCl_4

(4) HBr 和 HI　(5) HF 和水　(6) CO_2 和 CH_4

14. 下列说法是否正确？举例说明。

(1)非极性分子中只有非极性共价键

(2)共价分子中的化学键都有极性

(3)相对分子质量越大，分子间力越大

(4)色散力只存在于非极性分子之间

(5) σ 键比 π 键的键能大。

15. 对于大多数分子晶体来说，其熔点、沸点随分子相对分子质量的变化关系如何，为什么？

16. 图 8－29 中第 2 周期元素的 3 个化合物(NH_3，H_2O 和 HF)的沸点远远偏高于正常趋势，请解释原因。

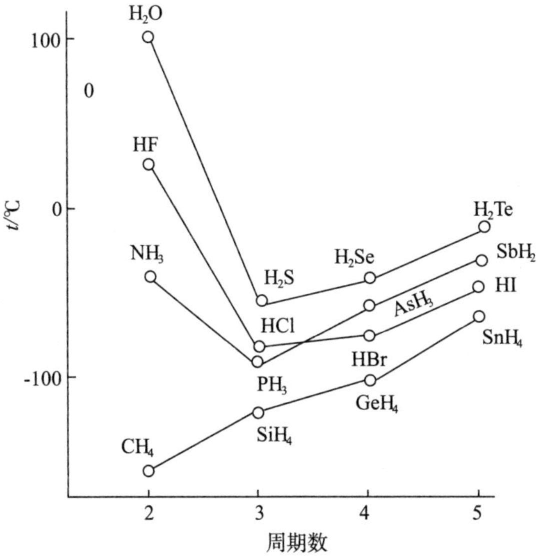

图 8－29　周期数各元素氢化物沸点

17. 试用离子极化的观点，解释下列现象：

(1) AgF 易溶于水，AgCl、AgBr、AgI 难溶于水，且溶解度依次减小。

(2) AgCl、AgBr、AgI 的颜色依次加深。

18. 共价键具有什么特点？具有此特点的原因分别是什么，请用现代价键理论解释之。

19. 原子轨道杂化前与杂化后哪些发生了变化，哪些没有变化？

20. 能否利用价层电子对互斥理论中计算的价层电子对数和孤对电子对数来判断杂化轨道数和是否等性杂化？如果可以，如何判断？

21. 如何用分子轨道理论来比较不同分子，离子之间的稳定性？

22. 请说明键能、键长与键级之间的联系。

23. 分子的极性与分子的空间构型有何关系？

24. 分子间作用力包括哪些力？它们如何影响物质的性质？

25. 分子间氢键和分子内氢键对分子的熔点、沸点影响相同吗？举例说明，并解释原因。

扫码"练一练"

26. 请结合 NaCl 和 H_2 的形成，说明离子键和共价键的形成条件分别是什么？

（徐　飞　张爱平　郭丽敏）

第九章　配位化合物

要点导航

1. 掌握配位化合物、配位平衡的基本概念。

2. 熟悉配位化合物的化学键理论(价键理论和晶体场理论)的基本内容；配位平衡与酸碱平衡、沉淀平衡、氧化还原平衡之间的关系及有关计算。

3. 了解配位化合物的类型及应用；软硬酸碱原则。

配位化合物(coordination compound)简称配合物，又叫错合物、络合物(complex compound)，是一类组成复杂、应用广泛、具有特征化学结构的化合物。例如，人们熟悉的杀菌剂胆矾和用作染料的普鲁士蓝就是常见的配位化合物。

现代配位化学的研究可追溯到1798年，法国化学家塔索尔特(B. M. Tassaert)首次用二价钴盐、氯化铵与氨水制备出 $CoCl_3 \cdot 6NH_3$，并发现铬、镍、铜等金属与 Cl^-、H_2O、CN^-、CO 和 C_2H_4 等也都可以生成类似的化合物。但当时的理论无法解释这些化合物的成键及性质。直到1893年，瑞士的维尔纳(A. Werner，1866—1919)总结了前人的理论，首次提出了现代的配位键、配位数和配位化合物结构等一系列基本概念，成功解释了很多配合物的电导性质、异构现象及磁性，奠定了现代配位化学的基础。维尔纳因此也被称为“配位化学之父”，并于1913年获得了诺贝尔化学奖。1923年，英国化学家西季维克提出“有效原子序数”法则(EAN)，提示了中心原子的电子数与它的配位数之间的关系。很多配合物(尤其是羰基配合物)都符合该法则，但也有例外。尽管该法则只能部分反映配合物形成的实质，但其思想大大推动了配位化学的发展。现代配位化学的发展，很大程度上借助于分子轨道理论的发展。目前，价键理论、晶体场理论和配位场理论，已广泛应用于解释配合物的结构和性质。

在现代结构化学理论和近代物理实验方法的推动下，配位化学已发展成为无机化学中研究内容丰富、成果丰硕的学科，并广泛应用于日常生活、工业、农业、生物、医药等领域。配位化学的研究成果促进了分离技术、配位催化、功能配合物、生物无机化学、原子簇化学、分子生物学、原子能、火箭等领域的发展，化学模拟固氮、光合作用、人工模拟和太阳能利用等，均与配位化学密切相关。总之，配位化学已成为现代无机化学中最重要的领域之一，在整个化学领域中具有极为重要的理论和实践意义。本章仅简要介绍配位化合物的基本概念、价键理论和晶体场理论、配位平衡及其影响因素、配位化合物的应用等。

扫码“学一学”

第一节 配合物的基本概念

一、配合物的定义和组成

（一） 配位化合物的定义

在 $FeCl_3$、$CuSO_4$ 和 $AgNO_3$ 等三种物质的溶液中，分别加入过量的 KSCN、NH_3和 KCN，则形成复杂的分子间化合物：

$$FeCl_3 + 6KSCN \longrightarrow K_3[Fe(SCN)_6] + 3KCl$$

$$CuSO_4 + 4NH_3 \longrightarrow [Cu(NH_3)_4]SO_4$$

$$AgNO_3 + 2KCN \longrightarrow K[Ag(CN)_2] + KNO_3$$

由上述实验可知，三个溶液中分别含有大量的$[Fe(SCN)_6]^{3-}$、$[Cu(NH_3)_4]^{2+}$及$[Ag(CN)_2]^-$离子，而 Fe^{3+}、Cu^{2+} 及 Ag^+ 的浓度均极低。分析$[Cu(NH_3)_4]^{2+}$离子的结构，Cu^{2+}的外层有空轨道，NH_3 中的 N 原子有孤对电子，每个 NH_3 中的 N 原子均提供一对孤对电子进入 Cu^{2+} 的空轨道，形成四个配位键（coordination bond），将$[Cu(NH_3)_4]^{2+}$称为配离子，含有配离子的化合物称为配位化合物。根据配位化合物的特点，配位化合物是由具有空轨道（可接受电子对）的中心原子或离子 M（统称中心原子）和一定数目的可给出孤对电子的阴离子或分子 L 以配位键（按一定组成和空间构型）结合形成的化合物。配位键可用箭头表示，如 M←L。

由定义可知，配合物与简单化合物的区别在于配合物的中心原子和配体不能完全解离成简单的离子或分子。例如 $CuSO_4$ 可与 $NH_3 \cdot H_2O$ 生成深蓝色的$[Cu(NH_3)_4]SO_4$ 配合物，它在水溶液中的主要解离方式是：

$$[Cu(NH_3)_4]SO_4 \longrightarrow [Cu(NH_3)_4]^{2+} + SO_4^{2-}$$

溶液中除含有少量的简单离子 Cu^{2+} 外，还含有大量的 $[Cu(NH_3)_4]^{2+}$ 配离子，$[Cu(NH_3)_4]^{2+}$能稳定存在于水溶液中。

另外，还有一类复盐，如 $KAl(SO_4)_2 \cdot 12H_2O$（明矾）、$(NH_4)_2SO_4 \cdot FeSO_4 \cdot 6H_2O$（莫尔盐）等，其性质有别于配合物。复盐溶于水所解离出的离子与其组成的简单盐一样。如明矾是由硫酸钾和硫酸铝作用生成的，溶于水便可发现水溶液含有 K^+、Al^{3+}、SO_4^{2-} 离子，就如同 K_2SO_4 和 $Al_2(SO_4)_3$ 的混合水溶液一样。而配合物则不然，除部分离解出简单离子外，尚存在稳定的配离子。但复盐和配合物又无绝对界限，如复盐 $LiCl \cdot CuCl_2 \cdot 3H_2O$ 晶体中就存在$[CuCl_3]^-$配离子。

（二）配位化合物的组成

中心原子和配位体通过配位共价键结合而成的、相对稳定的结构单元称为配位实体，它可以是阳离子$[Ag(NH_3)_2]^+$、阴离子$[Fe(SCN)_6]^{4-}$或中性分子$[Ni(CO)_4]$，即配位实体可以是“配离子”，也可以是“配合物”。配位化合物由配位实体（内界）和其余部分（外界）组成。书写时，通常将内界写在方括号内，外界写在方括号外。当无外界时，方括号可省略。如：$[Co(NH_3)_3Cl_3]$、$[Cu(NH_3)_4]SO_4$、$Ni(CO)_4$ 等。

以 [$Ag(NH_3)_2$] NO_3 为例，配合物各部分的组成示意图如图 9－1。

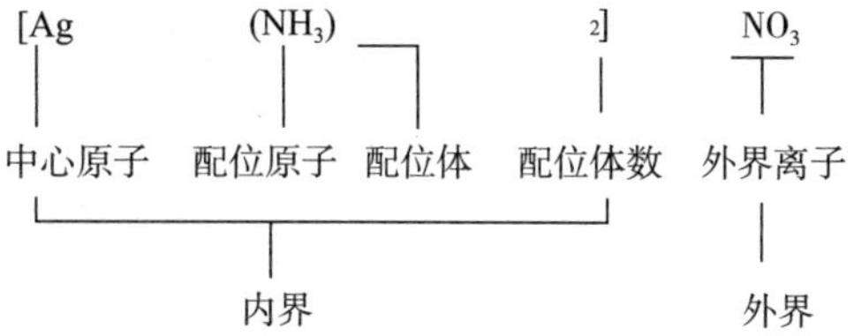

图 9－1　配合物的组成示意图

配合物的内界和外界之间以离子键结合，在水中全部解离。通常配合物的内界含有两种或两种以上的配体，这种配合物称为混合配体配合物(mixed-ligand complex)，简称混配物。生物体内的配合物多以混配物的形式存在。

1. 中心原子　配合物内界中，位于几何结构中心的离子或原子，称为中心原子，又叫形成体。中心原子具有 $(n-1)$d、ns、np、nd 等空轨道以接受配体所提供的孤对电子。中心原子大多为过渡元素，且大部分是阳离子和原子，也有少数阴离子。常见的如铁、钴、镍、铜、锌等元素的离子或原子，如 $[Zn(NH_3)_4]SO_4$ 中的 Zn^{2+}，$K_4[Fe(CN)_6]$ 中的 Fe^{2+}，$[Fe(CO)_5]$ 中的 Fe 等。某些具有高氧化态的非金属元素也可作形成体，如 $K_2[SiF_6]$ 中的 Si(Ⅳ)、$K[BF_4]$ 中的 B(Ⅲ) 和 $NH_4[PF_6]$ 中的 P(Ⅴ) 等，此外还包括极少数的阴离子，如 $HCo(CO)_4$ 中的 Co(－1)。

2. 配位体和配位原子　中心原子周围键合的含有孤电子对的阴离子或中性分子称为配位体，简称配体。配体中直接和中心原子键合的原子称为配位原子(coordinate atom)。配位原子通常为非金属元素如 O、N、C、S 和卤素等。能提供配体的物质称为配位剂。按配体所能提供的配位原子的数目分为单齿配体(或单基配体)和多齿配体(或多基配体)。单齿配体(monodentate ligand)仅提供一个配位原子与中心原子结合，如 H_2O、NH_3、F^-、OH^- 等。

多齿配体(multidentate ligand)是指含有两个或两个以上的配位原子同时跟一个中心原子配合的配体。如乙二胺 $H_2N—CH_2—CH_2—NH_2$ (en)、草酸根 $C_2O_4^{2-}$ (ox)、乙二胺四乙酸(edta)等。多齿配体与中心原子形成的具有环状结构的配合物称为螯合物，故多齿配体又称为螯合剂(chelating agent)，“螯”者，螃蟹的钳子，形象地说配体象螃蟹一样将中心原子紧紧地抓住。

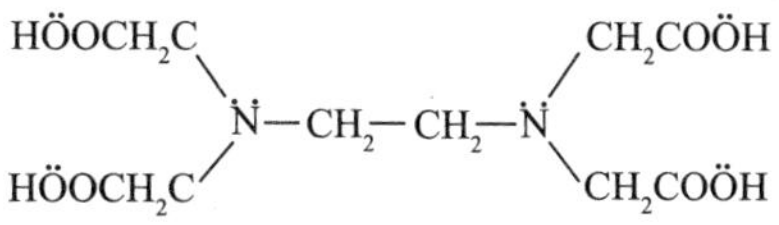

与螯合剂不同，有些配体虽有两个或多个配位原子，但仅用一个配位原子与中心原子配位，这类配体称为两可配体(ambidentate ligand)。如氰根(CN^-，C 配位)，异氰根(NC^-，N 配位)；又如硝基($—NO_2$，N 配位)，亚硝酸根(ONO^-，O 配位)；硫氰酸根(SCN^-，S 配位)，异硫氰酸根(NCS^-，N 配位)。它们均为两可配体，但仍是单齿配体。常见配体见表 9－1。

表 9-1　常见的配体

化学式	名称	缩写	齿数
F^-、Cl^-、Br^-、I^-	卤素离子		1
ONO^-、$—NO_2$	亚硝酸根、硝基		1
SCN^-、CN^-	硫氰酸根、氰根		1
NCS^-、NC^-	异硫氰酸根、异氰根		1
H_2O、NH_3	水、氨		1
OH^-、$—NH_2$、$S_2O_3^{2-}$	氢氧根、氨基、硫代硫酸根		1
NH_2OH、CH_3NH_2	羟胺、甲胺		1
$SC(NH_2)_2$	硫脲		1
SO_4^{2-}、CH_3COO^-	硫酸根、乙酸根		1
$H_2NCH_2COO^-$、$^-OOC—COO^-$	氨基乙酸根、草酸根	gly、ox	2
$H_2NCH_2CH_2NH_2$	乙二胺	en	2
$CH_3—CO—CH_2—CO—CH_3$	乙酰丙酮	acac	2
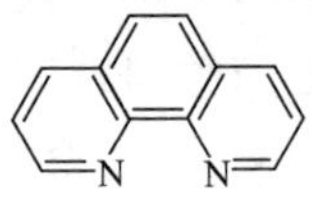	1，10-二氮菲	phen	2
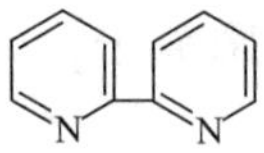	联吡啶	dipy	2
$N(CH_2COO)_3^{3-}$	氨三乙酸根	NTA	4
$(^-OOC—CH_2)_2N—CH_2—CH_2—N(CH_2—COO^-)_2$	乙二胺四乙酸根	EDTA	6

3. 配位数　配位数(coordination number)是中心离子或中心原子直接相连的配位键数。通常，配位数也是与中心离子或中心原子直接结合的配位原子的总数。不难理解，若知道配离子的结构，就可以确定配位数。

与单齿配体配位时：配位数 = 配体数

与多齿配体配位时：配位数 = 齿数 × 配体数

如：$[Zn(NH_3)_4]SO_4$　　配体数 = 4，配位数 = 4

$[Pt(NO_2)_2(NH_3)_4]Cl_2$　　配体数 = 6，配位数 = 6

$[Cu(en)_2]^{2+}$　　配体数 = 2，配位数 = 4

$[Fe(C_2O_4)_3]^{3-}$　　配体数 = 3，配位数 = 6

$[Ca(EDTA)]^{2-}$　　配体数 = 1，配位数 = 6

配位数一般为 2、4、6，最常见的是 4 和 6。表 9-2 为一些常见离子的配位数。

表 9-2　一些常见离子的配位数

金属离子电荷	配位数	实例
+1　(Cu^+、Ag^+、Au^+ 等)	2	$[Ag(NH_3)_2]^+$、$[Au(CN)_2]^-$
+2　(Cu^{2+}、Zn^{2+}、Co^{2+} 等)	4(6)	$[ZnCl_4]^{2-}$、$[Hg(CN)_4]^{2-}$、$[Co(NH_3)_6]^{2+}$、$[CoCl_4]^{2-}$
+3　(Cr^{3+}、Fe^{3+}、Co^{3+} 等)	6(4)	$[Fe(CN)_6]^{3-}$、$[AlCl_4]^-$、$[Cr(NH_3)_6]^{3+}$、$[Co(NH_3)_6]^{3+}$

配位数的影响因素主要是中心原子的电荷和半径，同时，配体的电荷、半径及配合物形成时的外界条件也有一定影响。

(1)电荷的影响：中心原子的电荷越高越有利于形成配位数较高的配合物。如 Ag^+、Zn^{2+} 和 Al^{3+} 配位数分别为 2、4、6，对应的配离子为：$[Ag(CN)_2]^-$、$[Zn(NH_3)_4]^{2+}$ 和 $[AlF_6]^{3-}$。配体电荷数的增加，配体之间的斥力也增加，不利于形成高配位数的配合物。如 H_2O 为中性分子，Cl^- 是带负电荷的离子，两者与 Co^{2+} 分别形成 $[Co(H_2O)_6]^{2+}$ 和 $[CoCl_4]^{2-}$。所以考虑电荷这一因素可知，中心原子电荷的增高及配体电荷的降低有利于配位数的增加。

(2)半径的影响：中心原子半径越大，在引力允许条件下，其周围可容纳的配体越多，配位数也就越大。例如 $[AlF_6]^{3-}$ 和 $[BF_4]^-$ 配离子。值得注意的是，中心原子半径的增大固然有利于形成高配位数的配合物，但若过大又会减弱其同配体的结合，有时反而降低了配位数，如 Hg^{2+} 半径 > Cd^{2+} 半径，但和 Cl^- 结合时，形成配合物 $[HgCl_4]^{2-}$ 的配位数 < $[CdCl_6]^{4-}$ 的配位数。配位体的半径越大，在中心原子周围配位的个数就越少，配位数就越小。如 $[AlF_6]^{3-}$ 配离子与 $[AlX_4]^-$ 配离子（X 代表 Cl^-、Br^-、I^- 离子）。

(3)外界条件的影响：配合物形成时的外界条件尤其是温度和浓度，也会影响配位数。一般，温度越低，配体的浓度越大，越有利于形成高配位数的配合物。

总之，影响配位数的因素很复杂，除上述因素外，中心原子的电子构型及配体的特殊结构等均会影响配位数。但对于某一中心原子而言，与不同的配体结合时，常具有一定的特征配位数。

4. 配离子的电荷数　配离子的电荷数等于组成该配离子的中心原子与各配体电荷数的代数和。如 $[HgCl_4]^{2-}$ 带 2 个单位负电荷，是由 1 个 Hg^{2+} 和 4 个 Cl^- 组成，正负电荷代数和为 −2；$[PtCl_2(en)]$ 电荷数为 0，是由于其由 1 个 Pt^{2+} 和 2 个 Cl^- 和 1 个电中性的 en 组成，正负电荷数的代数和为 0。

二、配合物的命名

配合物组成结构复杂，属于无机化合物。本文根据系统命名原则，仅对较简单的配合物的命名予以简介。

配合物的外界为氢离子	称为某酸
配合物的外界为简单的阴离子（X^- 或 OH^-）	称为某化某
配合物的外界为金属离子、NH_4^+ 或复杂的阴离子（如 SO_4^{2-}）	称为某酸某

例如：$[Cu(NH_3)_2]Cl$，外界为简单阴离子，称为氯化二氨合铜(Ⅰ)、$[Zn(NH_3)_4]SO_4$，外界为复杂阴离子，则称为硫酸四氨合锌(Ⅱ)。

(一)内界

(1)命名配离子时，配位体的名称在前，中心原子名称在后。先列出配体及其配位数。依次说明配体数目、名称及中心原子名称。配体与中心原子之间用“合”字连接，表示配位键结合，配体数目以中文数字作前缀，中心原子的氧化数用罗马数字放在括号内作后缀。

命名顺序为：配体数→配体名称（不同配体之间用中圆点“·”分开）→“合”→中心原子（氧化数）。

(2)若配合物中有多种配位体，命名次序遵从如下规则：①阴离子配体在前，中性分子配体在后；②内界中既有无机配体又有有机配体，则无机配体在前，有机配体在后；③同类配体，则按配位原子的元素符号的英文字母顺序排列；若配位原子相同，则原子数目少的配体排在前面；若原子数也相同，则按结构式中与配位原子相连原子的元素符号的英文字母顺序排列。

命名顺序为：无机离子→无机分子→有机配体→合→中心原子（氧化值）。

注意：配位体数目用中文数字一、二、三等表示（其中“一”常可省略）。

（二）配合物的命名

配合物的命名有习惯命名法和系统命名法。某些常见的配合物，还沿用习惯命名法，如$[Cu(NH_3)_4]^{2+}$称为铜氨配离子，$[Ag(NH_3)_2]^+$称为银氨配离子，H_2SiF_6称为氟硅酸，$K_4[Fe(CN)_6]$称为亚铁氰化钾或黄血盐，$K_3[Fe(CN)_6]$称为铁氰化钾或赤血盐，K_2PtCl_6称为氯铂酸钾等。大多数情况下配合物采用系统命名法。

$H_2[SiF_6]$	六氟合硅（Ⅳ）酸
$K_2[PtCl_6]$	六氯合铂（Ⅳ）酸钾
$(NH_4)_2[Zn(OH)_4]$	四羟合锌（Ⅱ）酸铵
$[Pt(NH_3)_2Cl_2]$	二氯·二氨合铂（Ⅱ）
$[Pt(NH_3)_6]Cl_4$	四氯化六氨合铂（Ⅳ）
$[Cu(NH_3)_4]SO_4$	硫酸四氨合铜（Ⅱ）
$[Cr(OH)(C_2O_4)(H_2O)(en)]$	羟基·草酸根·水·乙二胺合铬（Ⅲ）
$[Ag(NH_3)_2]Cl$	氯化二氨合银（Ⅰ）
$[Co(N_3)(NH_3)_5]SO_4$	硫酸叠氮·五氨合钴（Ⅲ）
$NH_4[Cr(SCN)_4(NH_3)_2]$	四硫氰·二氨合铬（Ⅲ）酸铵
cis－$[PtCl_2(Ph_3P)_2]$	顺式－二氯·二（三苯基膦）合铂（Ⅱ）
$[Ca(EDTA)]^{2-}$	乙二胺四乙酸根合钙（Ⅱ）
$[PtBrClNH_3(Py)]$	溴·氯·氨·吡啶合铂（Ⅱ）
$Ni(CO)_4$	四羰基合镍
四氯合金（Ⅲ）酸	$H[AuCl_4]$
氯化二氯·二乙二胺合钴（Ⅲ）	$[Co(en)_2Cl_2]Cl$
二氰·二（乙二胺）合镉（Ⅱ）	$[Cd(en)_2(CN)_2]$
氯·硝基·四氨合钴（Ⅲ）离子	$[CoCl(NO_2)(NH_3)_4]^+$
四硝基·二氨合钴（Ⅲ）酸铵	$NH_4[Co(NO_2)_4(NH_3)_2]$
六异硫氰合铁（Ⅲ）离子	$[Fe(NCS)_6]^{3-}$

例9－1 给下列配合物命名，并指出各个配合物的中心离子、配体、配位数和配位离子的电荷。

① $K_3[Cr(CN)_6]$　　② $[Zn(OH)(H_2O)_3]NO_3$

③ $[CoCl_2(NH_3)_3H_2O]Cl$　　④ $[PtCl_2(en)]$

解：解题结果见下表

化学式	配合物名称	中心离子	配体	配位数	配离子电荷
$K_3[Cr(CN)_6]$	六氰合铬(Ⅲ)酸钾	Cr^{3+}	CN^-	6	-3
$[Zn(OH)(H_2O)_3]NO_3$	硝酸羟基·三水合锌(Ⅱ)	Zn^{2+}	OH^-，H_2O	4	+1
$[CoCl_2(NH_3)_3H_2O]Cl$	氯化二氯·三氨·水合钴(Ⅲ)	Co^{3+}	Cl^-，NH_3，H_2O	6	+1
$[PtCl_2(en)]$	二氯·乙二胺合铂(Ⅱ)	Pt^{2+}	Cl^-，en	4	0

三、配合物的类型

常见的配合物可分为简单配合物、螯合物、多核配合物等几种类型。

(一)简单配合物

简单配合物是指由一个中心原子与单齿配体所形成的配合物。例如 $Na_2[HgI_4]$、$[Zn(NH_3)_4]SO_4$、$K[Co(NO_2)_4(H_2O)_2]$、$K_3[Fe(CN)_6]$等均属于简单配合物。这类配合物分子中没有环状结构，在溶液中会发生逐级生成和逐级解离现象。

(二)螯合物

螯合物(chelate)又称内配合物，是由中心原子和多齿配体所形成的具有环状结构的配合物。例如 Cu^{2+} 与乙二胺(en)结合时，en 同时提供两个氮原子与 Cu^{2+} 配合形成环状结构的二乙二胺合铜(Ⅱ)离子。

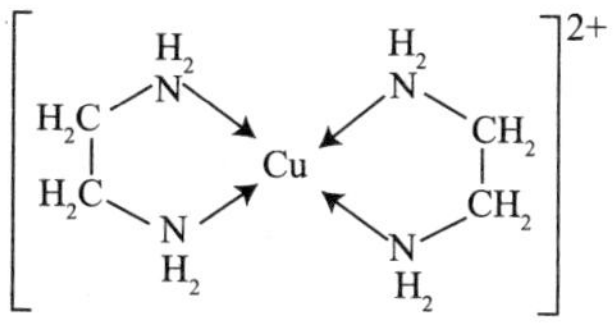

螯合物分子中，中心原子和配体数目之比称配合比，在$[Cu(en)_2]^{2+}$中，其配合比为 1∶2。螯合物具有环状结构，所以其稳定性较高，很少有逐级解离现象。

多齿配体又叫螯合剂。螯合剂通常具备以下两个条件：①配体必须含有两个或两个以上的配位原子，主要是 O、N、S 等能给出电子对的原子。②两个配位原子必须间隔两个或两个以上其他原子。只有这样才可形成稳定的环状结构(五元环或六元环)。如联氨 H_2N-NH_2，虽有两个配位原子氮，但它是单齿配体，不能形成螯合物(三元环和四元环不稳定)。

螯合剂乙二胺四乙酸，为四元酸(H_4Y)，简称 EDTA，因在水中溶解度不大，常用其二钠盐 Na_2H_2Y，分子中有六个配位原子(4 个 O，2 个 N)，可以与绝大多数金属离子形成具五个五元环的有特殊稳定性的螯合物。图 9-2 即为乙二胺四乙酸及乙二胺四乙酸根合钙(Ⅱ)离子的结构。

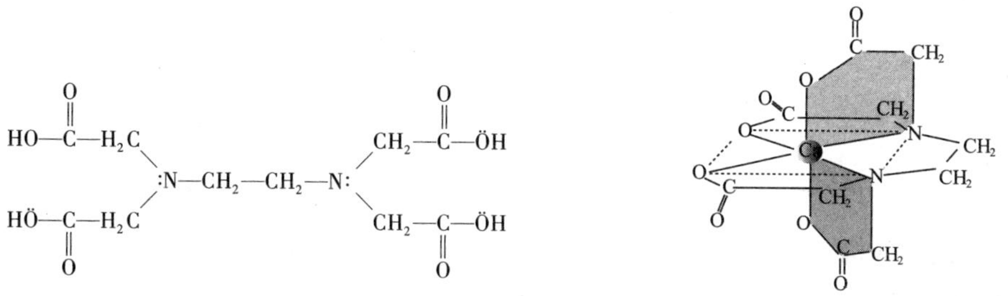

图 9-2　乙二胺四乙酸及其金属螯合物的结构

大多数螯合物结构中具有五元或六元环，通常比一般配合物稳定，稳定常数都非常高，许多螯合反应都可以用来定量滴定，也可用于掩蔽金属离子。工业上常用螯合物除去金属杂质，如水的软化、有毒重金属离子的去除等。一些生命必需的物质如血红蛋白和叶绿素也是螯合物。

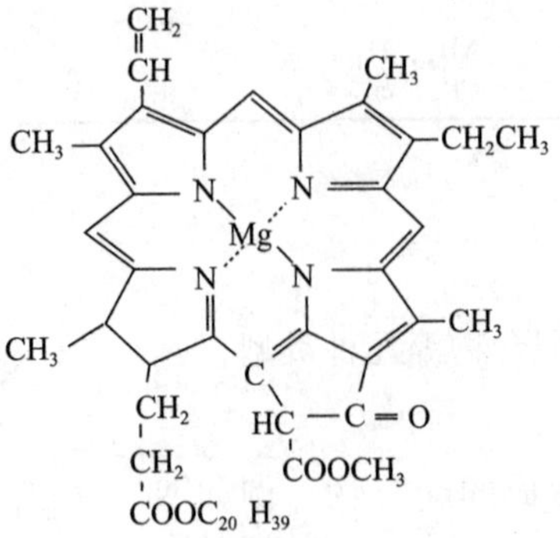

叶绿素（镁卟啉螯合物）　　　　血红素（铁卟啉螯合物）

（三）多核配合物

内界含有两个或两个以上的中心原子的配合物称多核配合物。多核配合物中多个中心原子之间是靠配体的桥基"搭桥"连接。作为桥基的配体（大桥联配体）必须在其配位原子中有两对或两对以上的孤对电子，能同时与两个或两个以上的金属离子形成配键，起到"搭桥"作用。常见的桥基有 OH^-、X^-、NH_2^-、O^{2-}、SO_4^{2-} 等。最常见的多核配合物是多核氯桥和羟桥配合物，它们可以在金属离子水解过程中形成。如图所示。

$$[(H_2O)_4Fe\begin{smallmatrix}H\\O\\O\\H\end{smallmatrix}Fe(H_2O)_4](SO_4)_2$$

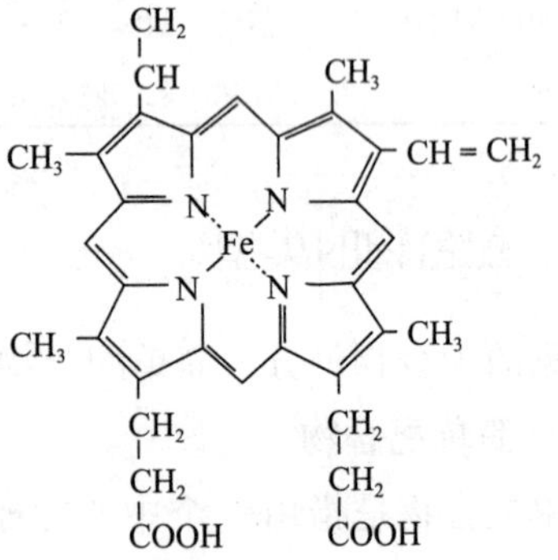

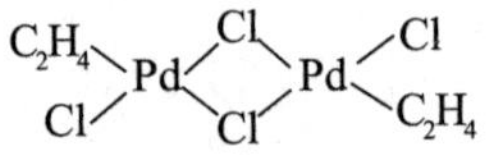

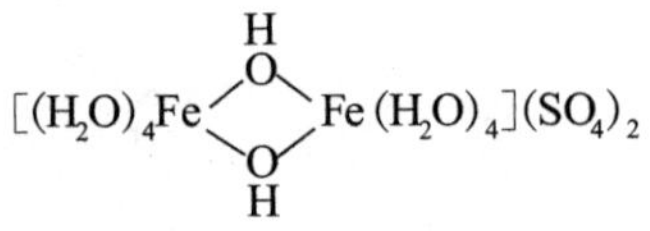

四、配合物的异构现象

化学组成相同但结构不同的现象称为异构（isomerism）现象，具有异构现象的分子互称异构体（isomer）。异构现象是配合物的重要性质之一，它不仅影响配合物的物理和化学性质，而且与其稳定性、反应性和生物活性也有密切关系。配合物涉及多种异构现象，本章仅简单介绍键合异构和几何异构。

（一）键合异构

两可配体采用不同的原子配位引起的异构现象称为键合异构（linkage isomerism）。例如：

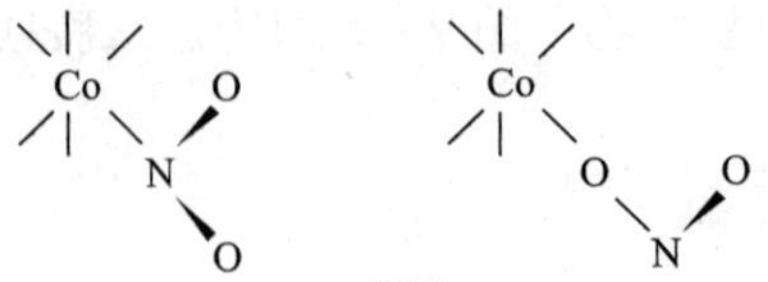

$$[Co(NO_2)(NH_3)_5]^{2+} \underset{\text{加热}}{\overset{\text{UV 照射}}{\rightleftharpoons}} [Co(ONO)(NH_3)_5]^{2+}$$

黄色　　　　　　　　红色

硝基·五氨合钴（Ⅲ）离子　　亚硝酸根·五氨合钴（Ⅲ）离子

（二）几何异构

配位数为 4 的平面正方形和配位数为 6 的八面体结构会出现几何异构，有顺式－反式异构体和面式－经式异构体存在。顺式（cis－）是指相同的配体处于邻位，反式（trans－）是指相同的配体处于对位；八面体 $[MA_3B_3]$ 异构体中，面式（face－）指 3 个 A 和 3 个 B 各占八面体的三角面的顶点；经式(mer－)是指3个A和3个B在八面体外接球的子午线上并列，也称子午线式。

平面正方形的[MA_2B_2]型配合物中存在顺式和反式2种异构现象。例如[$PtCl_2(NH_3)_2$]有下列两种异构体。

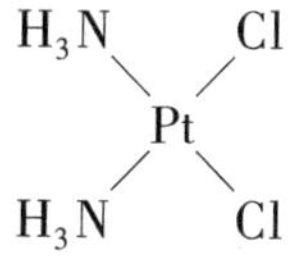

顺式

顺式－二氯·二氨合铂(Ⅱ)

棕黄色

结构不对称，$\mu \neq 0$，有极性，

易溶于极性溶剂中。

$s = 0.2523g/100g\ H_2O$

具抗癌活性(干扰DNA复制)

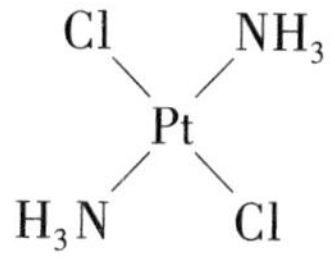

反式

反式－二氯·二氨合铂(Ⅱ)

淡黄色

结构对称，$\mu = 0$，无极性，

难溶于极性溶剂中。

$s = 0.0366g/100g\ H_2O$

不具抗癌活性

在八面体配合物[MA_2B_4]中同样存在顺反2种异构现象；[MA_3B_3]有面式和经式2种异构体存在。

配合物性质与其立体构型密切相关。相同分子式的配合物，立体构型不同，可能具有完全不同的化学性质和生物学作用。

第二节　配合物的化学键理论

扫码“学一学”

配合物的化学键主要是指中心原子与配体之间形成的配位键。配合物的化学键理论，可阐明配合物的配位数、结构、磁性、颜色、稳定性等。目前主要有价键理论、晶体场理论和配位场理论，本章仅介绍前两种理论。

一、价键理论

1928年，美国的鲍林(L. C. Pauling，1901—1994)将杂化轨道理论应用于研究配合物而形成价键理论(valence bond theory，VBT)。该理论简单明了，较成功地解释了一些配合物的立体构型、稳定性和磁性等。

(一)价键理论的基本要点

(1)形成配位键的中心原子必须具有空轨道，是电子对的受体(acceptor)；配体的配位原子具有孤对电子，是电子对的供体(donor)。中心原子在配体靠近时，所提供的空轨道进行杂化，形成能量相等且有一定空间取向的新的杂化轨道，并和配位原子的孤对电子轨道在一定方向上彼此接近，发生最大重叠而形成配位键，得到不同配位数和不同空间构型的配合物。

(2)中心原子提供的杂化轨道数目即为配位数，杂化方式决定配合物的空间构型、稳定性和磁性。

(二)外轨型和内轨型配合物

中心原子提供哪些空轨道杂化，与中心原子的电子层结构及配体中配位原子的电负性大小有关。过渡金属离子，内层的$(n-1)$d 轨道尚未填满，外层的 ns、np、nd 通常是空轨道，与配体键合时有两种不同的轨道杂化方式，可形成外轨型和内轨型两种不同类型的配合物。

1. 外轨型配合物 中心原子提供外层空轨道（ns、np、nd）杂化与配体结合形成的配合物称为外轨型配合物（outer orbital coordination compound）。当配位原子为电负性较大的卤素、氧时，不易给出孤对电子，对中心原子的影响较小，中心原子原有的电子层构型不变（符合洪特规则），仅用外层 ns、np、nd 空轨道杂化，生成一组能量相等的杂化轨道与配体结合形成外轨型配合物。

例如：$[Ni(NH_3)_4]^{2+}$或$[NiCl_4]^{2-}$中，Ni^{2+}用外层的 1 个 4s 和 3 个 4p 轨道杂化，形成 4 个 sp^3 杂化轨道来接受 NH_3 或 Cl^- 提供的孤对电子，形成 4 个配位键，如图 9－3 所示：

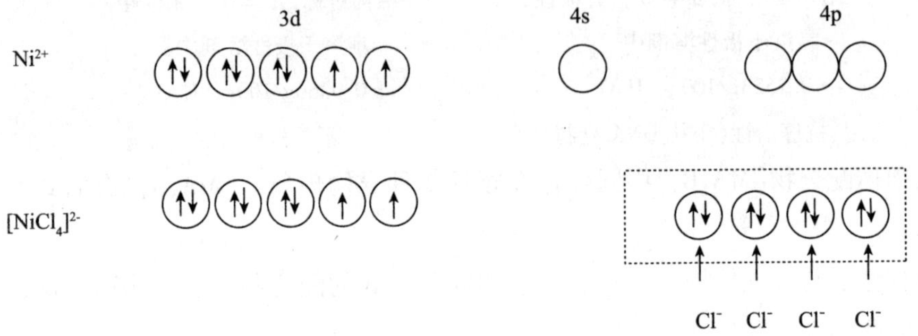

图 9－3 sp^3 杂化

又如：$[FeF_6]^{3-}$配离子，Fe^{3+}离子的价电子层结构为 $3d^5 4s^0 4p^0 4d^0$，当 Fe^{3+} 与 F^- 配位形成配离子时，其原有的电子层结构不变，用外层的 1 个 4s、3 个 4p 和 2 个 4d 轨道进行杂化，形成 6 个 sp^3d^2 杂化轨道，接受 6 个 F^- 离子所提供的孤对电子，形成六个配位键，如图 9－4 所示：

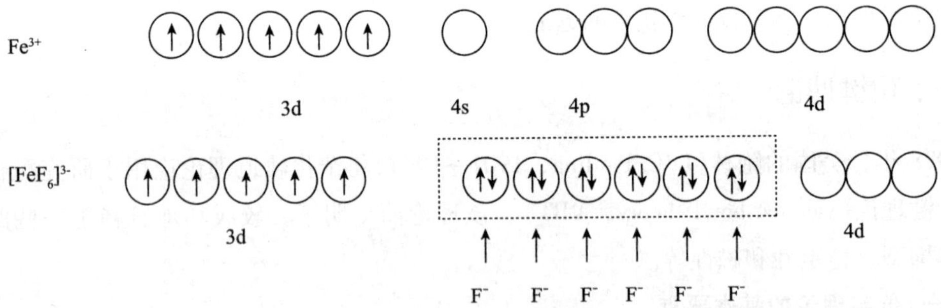

图 9－4 sp^3d^2 杂化

$[Fe(H_2O)_6]^{3+}$、$[FeF_6]^{3-}$、$[CoF_6]^{3-}$、$[Co(NH_3)_6]^{2+}$、$[Co(H_2O)_6]^{2+}$、$[MnF_6]^{4-}$ 等配合物均属于外轨型。

另一些$(n-1)$d 轨道全充满的金属离子，如 Ag^+、Cu^+、Zn^{2+}、Cd^{2+}、Hg^{2+} 等，没有可利用的内层轨道，与任何配体结合只能形成外轨型配合物。

例如，$[Ag(NH_3)_2]^+$采用了 sp 杂化轨道来接受 2 个 NH_3 所提供的孤对电子，形成直线形的配合物（图 9－5）。

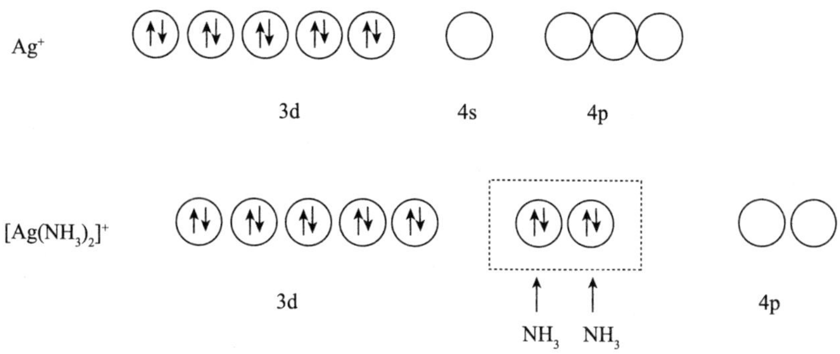

图 9－5　sp 杂化

2. 内轨型配合物　中心原子提供内层(n－1)d、外层 ns、np 空轨道杂化与配体结合形成的配合物称为内轨型配合物(inner orbital coordination compound)。当配位原子为电负性较小的原子(如 C、N 等)，与电荷较高的中心原子(如 Fe^{3+}、Co^{3+})配位时，由于配位原子较易给出孤对电子，对中心原子的影响较大，使其价电子层结构发生变化，$(n-1)$d 轨道上的成单电子强行配对，空出内层能量较低的$(n-1)$d 轨道与 ns、np 轨道进行杂化，生成一组能量相等的杂化轨道与配体结合，形成内轨型配合物。

例如：$[Ni(CN)_4]^{2-}$配离子中的 Ni^{2+}离子在配体 CN^-离子影响下，3d 轨道电子重排占据 4 个 d 轨道，形成 4 个 dsp^2 杂化轨道与 4 个 CN^-成键，形成平面四方形配合物。见图 9－6：

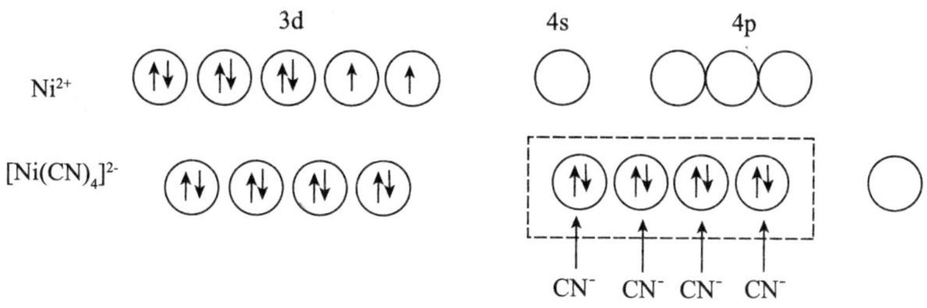

图 9－6　dsp^2 杂化

又如：$[Fe(CN)_6]^{3-}$配离子中的 Fe^{3+}离子价电子层结构为 $3d^54s^0$，5 个成单电子占据 3 个 d 轨道，剩余 2 个空的 3d 轨道同外层 4s、4p 轨道形成 6 个 d^2sp^3 杂化轨道与 6 个 CN^-成键，形成八面体配合物。如图 9－7：

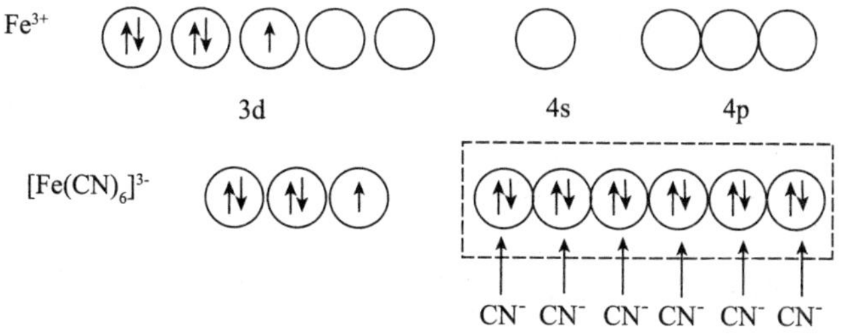

图 9－7　d^2sp^3 杂化

事实上，影响配合物结构的因素很复杂，有些配体(如 NH_3 和 Cl^-)既可形成外轨型也可形成内轨型配合物，如$[Co(NH_3)_6]^{3+}$为内轨型配合物、$[Co(NH_3)_6]^{2+}$则为外轨型配合物，配合物的构型与中心离子(或原子)的电荷有关。

与外轨型配合物相比，内轨型配合物由于采用内层的$(n-1)$d 轨道杂化，能量较低，形成的配位键的键能较大，稳定性较高，在水中不易解离。故内轨型配合物的稳定性(稳定常数)、配位键的键能均大于外轨型配合物。

为了判断配合物究竟是内轨型还是外轨型，通常采用测定磁性来判断。磁性是指配合物在磁场中表现出来的性质，用物理量磁矩 μ 表示，它是由于轨道中单电子自旋运动产生的，故磁性与分子中电子在轨道上的运动状态以及电子自旋方式有关。配合物的磁矩 μ 可用古埃磁天平测得。

配合物中磁矩 μ 与成单电子数 n 有关。其经验关系式为：

$$\mu = \sqrt{n(n+2)} \quad (\text{B. M.}) \qquad (9-1)$$

磁矩的单位是玻尔磁子 B. M.（1B. M. = 9. 27402J/K，非法定计量单位），表 9 - 3 列出磁矩近似值与未成对电子数 n 的关系。

表 9 - 3 磁矩的近似值与 n 的关系

未成对电子数 n	1	2	3	4	5	6	7
磁矩 μ(B. M.)	1. 73	2. 83	3. 87	4. 90	5. 92	6. 93	7. 94

例如：$[FeF_6]^{3-}$，$\mu_{测}$ = 5. 88B. M.，n = 5，$\mu_{计算}$ = 5. 92B. M. 推知为外轨型配合物；$[Fe(CN)_6]^{4-}$，$\mu_{测}$ = 0B. M.　n = 0，$\mu_{计算}$ = 0B. M. 推知为内轨型配合物。

某些配合物的电子结构和磁矩见表 9 - 4。

表 9 - 4 某些配合物的电子结构和磁矩

配离子	(n - 1)d 轨道电子排布	杂化类型	未成对电子数	理论磁矩 (B. M.)	实测实验 (B. M.)
$[FeF_6]^{3-}$	Fe^{3+} ↑ ↑ ↑ ↑ ↑	sp^3d^2	5	5. 92	5. 88
$[Fe(H_2O)_6]^{2+}$	Fe^{2+} ↑↓ ↑ ↑ ↑ ↑	sp^3d^2	4	4. 90	5. 30
$[Fe(CN)_6]^{3-}$	Fe^{3+} ↑↓ ↑↓ ↑ __ __	d^2sp^3	1	1. 73	2. 3
$[CoF_6]^{3-}$	Co^{3+} ↑↓ ↑ ↑ ↑ ↑	sp^3d^2	4	4. 90	-
$[Co(NH_3)_6]^{2+}$	Co^{2+} ↑↓ ↑↓ ↑ ↑ ↑	sp^3d^2	3	3. 87	3. 88
$[Co(NH_3)_6]^{3+}$	Co^{3+} ↑↓ ↑↓ ↑↓ __ __	d^2sp^3	0	0	0
$[MnCl_4]^{2-}$	Mn^{2+} ↑ ↑ ↑ ↑ ↑	sp^3	5	5. 92	5. 88
$[Mn(CN)_6]^{4-}$	Mn^{2+} ↑↓ ↑↓ ↑ __ __	d^2sp^3	1	1. 73	1. 70
$[Ni(CN)_4]^{2-}$	Ni^{2+} ↑↓ ↑↓ ↑↓ ↑↓ __	dsp^2	0	0	0

内轨型配合物含未成对电子数少，都为低自旋配合物；外轨型配合物大多含未成对电子数多，又多为高自旋配合物，它们常常具有顺磁性。

(三)配离子的空间构型

由价键理论可知，形成配合物时，中心原子提供的原子轨道必须杂化，杂化轨道的数目即为配位数，杂化的方式取决于中心原子的结构、中心原子与配体的相互作用，因此配位数不同的配合物可以有不同的空间构型。中心原子的配位数及杂化轨道类型同配离子立体空间构型的关系如表 9 - 5 所示。

表 9－5　配合物的杂化类型和空间构型

配位数	立体构型	杂化类型	空间结构	实例
2	直线型	sp		$[Cu(CN)_2]^-$，$[Ag(NH_3)_2]^+$
3	平面三角形	sp^2	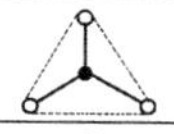	$[CuCl_3]^{2-}$，$[HgI_3]^-$
4	四面体	sp^3	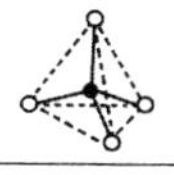	$[Cd(NH_3)_4]^{2+}$，$[NiCl_4]^{2-}$
	平面四方形	dsp^2	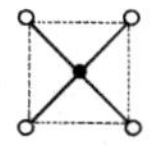	$[Ni(CN)_4]^{2-}$，$[Cu(NH_3)_4]^{2+}$
5	三角双锥	dsp^3	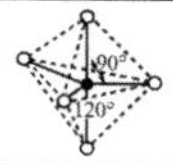	$[Fe(CO)_5]$
	四方锥	d^4s	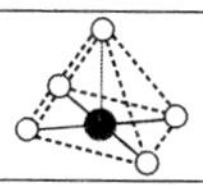	$[TiF_5]^-$
6	正八面体	sp^3d^2	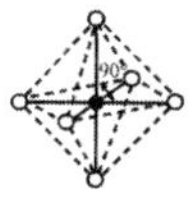	$[Fe(H_2O)_6]^{3+}$，$[Co(NH_3)_6]^{2+}$
		d^2sp^3		$[Cr(CN)_6]^{3-}$，$[Co(NH_3)_6]^{3+}$

注意：配位数大于 6 的配合物较少见，通常为第二和第三过渡系元素的配合物，空间构型比较复杂。目前可采用 X-射线衍射分析、红外光谱、紫外－可见光谱、旋光光度法、核磁共振等方法，来确定配合物的空间结构。

（四）价键理论的应用和局限性

价键理论能够成功地解释配合物的配位数、立体构型、稳定性和磁性等；但也有局限性，它是一个定性理论，不能定量和半定量地说明配合物的稳定性，也无法解释过渡金属配合物的紫外吸收特征光谱等现象。这些问题可通过晶体场理论、配位场理论等得到比较满意的解释。

二、晶体场理论

1929 年，皮塞（H. Bethe）首先提出晶体场理论（crystal field theory，CFT），该理论是一种静电理论，将中心原子和配体之间的相互作用看作类似于离子晶体中阴、阳离子间的相互作用，同时也考虑到配体的加入，中心原子五个简并的 d 轨道失去简并性，分裂为两组或更多的能级组，从而对配合物的性质产生重要影响。该理论在解释配离子的磁学、光学等性质方面较为成功。

（一）基本要点

（1）晶体场理论认为中心原子与配体之间通过静电作用结合形成配合物。配体为极性分子或阴离子，具有一定的几何构型和偶极，配体偶极的负端在中心原子周围形成的静电场称为晶体场。中心原子与配体之间由于静电吸引放出能量，使体系能量下降。

（2）在晶体场的作用下，中心原子的 5 个 d 轨道发生能级分裂，分裂为能量不同的两组或更多组的轨道。能级分裂的方式取决于晶体场的对称性。

（3）d 轨道的能级分裂，必然造成电子的重新排布，体系总能量降低，由此产生晶体场稳定化能，造成了中心原子与配体的附加成键效应。

晶体场理论主要讨论中心原子在晶体场作用下，发生的 d 轨道能级分裂以及这种分裂与配合物性质之间的关系。

(二)中心原子 d 轨道能级的分裂

中心原子的 d 轨道共有 5 个，即 d_{xy}、d_{yz}、d_{xz}、$d_{x^2-y^2}$、d_{z^2}，它们是一组能量相同的简并轨道，但空间伸展方向不同。

若将一个金属离子放在一个球形对称性的配体负电场中，由于 d 轨道在各方向上所受到的排斥作用相同，因此 d 轨道的能量会升高，但不分裂，仍为一组简并的 d 轨道(图 9 - 8)。但若将金属离子放在非球形对称性的配体负电场中，情况就不同(图 9 - 9)。

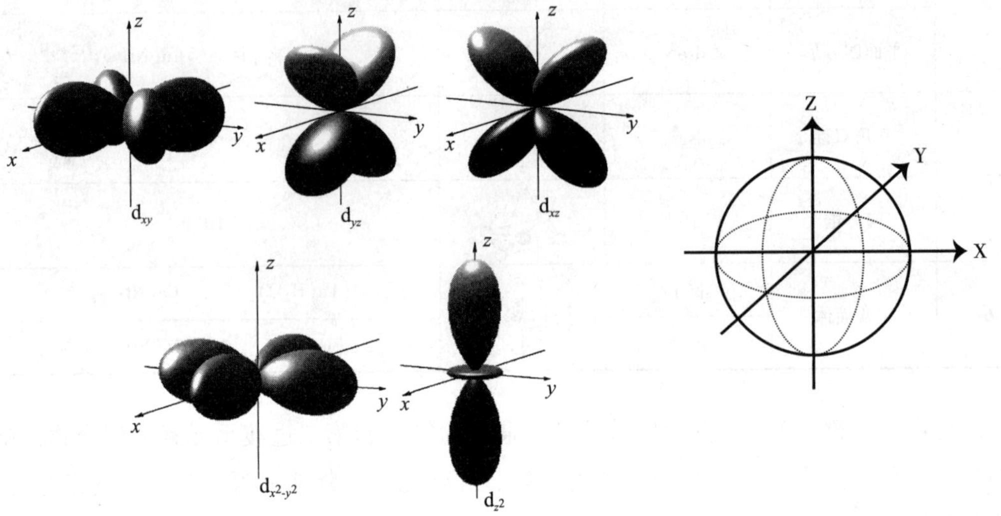

图 9 - 8　d 轨道与球形场示意图

1. d 轨道在正八面体场中的能级分裂　在八面体晶体场中，如图 9 - 9 所示，中心原子置于原点，6 个配体分别沿 ±x、±y、±z 轴方向接近中心原子，其中 $d_{x^2-y^2}$、d_{z^2}轨道的极大值正好指向正八面体的顶点，与配体处于迎头相“撞”的状态，因而电子在这类轨道上所受到的排斥较球形场大，轨道能量有所升高，这组轨道称为 d_γ 轨道或 e_g 轨道。相反 d_{xy}、d_{yz}、d_{xz}轨道的极大值指向正八面体顶点的间隙，电子所受到的排斥较小。与球形对称场相比，(d_{xy}、d_{yz}、d_{xz})轨道的能量有所降低，这组轨道称为 d_ε 轨道或 t_{2g}轨道。(d_γ、d_ε 为光谱学符号，e_g、t_{2g}是用以表示对称性的群论符号，其中 e 表示二重简并，t 表示三重简并，g 表示有对称中心，2 表示对垂直对称面为反对称)。如图 9 - 10 所示。

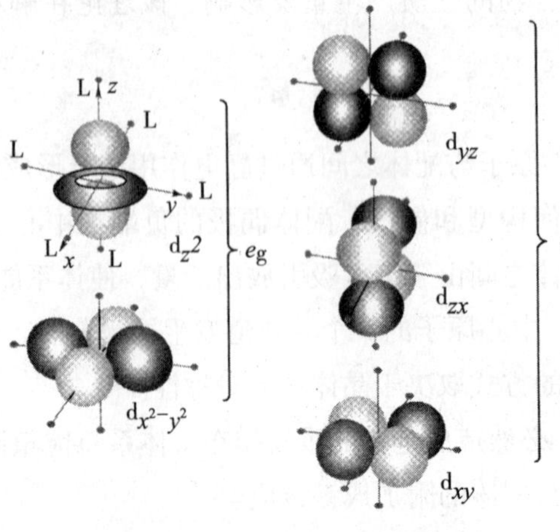

图 9 - 9　正八面体场中的 d 轨道

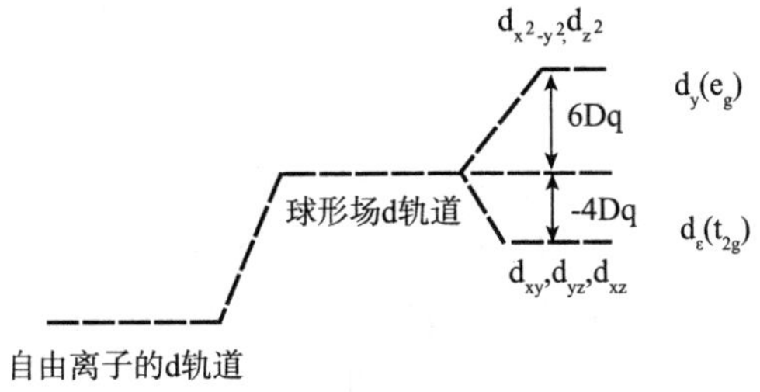

图 9－10　d 轨道在正八面体场中的能级分裂

八面体场越强，分裂越严重，分裂后两组轨道能量差别越大。中心原子 d 轨道分裂后，最高能级和最低能级间的能量差称为晶体场分裂能（crystal field splitting energy），用符号 Δ 表示。d 轨道分裂前后总能量保持不变，设球形场能量 $E_{球形场}=0\mathrm{Dq}$，八面体场的 Δ_0（下标 o 表示八面体 octahedral）$=10\mathrm{Dq}$，Δ_0 相当于 1 个电子从 d_ε 轨道激发到 d_γ 轨道所需的能量。

$$E(d_\gamma)-E(d_\varepsilon)=\Delta_0=10\mathrm{Dq} \tag{9-2}$$

$$2E(d_\gamma)+3E(d_\varepsilon)=0 \tag{9-3}$$

将(9-2)、(9-3)式联合求解得：

$$E(d_\gamma)=\frac{3}{5}\Delta_0=+6\mathrm{Dq}$$

$$E(d_\varepsilon)=-\frac{2}{5}\Delta_0=-4\mathrm{Dq}$$

2. d 轨道在正四面体场中的能级分裂　正四面体场中，中心原子位于立方体的中心，$\pm x$、$\pm y$、$\pm z$ 轴分别指向立方体的面心，四个配体占据立方体八个顶点中互相错开的四个顶点位置，即 d_{xy}、d_{yz}、d_{xz} 轨道的极大值分别指向立方体棱边的中点，距配体较近，排斥作用较强，相对于球形对称场能级升高；而 $d_{x^2-y^2}$、d_{z^2} 轨道的极大值分别指向立方体的面心，距配体较远，排斥作用较弱，相对于球形对称场能级下降。如图9-11 所示。

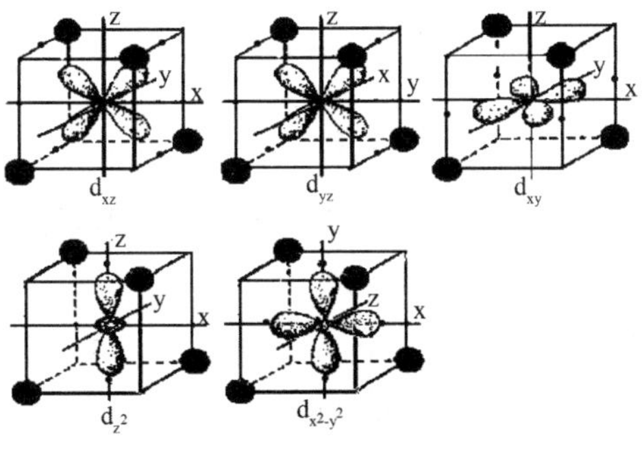

图 9－11　正四面体场中的 d 轨道

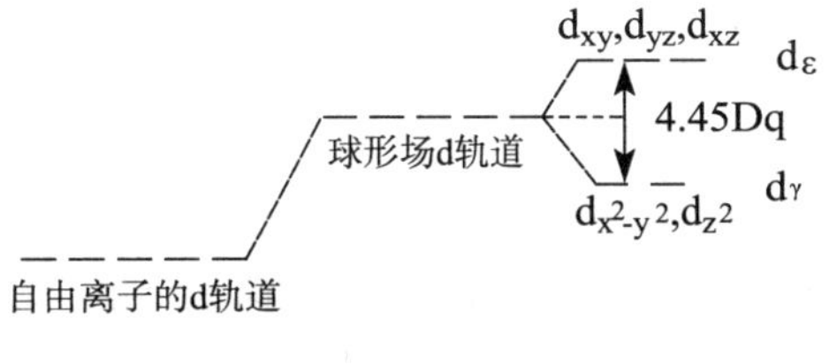

图 9－12　d 轨道在正四面体场中的能级分裂

因此在正四面体场中，中心原子的 d 轨道也分裂成二组：一组为能量较高的三重简并 d_ε 轨道（d_{xy}、d_{yz}、d_{xz}），另一组是能量较低的二重简并 d_γ 轨道（$d_{x^2-y^2}$、d_{z^2}）。相对于八面体而言，四面体场中的排斥作用较小。见图 9－12。

正四面体场中的 d 轨道的分裂恰好与正八面体场中的相反，在四面体场中 d_γ 和 d_ε 轨道的能量差以分裂能 Δ_t 表示［下标 t 代表四面体（tetrahedral）］，Δ_t 只有八面体场中 Δ_0 的 4/9。

$$\Delta_t=\frac{4}{9}\Delta_0=4/9\times10\mathrm{Dq}=4.45\mathrm{Dq}$$

$$E(d_\varepsilon)-E(d_\gamma)=\frac{4}{9}\times10\mathrm{Dq} \tag{9-4}$$

$$3E(d_\varepsilon)+2E(d_\gamma)=0 \tag{9-5}$$

将(9-4)、(9-5)式联立解得

$$E(d_\varepsilon)=+1.78\text{Dq}$$
$$E(d_\gamma)=-2.67\text{Dq}$$

3. d 轨道在平面四方形场中的能级分裂 四方形场(图 9-13)中，四个配体分别沿 x 和 y 轴正、负方向趋近中心离子。$d_{x^2-y^2}$轨道的极大值正好处于与配体迎头相“撞”的位置，受排斥作用最强，能级升高最多。其次为 xy 平面上的 d_{xy}轨道。而 d_{z^2}轨道的环形部分在 xy 平面上，受配体排斥作用较小，能量较低。简并的 d_{yz}、d_{xz}轨道的能量最低。总之，五个 d 轨道分裂成四组。其能级次序见图 9-14。

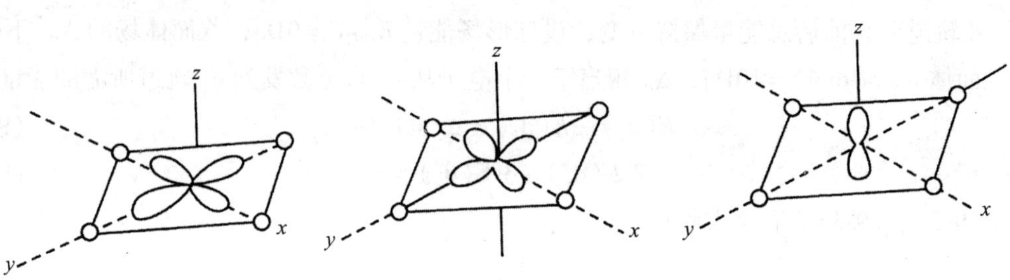

图 9-13 四方形场中的 d 轨道

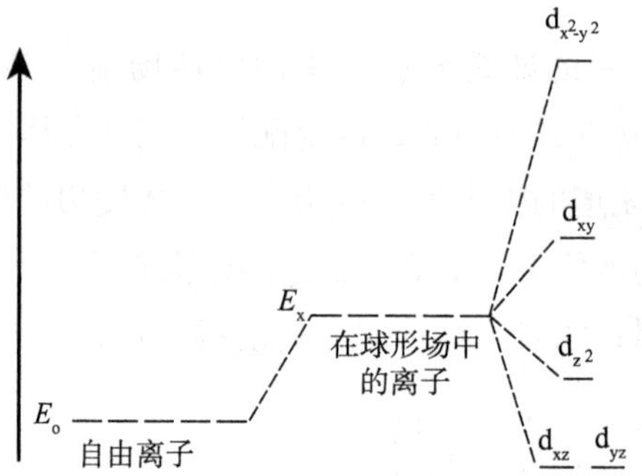

图 9-14 d 轨道在平面四方形场中的能级分裂

四方形场的分裂能 Δ_s(下标 s 表示平面正方形 square planar) = 17.42Dq。同理可算出四组轨道的相对能量。

八面体场、四面体场、平面四方形场中 d 轨道能级分裂的相对关系见图 9-15。显然，d 轨道的空间取向不同，在晶体场中的分裂方式与晶体场的对称性密切相关。

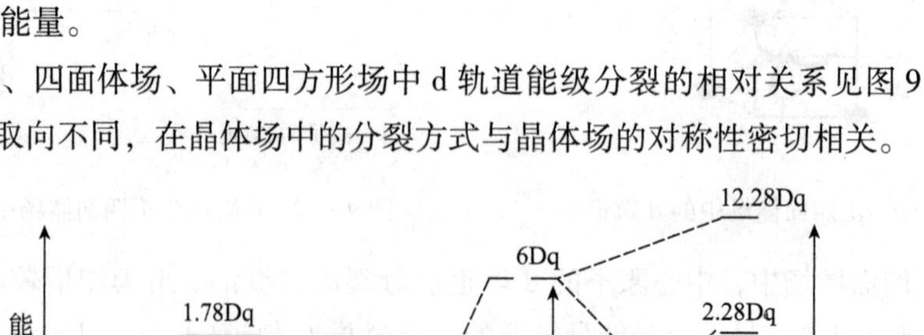

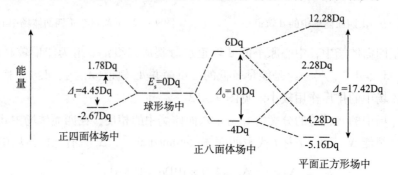

图 9-15 d 轨道在不同配位场 Δ 的相对值

(三)晶体场分裂能的影响因素

d 轨道分裂后最高能级和最低能级的能级差称为晶体场分裂能。相当于一个电子从最低能量 d 轨道跃迁到最高能量 d 轨道时所需要吸收的能量，Δ 值的大小一般用波数(cm^{-1})来表示。1 波数 $=1.986\times10^{-23}$焦(J)。配合物的几何构型、中心原子的电荷和半径、d 轨道的主量子数 n 及配体的种类等均会影响分裂能的大小。

1. 配合物的几何构型 配合物的几何构型同分裂能 Δ 的关系如下：

平面正方形 > 八面体 > 四面体

这由图 9－15 就可看出。又如：

平面正方形	$[Ni(CN)_4]^{2-}$	$\Delta_s=35500cm^{-1}$
八面体	$[Fe(CN)_6]^{3-}$	$\Delta_o=35000cm^{-1}$
八面体	$[Mn(H_2O)_6]^{2+}$	$\Delta_o=8500cm^{-1}$
四面体	$[CoCl_4]^{2-}$	$\Delta_t=3100cm^{-1}$

2. 中心原子和配体的影响

(1)配体相同时，中心原子的正电荷越高，对配位体的引力越大，M－L 的核间距越小，M 外层的 d 电子与配位体之间的斥力也越大，故 Δ 也越大。例如，第四周期过渡元素 M^{2+} 离子六水合物的 Δ_0 约在 7500～14000cm^{-1}之间，而 M^{3+} 离子的 Δ_0 约在 14000～21000cm^{-1}之间。中心原子的半径越大，d 电子离核较远，受配体作用较大，则分裂能也较大。

(2)配体和金属离子电荷相同时，同族金属离子的 Δ 自上而下增大。过渡系元素分裂能 Δ 值按下列顺序增加：

第一过渡系 < 第二过渡系 < 第三过渡系

如：Co^{3+}、Rh^{3+}、Ir^{3+} 的乙二胺配离子的 Δ 分别为 23300cm^{-1}、34400cm^{-1}和 41200cm^{-1}。

$[CrCl_6]^{3-}(\Delta_0=13600cm^{-1})<[MoCl_6]^{3-}(\Delta_0=19200cm^{-1})$

$[RhCl_6]^{3-}(\Delta_0=20300cm^{-1})<[IrCl_6]^{3-}(\Delta_0=24900cm^{-1})$

(3)金属离子相同时，配体场强越强，则分裂能越大。在六配位的八面体配合物中，可测得如下“光谱化学序”(spectro-chemical series)，序列中以 H_2O 的场强为 1.00，给出了部分配体场强的相对值：

$I^-<Br^-<Cl^-<\underline{S}CN^-<F^-<$ 尿素 $<OH^-\approx\underline{O}NO^-\approx HCOO^-<C_2O_4^{2-}<H_2O<\underline{N}CS^-<Y^{4-}<$ Py(吡啶) $\approx NH_3<$ en(乙二胺) $<SO_3^{2-}<$ bpy(联吡啶) < phen(1，10-邻二氮菲) $\approx -\underline{N}O_2$(硝基) $<CN^-\approx CO$。

分裂能 Δ 值由实验测得，通常其范围在 10000～40000cm^{-1}之间，处于可见和近紫外光区。通常将 Δ 值大的配体(如 CN^-)称为强场配体，Δ 值小的配体(如 I^-、Br^-)称为弱场配体。从光谱化学序可粗略地看出，配位原子的 Δ 值大致为：卤素 < 氧 < 氮 < 碳。

(四)晶体场中 d 轨道的电子排布与成对能

配合物中金属离子的 5 个 d 轨道，在配体影响下发生能级分裂，d 轨道中电子重新排布，其排布与分裂能 Δ、成对能 P 的相对大小有关。

电子成对能：中心原子的 1 个轨道中已排有 1 个电子，要使第 2 个电子进入同一轨道并与第 1 个电子成对时，必须克服电子间的相互排斥作用，并且电子要从自旋平行到反平行，都需要有一定的能量，此能量称为电子成对能，简称成对能，以符号 P 表示。

在正八面体中，当中心原子的 d 电子数为 $d^{1\sim3}$ 和 $d^{8\sim10}$ 时，无论是在强场还是弱场，d 电子排布只有一种，但当 d 电子数为 $d^{4\sim7}$ 时，可能有两种不同的排布方式(表 9－6)。

表 9－6　正八面体配合物中中心原子的 d 电子排布

d^n	弱场($P>\Delta_O$)		未成对电子数	强场($P<\Delta_O$)		未成对电子数
	d_ε	d_γ		d_ε	d_γ	
d^1	↑		1	↑		1
d^2	↑ ↑		2	↑ ↑		2
d^3	↑ ↑ ↑		3	↑ ↑ ↑		3
d^4	↑ ↑ ↑	↑	4	↑↓ ↑ ↑		2
d^5	↑ ↑ ↑	↑ ↑	5	↑↓ ↑↓ ↑		1
d^6	↑↓ ↑ ↑	↑ ↑	4	↑↓ ↑↓ ↑↓		0
d^7	↑↓ ↑↓ ↑	↑ ↑	3	↑↓ ↑↓ ↑↓	↑	1
d^8	↑↓ ↑↓ ↑↓	↑ ↑	2	↑↓ ↑↓ ↑↓	↑ ↑	2
d^9	↑↓ ↑↓ ↑↓	↑ ↑↓	1	↑↓ ↑↓ ↑↓	↑ ↑↓	1
d^{10}	↑↓ ↑↓ ↑↓	↑↓ ↑↓	0	↑↓ ↑↓ ↑↓	↑↓ ↑↓	0

当 $P>\Delta_O$(即弱场)时，电子易激发到高能量的 d_γ 轨道中去，尽量分占最多轨道而具有较多自旋成单电子，这种分布方式为高自旋型分布，形成高自旋型配合物。

若 $P<\Delta_O$(即强场)时，电子尽可能进入能量较低的 d_ε 轨道而成对，使成单电子数最少，这种分布方式为低自旋型分布，形成低自旋型配合物。

总之，八面体配合物中只有 $d^{4\sim7}$ 四种电子排布才有高、低自旋两种可能的排布。高自旋态的成单电子多、磁矩大，而低自旋态成单电子少、磁矩小。从稳定性来讲，高自旋态相当于外轨型配合物，稳定性较差；低自旋态相当于内轨型配合物，稳定性好。但两者有区别，高低自旋态比较的是稳定化能，内外轨型则是比较内外层轨道的能量差异。

(五)晶体场稳定化能

在晶体场中，中心原子的 d 电子进入分裂后的轨道比处于未分裂轨道时的总能量下降值称为晶体场稳定化能(crystal field stabilization energy，缩写为 CFSE)。轨道分裂给配合物带来额外的稳定化作用。金属离子与配体之间的附加成键效应正是晶体场理论中化学键的特点。根据分裂后各轨道的相对能量和进入其中的电子数，就可计算出配合物的晶体场稳定化能。如对八面体配合物：

$$\begin{aligned}CFSE &= xE_{d\varepsilon}+yE_{d\gamma}+(n_1-n_2)P\\ &= \frac{2}{5}\Delta_O\times x+\frac{3}{5}\Delta_O\times y+(n_1-n_2)P\end{aligned}\qquad(9\text{-}6)$$

其中 x 为进入 d_ε 轨道的电子数，y 为进入 d_γ 轨道的电子数；n_1 为中心离子 d 轨道分裂后各能级上的电子对总数，n_2 为球形场中 d 轨道上的电子对总数。可见稳定化能的大小既与 Δ_O 的大小有关，又与 x 和 y 数目有关。

以 $[Fe(CN)_6]^{3-}$ 与 $[Fe(H_2O)_6]^{3+}$ 配离子为例，前者是强场，后者是弱场，其晶体场稳定化能分别为：

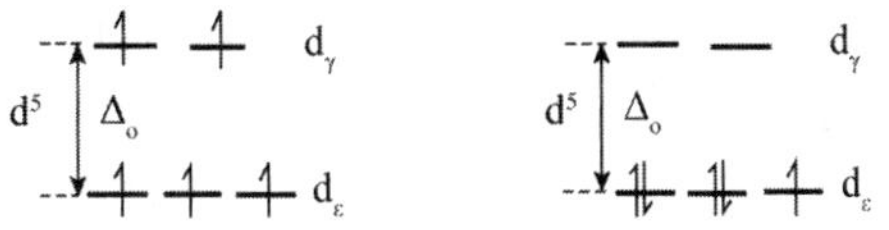

高自旋　　　　低自旋

$$CFSE([Fe(H_2O)_6]^{3+}) = 3 \times (-4Dq) + 2 \times (6Dq) + (0-0)P = 0Dq$$

$$CFSE([Fe(CN)_6]^{3-}) = 5 \times (-4Dq) + (2-0)P = -20Dq + 2P$$

上述计算可知，在弱场中，体系能量相对于球形场无变化；在强场中，轨道分裂可降低 20Dq 的能量，由于多两对成对电子，又要升高 2P 的能量，体系能量相对于球形场会降低(-20Dq +2P)。

又如：$[Fe(CN)_6]^{4-}$中，$CFSE([Fe(CN)_6]^{4-}) = 6 \times (-4Dq) + (3-1)P = -24Dq + 2P$

表明 d 轨道分裂后配合物的能量比不分裂时降低，配合物获得了额外的稳定性。

必须指出，由于分裂能远远小于从气态金属离子(即自由离子)与配位体形成配合物时的能量(结合能)，通常稳定化能比结合能小一个数量级左右。尽管如此，配合物的稳定性和许多其他性质都与稳定化能有关。

金属离子在八面体场和四面体场的晶体场稳定化能(CFSE)如表 9 -7 所示。

表 9 -7　八面体场和四面体场中的晶体场稳定化能 CFSE(单位 Dq)

d^n	八面体场						四面体场		
	弱场			强场					
	d 电子分布	未成对电子数	CFSE /Dq	d 电子分布	未成对电子数	CFSE /Dq	d 电子分布	未成对电子数	CFSE /Dq
d^0	$d_\varepsilon^0 d_\gamma^0$	0	0	$d_\varepsilon^0 d_\gamma^0$	0	0	$d_\gamma^0 d_\varepsilon^0$	0	0
d^1	$d_\varepsilon^1 d_\gamma^0$	1	-4	$d_\varepsilon^1 d_\gamma^0$	1	-4	$d_\gamma^1 d_\varepsilon^0$	1	-2.67
d^2	$d_\varepsilon^2 d_\gamma^0$	2	-8	$d_\varepsilon^2 d_\gamma^0$	2	-8	$d_\gamma^2 d_\varepsilon^0$	2	-5.34
d^3	$d_\varepsilon^3 d_\gamma^0$	3	-12	$d_\varepsilon^3 d_\gamma^0$	3	-12	$d_\gamma^2 d_\varepsilon^1$	3	-3.56
d^4	$d_\varepsilon^3 d_\gamma^1$	4	-6	$d_\varepsilon^4 d_\gamma^0$	2	-16 + P	$d_\gamma^2 d_\varepsilon^2$	4	-1.78
d^5	$d_\varepsilon^3 d_\gamma^2$	5	0	$d_\varepsilon^5 d_\gamma^0$	1	-20 + 2P	$d_\gamma^2 d_\varepsilon^3$	5	0
d^6	$d_\varepsilon^4 d_\gamma^2$	4	-4	$d_\varepsilon^6 d_\gamma^0$	0	-24 + 2P	$d_\gamma^3 d_\varepsilon^3$	4	-2.67
d^7	$d_\varepsilon^5 d_\gamma^2$	3	-8	$d_\varepsilon^6 d_\gamma^1$	1	-18 + P	$d_\gamma^4 d_\varepsilon^3$	3	-5.34
d^8	$d_\varepsilon^6 d_\gamma^2$	2	-12	$d_\varepsilon^6 d_\gamma^2$	2	-12	$d_\gamma^4 d_\varepsilon^4$	2	-3.56
d^9	$d_\varepsilon^6 d_\gamma^3$	1	-6	$d_\varepsilon^6 d_\gamma^3$	3	-6	$d_\gamma^4 d_\varepsilon^5$	1	-1.78
d^{10}	$d_\varepsilon^6 d_\gamma^4$	0	0	$d_\varepsilon^6 d_\gamma^4$	0	0	$d_\gamma^4 d_\varepsilon^6$	0	0

注：因四面体场晶体场分裂能 Δt 总是小于电子成对能 P，故只有一种排列方式。

可见，晶体场稳定化能与中心离子 d 电子数和晶体场强弱有关，还与配合物的几何构型有关。晶体场稳定化能负值越大，配合物越稳定。

(六)晶体场理论的应用与局限性

1. 配合物的磁性　根据晶体场理论，d 电子有高自旋和低自旋两种排布方式，就可解释同一中心原子与不同配体结合时磁性有强弱之分。

由表 9 -7 可知，八面体场中，由于 d^1、d^2、d^3 型离子，只有一种 d 电子的排布方式。而 d^4、d^5、d^6、d^7 型离子，则分别有两种可能排布。当 $P > \Delta$ 时，d 电子将尽量以自旋平行的成单电子分占轨道，即高自旋态，成单电子多而磁矩高；反之，当 $P < \Delta$ 时，d 电子将尽量成对占据低能级轨道，成单电子较少，即低自旋态，较稳定，成单电子少而磁矩低。

2. 配合物的颜色 白光是复色光，由七种颜色的光组成，这些颜色的光两两互补，两种互补的光混合即可组成白光。当白光透过溶液时，被选择性地吸收了某一种颜色的光，由于其他光皆两两互补，所以将呈现该被吸收光的互补色。图9－16所示。配合物的颜色即为其对光选择性吸收的结果。d^1～d^9 构型的过渡元素配合物大多有颜色，这是由于d轨道未充满，d电子在分裂后的d轨道中跃迁(亦称d－d跃迁)所致，所吸收的能量一般在10000～30000cm^{-1}，它包括全部可见光(14286～25000cm^{-1})，因此会选择性地吸收某种颜色的光，而呈现其互补色。d-d跃迁的频率一般都在近紫外和可见光区，故过渡金属配合物一般都具有颜色。

以水合配离子为例：

d^1	d^2	d^3	d^4
$[Ti(H_2O)_6]^{3+}$	$[V(H_2O)_6]^{3+}$	$[Cr(H_2O)_6]^{3+}$	$[Cr(H_2O)_6]^{2+}$
紫红	绿	紫	天蓝

d^5	d^6	d^7	d^8	d^9
$[Mn(H_2O)_6]^{2+}$	$[Fe(H_2O)_6]^{2+}$	$[Co(H_2O)_6]^{2+}$	$[Ni(H_2O)_4]^{2+}$	$[Cu(H_2O)_4]^{2+}$
肉红	淡绿	粉红	绿	蓝

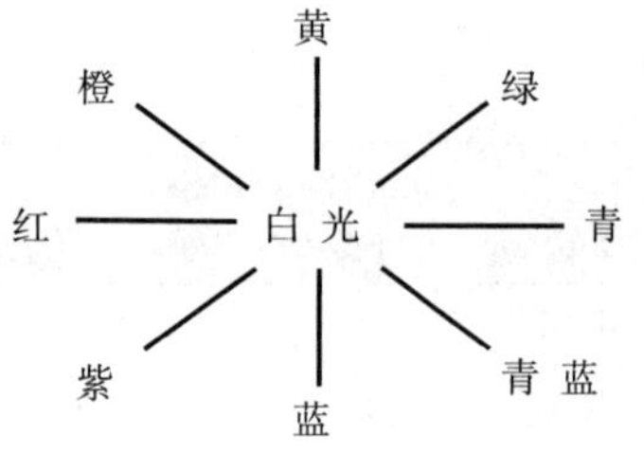

图9－16 光的颜色及其互补色

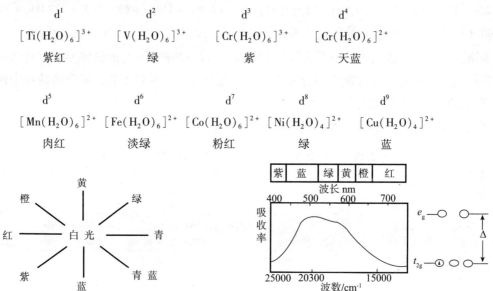

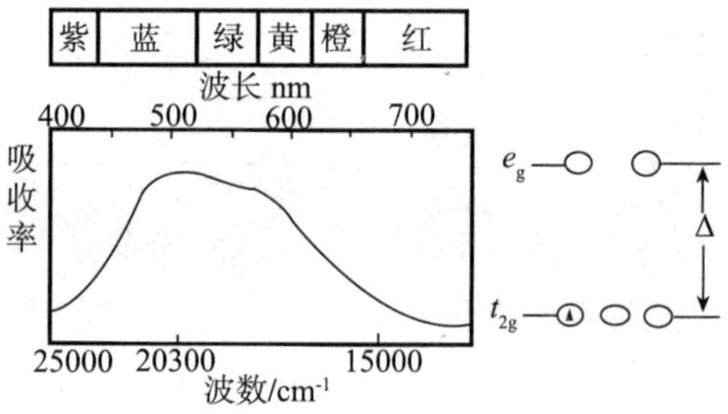

图9－17 $[Ti(H_2O)_6]^{3+}$离子的可见吸收光谱和d-d跃迁

$[Ti(H_2O)_6]^{3+}$呈紫红色，在波数20400cm^{-1}(波长490nm)处有一最大吸收峰，如图9－17所示。晶体场理论的解释是：Ti^{3+}只有1个d电子，电子排布为d_ε^1，当可见光照射到该配离子溶液时，处于d_ε轨道上的电子吸收了可见光中波长为492.7nm附近的光而跃迁到d_γ轨道；这一波长光子的能量恰好等于配离子的分裂能，相当于20400cm^{-1}，此时可见光中青绿色光被吸收，剩下红色和紫色的光，故溶液显紫红色。

d^0、d^{10}构型的离子(如Ag^+、Zn^{2+}、Cd^{2+}、Hg^{2+})，因d轨道上全空或电子全充满，不可能发生d－d跃迁，所以这些配合物通常不显色。

3. 配离子的空间构型 最常见的配合物的空间构型是八面体，其次是四面体，再次为平面四方形。晶体场理论可以通过CFSE的变化来进行解释。因为晶体场稳定化能既与分裂能有关，又与d电子数及其在d_ε与d_γ轨道中的分布有关，由表9－7可知(仅列出八面体和四面体场数据)，对于d^0、d^{10}及弱场中的d^5型过渡金属的配离子，其稳定化能均为零。除此以外，其余d电子数的过渡金属配离子的稳定化能均不为零，而且稳定化能愈大，则配离子愈稳定。除d^0、d^{10}、d^5(弱场)没有稳定化能的额外增益外，相同金属离子和相同配体的配离子的稳定性近似有如下顺序为：

平面正方形 > 正八面体 > 正四面体

由正八面体和正四面体稳定化能可以看出，只有 d^0、d^{10} 及弱场的 d^5 时二者才相等，这三种组态的配离子只有在适合的条件下才能形成四面体。例如 d^0 型的 CrO_4^{2-}、$TiCl_4$，d^{10} 型的 $[Cd(CN)_4]^{2-}$、$[Zn(NH_3)_4]^{2+}$ 及弱场 d^5 型的 $[FeCl_4]^-$ 等均为四面体构型。

晶体场理论可解释一些价键理论不能解释的现象，但也有其局限性，仅考虑了中心原子与配体之间的静电作用，而没有考虑它们之间有一定程度的共价结合，因而不能解释像 $Ni(CO)_4$、$Fe(CO)_5$ 等以共价为主的配合物、$[(C_2H_4)PtCl_3]^-$ 等烯烃配合物、$Cr(C_6H_6)_2$、$Fe(C_5H_5)_2$ 等夹心配合物；也不能解释光化学顺序的本质。1952 年开始，人们将晶体场理论与分子轨道理论结合起来提出了配位场理论。配位场理论可更为合理地说明配合物结构及其性质的关系，限于篇幅，在此不作介绍。

第三节　配位平衡的移动

扫码"学一学"

配合物稳定性的影响因素有内因和外因，内因是指中心原子与配位体的性质，外因是指溶液的浓度、温度、酸度、压力等。本章主要讨论配合物的热力学稳定性，并简要介绍中心原子与配体性质对稳定性的影响。

一、配合物的稳定常数

（一）稳定常数和不稳定常数

各种配离子的稳定性相差很大。配离子中，中心原子与配体之间以配位键结合，在水溶液中很少解离。例如：硫酸铜溶液中加入过量氨水时，则生成深蓝色的 $[Cu(NH_3)_4]^{2+}$ 离子。若向此溶液中加稀氢氧化钠溶液，则无氢氧化铜沉淀产生，说明溶液中的 Cu^{2+} 离子几乎全部生成 $[Cu(NH_3)_4]^{2+}$；但向此溶液中加入 Na_2S 则有黑色 CuS 沉淀生成；说明溶液中还有游离的 Cu^{2+} 离子存在，即 Cu^{2+} 离子并没有完全被配合。根据化学平衡观点：Cu^{2+} 离子和 NH_3 反应生成 $[Cu(NH_3)_4]^{2+}$ 的反应具有一定程度的可逆性，即 $[Cu(NH_3)_4]^{2+}$ 的配合反应和解离反应最后会达到平衡，这种平衡称为配位平衡。如 $[Cu(NH_3)_4]^{2+}$ 的生成反应为：

$$Cu^{2+} + 4NH_3 \rightleftharpoons [Cu(NH_3)_4]^{2+}$$

配合物总生成反应的平衡常数称为稳定常数(stability constant)，用 $K_s^\ominus$ 表示：

$$K_s^\ominus = \frac{[Cu(NH_3)_4^{2+}]}{[Cu^{2+}][NH_3]^4} \tag{9-7}$$

$K_s^\ominus$ 可用来表示配合物的稳定性，$K_s^\ominus$ 越大，说明生成配离子的倾向越大，而解离的倾向就越小，即配离子越稳定。一些常见配合物的稳定常数在教材附录五中列出，稳定常数的大小，直接反映了配离子稳定性的大小。但由于测定方法和条件的不同，稳定常数常有差异。

除稳定常数外，也可用不稳定常数来表示配离子的稳定性，配离子的总解离反应的平衡常数称为不稳定常数，用 $K_d^\ominus$ 表示。如

$$[Cu(NH_3)_4]^{2+} \rightleftharpoons Cu^{2+} + 4NH_3$$

$$K_d^\ominus = \frac{[Cu^{2+}][NH_3]^4}{[Cu(NH_3)_4^{2+}]} \tag{9-8}$$

显然 $K_s^\ominus$ 与 $K_d^\ominus$ 互为倒数，即：$K_s^\ominus=\frac{1}{K_d^\ominus}$，同类型的配离子，$K_s^\ominus$ 越大，配离子越稳定；不同类型的配离子，若直接由 $K_s^\ominus$ 大小比较，可能会得出错误结论，因而要通过计算来比较他们的稳定性。如 $[CuY]^{2-}$ 和 $[Cu(en)_2]^{2+}$ 的分别为 5.01×10^{18} 和 1.0×10^{20}，表面看来，似乎 $[Cu(en)_2]^{2+}$ 比 $[CuY]^{2-}$ 更稳定，但事实恰好相反，因为前者是1：1型，后者是1：2型。对于不同类型的配离子，只能通过计算来比较它们的稳定性。

例 9-2 将0.2mol/L的 $AgNO_3$ 溶液分别和下列浓度的 $NH_3\cdot H_2O$ 溶液等体积混合，试求溶液中 Ag^+ 离子浓度各为多少？已知 $[Ag(NH_3)_2]^+$ 的 $K_s^\ominus=1.12\times10^7$。

(1)1.0mol/L；(2)2.0mol/L；(3)4.0mol/L。

解：按照题目中氨水的浓度，两种溶液混合后，NH_3 均过量，所以 Ag^+ 均能定量转变成 $[Ag(NH_3)_2]^+$。设在氨水浓度为1.0mol/L、2.0mol/L和4.0mol/L的溶液中，Ag^+ 的浓度分别为a、b和c。由于是等体积混合，所以初始浓度均减半。

$$Ag^+ + 2NH_3 \rightleftharpoons [Ag(NH_3)_2]^+$$

平衡浓度 mol/L	(1) a	$0.50-2\times0.10+2a$	$0.10-a$
	(2) b	$1.0-2\times0.10+2b$	$0.10-b$
	(3) c	$2.0-2\times0.10+2c$	$0.10-c$

$$K_s^\ominus=\frac{[Ag(NH_3)_2^+]}{[Ag^+][NH_3]^2}=1.12\times10^7$$

(1) $\dfrac{0.10-a}{a\times(0.50-2\times0.10+2a)^2}=1.12\times10^7$

$\because$ NH_3 过量，平衡向右移动，不利于 $[Ag(NH_3)_2]^+$ 的解离，

$\therefore$ a 很小，则 $0.10-a\approx0.10$ $\quad 0.50-2\times0.10+2a\approx0.30$

则 $a=[Ag^+]\approx0.99\times10^{-7}$mol/L；

同理可得：

(2) $b=[Ag^+]\approx1.4\times10^{-8}$mol/L；

(3) $c=[Ag^+]\approx2.8\times10^{-9}$mol/L。

计算结果表明，NH_3 浓度越大，$[Ag(NH_3)_2]^+$ 的离解程度越小，Ag^+ 离子浓度越低。即过量配位剂的存在可增加配离子的稳定性。

(二)配离子的逐级稳定常数和累积稳定常数

配离子在溶液中的生成和解离是分步进行的。若金属离子M和配体L在水溶液中只形成单核配离子ML、ML_2、ML_3、……ML_n，n代表金属离子对配体L的最大配位数。为简便起见，把金属离子、配体以及配离子可能有的电荷省略不写。生成配合物 ML_n 分n步进行：

$$M+L\rightleftharpoons ML \quad K_1^\ominus=\frac{[ML]}{[M][L]} \tag{9-9}$$

$$ML+L\rightleftharpoons ML_2 \quad K_2^\ominus=\frac{[ML_2]}{[ML][L]} \tag{9-10}$$

$$ML_2+L\rightleftharpoons ML_3 \quad K_3^\ominus=\frac{[ML_3]}{[ML_2][L]} \tag{9-11}$$

……

$$ML_{n-1}+L\rightleftharpoons ML_n \quad K_n^\ominus=\frac{[ML_n]}{[ML_{n-1}][L]} \tag{9-12}$$

$K_1^\ominus$、$K_2^\ominus$、$K_3^\ominus \cdots K_n^\ominus$ 分别是各级配离子的逐级稳定常数，可分别称为第一级、第二级……第 n 级稳定常数。

将式 9-9、9-10 合并，得累积稳定常数 $\beta_2^\ominus$，

$$M + 2L \rightleftharpoons ML_2 \quad \beta_2^\ominus = \frac{[ML_2]}{[M][L]^2} \qquad (9\text{-}13)$$

将式 9-9 至 9-12 合并，则得相应的累积稳定常数 $\beta_n^\ominus$，

$$M + nL \rightleftharpoons ML_n \quad \beta_n^\ominus = \frac{[ML_n]}{[M][L]^n} \qquad (9\text{-}14)$$

则 $\beta_n^\ominus = K_1^\ominus K_2^\ominus K_3^\ominus \cdots K_n^\ominus = K_s^\ominus$ (9-15)

$\beta_n^\ominus$ 为最高级的累积稳定常数，称为总稳定常数，$\beta_n^\ominus$ 或 $K_s^\ominus$ 数值往往很大，常用对数表示。

$[Cu(NH_3)_4]^{2+}$ 配离子的形成与离解：

$$Cu^{2+} + NH_3 \rightleftharpoons [Cu(NH_3)]^{2+} \qquad K_1^\ominus = \frac{[Cu(NH_3)^{2+}]}{[Cu^{2+}][NH_3]} = 10^{4.31} \qquad (9\text{-}16)$$

$$[Cu(NH_3)]^{2+} + NH_3 \rightleftharpoons [Cu(NH_3)_2]^{2+} \qquad K_2^\ominus = \frac{[Cu(NH_3)_2^{2+}]}{[Cu(NH_3)^{2+}][NH_3]} = 10^{3.67} \qquad (9\text{-}17)$$

$$[Cu(NH_3)_2]^{2+} + NH_3 \rightleftharpoons [Cu(NH_3)_3]^{2+} \qquad K_3^\ominus = \frac{[Cu(NH_3)_3^{2+}]}{[Cu(NH_3)_2^{2+}][NH_3]} = 10^{3.04} \qquad (9\text{-}18)$$

$$[Cu(NH_3)_2]^{2+} + NH_3 \rightleftharpoons [Cu(NH_3)_4]^{2+} \qquad K_4^\ominus = \frac{[Cu(NH_3)_4^{2+}]}{[Cu(NH_3)_3^{2+}][NH_3]} = 10^{2.30} \qquad (9\text{-}19)$$

$$Cu^{2+} + 4NH_3 \rightleftharpoons [Cu(NH_3)_4]^{2+} \qquad K_s^\ominus = \beta_4^\ominus = K_1^\ominus \cdot K_2^\ominus \cdot K_3^\ominus \cdot K_4^\ominus = 10^{13.32} \qquad (9\text{-}20)$$

Cu^{2+} 与 NH_3 还可生成 $[Cu(NH_3)_5]^{2+}$，但 $[Cu(NH_3)_5]^{2+}$ 的平衡常数很小，且不稳定，故铜氨配离子通常写成 $[Cu(NH_3)_4]^{2+}$，且 $\lg K_s^\ominus = \lg \beta_4^\ominus = 13.32$。

稳定常数为配合物稳定性高低的特征值。一般配离子的逐级稳定常数彼此相差不大，除少数外，常是较均匀地逐级减小，因此在计算离子浓度时必须考虑各级配离子的存在。但实际工作中，由于总是加入过量的配位试剂，金属离子绝大部分处于最高配位数的状态，而较低级配离子可以忽略不计。若求简单金属离子浓度，仅需按总的 $K_s^\ominus$ 计算，步骤可大为简化。

二、软硬酸碱理论与配合物的稳定性

下面主要讨论中心原子和配位体性质对配合物稳定性的影响。

（一）软硬酸碱理论

根据路易斯酸碱电子论，凡能给出电子对的物质是碱，凡能接受电子对的物质是酸。在配合物中，中心原子为电子对接受体，是路易斯酸；配位体为电子对给予体，是路易斯

碱。1963 年，美国的皮尔逊(R. G. Pearson)根据大量事实，提出了软硬酸碱(Soft and Hard Acids and Bases，简称 SHAB)概念。根据酸、碱对外层电子控制的程度，将路易斯酸碱按“硬”和“软”进行分类。所谓“硬”表示分子或离子不易变形，而“软”则表示容易变形。分类原则大体如下：

硬酸：接受电子对的原子氧化值高，极化作用强，变形性小，没有易被激发的外层电子。

软酸：接受电子对的原子氧化值低，极化作用弱，变形性大，有易被激发的外层电子(多数为 d 电子)。

交界酸：介于硬酸和软酸两者之间。

硬碱：给出电子对的原子电负性高，变形性小，难于被氧化。

软碱：给出电子对的原子电负性低，变形性大，易被氧化。

交界碱：介于硬碱和软碱两者之间。

表 9－8 列出了常见金属离子及配体的软硬分类。注意，一种元素的分类不是固定的，它随电荷不同而改变。例如，Fe^{3+} 和 Co^{3+} 为硬酸，Fe^{2+} 和 Co^{2+} 则为交界酸；Cu^{2+} 为交界酸，Cu^{+} 则为软酸。SO_4^{2-} 为硬碱，SO_3^{2-} 为交界碱，而 $S_2O_3^{2-}$ 则为软碱。

表 9－8　酸碱软硬分类表

硬酸	H^+ Li^+ Na^+ K^+ Rb^+ Cs^+	Be^{2+} Mg^{2+} Ca^{2+} Sr^{2+} Ba^{2+}	Sc^{3+} Y^{3+} La^{3+} U^{4+}	Ti^{4+} Zr^{4+} Hf^{4+}	VO^{2+}	Cr^{3+} MoO^{3+}	Mn^{2+}	Fe^{3+}	Co^{3+}				Al^{3+} Ga^{3+} In^{3+}	Si^{4+} Sn^{4+}	As^{3+}
交界酸								Fe^{2+} Ru^{2+} Os^{2+}	Co^{2+} Rh^{3+} Ir^{3+}	Ni^{2+}	Cu^{2+}	Zn^{2+}		Sn^{2+} Pb^{2+}	Sb^{3+} Bi^{3+}
软酸										Pd^{2+} Pt^{2+} Pt^{4+}	Cu^+ Ag^+ Au^+	Cd^{2+} Hg_2^{2+} Hg^{2+}	Tl^+ Tl^{3+}		
硬碱	F^-、Cl^-、H_2O、OH^-、CH_3COO^-、PO_4^{3-}、SO_4^{2-}、CO_3^{2-}、NO_3^-、ROH、R_2O(醚)、NH_3														
交界碱	Br^-、NO_2^-、SO_3^{2-}、N_2、C_5H_5N(吡啶)、$C_6H_5NH_2$(苯胺)														
软碱	CN^-、CO、C_6H_6(苯)、SCN^-、$S_2O_3^{2-}$、I^-、S^{2-}、C_2H_4(乙烯)														

由大量的酸碱反应及配合物性质，总结经验得出软硬酸碱(SHAB)规则：“硬亲硬，软亲软，软硬交界就不管”。硬酸倾向于与硬碱结合，如 Fe^{3+} 和 F^- 反应；软酸倾向于与软碱结合，如 Hg^{2+} 和 CN^- 的反应，都可以形成稳定的配合物。硬酸与软碱，或软酸与硬碱形成配合物不够稳定。至于交界的酸、碱就不论对象是软还是硬，所生成的配合物的稳定性差别不大。

根据软硬酸碱规则，可以预测某些配合物的相对稳定性。硬酸与硬碱结合形成离子型

较显著的键，硬酸类金属离子与电负性大的原子如 F、O、N 较易结合，生成稳定性较大的配合物；软酸与软碱结合时形成共价性较显著的键，因而软酸类金属离子与电负性小的 C、I 较易键合，生成的配合物较稳定。例如 Cd^{2+} 是软酸，CN^- 为软碱，NH_3 为硬碱，可预测 $[Cd(CN)_4]^{2-}$ 较稳定而 $[Cd(NH_3)_4]^{2+}$ 较不稳定，这一预测是符合实验事实的，$[Cd(CN)_4]^{2-}$ 的 $K_s^\ominus = 6.02 \times 10^{18}$，$[Cd(NH_3)_4]^{2+}$ 的 $K_s^\ominus = 1.38 \times 10^5$。如，$Fe^{3+}$ 是硬酸，F^- 是硬碱，SCN^- 是两可配体，其中一个原子较硬(N)，而另一个较软(S)，当 SCN^- 与硬酸 Fe^{3+} 离子结合生成 $[Fe(NCS)_6]^{3-}$ 配离子时，若在 $[Fe(NCS)_6]^{3-}$ 血红色溶液中加入 F^- 离子，会发生配位体取代反应，形成无色的 $[FeF_6]^{3-}$ 配离子而使溶液褪色，即 $[FeF_6]^{3-}$ 比 $[Fe(NCS)_6]^{3-}$ 更稳定。

在一定范围内，软硬酸碱规则可以说明一些配合物的性质和反应，也能说明一些配合物的稳定性。但由于决定配合物稳定性的因素很多，许多配合物的稳定性不能依赖软硬酸碱规则来解释。

（二）影响配合物稳定性的因素

1. 中心原子的影响　中心原子的电荷、半径、在周期表中的位置及电子层构型均会影响配合物的稳定性，下面分别进行讨论。

(1)电荷与半径　中心原子和配体之间主要以静电作用力形成配合物，当中心原子的价层电子构型相同时，其电荷数越高，半径越小，形成的配合物越稳定，即稳定常数越大。此外，电荷的影响明显大于半径的影响，这是由于电荷总是成倍地增加，而半径的变化较小。

(2)周期表中的位置　一般来说，在周期表两端的金属元素形成配合物的能力较弱，尤其是碱金属和碱土金属；而中间元素形成配合物的能力较强，特别是Ⅷ族元素及其相邻近的一些副族元素，形成配合物的能力最强。中心原子在周期表中的分布如图 9－18 所示。

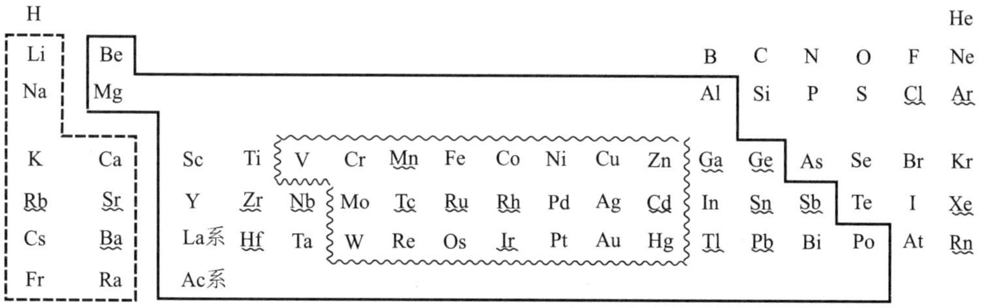

图 9－18　中心原子在周期表中的分布

图中波浪线框内的元素均为良好的配合物形成体，形成的配合物较稳定。虚线框内的元素即ⅠA、ⅡA 族的元素形成配合物的能力差，仅能形成少数螯合物。而黑线框内、波浪线框外的元素介于前二类之间，形成的简单配合物稳定性较差，但螯合物的稳定性比较好。但上述只是粗略比较，未涉及元素的不同氧化态。

(3)中心原子的电子层构型

①$2e^-$ 或 $8e^-$ 构型的中心原子：其阳离子的价层结构，除 Li^+、Be^{2+}、B^{3+} 三者为 $1s^2$ (2e)外，其余均为 ns^2np^6 ($8e^-$) 的稀有气体型组态，属于硬酸，这类离子对核电荷的屏蔽作用大，极化率小，变形性差，与 F^-、OH^-、O^{2-} 等硬碱易配位(硬亲硬)，结合力主要为静电引力。一般来说，这类中心原子形成配合物的能力较差，它们和配体主要以静电作用

相结合。金属离子的电场越强，离子电荷越高，对配体上的孤对电子吸引力越大，形成的配合物也越稳定。如碱金属、碱土金属离子及 Al^{3+}、Sc^{3+}、Y^{3+}、La^{3+}、Ti^{4+}、Zr^{4+}、Hf^{4+}等。

离子势 φ（$\varphi = Z/r$，Z 为离子电荷，r 为离子半径）常作为衡量这类配合物稳定性的参数。其离子势越大，生成的配合物越稳定。例如以下离子同氨基酸（以羧氧配位）形成的配合物的稳定性顺序如下：

$$Li^+ > Na^+ > K^+ > Rb^+ > Cs^+$$

$$Mg^{2+} > Ca^{2+} > Sr^{2+} > Ba^{2+}$$

$$Al^{3+} > Sc^{3+} > Y^{3+} > La^{3+}$$

原因是各系列中正电荷相同，而半径逐渐增大，离子势逐渐减小，形成的配合物的稳定性也逐渐减小。ⅠA、ⅡA 离子因离子势太小很难形成配合物。

但 $[Mg(EDTA)]^{2-}$ 不稳定，$[Ca(EDTA)]^{2-}$ 较稳定。这种情况一般出现于中心原子与多齿配体形成的配合物中，并且配体的齿数越多，这种“反常”情况越明显。这可能是由于 Mg^{2+} 的半径较小，不能和多齿配体的所有配位原子配位，其配合物的稳定性降低。

②$18e^-$ 构型的中心原子：又称为 d^{10} 型中心原子，如 Cu^+、Ag^+、Au^+、Zn^{2+}、Cd^{2+}、Hg^{2+}、Ga^{3+}、In^{3+}、Tl^{3+}、Ge^{4+}、Sn^{4+}等。$18e^-$ 构型中心原子的配合物中通常存在一定程度的共价性，所以这些配合物一般比电荷相同、半径相近的 $8e^-$ 构型中心原子的相应配合物稳定，但其稳定性的变化情况较复杂。如：配体为 Cl^-、Br^-、I^- 时，Zn^{2+}、Cd^{2+}、Hg^{2+} 的配合物稳定性顺序为 $Zn^{2+} < Cd^{2+} < Hg^{2+}$，这是由于随半径增大，共价性增加，配合物的稳定性越大。

当半径相近、电荷相同、配体相同的情况下，配合物稳定性有如下次序：

$$Cu^+ > Na^+ \quad Cd^{2+} > Ca^{2+} \quad In^{3+} > Sc^{3+}$$

适合于与这类离子结合的是电负性小、体积较大、容易变形的阴离子配体。其强度顺序恰好与上述 $8e^-$ 结构的离子相反，并以配位原子的电负性与体积起主要作用，其顺序是：

$$S > N > O > F \quad I^- > Br^- > Cl^- > F^- \quad CN^- > NH_3 > H_2O > OH^-$$

如 Hg^{2+}（软酸）与 I^-、S^{2-} 和 CN^-（软碱）等离子结合符合软亲软的原则，很稳定。

③$(18+2)e^-$ 构型的中心原子：又称 $(n-1)d^{10}ns^2$ 型中心原子，如 Sn^{2+}、Pb^{2+}、Ga^+、In^+、Tl^+、Ge^{2+}、As^{3+}、Sb^{3+}、Bi^{3+}等。其形成配合物时的情况一般与 $18e^-$ 构型的中心原子类似。

④$(9\sim17)e^-$ 构型的中心原子：这类中心原子具有未充满的 d 轨道，从电子层结构看，介于 $8e^-$（硬酸）和 $18e^-$（软酸）之间，应属于交界酸，容易接受配体的孤对电子，形成配合物的能力强。

2. 配体的影响

（1）螯合效应　中心原子与多齿配体的成环作用，形成的螯合物的稳定性比相应的非螯合物的稳定性要大得多，这种现象称为螯合效应（chelate effect）。例如，$[Cu(en)_2]^{2+}$（$\lg\beta_2^\ominus = 20.00$）比 $[Cu(NH_3)_4]^{2+}$（$\lg\beta_4^\ominus = 13.32$）稳定。

螯合效应与螯环的大小和数目有关。具有五原子螯环或六原子螯环的螯合物在溶液中都很稳定，但往往前者比后者稳定。饱和五原子螯环形成的螯合物普遍比饱和六原子螯环或更大的螯环形成的螯合物稳定。但若螯环中存在共轭体系时，则六原子螯环的螯合物一般也很稳定。一般来说，形成螯环的数目越多，螯合物越稳定。如 EDTA 与形成配合物能力较差的 Ca^{2+} 等 s 区元素也能形成稳定的螯合物。

(2)位阻效应和邻位效应　螯合剂的配位原子附近存在体积较大的基团时，会对螯合物的形成产生一定的阻碍，从而降低螯合物的稳定性，严重时甚至不能形成螯合物，此现象称为位阻效应。

配位原子的邻位基团产生的位阻效应特别显著，称为邻位效应。例：1,10-二氮菲和 Fe^{2+} 可形成橘红色的螯合物 $[Fe(phen)_3]^{2+}$ ($\lg\beta_3^{\ominus}=21.3$)，为检验 Fe^{2+} 的灵敏反应。但若在 1,10-二氮菲的 2，9 位置上引入甲基或苯基后，则其和 Fe^{2+} 不发生反应。又如，8-羟基喹啉是一种重要的分析试剂，可和许多金属离子形成螯合物，但选择性差。它可和 Al^{3+}（配合比为 1：3）及 Be^{2+}（配合比为 1：2）形成难溶的配合物，但在其 2 位上引入甲基后，则不可与 Al^{3+} 生成沉淀，却可和 Be^{2+} 生成沉淀。原因是 Al^{3+} 半径小，形成八面体配合物时位阻大，而与 Be^{2+} 形成的是四面体配合物，受位阻影响较小。因此，可利用位阻效应在 Al^{3+} 和 Be^{2+} 共存时对 Be^{2+} 进行定量分析。

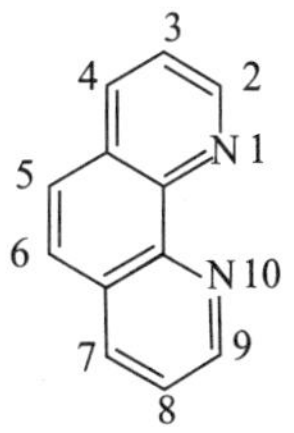

1,10–二氮菲

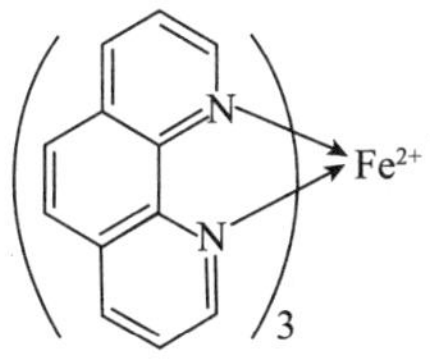

三（1,10–二氮菲）合铁（Ⅱ）离子

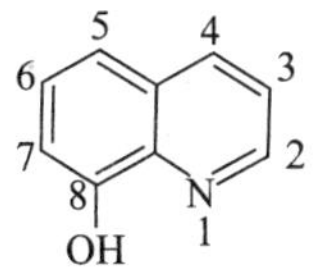

8–羟基喹啉

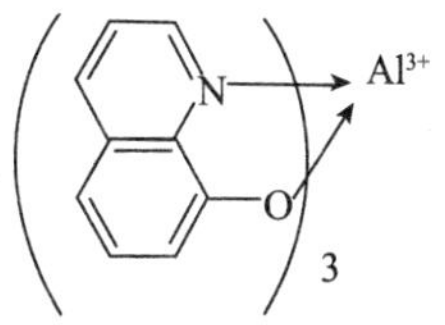

三（8–羟基喹啉根）合铝（Ⅲ）

三、配位平衡的移动

如前所述，金属离子和配体之间也存在配合平衡，以 M^{n+} 表示中心原子或中心离子，L^- 表示配体，存在如下配位平衡：

$$M^{n+}+aL^- \rightleftharpoons [MLa]^{n-a}$$

根据平衡移动原理，温度、浓度的改变会使平衡发生移动。若改变溶液的酸度、加入沉淀剂、配合剂、氧化还原剂等，使体系中配体 L^- 或中心金属离子 M^{n+} 的浓度发生改变，都会使原来的配位平衡遭到破坏。

由此可见，配位平衡是一种相对的动态平衡，它同溶液的酸度、沉淀平衡、氧化还原平衡密切有关，下面主要讨论配合平衡与酸碱平衡、沉淀平衡及氧化还原平衡的关系。以及配合物的取代反应。

（一）配位平衡与酸碱平衡

1. 酸效应　配合物由于解离，溶液中存在配离子、未配位的中心离子和配体之间的配合平衡，根据路易斯酸碱电子理论，配位体 L^- 都是碱，当溶液中酸度增加时，L^- 会和 H^+ 结合而形成相应的弱酸分子从而降低 $[L^-]$，使配合物稳定性降低。这种酸度增大而导致配合物的稳定性降低的现象称配体的酸效应。

常见的配位体如 NH_3、F^-、CN^-、Y^{4-}（乙二胺四乙酸根）等，可与 H^+ 结合形成相应的共轭酸，反应的程度取决于配体碱性的强弱，碱越强就越易与 H^+ 结合。因此在配位平衡中除了要考虑中心原子和配体的配合反应外，还须考虑配体与 H^+ 的酸碱反应。

$$NH_3+H^+ \rightleftharpoons NH_4^+$$

$$H^+ + F^- \rightleftharpoons HF$$

$$CN^- + H^+ \rightleftharpoons HCN$$

$$Y^{4-} \underset{-H^+}{\overset{+H^+}{\rightleftharpoons}} HY^{3-} \underset{-H^+}{\overset{+H^+}{\rightleftharpoons}} H_2Y^{2-} \underset{-H^+}{\overset{+H^+}{\rightleftharpoons}} H_3Y^- \underset{-H^+}{\overset{+H^+}{\rightleftharpoons}} H_4Y$$

在酸性溶液中 NH_3、F^-、CN^-、Y^{4-} 分别生成弱酸 NH_4^+、HF、HCN 、HY^{3-}（H_2Y^{2-}、H_3Y^-、H_4Y、H_5Y^+、H_6Y^{2+}），降低了配体的浓度，导致配离子解离。

如$[Zn(NH_3)_4]^{2+}$离子中，增大 H^+ 离子浓度，溶液中 NH_3 浓度极低，可导致$[Zn(NH_3)_4]^{2+}$解离，此时酸碱反应代替了配合反应。

$$[Zn(NH_3)_4]^{2+} + 4H^+ \rightleftharpoons Zn^{2+} + 4NH_4^+$$

又如在弱酸性介质中，F^-离子能与 Fe^{3+} 离子配合生成$[FeF_6]^{3-}$，但如酸度过大，则$[FeF_6]^{3-}$配离子发生解离；又如$[Fe(CN)_6]^{3-}$、$[Fe(CN)_6]^{4-}$以及许多 EDTA 的金属离子螯合物，只能在酸性不大的溶液中存在。

若配体是极弱的碱，则基本上不与 H^+结合，其浓度实际上不受溶液酸度的影响，这时酸度增大也就不会影响配合物的稳定性。例如 HSCN 是强酸，其共轭碱 SCN^-是弱碱，以 SCN^-为配体的配合物在强酸性溶液中仍很稳定。

2. 金属离子的水解效应 酸度除影响配体的浓度外，也可影响金属离子的浓度，从而影响配离子的稳定性。一些高价态的金属离子，如 Fe^{3+}、Al^{3+}、Cu^{2+}都有显著的水解作用。Fe^{3+}产生下列分步水解反应：

$$[Fe(H_2O)_6]^{3+} + H_2O \rightleftharpoons [Fe(H_2O)_5OH]^{2+} + H_3O^+$$

$$[Fe(H_2O)_5OH]^{2+} + H_2O \rightleftharpoons [Fe(H_2O)_4(OH)_2]^+ + H_3O^+$$

$$[Fe(H_2O)_4(OH)_2]^+ + H_2O \rightleftharpoons [Fe(H_2O)_3(OH)_3] + H_3O^+$$

因此在$[FeF_6]^{3-}$的平衡体系中，若要使$[FeF_6]^{3-}$稳定，必须增加溶液中 H^+浓度，以抑制 Fe^{3+}的水解；同时也要考虑 F^-的酸效应。

综上所述，酸度对配位平衡的影响是多方面的，既有配体的酸效应，又有金属离子的水解效应，但通常以酸效应为主，因此每一种配合物均有其最适宜的酸度范围。至于在某一酸度下，哪一个变化为主，由配体的碱性、金属氢氧化物的溶度积和配离子的稳定常数共同决定。

（二）配位平衡和沉淀－溶解平衡

若在配离子溶液中加入沉淀剂，由于金属离子可以和沉淀剂生成沉淀，会使配位平衡向离解方向移动；反之，若在沉淀中加入能与金属离子形成配合物的配位剂，则沉淀可转化为配离子而溶解。配位平衡与沉淀平衡的关系，可看作配位剂与沉淀剂共同争夺金属离子的过程，金属离子既参与生成沉淀，又参与生成配离子。

例如，在 AgCl 沉淀中加入氨水，沉淀溶解生成$[Ag(NH_3)_2]^+$配离子；向此溶液中加入 KBr 溶液，$[Ag(NH_3)_2]^+$配离子解离生成淡黄色的 AgBr 沉淀，再加入 $Na_2S_2O_3$ 溶液，AgBr 溶解生成$[Ag(S_2O_3)_2]^{3-}$配离子；接着加入 KI 溶液，$[Ag(S_2O_3)_2]^{3-}$配离子解离生成黄色的 AgI 沉淀；再加 KCN 溶液，AgI 溶解生成$[Ag(CN)_2]^-$配离子；最后加入 Na_2S 溶液，则有黑色 Ag_2S 沉淀产生。一系列反应方程式为：

$$AgCl(s) + 2NH_3 \rightleftharpoons [Ag(NH_3)_2]^+ + Cl^-$$

$$[Ag(NH_3)_2]^+ + Br^- \rightleftharpoons AgBr(s) + 2NH_3$$

$$AgBr(s) + 2S_2O_3^{2-} \rightleftharpoons [Ag(S_2O_3)_2]^{3-} + Br^-$$

$$[Ag(S_2O_3)_2]^{3-} + I^- \rightleftharpoons AgI(s) + 2S_2O_3^{2-}$$

$$AgI(s) + 2CN^- \rightleftharpoons [Ag(CN)_2]^- + I^-$$

$$2[Ag(CN)_2]^- + S^{2-} \rightleftharpoons Ag_2S(s) + 4CN^-$$

与沉淀的生成和溶解相对应的是配合物的离解和形成，配合物的 $K_s^\ominus$ 值越大，越易形成相应的配合物，沉淀越易溶解；而沉淀的 $K_{sp}^\ominus$越小，则配合物越易解离生成沉淀。根据多重平衡规则，可计算出各反应的平衡常数，以判断反应进行的程度，并计算出有关物质的浓度。

例 9-3　将 AgCl 固体加入到 5.0mol/L 氨水中，其溶解度为多少？

已知：AgCl 的 $K_{sp}^\ominus = 1.77 \times 10^{-10}$，$[Ag(NH_3)_2]^+$ 的 $K_s^\ominus = 1.12 \times 10^7$。

解：设 AgCl 在 5mol/L 氨水中溶解度为 $x$mol/L

$$AgCl(s) + 2NH_3 \rightleftharpoons [Ag(NH_3)_2]^+ + Cl^-$$

平衡浓度 mol/L　　$5.0 - 2x$　　x　　x

$$\therefore K^\ominus = \frac{[Ag(NH_3)_2^+][Cl^-]}{[NH_3]^2} \times \frac{[Ag^+]}{[Ag^+]}$$

$$= K_{sp}^\ominus(AgCl) \cdot K_s^\ominus[Ag(NH_3)_2^+]$$

$$= 1.77 \times 10^{-10} \times 1.12 \times 10^7 = 1.98 \times 10^{-3}$$

$$\therefore \frac{x^2}{(5.0 - 2x)^2} = 1.98 \times 10^{-3}$$

$x = 0.20$mol/L

例 9-4　向含有初始浓度为 0.10mol/L $AgNO_3$ 和 0.50mol/L $Na_2S_2O_3$ 的溶液中加入 NaBr 固体，并使 Br^- 离子浓度达到 0.10mol/L，计算有无 AgBr 沉淀生成。已知：$K_{sp}^\ominus(AgBr) = 5.35 \times 10^{-13}$，$[Ag(S_2O_3)_2]^{3-}$ 的 $K_s^\ominus = 2.88 \times 10^{13}$。

解：设达平衡时溶液中 Ag^+ 浓度为 $x$mol/L

$$Ag^+ + 2S_2O_3^{2-} \rightleftharpoons [Ag(S_2O_3)_2]^{3-}$$

平衡浓度 mol/L　　x　　$0.50 - 2 \times (0.10 - x)$　　$0.10 - x$

$$\because K_s^\ominus = \frac{[Ag(S_2O_2)_2]^{3-}}{[Ag^+][S_2O_3^{2-}]^2} = \frac{0.10 - x}{x \times [0.50 - 2 \times (0.10 - x)]^2} = 2.88 \times 10^{13}$$

由于 $Na_2S_2O_3$ 过量，所以$[Ag(S_2O_3)_2]^{3-}$的解离程度很弱，x 很小，则

$0.10 - x \approx 0.10$，$0.50 - 2 \times (0.10 - x) \approx 0.30$

则 $x = [Ag^+] \approx 3.9 \times 10^{-14}$mol/L

由 AgBr 离子积：

$Q = c(Ag^+) \cdot c(Br^-) = 3.9 \times 10^{-14} \times 0.10 = 3.9 \times 10^{-15} < K_{sp}^\ominus(AgBr) = 5.35 \times 10^{-13}$。

所以没有 AgBr 沉淀生成。

例 9-5　往含 0.020mol/L NH_4Cl 和 0.10mol/L $[Cu(NH_3)_4]^{2+}$ 的混合溶液中通入氨气，使氨水的浓度达到 1.0mol/L，通过计算说明有无 $Cu(OH)_2$ 沉淀生成。已知$K_b^\ominus(NH_3) = 1.74 \times 10^{-5}$，$K_{sp}^\ominus[Cu(OH)_2] = 2.2 \times 10^{-20}$，$K_s^\ominus[Cu(NH_3)_4^{2+}] = 2.1 \times 10^{13}$。

解：溶液中存在三个主要平衡反应：即氨水的解离平衡、$[Cu(NH_3)_4^{2+}]$的配位平衡和

$Cu(OH)_2$ 的沉淀平衡。

氨水的离解平衡：$NH_3 \cdot H_2O \rightleftharpoons NH_4^+ + OH^-$

$$\because K_b^{\ominus} = \frac{[NH_4^+][OH^-]}{[NH_3 \cdot H_2O]}$$

$$\therefore [OH^-] = \frac{K_b^{\ominus}[NH_3]}{[NH_4^+]} = \frac{1.74 \times 10^{-5} \times 1.0}{0.020} = 8.7 \times 10^{-4}(mol/L)$$

$Cu(NH_3)_4^{2+}$ 的配位平衡：$Cu^{2+} + 4NH_3 \rightleftharpoons Cu(NH_3)_4^{2+}$

$$\because K_s^{\ominus} = \frac{[Cu(NH_3)_4^{2+}]}{[Cu^{2+}][NH_3]^4} = \frac{0.10}{[Cu^{2+}] \times 1.0^4} = 2.1 \times 10^{13}$$

$$\therefore [Cu^{2+}] = 4.8 \times 10^{-15}(mol/L)$$

$$Q = c(Cu^{2+})c(OH^-)^2 = 4.8 \times 10^{-15} \times (8.7 \times 10^{-4})^2 = 3.6 \times 10^{-21}$$

$$\because Q < K_{sp}^{\ominus}[Cu(OH)_2]$$

$\therefore$ 溶液中无 $Cu(OH)_2$ 沉淀生成。

（三）配位平衡与氧化还原平衡

金属离子由于生成配合物导致溶液中的金属离子的浓度降低，从而改变了该金属离子的氧化能力。配合反应不仅能改变金属离子的稳定性，而且还能改变氧化还原的方向。例如，Cu^+ 离子不稳定易歧化生成 Cu^{2+} 和 Cu，若在 Cu^+ 溶液中加入 $Na_2S_2O_3$，由于 $[Cu(S_2O_3)_2]^{3-}$ 的生成，溶液中 Cu^+ 浓度大大升高，从而使 $E(Cu^{2+}/Cu^+)$ 大大降低，Cu(I) 趋于稳定。又如，标准情况下，$E^{\ominus}(Au^+/Au) = 1.68V$，$E^{\ominus}(O_2/OH^-) = 0.401V$，氧不能氧化金[$\because E_{MF}^{\ominus} = E^{\ominus}(O_2/OH^-) - E^{\ominus}(Au^+/Au) < 0$]；但在 NaCN 存在下氧就能使金发生氧化反应：

$$2Au + 4CN^- + \frac{1}{2}O_2 + H_2O = 2[Au(CN)_2]^- + 2OH^-$$

这是由于 $[Au(CN)_2]^-$ 配离子的生成，改变了 Au^+/Au 电对的电极电势，

$$E^{\ominus}[Au(CN)_2^-/Au] = -0.59V,\ E_{MF}^{\ominus} = E^{\ominus}(O_2/OH^-) - E^{\ominus}[Au(CN)_2^-/Au] > 0,$$

使该氧化反应得以顺利进行，工业上就是利用上述反应来从金矿中提取金。

根据配合平衡关系和能斯特方程，可由金属离子的标准电极电势求出金属配离子的标准电极电势。下面讨论两种情况。

1. 配离子电对中有一个是金属单质 对于单质金属 M 与其金属离子 M^{n+} 组成的电对 M^{n+}/M，298.15K 时，根据能斯特方程：

$$M^{n+} + ne^- \rightleftharpoons M \quad E(M^{n+}/M) = E^{\ominus}(M^{n+}/M) + \frac{0.0592}{n}\lg[M^{n+}]$$

若加入配体 L^- 使 M^{n+} 生成 $[ML_a]^{n-a}$

$$M^{n+} + aL^- \rightleftharpoons [ML_a]^{n-a} \quad [M^{n+}] = \frac{[ML_a]^{n-a}}{K_s^{\ominus}[L^-]^a}$$

若配体平衡浓度 $[L^-] = 1mol/L$，配体离子浓度 $[ML_a^{n-a}] = 1mol/L$，则在 298.15K 时，下列电极反应的平衡电势

$$[ML_a]^{n-a} + ne^- \rightleftharpoons M + aL^-$$

$$E^{\ominus}[ML_a^{n-a}/M] = E^{\ominus}(M^{n+}/M) - \frac{0.0592}{n}\lg K_s^{\ominus} \tag{9-21}$$

由(9-21)式可知，金属配离子$[ML_a]^{n-a}$的$K_s^\ominus$越大，标准电极电势$E^\ominus[ML_a^{n-a}/M]$值越小。

例 9-6　已知$\lg K_s^\ominus[Ag(NH_3)_2^+]=7.05$，$E^\ominus(Ag^+/Ag)=0.7996V$，求电极反应$[Ag(NH_3)_2]^+ + e^- \rightleftharpoons Ag + 2NH_3$的标准电极电势值。

解：由式 9-21 式可知：

$$E^\ominus[Ag(NH_3)_2^+/Ag]=E^\ominus(Ag^+/Ag)-\frac{0.0592}{1}\lg K_s^\ominus[Ag(NH_3)_2^+]$$

$$=0.7996-\frac{0.0592}{1}\times 7.05=0.382V$$

2. 同一金属不同价态的配离子电对　同一金属不同价态M^{n+}、M^{m+}都能与配体L^-形成配离子时，也会对金属电极产生影响。

$$M^{n+}+(n-m)e^- \rightleftharpoons M^{m+}\ (n>m)$$

298.15K 时，根据能斯特方程

$$E(M^{n+}/M^{m+})=E^\ominus(M^{n+}/M^{m+})+\frac{0.0592}{n-m}\lg\frac{[M^{n+}]}{[M^{m+}]}$$

同法也可推出下列电对的平衡电势：

$$[ML_a]^{n-a}+(n-m)e^- \rightleftharpoons [ML_a]^{m-a}$$

若配体平衡浓度$[L^-]=1mol/L$，各配离子浓度$[ML_a^{n-a}]=1mol/L$，则在 298.15K 时：

$$E^\ominus(ML_a^{n-a}/ML_a^{m-a})=E^\ominus(M^{n+}/M^{m+})+\frac{0.0592}{n-m}\lg\frac{K_s^\ominus(ML_a^{m-a})}{K_s^\ominus(ML_a^{n-a})} \quad (9\text{-}22)$$

例 9-7　往含有Co^{3+}和Co^{2+}的溶液中加入氨水，可生成$[Co(NH_3)_6]^{2+}$和$[Co(NH_3)_6]^{3+}$。已知$E^\ominus(Co^{3+}/Co^{2+})=+1.92V$，$K_s^\ominus[Co(NH_3)_6^{2+}]=1.29\times10^5$，$K_s^\ominus[Co(NH_3)_6^{3+}]=1.58\times10^{35}$，求电极反应$[Co(NH_3)_6]^{3+}+e^- \rightleftharpoons [Co(NH_3)_6]^{2+}$的标准电极电势。

解：由公式(9-22)可得

$$E^\ominus[Co(NH_3)_6^{3+}/Co(NH_3)_6^{2+}]=E^\ominus(Co^{3+}/Co^{2+})+0.0592\lg\frac{K_s^\ominus[Co(NH_3)_6^{2+}]}{K_s^\ominus[Co(NH_3)_6^{3+}]}$$

$$=1.92+0.0592\lg\frac{1.29\times10^5}{1.58\times10^{35}}=0.15V$$

由此可见，当低价配离子的$K_s^\ominus$较大时，则$E^\ominus(ML_a^{n-a}/ML_a^{m-a})>E^\ominus(M^{n+}/M^{m+})$，高价配离子氧化能力增加；反之，当高价配离子的$K_s^\ominus$较大时，则$E^\ominus(ML_a^{n-a}/ML_a^{m-a})<E^\ominus(M^{n+}/M^{m+})$，高价配离子氧化能力降低。

（四）配合物的取代反应

配合物的取代反应可分为中心原子取代和配体取代两种类型。例如：

$$[Fe(NCS)_6]^{3-}+6F^- \rightleftharpoons [FeF_6]^{3-}+6SCN^- \quad (\text{配体取代})$$

$$[CuY]^{2-}+Fe^{3+} \rightleftharpoons Cu^{2+}+[FeY]^- \quad (\text{中心原子取代})$$

反应式中Y^{4-}代表乙二胺四乙酸根离子，这些取代反应是否能够发生，反应进行程度如何则要看取代反应的平衡常数大小，而平衡常数大小取决于反应前后配合物的稳定性。例如：

$$[Ag(NH_3)_2]^+ +2CN^- \rightleftharpoons [Ag(CN)_2]^- +2NH_3 \quad (\text{配体取代})$$

其平衡常数可表示为：

$$K^{\ominus}=\frac{[Ag(CN)_2^-]\cdot[NH_3]^2\cdot[Ag^+]}{[Ag(NH_3)_2^+]\cdot[CN^-]^2\cdot[Ag^+]}=\frac{K_s^{\ominus}[Ag(CN)_2^-]}{K_s^{\ominus}[Ag(NH_3)_2^+]}$$

$$=\frac{10^{21.1}}{10^{7.05}}=1.1\times10^{14}$$

上述取代反应可自发进行。

由上述结果可以推出，配合物取代反应的平衡常数的通式可表示为

$$K^{\ominus}=\frac{K_s^{\ominus}(新)}{K_s^{\ominus}(旧)}$$

当 $K^{\ominus}>1$，即表示新配合物比原配合物稳定，取代反应能自发进行。

例 9-8 在 1.0 L 起始浓度为 0.10mol/L 的 $[Ag(NH_3)_2]^+$ 溶液中，加入 0.20mol KCN 晶体（忽略体积变化），问 $[Ag(NH_3)_2]^+$ 是否能自发转化为 $[Ag(CN)_2]^-$？并求溶液中 $[Ag(NH_3)_2]^+$、$[Ag(CN)_2]^-$ 的平衡浓度。已知：$K_s^{\ominus}[Ag(NH_3)_2^+]=1.12\times10^7$，$K_s^{\ominus}[Ag(CN)_2^-]=1.26\times10^{21}$。

解：设 $[Ag(NH_3)_2]^+$ 能转化成 $[Ag(CN)_2]^-$，反应如下，并设达到平衡时溶液中的 $[Ag(NH_3)_2]^+$ 为 $x$mol/L。

	$[Ag(NH_3)_2]^+$	$+2CN^-\rightleftharpoons$	$[Ag(CN)_2]^-$	$+2NH_3$
起始浓度 mol/L	0.10	0.20		
平衡浓度 mol/L	x	$2x$	$0.10-x$	$2(0.10-x)$

根据多重平衡原理，反应的平衡常数

$$K^{\ominus}=\frac{[Ag(CN)_2^-][NH_3]^2\cdot[Ag^+]}{[Ag(NH_3)_2^+][CN^-]^2\cdot[Ag^+]}$$

$$K^{\ominus}=\frac{K_s^{\ominus}[Ag(CN)_2^-]}{K_s^{\ominus}[Ag(NH_3)_2^+]}=\frac{1.26\times10^{21}}{1.12\times10^{7}}=1.12\times10^{14}$$

平衡常数 $K_s^{\ominus}$ 值很大，说明 $[Ag(NH_3)_2]^+$ 能自发转化成 $[Ag(CN)_2]^-$，而且转化得很完全，所以平衡时未转化的 $[Ag(NH_3)_2]^+$ 浓度极小，即 x 很小。

$\therefore 0.10-x\approx0.10$

$$K^{\ominus}=\frac{(0.10-x)\times[2(0.10-x)]^2}{x(2x)^2}\approx\frac{0.10\times(0.20)^2}{4x^3}=1.12\times10^{14}，x=2.1\times10^{-6}\text{mol/L}$$

$\therefore [Ag(NH_3)_2^+]=x=2.1\times10^{-6}$mol/L；$[Ag(CN)_2^-]=0.10-x\approx0.10$mol/L

上述计算结果表明，由于 $[Ag(NH_3)_2]^+$ 配离子的稳定性远小于 $[Ag(CN)_2]^-$ 配离子，因此当加入足量的 CN^- 离子时，$[Ag(NH_3)_2]^+$ 配离子几乎全部转化成 $[Ag(CN)_2]^-$ 配离子。

扫码“学一学”

第四节 配位化合物的应用

配合物的应用十分广泛，涉及农业、化工、材料、分离、提取和分析、电镀、医药等诸多方面。与配合物相关的学科也很多，如生物无机化学、药物学、有机化学、分析化学、结构化学等，这些学科的发展也促进了配位化学的发展。

一、在分析化学中的应用

(一)检验离子的特效试剂

利用螯合剂与某些金属离子生成难溶的有色内配盐，可作为检验这些离子的特征反应。例如：

(1) Fe^{2+}离子的检验　特效试剂为邻菲罗啉(1,10－二氮菲)，在微酸性溶液中，它可与Fe^{2+}离子反应生成橘红色的配离子。

(2) Fe^{3+}离子的检验　特效试剂为硫氰酸盐，它可与Fe^{3+}离子反应生成血红色配合物。

(3) Ni^{2+}离子的检验　特效试剂为二甲基乙二肟，在 pH 为 5～10 氨溶液中，它可与Ni^{2+}离子反应生成鲜红色沉淀。

(4) Pb^{2+}离子的检验　特效试剂为双硫腙，它可与Pb^{2+}离子反应生成红色螯合物。

另外，一些简单配位反应也可用于检验离子。

(二)作沉淀剂和掩蔽剂

某些有机螯合剂常作沉淀剂。螯合剂能和金属离子形成溶解度极小的内配盐沉淀，少量的金属离子便可产生相当大量的沉淀。这类沉淀分子量相当大、组成固定且易过滤和洗涤，故利用有机沉淀剂可大大提高重量分析的精确度。

配合剂也常作掩蔽剂。多种金属离子共同存在，当加入一种试剂时，这些金属离子往往会与该试剂发生同类反应而干扰测定。例如，Fe^{3+}离子和Cu^{2+}离子都能氧化I^-离子成为I_2。若用I^-离子来测定Cu^{2+}离子时，共存的Fe^{3+}离子会产生干扰。若加入 NaF 或H_3PO_4，Fe^{3+}与F^-或PO_4^{3-}配合生成了稳定且无色的$[FeF_6]^{3-}$或$[Fe(HPO_4)]^+$，即可防Fe^{3+}对Cu^{2+}测定的干扰。这种防止干扰作用称为掩蔽作用，配合剂也称为掩蔽剂。

二、在医药中的应用

配合物在医药方面应用相当广泛，某些药物是金属配合物，有些配体可作为螯合药物解重金属中毒，有些配合物用作抗凝血剂、抑菌剂、抗癌剂等，配合反应也应用于临床检验和生化实验。

一些有机配体和中心原子配位形成配合物后，提高了药物的脂溶性和透过细胞膜的能力，往往能增加其活性。例如，丙基异烟肼与一些金属配合物的抗结核杆菌的能力比丙基异烟肼更强；风湿性关节炎与局部缺乏Cu^{2+}有关，利用阿司匹林可治疗风湿性关节炎，但阿司匹林会螯合胃壁的Cu^{2+}，引起胃出血，而改用阿司匹林的铜配合物，疗效增加，即使较大剂量也不会引起胃出血的副作用；柠檬酸铁配合物可用于治疗缺铁性贫血；酒石酸锑钾既可治疗糖尿病，也可用于治疗血吸虫病；EDTA 的钙盐是排除人体内铀、钍、钌等放射性元素的高效解毒剂；顺铂(cis-DDP)$[PtCl_2(NH_3)_2]$是一种十分有效的抗癌药物，但其毒副作用大，水溶性小，现已经制出第二代铂系抗癌药物，如二氨-(1,1-环丁二酸)合铂、二羟基二氯(二异丙胺)合铂(Ⅳ)等等，毒副作用大大降低，但其具有肾毒性、神经毒性、催吐性及易产生抗药性等缺点，临床应用受到限制。高效低毒的非铂类金属抗癌药物有待开发。近年来，其他金属配合物抗癌药物也在研制和使用中，金属配合物在治疗糖尿病、细菌性传染、风湿性关节炎、脑血栓等方面发挥了重要的功效。

金属配合物在生物化学中也有广泛应用，许多酶的作用与其结构中含有配位的金属离子有关。生物体中发生的一系列变化，常与金属离子和有机体生成复杂的配合物所起的作用有关。例如，植物生长中起光合作用的叶绿素为含 Mg^{2+} 的复杂配合物。动物血液中起输送氧作用的血红素是 Fe^{2+} 卟啉配合物等等。

知识拓展

抗肿瘤配合物药物的发展和应用

顺铂是指顺式－二氯二氨合铂（Ⅱ），抗癌活性高，因其毒性谱与其他抗癌药物不同，且少交叉耐药性，有利于临床联合用药，被美国和加拿大等国推荐为食道癌、非小细胞肺癌等 18 种癌症治疗的首选药物。

1845 年 M. Peyrone 首次合成顺铂，1890 年 Werner 阐明其顺反异构，并在此基础上建立了配位理论，奠定了现代配位化学的基础。1961 年密西根州立大学的 B. Rosenbeng 教授为证实电磁能可以让细胞分裂设计了一个实验。在实验中，他偶然发现从电极游离的铂，与氯离子和铵共存时，可抑制大肠杆菌的细胞分裂；接着他把研究对象由大肠杆菌改为肿瘤细胞，通过动物活体实验确定了顺铂具有抗肿瘤作用。1969 年他将这一发现发表在著名的《Nature》杂志上。顺铂具有抗肿瘤作用这一发现在科学界引起极大的震惊，由此掀起了配合物在医药学应用的研究热潮。顺铂被称为“抗癌药里的青霉素”，1969 年开始应用于临床。

抗肿瘤药顺铂的问世，不但极大地促进了抗癌药物的研发，也大大促进了配位化学的发展。人们开始对不同构型的铂类配合物的抗肿瘤效应进行探索，在接下来的 30 余年里，陆续合成了几千个新的铂类配合物，经过筛选其中有 28 个化合物进入临床研究，有 4 个化合物获得批准进入市场。今天，顺铂、卡铂、奥沙利铂、奈达铂、乐铂等已成为癌症化疗中不可缺少的药物。近年来有报道金、钌、铑、钯等非铂类金属配合物可能相比顺铂类药物抗肿瘤效果更好，不良反应更小，相信不久的将来一定会发现更多高效、低毒的新型配合物药物。

重点小结

配位化合物	基本概念	定义	中心原子和配体以配位键结合而形成的化合物
		组成	中心原子、配位体；内界和外界
		配位数 *	配位原子的数目。单齿配体：配位数即为配体数；多齿配体：配位数等于配体数乘以齿数
		命名	与无机酸碱盐类似（某化某、某酸某、某酸等） 内界：先配体数⟶配体⟶合⟶中心原子（中心原子氧化值） 配体：按先无机后有机、先阴离子后中性分子、先 A 后 B、先简单后复杂的原则
		类型	简单配合物、螯合物、多核配合物

续表

配位化合物	化学键理论	价键理论 *	基本要点
			内轨型配合物和外轨型配合物
			空间构型、磁性
		晶体场理论 *	基本要点
			d 轨道能级分裂、晶体场分裂能
			d 电子排布与成对能，高自旋和低自旋 *
			晶体场稳定化能及其计算
	稳定性	稳定常数 $K_s^{\ominus}$ *	逐级稳定常数
			累积稳定常数
		SHAB 原则	硬亲硬，软亲软，软硬交界就不管
		稳定性	稳定性的影响因素(中心原子、配体)
	配位平衡	酸碱平衡	酸效应、水解效应
		氧化还原平衡 *	配位平衡与氧化还原平衡的相互影响及相关计算
		沉淀－溶解平衡 *	配位平衡与沉淀平衡的相互影响及相关计算
		取代反应	中心原子取代、配体取代

习　题

1. 下列化合物中哪些是配合物？哪些是螯合物？哪些是复盐？哪些是简单盐？

(1) $CuSO_4 \cdot 5H_2O$　　(2) $(NH_4)_2[Fe(Br)_5(H_2O)]$

(3) $[Ni(en)_2]Cl_2$　　(4) $[Cu(NH_2CH_2COOH)_2]SO_4$

(5) $KCl \cdot MgCl_2 \cdot 6H_2O$　　(6) $(NH_4)_2SO_4 \cdot FeSO_4 \cdot 6H_2O$

(7) $[Pt(NH_3)_2(OH)_2]Cl_2$　　(8) $KAl(SO_4)_2 \cdot 12H_2O$

2. 命名下列配合物，并指出中心离子、配体、配位原子、配位数、配位离子的电荷。

(1) $H_2[SiF_6]$　　(2) $[Ag(NH_3)_2]OH$

(3) $(NH_4)_2[Zn(OH)_4]$　　(4) $K_3[Ag(S_2O_3)_2]$

(5) $[CoCl(NH_3)_5]CO_3$　　(6) $[Cu(en)_2]Br_2$

(7) $[Pt(NH_2)(NO_2)(NH_3)_2]$　　(8) $[Ni(NH_3)_2(C_2O_4)]$

3. 写出下列配合物的化学式：

(1)三溴化六氨合钴(Ⅲ)　　(2)六硫氰酸根合钴(Ⅲ)酸钾

(3)二氯·二乙二胺合镍(Ⅱ)　　(4)硫酸亚硝酸·五氨合钴(Ⅲ)

(5)二氯·二氨合铂(Ⅱ)　　(6)五溴·一水合铁(Ⅲ)酸铵

4. 根据实验测得的磁矩确定下列配合物的几何构型，并指出是内轨型还是外轨型。

(1) $[Co(NH_3)_6]^{2+}$　$\mu = 3.88$ B. M.　　(2) $[Co(NH_3)_6]^{3+}$　$\mu = 0$ B. M.

(3) $[FeF_6]^{3-}$　$\mu = 5.88$ B. M.　　(4) $[Fe(CN)_6]^{4-}$　$\mu = 0$ B. M.

(5) $[Ni(NH_3)_4]^{2+}$　$\mu = 3.0$ B. M.　　(6) $[Ni(CN)_4]^{2-}$　$\mu = 0$ B. M.

5. 根据软硬酸碱原则，比较下列各组所形成的两种配离子之间的稳定性相对大小。

(1) Cl^-、I^- 与 Hg^{2+} 配合

(2) SCN^-、ROH 与 Pd^{2+} 配合

(3) CN^-、NH_3 与 Cd^{2+} 配合

(4) NH_2CH_2COOH，CH_3COOH 与 Cu^{2+} 配合

6. 已知下列配合物的分裂能 Δ_O 和电子成对能 P 之间的关系如下：

(1) $[Co(NH_3)_6]^{2+}$，$P > \Delta_O$　(2) $[Co(NH_3)_6]^{3+}$，$P < \Delta_O$　(3) $[Fe(H_2O)_6]^{2+}$，$P > \Delta_O$

试判断这些配合物中，哪些为高自旋？哪些为低自旋？指出各中心离子的未成对电子数及 d_ε 和 d_γ 轨道的电子数目；计算各配合物的磁矩 μ(B. M.)。

7. $PtCl_4$ 和氨水反应，生成物的分子式为 $Pt(NH_3)_4Cl_4$。用 $AgNO_3$ 来处理 1mol 该化合物，得到 2mol 的 AgCl。试推断该配合物的结构式并指出铂的配位数和配离子的化合价。

8. 已知 $[Fe(H_2O)_6]^{2+}$ 是外轨型配合物，$[Fe(CN)_6]^{4-}$ 是内轨型配合物，画出它们的价层电子分布情况，并指出各以何种杂化轨道成键？

9. 何谓螯合物和螯合效应？判断下列化合物哪些可能作为有效的螯合剂？

H_2O、NCS^-、$H_2N—NH_2$、$(HOOCCH_2)_2N—CH_2—CH_2—N(CH_2COOH)_2$、$(CH_3)_2N—NH_2$

10. 下列说法哪些错误？并说明理由。

(1) 配合物必须同时具有内界和外界；

(2) 只有金属离子才能作为配合物形成体；

(3) 形成体的配位数即是配位体的数目；

(4) 配离子的电荷数等于中心离子的电荷数；

(5) 配离子的几何构型取决于中心离子所采用的杂化轨道类型。

11. 计算下列配离子的晶体场稳定化能

(1) $[FeF_6]^{3-}$　(2) $[Fe(CN)_6]^{3-}$　(3) $[CoF_6]^{3-}$　(4) $[Co(NH_3)_6]^{3+}$

12. 往含有 0.1mol/L 的 $[Cu(NH_3)_4]^{2+}$ 配离子溶液中，加入氨水，使溶液中 NH_3 浓度为 1.0mol/L，请计算达到平衡时溶液中 Cu^{2+} 离子浓度为多少？已知 $[Cu(NH_3)_4]^{2+}$ 的 $K_s^\ominus = 2.88 \times 10^{13}$。

13. 请通过计算下列溶液中 Ag^+ 浓度来判断 $[Ag(NH_3)_2]^+$ 和 $[Ag(S_2O_3)_2]^{3-}$ 两种配离子的稳定性大小。

(1) 0.1mol/L 溶液中含有 0.1mol/L 氨水，$K_s^\ominus[Ag(NH_3)_2^+] = 1.12 \times 10^7$；

(2) 在 0.1mol/L $[Ag(S_2O_3)_2]^{3-}$ 溶液中含有 0.1mol/L $S_2O_3^{2-}$ 离子，已知，$[Ag(S_2O_3)_2]^{3-}$ 的 $K_s^\ominus = 2.88 \times 10^{13}$。

14. 欲使 0.10mol AgCl 溶于 1L 氨水中，所需氨水的最低浓度为多少？已知：$K_{sp}^\ominus(AgCl) = 1.77 \times 10^{-10}$，$K_s^\ominus[Ag(NH_2)_2^+] = 1.12 \times 10^7$。

15. 将 1mol KBr 固体加入到 1L 0.2mol/L $AgNO_3$ 溶液中，若欲阻止 AgBr 沉淀产生，至少应加入多少摩尔 KCN 固体？已知，$K_{sp}^\ominus(AgBr) = 5.35 \times 10^{-13}$，$K_s^\ominus[Ag(CN)_2^-] = 1.26 \times 10^{21}$。

16. 计算下列各反应在 298K 时的标准平衡常数 $K^\ominus$，并判断反应能否正向自发进行。

(1) $[Ag(S_2O_3)_2]^{3-} + 2CN^- \rightleftharpoons [Ag(CN)_2]^- + 2S_2O_3^{2-}$

已知：$E^\ominus[Ag(CN)_2^-/Ag] = 0.4495V$，$E^\ominus[Ag(S_2O_3)_2^{3-}/Ag] = +0.0054V$；

(2) $2[Fe(CN)_6]^{3-} + 2I^- \rightleftharpoons 2[Fe(CN)_6]^{4-} + I_2$

已知：$\lg K_s^\ominus[Fe(CN)_6]^{3-} = 42$，$\lg K_s^\ominus[Fe(CN)_6]^{4-} = 35$，$E^\ominus(I_2/I^-) = 0.5355V$，

$E^{\ominus}[Fe(CN)_6^{3-}/Fe(CN)_6^{4-}]=0.361V$。

17. 请计算下列电对在298K时的标准电极电势$E^{\ominus}$。

(1)$[Au(CN)_2]^- + e^- \rightleftharpoons Au + 2CN^-$

(2)$[Co(NH_3)_6]^{3+} + e^- \rightleftharpoons [Co(NH_3)_6]^{2+}$

18. 根据下列已知条件计算配合物在298K时的稳定常数$K_s^{\ominus}$。

(1)已知$E^{\ominus}(Zn^{2+}/Zn)=-0.7618V$，$E^{\ominus}[Zn(CN)_4^{2-}/Zn]=-1.26V$，求$[Zn(CN)_4]^{2-}$的$K_s^{\ominus}$。

(2)已知$E^{\ominus}(Fe^{3+}/Fe^{2+})=0.771V$，$E^{\ominus}[Fe(CN)_6^{3-}/Fe(CN)_6^{4-}]=0.361V$，$[Fe(CN)_6]^{3-}$的$K_s^{\ominus}=1\times10^{-42}$，求$[Fe(CN)_6]^{4-}$的$K_s^{\ominus}$。

19. 通过计算比较$[Ag(NH_3)_2]^+$和$[Ag(CN)_2]^-$氧化能力的相对大小。已知

$E^{\ominus}(Ag^+/Ag)=0.7996V$，$K_s^{\ominus}[Ag(NH_3)_2^+]=1.12\times10^7$，$K_s^{\ominus}[Ag(CN)_2^-]=1.26\times10^{21}$。

20. 往含有$[Zn(NH_3)_4]^{2+}$的溶液中加入过量的KCN固体，问$[Zn(NH_3)_4]^{2+}$会自发反应生成$[Zn(CN)_4]^{2-}$吗？已知$K_s^{\ominus}[Zn(CN)_4]^{2-}=5.01\times10^{16}$，$K_s^{\ominus}[Zn(NH_3)_4]^{2+}=2.88\times10^9$。

（吴巧凤　黄宏妙　赵　平）

扫码“练一练”

第十章　主族元素

要点导航

1. 掌握主族元素结构特点及性质的周期性变化规律，掌握各族中典型元素如 Na、K、Mg、Ca、Ba、卤素、O、S、N、P、As、Bi、C、Si、Sn、Pb、B 等的单质及重要化合物的基本性质。

2. 熟悉主族各族元素电子层结构，成键特征，主族元素的通性及其相互关系。

3. 了解主族元素在医药中的应用。

根据核外电子排布规律，化学周期表将目前发现的 112 种元素区分为主族和副族元素。主族元素包括 s 区和 p 区元素。其中 s 区元素位于周期表的最左侧，包括价层电子分别为 ns^1 和 ns^2 的 IA 族和ⅡA 族元素。p 区元素包括周期表中的ⅢA 到ⅦA 和 0 族元素，包括了除氢以外的所有非金属元素、准金属元素和一部分金属元素。元素在周期表中的位置反映了元素的原子结构特征，主族元素核外电子排布呈现周期性的变化，与结构有关的性质也呈现周期性的变化。如原子半径、电离能、电负性等性质。生命必需的 28 种元素中，19 种属于主族元素，在医药领域具有广泛应用。表 10－1 为主族元素性质递变规律。

表 10－1　主族元素性质递变规律表

ⅠA	ⅡA	ⅢA	ⅣA	ⅤA	ⅥA	ⅦA	0
H							He
Li	Be	B	C	N	O	F	Ne
Na	Mg	Al	Si	P	S	Cl	Ar
K	Ca	Ga	Ge	As	Se	Br	Kr
Rb	Sr	In	Sn	Sb	Te	I	Xe
Cs	Ba	Tl	Pb	Bi	Po	At	Rn
Fr	Ra						

原子半径增大，金属性、还原性增强，电离能、电负性减小（自上而下↓）

原子半径减小；金属性、还原性减弱；电离能、电负性增大（自左向右→）

第一节　s 区元素

扫码"学一学"

元素周期系第ⅠA 和ⅡA 族元素的价层电子构型分别为 ns^1 和 ns^2，它们的原子最外层有 1～2 个 s 电子，这些元素称为 s 区元素。ⅠA 族元素中包括锂、钠、钾、铷、铯、钫六种元素，它们的氢氧化物溶于水呈强碱性，所以称为碱金属。因为 H 原子核外只有 1 个电子参与成键，与碱金属相似，也被列于ⅠA 族。ⅡA 族元素包括铍、镁、钙、锶、钡、镭六种元素，其中钙、锶、钡又称为碱土金属，现在习惯上也常常把铍和镁包括在碱土金属之内。镭是放射性元素。

一、氢

氢是宇宙中最丰富的元素，为一切元素之源。氢原子的基态电子结构为 $1s^1$。氢有三种同位素，分别是氕（^1_1H 或 H），重氢或称氘（^2_1H 或 D）和氚（^3_1H 或 T）。自然界所有的氢元素中，^1_1H 约占 99.98%，^2_1H 约占 0.02%，^3_1H 的含量极少。由于它们质子数相同而中子数不同，因而它们的单质和化合物的化学性质基本相同，物理性质和生物性质则有所不同。自然界中氢主要以化合物的形式存在。在水、碳氢化合物及所有生物组织中都含有氢。

（一）氢原子的成键特征

氢的电离能以及电子亲和能代数值都不太小，电负性居于中间地位，所以氢与金属、非金属都可以化合，在形成化学键时，其成键方式主要有以下几种情况：

1. 失去价电子形成 H^+（即质子） 质子的半径很小，约为氢原子半径的几万分之一，所以质子具有很强的电场，能使邻近的原子或分子强烈变形而与它结合在一起。故而除了气态的质子流以外，一般不存在自由质子。比如水溶液中的 H^+ 是以水合离子 H_3O^+ 的形式存在。

2. 形成共价键 氢很容易同其他非金属通过共用电子对结合，形成共价型氢化物。

3. 获得一个电子形成 H^- 这是氢和活泼金属相化合形成离子型氢化物的价键特征。由于 H^- 有较大的半径，容易变形，仅存于离子型氢化物晶体中，在水中立即水解产生 H_2。

（二）单质氢的性质

1. 物理性质 氢气是无色、无味的可燃性气体。氢气是所有气体中最轻的。氢气的扩散性好，导热性强。由于氢分子之间的引力小，致使其熔点和沸点极低，很难液化。氢气在水中的溶解度很小，273K 时 1 体积水仅能溶解 2% 体积的氢，但可大量溶解于镍、钯、铂等金属中。

2. 化学性质 氢分子是相对稳定的。由于氢原子半径特别小，又无内层电子，因而氢分子中的共用电子对直接受核的作用，形成的 σ 键相当牢固，故氢分子的离解能相当大，所以单质氢在常温下不活泼。

现将单质氢的一些重要化学反应汇列于下：

$$H_2 \xrightarrow[\text{光、热}]{Cl_2} 2HCl$$

$$H_2 \xrightarrow{\text{Li, Na, Ca 等金属}} \text{金属氢化物}$$

$$H_2 \xrightarrow[\text{加热}]{\text{非金属}} \text{非金属氢化物}$$

$$H_2 \xrightarrow[\text{催化剂、加压、加热}]{N_2} NH_3$$

$$H_2 \xrightarrow{\text{金属氧化物}} \text{低价金属氧化物} \xrightarrow{H_2} \text{金属}$$

$$H_2 \xrightarrow[\text{催化剂}]{\text{烯烃、炔烃、不饱和有机物}} \text{饱和烃}$$

$$H_2 \xrightarrow[\text{催化剂}]{CO} CH_3OH\text{（醇类）}$$

$$H_2 \xrightarrow{R_2C=CH_2,\ CO} R_2CHCH_2CHO\text{（醛类）}$$

(三)离子型氢化物

在化学反应中，氢原子既可失去一个电子，又可得到一个电子，所以氢几乎能和除稀有气体外的所有元素结合，生成不同类型的化合物。氢的化合物可分为三类：离子型氢化物，即 s 区元素的氢化物；共价型氢化物，即 p 区元素的氢化物；过渡型氢化物，即 d 区、ds 区元素的氢化物。本节重点讨论离子型氢化物及其性质。

与卤素原子不同，氢形成 H^- 的过程是强烈吸热的。

$$1/2H_2(g) + e^- = H^-$$

由于这一过程的吸热性，氢原子只同活泼性最强的金属[如碱金属、碱土金属(Be、Mg 除外)等]形成离子型氢化物。

$$2M + H_2 = 2M^+H^- \text{（M 指碱金属）}$$

$$M + H_2 = M^{2+}\ H_2^- \text{（M 指 Ca、Sr、Ba）}$$

离子型氢化物又称盐型氢化物，电解熔融的盐型氢化物，在阳极上放出氢气，证明在这类氢化物中的氢是带负电的组分。

离子型氢化物都是白色盐状晶体，一般都是由金属和氢气在高温条件下直接反应来合成的。这类氢化物有很高的反应活性，遇水立即反应，生成 H_2 和金属氢氧化物。

$$MH + H_2O = MOH + H_2\uparrow$$

离子型氢化物受热后分解：

$$2MH \xrightarrow{\text{加热}} 2M + H_2\uparrow$$

$$MH_2 \xrightarrow{\text{加热}} M + H_2\uparrow$$

碱土金属氢化物的热稳定性强于碱金属氢化物。同族元素随原子序数的增大，热稳定性下降。

离子型氢化物都是极强的还原剂。例如，固态 NaH 在 673K 时能将 $TiCl_4$ 还原为金属钛。

$$TiCl_4 + 4NaH = Ti + 4NaCl + 2H_2\uparrow$$

H^- 能在非极性溶剂溶液中同 B^{3+}、Al^{3+} 等结合成复合氢化物。

$$4LiH + AlCl_3 \xrightarrow{\text{乙醚}} Li[AlH_4] + 3LiCl$$

这类化合物包括 $Na[BH_4]$、$Li[AlH_4]$、$Al[BH_4]_3$ 等。其中 $Li[AlH_4]$ 是重要的还原剂。在有机合成中，复合氢化物是一种重要的官能团还原剂，如将羧基还原为醇，将硝基还原为氨基等。

二、碱金属和碱土金属

(一)碱金属和碱土金属的通性

1. 周期表中的位置及物理性质 周期表ⅠA 族中的锂、钠、钾、铷、铯、钫六种元素，它们的氢氧化物溶于水呈强碱性，所以称为碱金属。其中，钠和钾属于常见元素；锂、铷、铯属于稀有金属；钫属于放射性元素。ⅡA 族元素包括铍、镁、钙、锶、钡、镭六种元素，其中钙、锶、钡又称为碱土金属，现在习惯上也常常把铍和镁包括在碱土金属之内。镭是放射性元素。

碱金属、碱土金属的基本性质列于表 10－2 和表 10－3 中。

表 10-2　碱金属的基本性质

	锂	钠	钾	铷	铯
元素符号	Li	Na	K	Rb	Cs
原子序数	3	11	19	37	55
价电子层结构	$2s^1$	$3s^1$	$4s^1$	$5s^1$	$6s^1$
金属半径/ pm	152	186	227	248	265
离子半径/ pm	60	95	133	148	169
标准电极电势/V	-3.0401	-2.714	-2.931	-2.925	-2.923
第一电离能/(kJ/mol)	520	494	418	402	376
电负性	0.98	0.93	0.82	0.82	0.79
氧化值	+1	+1	+1	+1	+1
沸点/K	1603	1165	1033	961	963
熔点/K	453.5	370.8	336.7	311.9	301.7
硬度(金刚石=10)	0.6	0.4	0.5	0.3	0.2
导电性(Hg=1)	11	21	14	8	8

表 10-3　碱土金属的基本性质

性质	铍	镁	钙	锶	钡
元素符号	Be	Mg	Ca	Sr	Ba
原子序数	4	12	20	38	56
价电子层结构	$2s^2$	$3s^2$	$4s^2$	$5s^2$	$6s^2$
金属半径/ pm	111.3	160	197.3	215.1	217.3
离子半径/ pm	31	65	99	113	135
电极电势 $E^{\ominus}(M^{2+}/M)$/V	-1.85	-2.372	-2.868	-2.899	-2.912
第一电离能/$kJ \cdot mol^{-1}$	900	736	590	548	502
第二电离能/$kJ \cdot mol^{-1}$	1768	1460	1152	1070	971
电负性	1.57	1.31	1.00	0.95	0.89
氧化值	+2	+2	+2	+2	+2
沸点/K	3243	1380	1760	1653	1913
熔点/K	1550	923	1111	1041	987
硬度(金刚石=10)	4.0	2.0	1.5	1.8	——
导电性(Hg=1)	5.2	21.4	20.8	4.2	——

同族元素随原子序数的增大，从 Li 到 Cs，从 Be 到 Ba，元素的金属活泼性依次增加；原子半径、离子半径递增，电离能、标准电极电势、电负性、水合能、电离能、单质的熔点、沸点和硬度递减，表现出较好的规律性。锂和铍的性质与同族元素相比较反常，这是由于它们的原子半径和离子半径比同族元素小，离子的极化作用强，所以锂的电极电势反常的低，锂和铍离子的水合能较大。同样原因锂和铍在形成化合物时共价性较强，因而化合物在水中的溶解度小。

2. 成键特征　碱金属和碱土金属原子最外层分别只有 1～2 个 ns 电子，而次外层是 8 电子饱和结构(Li、Be 的次外层是 2 个电子)，它们的原子半径在同周期元素中(除稀有气体外)是最大的，而核电荷数在同周期元素中是最小的。由于内层电子的屏蔽作用较强，故这些元素很容易失去最外层的电子，形成 +1 和 +2 价的离子型化合物，故碱金属常见氧化态为 +1，碱土金属常见氧化态为 +2，这是碱金属和碱土金属元素的一个重要特点。与同周期的元素比较，最活泼的金属元素总是碱金属元素，碱土金属的活泼性仅次于碱金属。

（二）碱金属和碱土金属的单质

1. 物理性质 碱金属和碱土金属都是轻金属，具有金属光泽。碱金属的密度都小于 $2g/cm^3$，其中锂、钠、钾最轻，密度均小于 $1g/cm^3$，能浮在水面上。碱土金属的密度也都小于 $5g/cm^3$，碱金属碱土金属的硬度都很小，碱金属和钙、锶、钡可以用刀子切割。碱金属原子半径较大，又只有一个价电子，因此形成的金属键很弱，它们的熔点、沸点都较低。铯的熔点比人的体温还低。碱土金属有两个价电子，原子半径比碱金属小，形成的金属键强，故熔沸点比碱金属高。

在碱金属中有活动性较高的自由电子，因而它们具有良好的导电性、导热性。其中以钠的导电性为最好。碱金属可以相互溶解形成液体合金。例如，钾、钠合金在有机合成上用作还原剂。碱金属与汞形成汞齐，钠汞齐常用作有机合成的还原剂。

2. 化学性质 碱金属是化学活泼性很强的金属元素。它们能直接或间接地与电负性较大的非金属元素形成相应的化合物。

碱金属在空气中极易形成 M_2CO_3 的覆盖层，因此要将它们保存在煤油中。锂的密度很小，能浮在煤油上，所以将其保存在液态石蜡中。铍和镁与冷水作用很慢，因为铍和镁表面有致密的氧化物保护膜，能阻止金属与水的进一步作用。

碱金属的 $E^{\ominus}(M^+/M)$ 数值都很小，所以它们都是很强的还原剂。

虽然锂的电离能比铯大，但 $E^{\ominus}(Li^+/Li)$ 却比 $E^{\ominus}(Cs^+/Cs)$ 小。从热力学数据可看出，Li 的升华和电离过程吸收的能量比 Cs 大，但 Li^+ 的半径很小水合热比 Cs 大得多，足以抵消前两项吸热而有余。导致整个过程焓变化数值较 Cs 小，所以 $E^{\ominus}(Li^+/Li)$ 值比 $E^{\ominus}(Cs^+/Cs)$ 小。

$E^{\ominus}(Li^+/Li) < E^{\ominus}(Na^+/Na)$，但锂的熔点高，升华热大，不易活化；同时锂与水反应生成的氢氧化锂的溶解度小，覆盖在金属表面，从而减缓了反应速率。因此，金属锂与水反应还不如金属钠与水反应激烈。

碱土金属是化学活泼性较强的金属元素，但比碱金属的活泼性弱。铍和镁与冷水作用很慢，因为铍和镁表面有致密的氧化物保护膜，在水中形成一层难溶的氢氧化物，能阻止金属与水的进一步作用。与碱金属相似，M^{2+} 水合离子的生成热也是由金属的升华热、原子的电离能以及气态离子水合热等决定的，所不同的是电离能为第一、第二电离能之和。

虽然碱土金属的气态离子水合热较大，似乎更有利于水合离子 $M^{2+}(aq)$ 的形成，但由于第一、第二电离能之和也较大，结果使其生成水合离子所吸收的热大于碱金属，因此碱土金属形成水合离子的趋势较碱金属小，$E^{\ominus}$ 值比碱金属大一些，还原性不及碱金属强。

由于碱金属和碱土金属能同水反应而放出 H_2，所以实际上它们作为还原剂主要应用于干态反应或有机反应中，而不用于水溶液中的反应。

碱金属和碱土金属中的钙、锶、钡及其挥发性化合物在无色的火焰中灼烧时，其火焰都具有特征的焰色，称为焰色反应。产生焰色反应的原因是它们的原子或离子受热时，电子容易被激发，被激发的电子从较高能级跃迁到较低能级时，相应的能量以光的形式释放出来，产生线状光谱。火焰的颜色往往是相应于强度较大的谱线区域。不同的原子因为结构不同而产生不同颜色的火焰。常见的几种碱金属、碱土金属的火焰颜色列于表 10－4 中。分析化学中常利用焰色反应来检定这些金属元素的存在。

表 10－4　常见碱金属、碱土金属的火焰颜色

元素	Li	Na	K	Rb	Cs	Ca	Sr	Ba
火焰颜色	红	黄	紫	紫	紫	橙红	洋红	绿

(三)碱金属、碱土金属的化合物

1. 氢化物　碱金属、碱土金属中活泼的 Ca、Sr、Ba 在氢气流中加热，可以生成离子型化合物 MH 和 MH_2。这些氢化物都是白色的似盐化合物，其中的氢以 H^- 离子的形式存在。氢化锂溶于熔融的 LiCl 中，电解时在阴极上析出金属锂，在阳极上放出氢气。

离子型氢化物的热稳定性差异较大，碱土金属的氢化物比碱金属的氢化物热稳定性高一些。碱金属氢化物以 LiH 为最稳定，其分解温度为 850℃。碱金属其他氢化物加热未到熔点时便分解为氢气和相应的金属单质。离子型氢化物与水都发生剧烈的水解作用而放出氢气：

$$LiH + H_2O = LiOH + H_2\uparrow$$

$$CaH_2 + 2H_2O = Ca(OH)_2 + 2H_2\uparrow$$

故 CaH_2 常用作野外作业的生氢剂。

这些氢化物都具有强还原性，$E^\ominus(H_2/H^-) = -2.23V$

2. 氧化物　碱金属、碱土金属与氧能形成三种类型的氧化物，即普通氧化物、过氧化物和超氧化物，在这些氧化物中，碱金属碱土金属的氧化值分别为 +1 和 +2，这些氧化物都是离子化合物，在其晶格中分别含有 O^{2-}、O_2^{2-} 和 O_2^- 离子。在充足的空气中，碱金属和碱土金属燃烧的正常产物见表 10－5。

表 10－5　碱金属和碱土金属的燃烧产物

金属	主要氧化产物类型	主要氧化产物的化学式
Li、Be、Mg、Ca、Sr	普通氧化物	M_2O 或 MO
Na、Ba	过氧化物	Na_2O_2 和 BaO_2
K、Rb、Cs	超氧化物	MO_2

(1)普通氧化物　碱金属中只有锂能在空气中燃烧主要生成 Li_2O。

$$4Li + O_2 = 2Li_2O$$

其他碱金属的普通氧化物是用金属与它们的过氧化物或硝酸盐作用而制得的。例如：

$$Na_2O_2 + 2Na = 2Na_2O$$

$$2KNO_3 + 10K = 6K_2O + N_2\uparrow$$

碱土金属在室温或加热时，能与氧气直接化合生成普通氧化物 MO，但实际生产中是由碳酸盐或硝酸盐加热分解而制得。例如：

$$2Sr(NO_3)_2 \xlongequal{加热} 2SrO + 4NO_2\uparrow + O_2\uparrow$$

$$CaCO_3 \xlongequal{加热} CaO + CO_2\uparrow$$

碱金属氧化物的颜色从 Li_2O(白色)到 Cs_2O(橙红色)逐渐加深，它们的熔点比碱土金属氧化物的熔点低得多。

碱金属氧化物与水反应生成相应氢氧化物。

$$M_2O + H_2O = 2MOH$$

上述反应的程度从 Li_2O 到 Cs_2O 依次加强，Li_2O 与水反应很慢，Rb_2O 和 Cs_2O 与水反应燃烧甚至爆炸。

碱土金属氧化物全都是白色固体。碱土金属离子带两个单位的正电荷，且离子半径较小，其氧化物的晶格能很大，难以熔化。BeO 为两性氧化物，其他均为碱性氧化物。所有的碱土金属氧化物难以受热分解，BeO 和 MgO 因为有很高的熔点，常用于制造耐火材料。钙、锶、钡的氧化物都能与水剧烈反应生成碱，并放出大量的热，反应的剧烈程度从 CaO 到 BaO 依次增大。

碱金属、碱土金属氧化物都是稳定的化合物。

(2)过氧化物　过氧化物是含有过氧离子 O_2^{2-} 的化合物，可看作是 H_2O_2 的盐。碱金属(除 Li 外)都能形成过氧化物，碱土金属元素在一定条件下都能形成过氧化物。过氧离子 O_2^{2-} 结构式如下：

$$[:\ddot{\underset{..}{O}}:\ddot{\underset{..}{O}}:]^{2-} \quad 或 \quad [-O-O-]^{2-}$$

按照分子轨道理论，O_2^{2-} 的分子轨道电子排布式为：

$$KK(\sigma_{2s})^2(\sigma_{2s}^*)^2(\sigma_{2p_x})^2(\pi_{2p_y})^2(\pi_{2p_z})^2(\pi_{2p_y}^*)^2(\pi_{2p_z}^*)^2$$

过氧离子 O_2^{2-} 中有一个 σ 键，键级为 1。由于不含有未成对电子，因而 O_2^{2-} 具有抗磁性。

过氧化钠 Na_2O_2 是最有应用价值的碱金属过氧化物。将金属钠在铝制容器中加热到 300℃，并通入不含二氧化碳的干燥空气，得到淡黄色的 Na_2O_2 粉末：

$$2Na + O_2 = Na_2O_2$$

过氧化钠与水或稀酸在室温下反应生成过氧化氢：

$$Na_2O_2 + 2H_2O = 2NaOH + H_2O_2$$

$$Na_2O_2 + H_2SO_4(稀) = Na_2SO_4 + H_2O_2$$

过氧化钠与二氧化碳反应，放出氧气：

$$2Na_2O_2 + 2CO_2 = 2Na_2CO_3 + O_2$$

过氧化钠是一种强氧化剂，工业上用作漂白剂，也可以用来作为制得氧气的来源。Na_2O_2 可作高空飞行和潜水时的供氧剂和 CO_2 的吸收剂。

碱土金属的过氧化物中过氧化钡较重要，BaO 与 O_2 加热到 400℃ 以上即可得到 BaO_2，但不能超过 800℃，否则生成的 BaO_2 又会分解。

过氧化钡与稀酸反应生成 H_2O_2，这是实验室制备 H_2O_2 的方法。

$$BaO_2 + H_2SO_4 = BaSO_4 + H_2O_2$$

(3)超氧化物　除了锂外，其余碱金属都能形成超氧化物 MO_2。其中，钾、铷、铯在空气中燃烧能直接生成超氧化物 MO_2。例如：

$$K + O_2 = KO_2$$

一般说来，金属性很强的元素容易形成含氧较多的氧化物，因此钾、铷、铯易生成超氧化物。

除铍、镁外，其他碱土金属也能形成超氧化物。

超氧化物中含有超氧离子 O_2^-，它比 O_2 多一个电子，按照分子轨道理论 O_2^- 的分子轨道电子排布式为：

$$KK(\sigma_{2s})^2(\sigma_{2s}^*)^2(\sigma_{2p_x})^2(\pi_{2p_y})^2(\pi_{2p_z})^2(\pi_{2p_y}^*)^2(\pi_{2p_z}^*)^1$$

O_2^- 中有一个 σ 键和一个三电子 π 键，键级为 3/2。由于含有一个未成对电子，因而 O_2^- 具有顺磁性。

超氧化物是很强的氧化剂，与水和稀酸发生激烈反应产生氧气和过氧化氢。例如：

$$2MO_2 + 2H_2O = 2MOH + H_2O_2 + O_2\uparrow$$

$$2MO_2 + H_2SO_4 = M_2SO_4 + H_2O_2 + O_2\uparrow$$

像 Na_2O_2 一样，超氧化物也能除去 CO_2 和再生 O_2，也用于急救器和潜水、登山等方面。

$$4KO_2 + 2CO_2 = 2K_2CO_3 + 3O_2\uparrow$$

3. 氢氧化物　碱金属元素的氧化物遇水都能发生剧烈反应，生成相应的碱。

$$M_2O + H_2O = 2MOH$$

碱土金属中 BeO 几乎不与水反应，MgO 与水缓慢反应生成相应的碱，其他碱土金属元素的氧化物遇水都能发生剧烈反应，生成相应的碱。

$$MO + H_2O = M(OH)_2$$

碱金属、碱土金属的氢氧化物都是白色固体，它们在空气中易吸水而潮解，故固体 NaOH、$Ca(OH)_2$ 常用作干燥剂。碱金属的氢氧化物在水中都是易溶的(除 LiOH 外)，溶解时还放出大量的热。碱金属氢氧化物中 LiOH 是中强碱，其余都是强碱，一方面是它们有较大的溶解度，另一方面，它们在水中是完全电离的，因此可获得高浓度的 OH^-。碱土金属的氢氧化物的溶解度则较小，其中 $Be(OH)_2$ 和 $Mg(OH)_2$ 是难溶的氢氧化物。碱土金属的碱性与同一周期碱金属氢氧化物相比较要弱，其中 $Be(OH)_2$ 为两性氢氧化物，其他的氢氧化物是强碱或中强碱。碱金属、碱土金属氢氧化物的溶解度及酸碱性强度列入表 10－6 中。

表 10－6　碱金属和碱土金属氢氧化物的溶解度和酸碱性

	LiOH	NaOH	KOH	RbOH	CsOH
溶解度/(mol/L)	5.3	26.4	19.1	17.9	25.8
$\sqrt{\varphi}$	0.13	0.10	0.087	0.082	0.077
碱性	中强碱	强碱	强碱	强碱	强碱

碱性增强 →

	$Be(OH)_2$	$Mg(OH)_2$	$Ca(OH)_2$	$Sr(OH)_2$	$Ba(OH)_2$
溶解度/(mol/L)	8×10^{-6}	5×10^{-4}	1.8×10^{-2}	6.7×10^{-2}	2×10^{-1}
$\sqrt{\varphi}$	0.254	0.175	0.142	0.133	0.122
酸碱性	两性	中强碱	强碱	强碱	强碱

碱性增强 →

氢氧化物的酸碱性强弱取决于它本身的离解方式。如果以 ROH 表示氢氧化物，在水中它可以有如下两种离解方式：

$$R-|-O—H \longrightarrow R^+ + OH^- \quad \text{碱式离解}$$

$$R—O-|-H \longrightarrow RO^- + H^+ \quad \text{酸式离解}$$

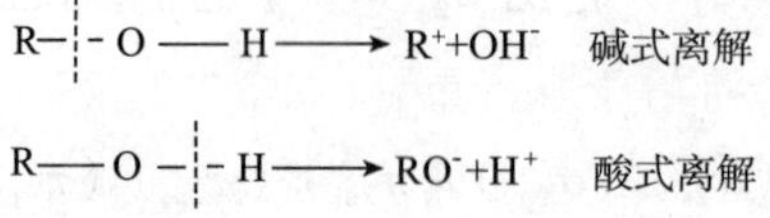

而氢氧化物的离解方式与阳离子 R 的极化作用有关。极化力的大小主要取决于 R^+ 离子的电荷数（Z）和半径（r）的比值。用离子势 φ 来表示：

$$\varphi = Z/r$$

若阳离子 φ 值越大，R^+ 静电作用越强，对 O 原子上的电子云的吸引力也就越强。

$$R \quad O \quad H$$

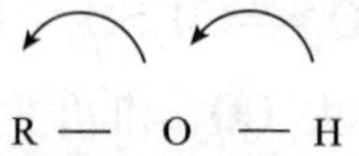

结果 O—H 键的极性越强，即共价键转变为离子键的倾向越大，这时 ROH 按酸式离解的趋势越大。反之，则 O—H 键的极性越弱，ROH 按酸式离解的趋势越小，而按碱式离解的趋势越大。据此，有人提出了用 $\sqrt{\varphi}$ 值（r 的单位为 pm）判断金属氢氧化物酸碱性的经验规则：

$$\sqrt{\varphi} < 0.22 \text{ 时，氢氧化物呈碱性；}$$

$$0.22 < \sqrt{\varphi} < 0.32 \text{ 时，氢氧化物呈两性；}$$

$$\sqrt{\varphi} > 0.32 \text{ 时，氢氧化物呈酸性。}$$

4. 重要的盐及其在医药中的应用 碱金属、碱土金属的常见盐有碳酸盐、硝酸盐、硫酸盐及卤化物。

（1）碳酸盐 碱金属的碳酸盐中，除碳酸锂外，其余均溶于水。Li_2CO_3 是一种抗狂躁药，可用于治疗精神病、甲状腺功能亢进、急性痢疾、白细胞减少症、再生障碍性贫血及某些妇科疾病等。

除锂外，其他碱金属都能形成固态碳酸氢盐。例如：碳酸氢钠俗称小苏打，它的水溶液呈弱碱性，常用于治疗胃酸过多和酸中毒。它在空气中会慢慢分解生成碳酸钠，应密闭保存于干燥处。由于它与酒石酸氢钾在溶液中反应生成 CO_2，它们的混合物是发酵粉的主要成分。

碱土金属的碳酸盐除 $BeCO_3$ 外，都难溶于水，但它们可溶于稀的强酸溶液中，并放出 CO_2，故实验室中常用 $CaCO_3$ 制备 CO_2，除 $BeCO_3$ 外的碱土金属的碳酸盐在通入过量 CO_2 的水溶液中，由于形成酸式碳酸盐而溶解：

$$MCO_3 + CO_2 + H_2O = M^{2+} + 2HCO_3^- \quad (M = Ca、Sr、Ba)$$

碳酸钙是石灰石、大理石的主要成分，也是中药珍珠、钟乳石、海蛤壳的主要成分。

碱土金属碳酸盐的热稳定性变化规律可以用离子极化的理论来说明：CO_3^{2-} 变形性较大，正离子极化力愈大，即 Z/r 值愈大，愈容易从 CO_3^{2-} 中夺取 O^{2-} 成为氧化物，同时放出 CO_2，则碳酸盐热稳定性愈差。碱土金属按 Be，Mg，Ca，Sr，Ba 的次序 M^{2+} 半径递增（电荷相同），极化力递减，因此碳酸盐的热稳定性依次增强。

（2）硫酸盐 碱金属硫酸盐都易溶于水，其中硫酸钠最重要，$Na_2SO_4 \cdot 10H_2O$ 称为芒硝，在空气中易风化脱水变为无水硫酸钠。无水硫酸钠在中药中称为玄明粉，为白色的粉末，有潮解性，在有机药物合成中，作为某些有机物的干燥剂；在医药上，芒硝和玄明粉都用作缓泻剂，芒硝还有清热消肿作用。主要作用泻热通便，润燥软坚，用于治疗痔疮、急性乳腺炎、腹胀、急性湿疹等疾病。

碱土金属的硫酸盐大部分难溶于水，重要的硫酸盐有俗称生石膏的二水硫酸钙 $CaSO_4 \cdot 2H_2O$，受热脱去部分水生成烧石膏(煅石膏、熟石膏) $CaSO_4 \cdot 1/2H_2O$。

$$2CaSO_4 \cdot 2H_2O = 2CaSO_4 \cdot 1/2H_2O + 3H_2O$$

这是一个可逆反应，熟石膏与水混合成糊状时逐渐硬化重新又成生石膏，在医疗上用作石膏绷带。生石膏内服有清热泻火的功效，熟石膏有解热消炎的作用，外用可治疗湿疹、烫伤、疥疮溃烂等。

七水硫酸镁($MgSO_4 \cdot 7H_2O$)俗称泻盐，内服可作为缓泻剂和十二指肠引流剂，其注射剂主要用于抗惊厥。硫酸钡又称重晶石，是唯一无毒的钡盐，对 X 射线有强烈的吸收作用，医药上常用于胃肠道 X 射线造影检查。

(3)氯化物　氯化钠矿物药名为大青盐，是维持体液平衡的重要盐分，缺乏时会引起恶心、呕吐、衰竭和肌痉，临床上常把氯化钠配制成生理盐水(0.85% ~0.9%)，供流血或失水过多的患者补充体液。

氯化钙等用于治疗钙缺乏症，也可用于抗过敏药和消炎药。氯化钾可用于治疗各种原因引起的缺钾症，它也是一种利尿剂，多用于治疗心脏性或肾脏性的水肿。碘化钾用于配制碘酊。无水氯化钙有强吸水性，是一种重要干燥剂，但氯化钙与氨或乙醇能生成加合物，所以不能干燥乙醇和氨气，它的六水合物($CaCl_2 \cdot 6H_2O$)和冰混合是实验室常用的制冷剂。氯化钡($BaCl_2 \cdot 2H_2O$)是重要的可溶性钡盐，可用于灭鼠剂和鉴定 SO_4^{2-} 的试剂。氯化钡有剧毒，切忌入口。

(四)对角线规则

在 s 区和 p 区元素中，除了同族元素的性质相似外，有些左上方与右下方元素及化合物的性质有相似性，这种相似性称为对角线规则。如下图：

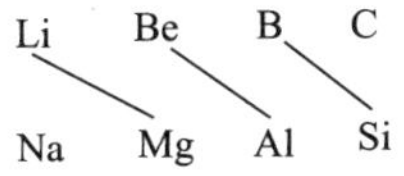

Li 和 Mg 两种元素的单质及化合物性质相似，表现在锂、镁于过量的氧气中燃烧时都不生成过氧化物，而是生成普通氧化物；它们都能与氮和碳直接化合而生成氮化物和碳化物；它们与水反应均较缓慢；锂和镁的氢氧化物是中强碱，溶解度都不大，加热时可分别分解为 Li_2O 和 MgO；锂和镁的某些盐类如氟化物、碳酸盐、磷酸盐难溶于水；它们的碳酸盐在加热时均能分解为相应的氧化物和二氧化碳等。

第二节　p 区元素

p 区元素包括ⅢA ~0 族元素。p 区元素可沿 B-Si-As-Te-At 对角线划分为两部分，对角线右侧元素一般为非金属元素(含对角线上的元素)，对角线左侧元素一般为金属元素。周期表中的非金属除氢以外，其余都集中在 p 区。p 区(0 族元素性质特殊，这里不作讨论)ⅦA 族是完整的典型非金属，其他各族都是由典型的非金属元素过渡到典型金属元素。

p 区元素具有以下特点。

(1)与 s 区元素相似，p 区同族元素自上而下原子半径逐渐增大，元素金属性逐渐增强，非金属性逐渐减弱。除ⅦA 族外，都是由典型的非金属元素经准金属元素过渡到典型的金属元素。

(2)p 区元素(0 族除外)原子的价层电子构型为 ns^2np^{1-5}。ns、np 电子均可参与成键，由此它们具有多种氧化值，这点不同于 s 区元素。并且在同一周期，随着价层 np 电子的增多，失电子趋势减弱，逐渐变为共用电子，甚至变为得电子。因此 p 区非金属元素除有正氧化值外，还有负氧化值。ⅢA－ⅤA 族同族元素自上而下低氧化值化合物的稳定性增强，高氧化值化合物的稳定性减弱，这种现象称为“惰性电子对效应”。

(3)p 区金属的熔点一般较低，金属间可形成低熔合金。

(4)p 区处于分区线上的元素具有半导体性质，为制造半导体的重要材料。

下面对 p 区元素按族进行讨论。

一、卤族元素

扫码“学一学”

第ⅦA 族元素包括氟、氯、溴、碘和砹五种元素，因为它们都可与碱金属作用生成典型的盐，故通称卤族元素或卤素。在自然界，氟主要以萤石(CaF_2)和冰晶石(Na_3AlF_6)等矿物存在，氯、溴、碘主要以钠、钾、钙、镁的无机盐形式存在于海水中，海藻是碘的重要来源，砹是放射性元素，在短暂的时间内微量存在。

(一)元素结构特征及元素性质

卤素原子具有 ns^2np^5 的价层电子构型，这是卤素性质相似的重要基础。但随着卤素原子序数增加，原子半径逐渐增大，它们的性质又有一定的差异。

卤族基本性质汇列于表 10－7 中。

表 10－7　卤族的一些基本性质

性质	氟	氯	溴	碘
元素符号	F	Cl	Br	I
原子序数	9	17	35	53
相对原子质量	18.99	35.45	79.90	126.90
价电子层结构	$2s^22p^5$	$3s^23p^5$	$4s^2p^5$	$5s^2p^5$
共价半径/pm	64	99	114	133
离子半径/pm	136	181	195	216
电负性	3.98	3.16	2.96	2.66
电子亲和能/(kJ/mol)	328.2	348.6	324.5	295
第一电离能/(kJ/mol)	1682	1251	1140	1008
离子水合能/(kJ/mol)	－507	－368	－335	－293
主要氧化值	－1，0	－1，0，＋1 ＋3，＋5，＋7	－1，0，＋1 ＋3，＋5，＋7	－1，0，＋1 ＋3，＋5，＋7

卤素是同周期中原子半径最小，电负性、电子亲和能和第一电离能(除稀有气体)最大的元素，因而卤素是同周期中最活泼的非金属元素。因为卤素最外层有 7 个电子，有获得一个电子成为卤素阴离子的强烈趋势，所以卤素最突出的化学性质是氧化性。

$$1/2X_2 + e^- = X^-$$

氟的电负性最大，它的价电子层中没有可利用的 d 轨道，因此氟只有－1 氧化态。氯、溴、碘的原子最外层电子结构中都存在着空的 nd 轨道。当这些元素与电负性更大的元素化合时，拆开成对电子，激发进入 nd 空轨道。每拆开一对电子，可形成两个共价键，加上原来的一个单电子，故这些元素可显示出 +1、+3、+5、+7 的高氧化态，这些氧化态突出表现在氯、溴、碘的含氧化合物和卤素的互化物中，在卤素互化物中，原子半径大（电负性小）的原子作中心原子显正氧化态，原子半径小（电负性大）的原子显负氧化态，如 ClF_3、BrF_5、IBr_5 等。

卤素的元素电势图如下：

$E_A^\ominus/V$

$$\frac{1}{2}F_2 \xrightarrow{+3.05} HF$$

$$ClO_4^- \xrightarrow{+1.189} ClO_3^- \xrightarrow{+1.181} HClO_2 \xrightarrow{+1.645} HClO \xrightarrow{+1.611} Cl_2 \xrightarrow{+1.35827} Cl^-$$

（+1.482：HClO—Cl⁻；+1.47：ClO₃⁻—Cl₂；+1.451：ClO₃⁻—Cl⁻）

$$BrO_4^- \xrightarrow{+1.853} BrO_3^- \xrightarrow{+1.50} HBrO \xrightarrow{+1.596} Br_2 \xrightarrow{+1.066} Br$$

（+1.423：BrO₃⁻—Br；+1.482：BrO₃⁻—Br₂）

$$H_5IO_6 \xrightarrow{+1.601} IO_3^- \xrightarrow{+1.14} HIO \xrightarrow{+1.439} I_2 \xrightarrow{+0.5355} I^-$$

（+0.987：HIO—I⁻；+1.195：IO₃⁻—I₂）

$E_B^\ominus/V$

$$ClO_4^- \xrightarrow{+0.36} ClO_3^- \xrightarrow{+0.33} ClO_2^- \xrightarrow{+0.66} ClO^- \xrightarrow{+0.42} Cl_2 \xrightarrow{+1.36} Cl^-$$

（+0.89：ClO⁻—Cl⁻；+0.50：ClO₃⁻—ClO⁻；+0.56：ClO₃⁻—Cl⁻）

$$BrO_4^- \xrightarrow{+0.93} BrO_3^- \xrightarrow{+0.54} BrO^- \xrightarrow{+0.45} Br_2 \xrightarrow{+1.006} Br^-$$

（+0.76：BrO⁻—Br⁻）

$$H_3IO_6^{2-} \xrightarrow{约+1.7} IO_3^- \xrightarrow{+0.14} IO^- \xrightarrow{+0.434} I_2 \xrightarrow{+0.5355} I^-$$

（+0.26：IO₃⁻—IO⁻；+0.485：IO⁻—I⁻）

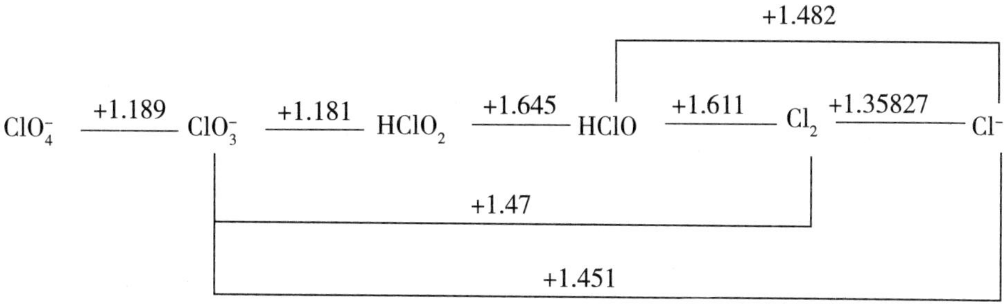

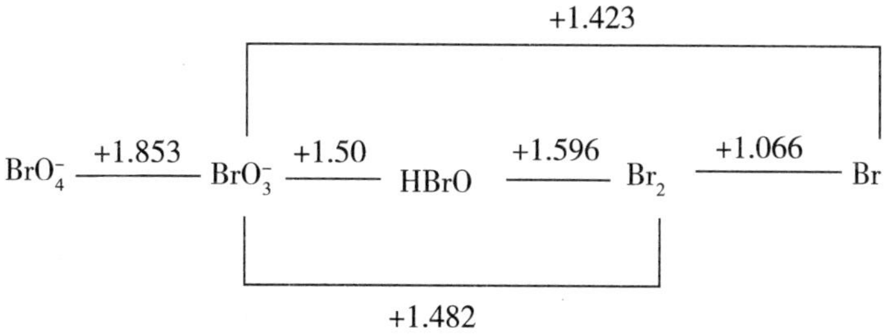

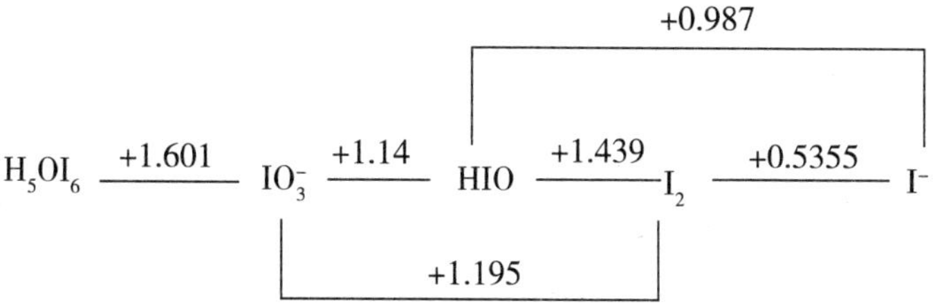

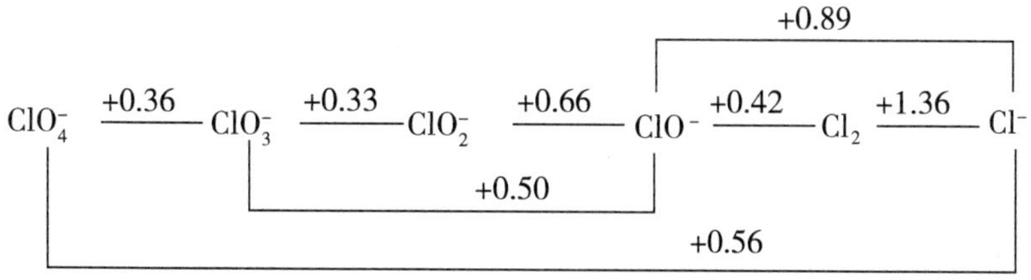

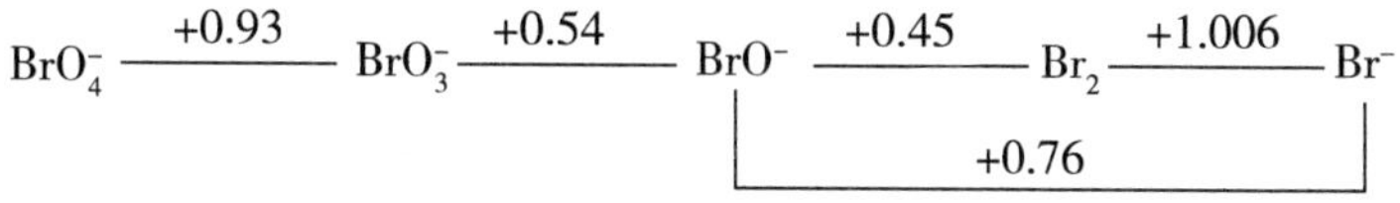

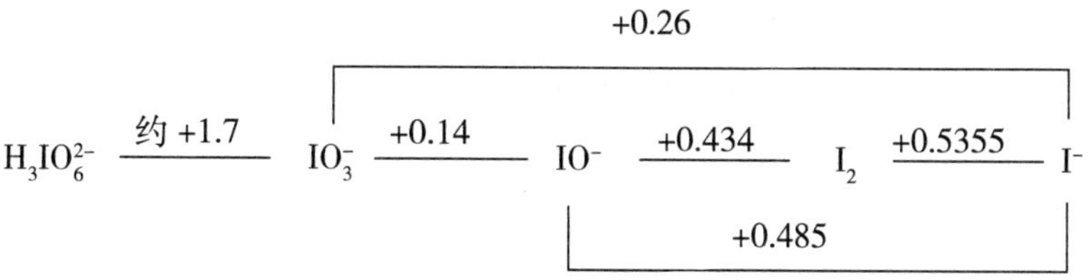

(二)单质

1. 物理性质 卤素单质都是非极性双原子分子，分子间靠色散力相结合，易溶于有机溶剂。它们的熔点、沸点、密度等由 $F_2 \longrightarrow I_2$ 随分子间色散力的增大而增大。在常温下，氟和氯呈气态，溴是液态，碘是易升华的固体。卤素单质在水中的溶解度不大(除了氟能与水剧烈反应外)。氯、溴、碘的水溶液分别称为氯水、溴水、碘水。卤素单质在有机溶液中的溶解度比在水中的溶解度大得多。常可以用有机溶剂萃取卤素单质。卤素单质都有刺激性气味，可刺激黏膜，其蒸气有毒，吸入过多可导致死亡。

2. 化学性质 卤素原子的价电子层结构比稀有气体的稳定电子层构型只缺少一个电子，在化学反应中卤素原子都有夺取一个电子，成为卤素离子 X^- 的强烈倾向，因此与同周期其他元素相比，卤素的非金属性是最强的，卤素单质的氧化性是最强的。本族元素自上而下，电负性逐渐减小，因而由氟到碘非金属性依次减小，卤素单质的氧化能力依次减弱。卤素可以和金属、非金属发生氧化还原反应，可以和水反应，例如：

$$3F_2 + S = SF_6$$

$$Cl_2 + 2S = S_2Cl_2$$

$$Zn + I_2 = ZnI_2$$

$$X_2 + H_2O = H^+ + X^- + HXO(X = Cl, Br, I)$$

还可发生卤素间的置换反应，如：

$$Cl_2 + 2Br^- = Br_2 + 2Cl^-$$

(三)重要的化合物

1. 卤化氢和氢卤酸

(1)物理性质 卤化氢都是具有刺激性气味的无色气体，其熔、沸点按 HI—HBr—HCl 顺序逐渐降低，但 HF 异常，原因是 HF 分子间存在氢键，存在其他卤化氢所没有的缔合作用。

卤化氢有较高的热稳定性，但热稳定性按 HF—HCl—HBr—HI 的顺序急剧下降。HF 在很高温度下并不显著地离解，HCl 和 HBr 在 1000℃时略有分解，而 HI 在 300℃时即部分分解。

卤化氢是极性分子，它们都易溶于水，水溶液称为氢卤酸。在空气中与水蒸气结合形成酸雾而发烟。

(2)化学性质 氢卤酸在水溶液中可以电离出氢离子和卤素离子，因此酸性和还原性是卤化氢的主要化学性质。

酸性：氢卤酸都是强酸(氢氟酸除外)。氢氟酸呈现弱酸性是因为键能很大而只能发生部分电离：

$$HF + H_2O \rightleftharpoons F^- + H_3O^+ \qquad (298K,\ K_a^\ominus = 6.31 \times 10^{-4})$$

但解离度随着浓度增大而增大，这是因为在浓溶液中部分 F^- 离子通过氢键与未离解的 HF 分子缔合成二聚分子：

$$F^- + HF \rightleftharpoons HF_2^- \quad K_a^\ominus = 5.1$$

有利于 HF 的解离，当浓度大于 5mol/L 时，氢氟酸是一强酸。

还原性：氢卤酸有一定的还原性，其还原能力按 HF—HCl—HBr—HI 的顺序增加。例如浓硫酸能氧化溴化氢和碘化氢，但不能氧化氟化氢和氯化氢。

$$2HBr + H_2SO_4(\text{浓}) = Br_2 + SO_2\uparrow + 2H_2O$$

$$8HI + H_2SO_4(\text{浓}) = 4I_2 + H_2S\uparrow + 4H_2O$$

故不能用浓硫酸与溴化物或碘化物反应制取溴化氢或碘化氢，须用非氧化性酸(如磷酸)。

氢氟酸不宜贮存于玻璃器皿中，因为它能与 SiO_2 或硅酸盐反应生成气态 SiF_4，因此应盛于塑料容器里。

$$SiO_2 + 4HF = SiF_4\uparrow + 2H_2O$$

利用 HF 的这一特性可在玻璃上刻蚀标记和花纹。卤素和氢卤酸均有毒，能强烈刺激呼吸系统。氢氟酸有强的腐蚀性，对细胞组织、骨骼有严重的破坏作用。液态溴和氢氟酸与皮肤接触易引起难以治愈的灼伤，使用时应注意安全。如发现皮肤沾有氢氟酸时，需立即用大量清水冲洗，敷以稀氨水。

2. 卤化物和多卤化物

(1)卤化物　卤素与电负性比它小的元素形成的化合物称为卤化物。卤化物包括金属卤化物和非金属卤化物。

金属卤化物大体可分为离子型卤化物和共价型卤化物两大类型。

一般说来，碱金属、碱土金属(铍除外)和低价态的过渡元素与卤素形成的是离子型卤化物，如 KCl、$CaCl_2$、$FeCl_2$ 等。离子型卤化物在常温下是固态，具有较高的熔点和沸点，能溶于极性溶剂，在溶液及熔融状态下均导电。

卤素与高价态的金属元素多形成共价型卤化物如 $AlCl_3$、$FeCl_3$ 等。除此以外卤素与非金属元素也形成共价型卤化物如 CCl_4、$TiCl_4$、PCl_5 等。共价型卤化物在常温时是气体或易挥发的固体，具有较低的熔、沸点，熔融时不导电，易溶于有机溶剂难溶于水。溶于水的非金属卤化物往往发生强烈水解，大多生成非金属含氧酸和卤化氢。例如：

$$PCl_3 + 3H_2O = H_3PO_3 + 3HCl$$

不同氧化态的同一金属形式卤化物，低价态比高价态卤化物有较多的离子性。如 $FeCl_2$ 在 950K 以上才能熔化，显离子性；而 $FeCl_3$ 易挥发、易水解，熔点在 555K 以下，基本是共价化合物。卤素离子的大小和变形性，对金属卤化物的性质影响较大。极化作用较强的银离子的氟化物中，F^- 几乎不变形，表现为离子化合物。Cl^-、Br^- 尤其是 I^- 在极化作用强的 Ag^+ 离子作用下可发生不同程度的变形，因而化合物产生相应的共价性质。

(2)多卤化物　金属卤化物能与卤素单质加合生成多卤化物。

$$KI + I_2 = KI_3$$

医药上配制药用碘酒(碘酊)时，加入适量的 KI 可使碘的溶解度增大，保证了碘的消毒杀菌作用。

3. 卤素含氧酸及其盐　卤素中的氯、溴和碘可以形成四种类型的含氧酸，分别为次卤酸(HXO)、亚卤酸(HXO_2)、卤酸(HXO_3)和高卤酸(HXO_4)，氧化态分别为 +1、+3、+5、+7(表 10-8)。氟的电负性大于氧，所以一般不生成含氧酸及其盐。

表 10-8　卤素含氧酸

名称	氯	溴	碘
次卤酸	HClO*	HBrO*	HIO*
亚卤酸	$HClO_2$*	$HBrO_2$*	

续表

名称	氯	溴	碘
卤酸	$HClO_3^*$	$HBrO_3^*$	HIO_3
高卤酸	$HClO_4^*$	$HBrO_4^*$	HIO_4　H_5IO_6

* 表示含氧酸仅存在于溶液中

在卤素的含氧酸中，卤素原子除了 IO_6^{5-} 离子中碘是采用 sp^3d^2 杂化外，其他离子中的中心原子都采用了 sp^3 杂化轨道与氧原子成键。由于不同氧化态的卤素原子结合的氧原子数不同，酸根离子的构型也各不相同。XO^- 为直线形，XO_2^- 为角形，XO_3^- 为三角锥形，XO_4^- 为四面体形(图 10－1)。

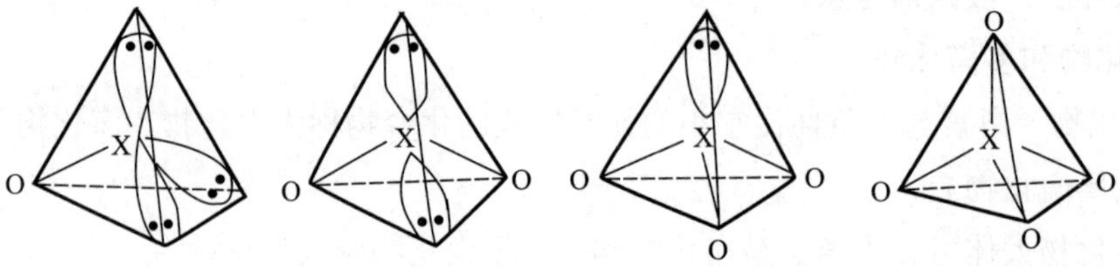

图 10－1　卤素含氧酸根离子的结构

卤素含氧酸及其盐主要的性质是酸性、氧化性和稳定性，并且随卤素种类及卤素氧化值的不同呈现一定的规律性。现分别讨论如下。

(1)含氧酸的酸性　卤素的含氧酸(H_mXO_n)中，可离解的质子均与氧原子相连(X—O—H 键)，氧原子的电子密度决定含氧酸的酸性强弱，而中心原子(X)的电负性、原子半径以及氧化值等因素会影响氧原子的电子密度。

①相同中心原子的含氧酸：高氧化值的含氧酸的酸性一般比低氧化值的强。中心原子氧化值越高，其正电性越强，对氧原子上的电子吸引力越强，使得与氧原子相连的质子易电离，酸性增强。如：$HClO_4 > HClO_3 > HClO_2 > HClO$。

②不同中心原子的含氧酸：当氧化值相同时，酸性和中心原子的电负性及半径有关。中心原子的电负性越大，半径越小，氧原子的电子密度越小，O—H 键越弱，酸性越强。如：$HClO > HBrO > HIO$。

当氧化值不同时，酸性与中心原子电荷、半径及电负性有关，例如同一周期不同元素最高氧化值含氧酸的酸性变化规律为：$HClO_4 > H_2SO_4 > H_3PO_4 > H_4SiO_4$。

(2)含氧酸及含氧酸盐的氧化性　含氧酸的氧化性比较复杂，目前还没有一个统一的解释。这里列出一般变化规律。

①相同中心原子的含氧酸低氧化值含氧酸的氧化性较强，如 $HClO > HClO_3 > HClO_4$；$HNO_2 > HNO_3$(稀)。一般认为，含氧酸被还原的过程有中心原子和氧原子间键的断裂，X—O 键越强，或者需要断裂的 X—O 键越多，含氧酸越稳定，氧化性越弱。

②含氧酸的氧化性强于含氧酸盐，含氧酸根在酸性介质中的氧化性强于在碱性介质中。

(3)含氧酸及含氧酸盐的稳定性　含氧酸及含氧酸盐的稳定性和分子对应的结构有关，分子结构越对称，稳定性越强，如 $HClO_4 > HClO_3 > HClO_2 > HClO$。含氧酸盐的稳定性大于相应的含氧酸，如 $NaClO_3 > HClO_3$。

现以氯的含氧酸及其盐为代表将这些性质的变化规律总结如下(表 10－9)。

表 10-9　氯的含氧酸及其盐的性质变化规律

酸	氧化态	盐
HClO	+1	ClO^-
$HClO_2$	+3	ClO_2^-
$HClO_3$	+5	ClO_3^-
$HClO_4$	+7	ClO_4^-

酸（自上而下）：热稳定性增高↓　酸度增强↓　氧化性减弱↓

盐（自上而下）：热稳定性增高↓　氧化性减弱↓

← 氧化性增强

→ 热稳定性增强

下面分别讨论卤素主要的含氧酸及其盐的性质。

(1)次卤酸及其盐

①次卤酸

酸性　次卤酸都是弱酸，其酸性随卤素原子半径增大而减弱，它们的电离常数分别为：

	HClO	HBrO	HIO
$K_a^\ominus$	3.98×10^{-8}	2.82×10^{-9}	3.16×10^{-11}

稳定性　次卤酸极不稳定，易分解，仅能存在于水溶液中，在室温按下列两种方式进行分解：

$$2HXO = 2HX + O_2 \qquad \text{分解反应}$$

$$3HXO = 2HX + HXO_3 \qquad \text{歧化反应}$$

次氯酸的强氧化性和漂白杀菌能力就是基于它的分解反应。

次卤酸的第二种分解反应，也是它的歧化反应。在中性介质中，仅次氯酸会发生歧化反应，而在碱性介质中，卤素单质、次卤酸盐都发生歧化反应。

$$X_2 + 2OH^- = X^- + XO^- + H_2O$$

XO^-易进一步歧化生成 XO_3^- 和 X^-离子。XO^-离子在碱性介质中的歧化速度与物种和温度有关。

$$3XO^- = 2X^- + XO_3^-$$

ClO^-在室温和低于室温时歧化速度缓慢，当加热到 348K 以上时歧化反应速度非常快。因此氯气与碱溶液作用，在室温或低于室温时，产物是次氯酸盐，在高于 348K 时产物是氯酸盐。BrO^-离子在室温时具有中等程度的歧化速度，只有在 273K 左右才能制备和保存 BrO^-离子。若在 323K 以上时，全部得到 BrO_3^- 和 Br^-。在任何温度下 IO^-离子的歧化速度都非常快，因此碘与碱溶液作用只能定量的得到 IO_3^- 离子。

$$3I_2 + 6OH^- = 5I^- + IO_3^- + 3H_2O$$

另外光照及加入催化剂(氧化钴或氧化镍)都可加速歧化反应。

② 次卤酸盐　次卤酸盐中比较重要的是次氯酸盐，次氯酸及其盐的氧化性强于氯气。将氯气与廉价的消石灰作用，通过歧化反应可制得漂白粉

$$2Cl_2 + 2Ca(OH)_2 = Ca(ClO)_2 + CaCl_2 + 2H_2O$$

次氯酸钙 $Ca(ClO)_2$ 是漂白粉的有效成分，它的漂白、消毒作用由 ClO^-的氧化作用而产生。将氯气通入氢氧化钠后再加入少量硼酸，可得到一种活性更强的消毒剂。

(2)卤酸及其盐

① 卤酸

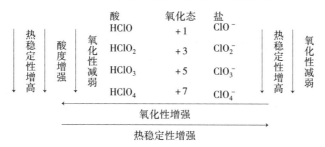

稳定性　卤酸的稳定性较次卤酸高，常温下氯酸和溴酸只能存在于水溶液中，加热或浓度较高时剧烈分解：

$$3HClO_3 = HClO_4 + Cl_2\uparrow + 2O_2\uparrow + H_2O$$

$$4HBrO_3 = 2Br_2 + 5O_2\uparrow + 2H_2O$$

碘酸以白色晶体状态存在，常温下较为稳定。

酸性　卤酸中氯酸和溴酸都是强酸，碘酸是中强酸($pK_a^{\ominus} = 0.804$)。

强氧化性　卤酸的浓溶液都是强氧化剂，其中以溴酸的氧化性最强(它们还原为单质的电极电势值见卤素的元素电势图)，故可发生下列的置换反应。

$$2HClO_3 + I_2 = 2HIO_3 + Cl_2\uparrow$$

$$2HBrO_3 + I_2 = 2HIO_3 + Br_2$$

$$2HBrO_3 + Cl_2 = 2HClO_3 + Br_2$$

② 卤酸盐的性质　卤酸盐的热稳定性皆高于相应的酸。它们在酸性溶液中都是强氧化剂，在水溶液中氧化性不明显。固体卤酸盐，特别是氯酸钾是强氧化剂，与易燃物如碳、硫、磷及有机物等混合，受撞击会猛烈爆炸，氯酸钾大量用于制造火柴、信号弹、焰火等。

卤酸盐的热分解反应较为复杂，如氯酸钾在催化剂的影响和不同的温度时分解方式不同。

$$2KClO_3 \xrightarrow[MnO_2]{200℃左右} 2KCl + 3O_2\uparrow$$

$$4KClO_3 \xrightarrow{480℃左右} 3KClO_4 + KCl$$

(3)高卤酸及其盐

① 高卤酸　高氯酸是无机酸中最强的酸之一，其酸性是硫酸的10倍。纯的高氯酸不稳定，在贮藏过程中可能会发生爆炸，市售试剂为质量分数70%的溶液。浓热的高氯酸氧化性很强，遇到有机化合物会发生爆炸性反应。而稀冷的高氯酸溶液没有强氧化性，当遇到活泼金属如锌、铁等，则放出氢气：

$$Zn + 2HClO_4 = Zn(ClO_4)_2 + H_2\uparrow$$

高氯酸根为正四面体结构，结构对称，所有的价电子与氧共用，其对金属离子的配位能力很弱，因此高氯酸常用于配位测定中离子强度的调节。另外高氯酸盐除了K^+、Rb^+、Cs^+的盐外，其他高氯酸盐都易溶于水。

高溴酸也是极强的酸，它是比高氯酸、高碘酸更强的氧化剂。浓度在55%以下的$HBrO_4$溶液才能长期稳定的存在。

高碘酸通常有两种形式，即正高碘酸H_5IO_6和偏高碘酸HIO_4。在强酸溶液中主要以H_5IO_6的形式存在。高碘酸的氧化性比高氯酸强，与一些试剂反应迅速、平稳，如它可将Mn^{2+}离子氧化为紫红色的MnO_4^-。

$$2Mn^{2+} + 5IO_4^- + 3H_2O = 2MnO_4^- + 5IO_3^- + 6H^+$$

分析化学中常把IO_4^-当作稳定的强氧化剂使用。

② 高卤酸盐　高卤酸盐较稳定，例如$KClO_4$的分解温度高于$KClO_3$，用$KClO_4$制成的炸药称“安全炸药”。

(四)卤族元素在医药中的应用

卤素中，碘可以直接药用，内服复方碘制剂用于治疗甲状腺肿大、慢性关节炎、动脉血管硬化等，碘化钾或碘化钠配制成碘酊外用做消毒剂。在医药上很多时候用到有机碘分子，如甲状腺素、有机碘造影剂醋碘苯酸。

药用盐酸含 HCl 9.5% ~10.5%(g/ml)内服用于治疗胃酸缺乏症。

生理盐水中氯化钠的质量浓度为9g/L，主要用于消炎杀菌及由于出血或腹泻等疾病引起的缺水症。氯化钾具有利尿作用，用于心脏性或肾脏性水肿及缺钾症等。

SnF_2 可制成药物牙膏。人体牙齿珐琅质中含氟(CaF_2)约为 0.5%，氟的缺乏是产生龋齿的原因之一。用 SnF_2 制成的药物牙膏可增强珐琅质的抗腐蚀能力，预防龋齿。但是摄入过量时会出现氟中毒，牙釉质出现黄褐色的斑点，形成氟斑牙。

漂白粉的有效成分是 $Ca(ClO)_2$，做杀菌消毒剂。

二、氧族元素

扫码"学一学"

周期表中第ⅥA 族包括氧、硫、硒、碲、钋五种元素，通称氧族元素。自然界中氧和硫主要以单质形式存在，硒和碲为稀散元素，自然界中以化合物形式存在，为半导体材料，钋为放射性元素。

（一）元素结构特征及元素性质

氧族元素的价电子层 ns^2np^4 中有 6 个价电子，决定了它们都具有非金属元素的特性。它们都能结合两个电子，形成氧化值为 -2 的离子化合物或共价化合物。

氧族元素的电负性、电子亲和能和电离能均比同周期相应卤素小，因此非金属性不如卤族元素活泼。随着电离能的降低，氧族元素从非金属过渡到金属。氧和硫为非金属，硒和碲为半金属，钋是典型的金属。它们的若干性质汇列在表 10-10 中。

表 10-10　氧族元素的基本性质

性质	氧	硫	硒	碲
元素符号	O	S	Se	Te
原子序数	8	16	34	52
相对原子质量	15.99	32.05	78.96	127.60
价电子层结构	$2s^22p^4$	$3s^23p^4$	$4s^2p^4$	$5s^2p^4$
共价半径/pm	66	104	117	137
离子半径/pm	140	184	198	221
电负性	3.44	2.58	2.55	2.10
电子亲和能/(kJ/mol)	141	200.4	195	190.1
第一电离能/(kJ/mol)	1310	1000	941	870
主要氧化值	-2, 0	-2, 0, +2, +4, +6	-2, 0, +2, +4, +6	-2, 0, +2, +4, +6

氧的电负性仅次于氟，由于氧的价电层中没有可被利用的 d 轨道，所以在一般的化合物中，氧的氧化值为 -2。由氧到硫，电负性和电离能突然降低，因此硫、硒、碲能显正氧化态，当与电负性大的元素结合时，它们价电子层中的空 nd 轨道也可参加成键，所以这些元素可显示 +2、+4、+6 氧化态。

氧族元素都有同素异形体。氧有 O_2 和 O_3 两种；硫的同素异形体较多，最常见的有晶状的菱形硫(斜方硫)、单斜硫和无定形硫。

氧族元素的电势图如下：

$E_A^{\ominus}/V$

$$O_3 \xrightarrow{+2.076} O_2 \xrightarrow{+0.695} H_2O_2 \xrightarrow{+1.776} H_2O \qquad O_2 \xrightarrow{+1.229} H_2O$$

$$S_2O_8^{2-} \xrightarrow{+1.96} SO_4^{2-} \xrightarrow{+0.172} H_2SO_3 \xrightarrow{+0.51} S_4O_6^{2-} \xrightarrow{0.08} S_2O_3^{2-} \xrightarrow{+0.5} S \xrightarrow{+0.142} H_2S \qquad H_2SO_3 \xrightarrow{+0.40} S_2O_3^{2-}$$

$E_B^{\ominus}/V$

$$O_3 \xrightarrow{+1.24} O_2 \xrightarrow{-0.146} HO_2^- \xrightarrow{+0.88} OH^- \qquad O_2 \xrightarrow{+0.401} OH^-$$

$$SO_4^{2-} \xrightarrow{-0.93} SO_3^{2-} \xrightarrow{-0.57} S_2O_3^{2-} \xrightarrow{-0.74} S \xrightarrow{-0.508} S^{2-} \qquad SO_3^{2-} \xrightarrow{-0.66} S \qquad SO_3^{2-} \xrightarrow{-0.59} S^{2-}$$

（二）重要化合物

1. 过氧化氢 纯的过氧化氢（H_2O_2）是一种淡蓝色的黏稠液体，可与水以任意比例互溶。过氧化氢的水溶液俗称双氧水，一般质量浓度在 30～300g/L。市售试剂是浓度为 30% 的水溶液，它有强烈的腐蚀性，使用时应当小心。

（1）结构 过氧化氢的分子结构如图 10－2，过氧化氢分子中有一个过氧链（—O—O—），过氧链两端的氧原子上各连着一个氢原子。每个氧原子都是采取不等性 sp^3 杂化形成四个杂化轨道，两个 sp^3 杂化轨道中各有两个成单电子，其中一个和氧原子的 sp^3 杂化轨道重叠形成 O—O σ 键，另一个则同氢原子的 1s 轨道重叠形成 O—Hσ 键。其余两个含有孤电子对的杂化轨道不参与成键。由于每个氧原子上的两个孤电子对间的排斥作用，使得 O—H 键向 O—O 键靠拢，故键角∠HOO 小于正四面体键角。过氧化氢分子不是直线形结构，它的几何构型可以形象地看作是一本半敞开的书，两个氢原子分别在两页纸面上，两页纸之间的夹角为 93°51′，过氧键在书本的夹缝上。

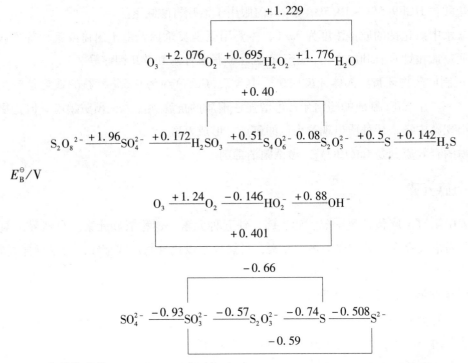

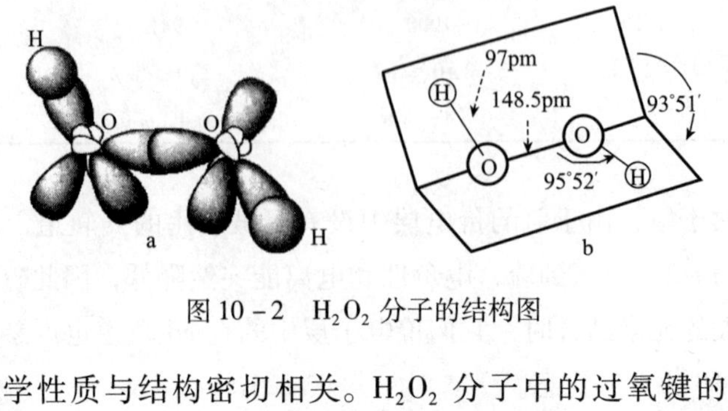

图 10－2 H_2O_2 分子的结构图

（2）H_2O_2 的化学性质与结构密切相关。H_2O_2 分子中的过氧键的键能较小（$E_{O-O}^{\ominus}$ = 142kJ/mol），故不稳定，容易分解放出 O_2。在较低温度和高纯度时分解速度慢，受热时分解温度急剧增大，若受热到 426K 以上便剧烈分解。

$$2H_2O_2 = 2H_2O + O_2$$

光照，碱性介质和少量金属离子(如 Fe^{2+}、Mn^{2+}、Cu^{2+}、Cr^{3+})的存在，都将大大加快其分解速度。为了降低和防止过氧化氢分解，在实验室里常把过氧化氢避光保存在阴凉条件下的棕色瓶或塑料容器中。

过氧化氢是极弱的二元酸，在水中微弱地电离：

$$H_2O_2 \rightleftharpoons H^+ + HO_2^- \qquad K_{a1}^{\ominus} = 2.40 \times 10^{-12}$$

第二步电离常数小得多，约为 10^{-25}，所以 H_2O_2 可与碱作用生成盐，所生成的盐称为过氧化物。

过氧化氢中的氧处于中间氧化态(-1)，因此它既可做氧化剂又可做还原剂。由电极电势可知，H_2O_2 在酸性或碱性介质中都是氧化剂，在酸性溶液中是一种强氧化剂。例如：

$$H_2O_2 + 2H^+ + 2I^- = 2H_2O + I_2$$

$$4H_2O_2 + PbS = 4H_2O + PbSO_4 \downarrow$$

$$3H_2O_2 + 2CrO_2^- + 2OH^- = 2CrO_4^{2-} + 4H_2O$$

利用 H_2O_2 的氧化性可以漂白丝、毛织物和油画，也可以作为杀菌剂。H_2O_2 是一种无公害的强氧化剂，纯 H_2O_2 是火箭燃料的高能氧化剂。

当遇到强氧化剂时 H_2O_2 表现出还原性。

$$Cl_2 + H_2O_2 = 2HCl + O_2 \uparrow$$

$$2KMnO_4 + 5H_2O_2 + 3H_2SO_4 = 2MnSO_4 + 5O_2 \uparrow + K_2SO_4 + 8H_2O$$

医疗上，在没有氧气瓶的情况下，可利用 H_2O_2 和 $KMnO_4$ 的反应设计输氧装置。H_2O_2 有消毒，防腐、除臭等功效，医疗上常用3%的 H_2O_2 消毒杀菌。

H_2O_2 脱去两个质子后形成过氧离子 O_2^{2-}，药典上鉴别 H_2O_2 就是利用它在酸性溶液中能与 $K_2Cr_2O_7$ 作用生成过氧化铬。

$$4H_2O_2 + Cr_2O_7^{2-} + 2H^+ = 2CrO_5 + 5H_2O$$

过氧化铬的结构为：

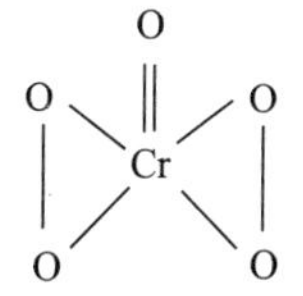

图 10-3　过氧化铬的结构

CrO_5显蓝紫色，因含有过氧键，在水溶液中很不稳定易分解，释放氧气。

$$4CrO_5 + 12H^+ = 4Cr^{3+} + 6H_2O + 7O_2 \uparrow$$

但 CrO_5 在乙醚中较稳定，故反应前先加一些乙醚便可萃取出 CrO_5，这也是检验Cr(Ⅵ)的灵敏反应。

2. 硫化氢和金属硫化物

(1)硫化氢　硫化氢是无色有臭鸡蛋味的有毒气体，比空气略重。空气中如含有 0.1% 的 H_2S 就会迅速引起头疼、晕眩等症状。大量吸入 H_2S 会引起严重的中毒甚至死亡。H_2S 能与血红蛋白中的 Fe^{2+}生成 FeS 沉淀，使 Fe^{2+}失去正常的生理功能。空气中 H_2S 的允许含量不得超过 0.01mg/L。

H_2S 分子的结构与水类似，分子中的硫也采用不等性 sp^3 杂化，呈 V 形，它是一个极性分子，但极性弱于水分子。

硫化氢稍溶于水，常温时饱和的 H_2S 的水溶液约为 0.1mol/L，其水溶液称为氢硫酸。它是一种二元弱酸：

$$H_2S \rightleftharpoons H^+ + HS^- \qquad K_{a1}^{\ominus} = 8.91 \times 10^{-8}$$

$$HS^- \rightleftharpoons H^+ + S^{2-} \qquad K_{a2}^{\ominus} = 1.00 \times 10^{-19}$$

硫化氢具有强还原性，能被氧化为单质硫或更高的氧化态。如：

$$H_2S + I_2 = 2HI + S\downarrow$$

$$4Cl_2 + H_2S + 4H_2O = H_2SO_4 + 8HCl$$

$$H_2S + H_2SO_4 = SO_2\uparrow + 2H_2O + S\downarrow$$

硫化氢水溶液在空气中放置时会逐渐变浑浊，也是由于 H_2S 被氧化为 S 的缘故。

(2)金属硫化物　电负性较硫小的元素与硫形成的化合物称为硫化物，其中大多数为金属硫化物。金属硫化物可以分为可溶性硫化物和难溶性硫化物两种。

在金属硫化物中，碱金属硫化物和硫化铵是易溶于水的(同时水解)，其余大多数硫化物都是难溶于水，并具有不同的特征颜色(表 10－11)。

表 10－11　几种金属硫化物的颜色

化合物	颜色	化合物	颜色	化合物	颜色
ZnS	白	MnS	肉色	NiS	黑
CdS	黄	SnS	褐色	PbS	黑
Cu_2S	黑	CuS	黑	HgS	黑
FeS	黑	CoS	黑	Bi_2S_2	黑

难溶金属硫化物可溶解在不同的酸中，在酸中的溶解情况与溶度积常数的大小有一定关系。若使它们溶解，则金属硫化物的离子积必须小于 $K_{sp}^{\ominus}$。难溶硫化物在酸中的溶解分为以下三种情况。

$K_{sp}^{\ominus}$较大($>10^{-24}$)的金属硫化物如 MnS、CoS、NiS 及 ZnS 等可溶于盐酸。例如：

$$ZnS + 2HCl = ZnCl_2 + H_2S\uparrow$$

$K_{sp}^{\ominus}$较小($10^{-25} > K_{sp}^{\ominus} > 10^{-30}$)的金属硫化物不溶于稀盐酸但溶于浓盐酸，生成相应配合物和硫化氢气体：

$$CdS + 4HCl = CdCl_4^{2-} + H_2S\uparrow + 2H^+$$

$K_{sp}^{\ominus}$小($<10^{-30}$)如 CuS、AgS、PbS 等，能溶于硝酸。例如：

$$3CuS + 2NO_3^- + 8H^+ = 3Cu^{2+} + 3S\downarrow + 2NO\uparrow + 4H_2O$$

$K_{sp}^{\ominus}$非常小的 HgS 只能溶于王水。

$$3HgS + 2HNO_3 + 12HCl = 3[HgCl_4]^{2-} + 6H^+ + 3S\downarrow + 2NO\uparrow + 4H_2O$$

在王水中 S^{2-} 和 Hg^{2+} 的浓度同时降低，使溶液中离子积小于它的 $K_{sp}^{\ominus}$。

金属硫化物的不同溶解性及特征颜色，在分析化学中可用于鉴别、分离不同的金属离子。

由于 S^{2-} 离子是弱酸根离子，所以不论是易溶硫化物还是微溶硫化物，都有不同程度的水解作用。

$$Na_2S + H_2O \longrightarrow NaHS + NaOH$$

$$2CaS + 2H_2O \longrightarrow Ca(OH)_2 + Ca(HS)_2$$

高价金属硫化物几乎完全水解：

$$Al_2S_3 + 6H_2O \longrightarrow 2Al(OH)_3\downarrow + 3H_2S\uparrow$$

因此 Al_2S_3、Cr_2S_3 等硫化物在水溶液中实际是不存在的。

3. 硫的含氧酸及其盐　硫能形成多种含氧酸，但许多不能以自由酸的形式存在，只能以盐的形式存在。硫的若干重要的含氧酸汇列于表 10－12 中。

表 10－12　硫的重要含氧酸

名称	化学式	硫的氧化值	结构式	存在形式
亚硫酸	H_2SO_3	+4	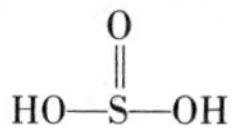	盐
焦亚硫酸	$H_2S_2O_5$	+4	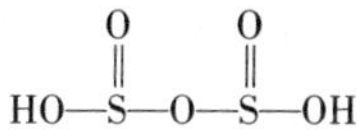	盐
连二亚硫酸	$H_2S_2O_4$	+3	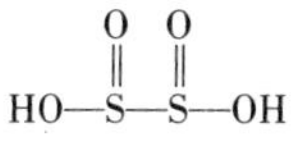	盐
硫酸	H_2SO_4	+6	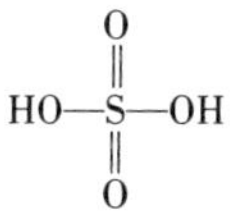	盐、酸
焦硫酸	$H_2S_2O_7$	+6	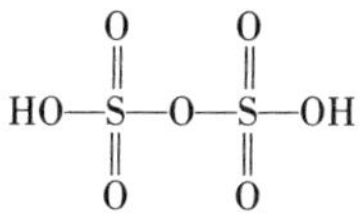	盐、酸
硫代硫酸	$H_2S_2O_3$	+2	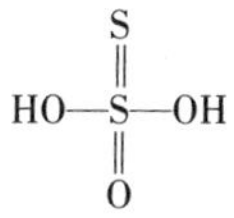	盐
连硫酸	$H_2S_xO_6$ ($x=2\sim6$)		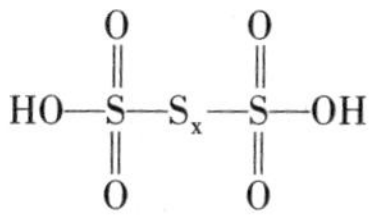 ($x=0\sim4$)	盐
过一硫酸	H_2SO_5	+8	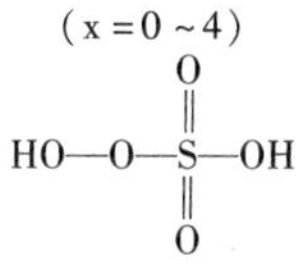	盐、酸
过二硫酸	$H_2S_2O_8$	+7	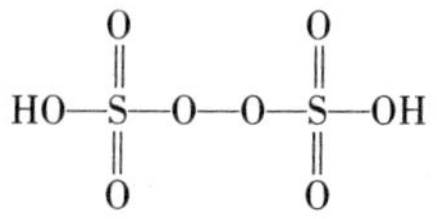	盐、酸

(1) 亚硫酸及其盐　二氧化硫的水溶液称为亚硫酸(H_2SO_3 溶液)。H_2SO_3 不能从水溶液中被分离出来，它应该是 SO_2 的各种水合物，在水中存在下列平衡关系。

$$SO_2 + H_2O \rightleftharpoons H_2SO_3 \rightleftharpoons H^+ + HSO_3^- \qquad E_1^\ominus = 1.41\times10^{-2}$$

$$HSO_3^- \rightleftharpoons H^+ + SO_3^{2-} \qquad K_2^\ominus = 6.31\times10^{-8}$$

亚硫酸是二元中强酸，可以形成正盐和酸式盐。

亚硫酸及其盐中硫的氧化值为 +4，因此亚硫酸及其盐既有氧化性又有还原性，以还原性为主。

$$Na_2SO_3 + Cl_2 + H_2O = Na_2SO_4 + 2HCl$$

这一反应广泛应用于印染工业中漂白织物的去氯剂，在医药中可作为卤素中毒的解除剂。

SO_2、H_2SO_3及其盐的还原性强弱为 $SO_3^{2-} > H_2SO_3 > SO_2$。亚硫酸盐具有较强的还原性，如亚硫酸钠溶液很容易被空气中的氧氧化。

$$2Na_2SO_3 + O_2 = 2Na_2SO_4$$

为保护注射剂药品中的主要成分不被氧化，常加亚硫酸钠作为抗氧剂。

只有遇到强还原剂时才表现出氧化性。

$$SO_3^{2-} + 2H_2S + 2H^+ = 3S\downarrow + 3H_2O$$

(2)硫酸及其盐　纯硫酸是无色的油状液体，市售浓硫酸一般含 96% ~98% 的 H_2SO_4，密度为 1.85g/cm³，浓度为 18mol/L，是常用的高沸点(338℃)酸。

H_2SO_4 分子具有四面体构型，结构如图：

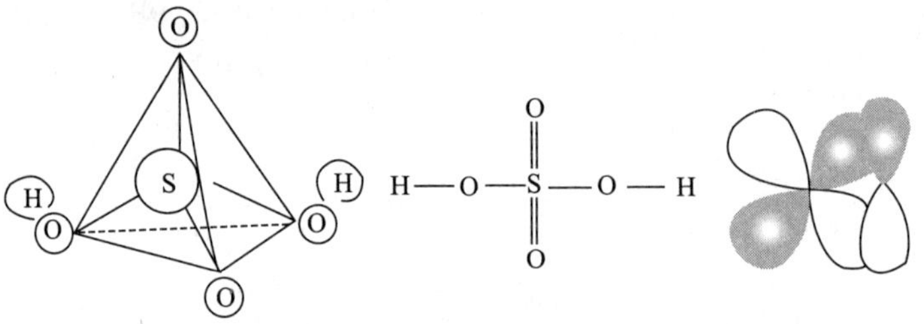

图 10-4　硫酸分子的结构

中心原子 S 采用不等性 sp^3 杂化，与两个羟基氧原子分别形成 σ 键，而硫原子与两个非羟基氧原子的键合方式是以两对电子分别与两个氧原子(将氧两个未成对电子挤进同一个轨道，空出一个轨道)形成 S→O 的 σ 配键，这四个 σ 键构成硫酸分子的四面体骨架。同时，非羟基氧原子中含孤电子对的 p_y 和 p_z 轨道与硫原子空的 d 轨道重叠形成两个 O→S 的 p ~ dπ 配键。它连同原子间的 σ 键统称 σ ~ π 配键，具有双键的性质。这种 d ~ pπ 配键在其他含氧酸中也是较常见的，如 PO_4^{3-}、ClO_4^-、ClO_3^- 等。

硫酸是二元强酸，在水溶液中第一步电离是完全的，第二步是部分电离($K_{a2}^{\ominus} = 1.02 \times 10^{-2}$)。

稀硫酸具有一般酸的通性，它的氧化性是 H_2SO_4 中 H^+ 离子的作用，而浓硫酸中基本上是以 H_2SO_4 分子的形成存在，由于 H^+ 的反极化作用，使其结构的稳定性下降，处于最高氧化态的硫(+6)易获得电子显示氧化性。

热的浓硫酸具有强氧化性，可以氧化多种金属和非金属，本身的还原产物通常是 SO_2，但在强还原剂作用下，可被还原为 S 或 H_2S。

$$C + 2H_2SO_4(浓) = CO_2\uparrow + 2SO_2\uparrow + 2H_2O$$

$$3Zn + 4H_2SO_4(浓) = S + 3ZnSO_4 + 4H_2O$$

H_2SO_4 与水能以任意比例混合，以氢键形成一系列稳定的水合物，故浓硫酸有强烈的吸水性，在工业和实验室中常用作干燥剂，如干燥氯气、氢气和二氧化碳等气体。正是由于浓硫酸的强吸水性，它不但能吸收游离的水分，还能从糖类等有机化合物中夺取与水分子组成相当的氢和氧，使这些有机物炭化：

$$C_{12}H_{22}O_{11}(蔗糖)=\!=\!=11H_2O+12C$$

因此浓 H_2SO_4 又具有脱水性，能严重地破坏动植物的组织，使用时必须注意安全。

硫酸可以形成正盐和酸式盐。

稳定的固态酸式硫酸盐只有最活泼的碱金属能形成。酸式硫酸盐均能溶于水，由于 HSO_4^- 部分电离而使溶液显酸性。

酸式硫酸盐受热可脱水生成焦硫酸盐。

$$2KHSO_4=\!=\!=K_2S_2O_7+H_2O$$

正盐中除 Ag_2SO_4、$CaSO_4$ 时微溶，$BaSO_4$、$PbSO_4$ 难溶外，其他都溶于水。可溶性的硫酸盐在水溶液中析出晶体常带有结晶水，如：$CuSO_4\cdot5H_2O$；还容易形成复盐，如：$(NH_4)_2SO_4\cdot FeSO_4\cdot6H_2O$(摩尔盐)、$K_2SO_4\cdot Al_2(SO_4)_3\cdot24H_2O$(明矾)。

(3)硫代硫酸及其盐　硫代硫酸($H_2S_2O_3$)极不稳定，不能游离存在，但它的盐却能稳定存在。其中最重要的是硫代硫酸钠 $Na_2S_2O_3\cdot5H_2O$，俗称海波或大苏打。硫代硫酸根离子的两个硫是不等价的，可看作是硫酸根中的一个非羟基氧原子被硫原子所替代的产物，因此 $S_2O_3^{2-}$ 的构型与 SO_4^{2-} 相似，为四面体型。

硫代硫酸钠是无色透明的柱状结晶，易溶于水，其水溶液显弱碱性。

硫代硫酸钠在中性、碱性溶液中很稳定，在酸性溶液中迅速分解，得到 H_2SO_3 的分解产物 SO_2 和固体 S。

$$Na_2S_2O_3+2HCl=\!=\!=2NaCl+S\downarrow+SO_2\uparrow+H_2O$$

利用此性质可定性鉴定硫代硫酸根离子。定影液遇酸失效，也是基于此反应。医药上根据这一反应，用 $Na_2S_2O_3$ 来治疗疥疮，先用40%的 $Na_2S_2O_3$ 溶液擦洗患处，几分钟后再用5%的盐酸擦洗，即生成具有高效杀菌能力的 S 和 SO_2。

$Na_2S_2O_3$ 是一个中等强度的还原剂，能和许多氧化剂发生反应。如能定量的被较弱的氧化剂碘氧化为连四硫酸钠。

$$2Na_2S_2O_3+I_2=\!=\!=Na_2S_4O_6+2NaI$$

这是容量分析中碘量法测定物质含量的基础。$Na_2S_2O_3$ 若遇到 Cl_2、Br_2 等强氧化剂可被氧化为硫酸。

$$Na_2S_2O_3+4Cl_2+5H_2O=\!=\!=2H_2SO_4+2NaCl+6HCl$$

因此纺织和造纸工业上用硫代硫酸钠作过量氯气的脱除剂。

$S_2O_3^{2-}$ 离子具有非常强的配合能力，是一种常用的配位剂。

$$2S_2O_3^{2-}+AgBr=\!=\!=[Ag(S_2O_3)_2]^{3-}+Br^-$$

照相术上用它作为定影液，溶去照相底片上未感光的 AgBr；医药上根据 $Na_2S_2O_3$ 的还原性和配合能力，常用作卤素及重金属离子的解毒剂。

(4)过二硫酸及其盐　含有过氧链的硫的含氧酸称为过氧硫酸，简称过硫酸。过二硫酸 $H_2S_2O_8$ 可以看成是过氧化氢中的两个氢原子同时被两个—SO_3H 基团取代的产物。

过二硫酸是白色结晶，化学性质与浓硫酸相似。过二硫酸也有强的吸水性、脱水性并有极强的氧化性，能使纸张炭化。过二硫酸的标准电极电势仅次于 F_2 的。

$$S_2O_8^{2-}+2e^-=\!=\!=2SO_4^{2-}\qquad E^\ominus=+2.01V$$

常用的过二硫酸盐有 $K_2S_2O_8$ 和 $(NH_4)_2S_2O_8$，它们都是强氧化剂。在 Ag^+ 离子的催化作用下，能迅速将无色的 Mn^{2+} 离子氧化为紫色的 MnO_4^-

$$2Mn^{2+} + 5S_2O_8^{2-} + 8H_2O = 2MnO_4^- + 10SO_4^{2-} + 16H^+$$

此反应在钢铁分析中用于含锰量的定量测定。

过二硫酸和盐都不稳定，加热时易分解：

$$2K_2S_2O_8 = 2K_2SO_4 + 2SO_3\uparrow + O_2\uparrow$$

(三)氧族元素在医药中的应用

含有氧、硫、硒的药物较多。

医疗上常用3% H_2O_2 治疗口腔炎、化脓性中耳炎等。

天然的含少量杂质的硫磺(S_8)又叫石硫磺或土硫磺。制硫磺较为纯净，内服可以散寒、祛痰、壮阳通便，外用可以解毒、杀虫、疗疮，常用的是10%硫磺软膏。

硫代硫酸钠($Na_2S_2O_3$)可内服和外用；硫代硫酸钠制剂内服可用于治疗氰化物、砷、汞、铅、铋、碘中毒，外用可治疗慢性皮炎、疥疮等。

硒是人体必需的微量元素。亚硒酸钠是补硒药，具有降低肿瘤发病率和预防心肌损伤性疾病的作用。

三、氮族元素

扫码“学一学”

氮族元素为周期表的第ⅤA族，包括氮、磷、砷、锑、铋五种元素。绝大部分的氮以单质状态存在于空气中，磷则以化合态存在于自然界中。砷、锑、铋为亲硫元素，它们主要以硫化物存在，如雄黄(As_4S_4)、雌黄(As_2S_3)等。

氮和磷是动植物不可缺少的元素，在植物体中磷主要存在于种子的蛋白质中，在动物体中则存在于脑、血液和神经组织的蛋白质中。

(一)元素结构特征及元素性质

氮族元素原子的价电子层结构为 ns^2np^3，价电子层中p轨道处于半充满状态，结构稳定，与卤族、氧族比较，要获得或失去电子形成±3价的离子都较为困难。因此形成共价化合物是本族元素的特征。主要形成-3、+3、+5三个氧化值的共价化合物。

本族元素表现出从典型非金属元素到典型金属元素的完整过渡。氮和磷是典型的非金属，随着原子半径增大，砷过渡为半金属，锑和铋为金属元素。氮族元素的一些基本性质汇列于表10-13中。

表10-13　氮族元素的基本性质

性质	氮	磷	砷	锑	铋
元素符号	N	P	As	Sb	Bi
原子序数	7	15	33	51	83
相对原子质量	14.01	30.97	74.92	121.75	208.98
价电子层结构	$2s^22p^3$	$3s^23p^3$	$4s^24p^3$	$5s^25p^3$	$6s^26p^3$
共价半径/pm	70	110	121	141	155
电负性	3.04	2.19	2.18	2.05	2.02
第一电子亲和能/(kJ/mol)	-58	74	77	101	100
第一电离能/(kJ/mol)	1402	1012	944	832	703
主要氧化值	±1，±2，±3，+4，+5	-3，+3，+5，+1	-3，+3，+5	-3，+3，+5	-3，+3，+5

氮族元素原子随着原子序数的增加，原子半径增大，外层电子填充在 nd、nf 轨道上，由于电子的钻穿能力大小不同(ns > np > nd > nf)，使 ns^2 上电子受核的吸引力增强，能级显著降低，不易参与成键，因此从氮到铋形成的稳定氧化态趋势是高氧化态(+5)过渡到低氧化态(+3)。氮、磷主要形成氧化值为 +5 的化合物，砷和锑氧化值为 +5 和 +3 的化合物都是最常见的，而氧化值为 +3 的铋的化合物要比氧化值为 +5 的化合物要稳定得多。在ⅢA 族 ~ ⅤA 族中，有明显的“惰性电子对效应”，即从上到下低氧化态比高氧态化合物稳定。

氮元素是本族第一个元素，同该族中其他元素性质上有差别。氮的原子半径小，能形成较强的 π 重键(如 N≡N 等)及离域 π 键(如 NO_3^- 中的 π_4^6 键)，所以氮可形成许多本族其他元素所没有的多重键化合物。由于氮没有可被利用的 d 轨道，不会形成配位数超过 4 的化合物。本族其他元素的原子在成键时，最外层空的 nd 轨道也可能参与成键，形成配位数为 5 或 6 的化合物。

(二)重要化合物

1. 氨和铵盐

(1)氨　氨是氮的重要化合物。氨在常温下是一种有刺激性气味的无色气体。在氨分子中，氮原子采取不等性 sp^3 杂化，分子呈三角锥形，NH_3 分子的这种结构使得氨分子有很强的极性。

氨与水能以氢键结合，形成缔合分子，故它极易溶于水，常压 293K 时水可溶解氨的体积比为 1∶700，氨水的密度小于 1g/cm。溶有氨的水溶液通常称为氨水，一般市售氨水的密度为 0.91g/cm，浓度为 15mol/L，是常用的弱碱。液态和固态 NH_3 分子间也存在氢键，所以 NH_3 的沸点、蒸发热都高于同族其他元素的氢化物。氨在常温下加压易液化。由于液态氨气化时需要吸收大量的热量，常用它来作冷冻机的循环致冷剂。由于液氨的介电常数小于水，因此它也是有机化合物的较好溶剂。

氨的主要化学性质如下。

①还原性：氨分子中的 N 原子处于最低氧化态(-3)，因此具有还原性。在一定的条件下能被多种氧化剂氧化，生成氮气或氧化值较高的氮的化合物。例如：

$$3Cl_2 + 2NH_3 = 6HCl + N_2$$

若 Cl_2 过量，则生成的是 NCl_3：

$$3Cl_2 + NH_3 = 3HCl + NCl_3$$

②加合反应：氨分子中的氮原子上含有孤电子对，氨作为路易斯碱，能与许多含有空轨道的离子或分子形成各种形式的加合物。表现在氨能和金属离子形成氨配合物，如 $[Ag(NH_3)_2]^+$ 等。

氨的加合性还表现在氨水的碱性上。氨水溶液中存在下列平衡：

$$NH_3 + H_2O \rightleftharpoons NH_3 \cdot H_2O \rightleftharpoons NH_4^+ + OH^-$$

氨能与水分子中的 H^+ 加合，并放出一个 OH^-，氨水溶液呈弱碱性。

③取代反应：氨分子中的氢原子能被其他原子或原子团所取代，生成氨基(—NH_2)、亚氨基(=NH)和氮化物(≡N)的衍生物。

$$2Na + 2NH_3 = 2NaNH_2 + H_2$$

(2)铵盐　氨和酸作用形成易溶于水的铵盐。NH_4^+ 与 Na^+ 是等电子体，其离子半径(143pm)与 K^+ 离子(133pm)和 Rb^+(148pm)相近，因此铵盐的性质类似于碱金属盐类。铵盐具有与钾盐，铷盐相同的晶形，溶解度也十分相似。

由于氨呈弱碱性，所以铵盐都有一定程度的水解，其水溶液多显酸性。

$$NH_4^+ + H_2O \rightleftharpoons NH_3 + H_3O^+$$

固体铵盐加热极易分解，其分解产物与酸根的性质有关，若相应的酸有挥发性而无氧化性，则铵盐分解产物一般为氨和相应的酸。如：

$$NH_4Cl \xlongequal{\triangle} NH_3\uparrow + HCl\uparrow$$

$$NH_4HCO_3 \xlongequal{\triangle} NH_3\uparrow + CO_2\uparrow + H_2O$$

若是非挥发性酸形成的铵盐，则只有氨放出，残余有酸或酸式盐。

$$(NH_4)_3PO_4 \xlongequal{\triangle} 3NH_3\uparrow + H_3PO_4$$

$$(NH_4)_2SO_4 \xlongequal{\triangle} NH_3\uparrow + NH_4HSO_4$$

若相应酸具有氧化性，则分解出的氨被进一步氧化为氮或氮的氧化物：

$$NH_4NO_2 \xlongequal{\triangle} N_2\uparrow + 2H_2O$$

$$NH_4NO_3 \xlongequal{\triangle} N_2O\uparrow + 2H_2O$$

温度高于 300℃ 时 NH_4NO_3 分解时产生大量的热和气体，引起爆炸性分解，因此 NH_4NO_3 可用于制造炸药。

$$2NH_4NO_3 \xlongequal{\triangle} 2N_2\uparrow + O_2\uparrow + 4H_2O$$

2. 氮的含氧酸及其盐

(1)亚硝酸及其盐　亚硝酸是略强于醋酸的一元弱酸($K_a^{\ominus} = 5.62\times10^{-4}$)，但很不稳定。只存在于冷的稀溶液中，浓溶液或加热时即歧化分解为 NO 和 NO_2。

$$2HNO_2 \rightleftharpoons N_2O_3 + H_2O = H_2O + NO\uparrow + NO_2\uparrow$$

亚硝酸盐比亚硝酸稳定。特别是碱金属、碱土金属的亚硝酸盐有很高的稳定性，亚硝酸盐一般都有毒，在体内容易与蛋白质结合，易转化为致癌物质亚硝胺。

在亚硝酸及其盐中氮原子具有中间氧化态 +3，NO_2^- 既有氧化性又有还原性，在碱性溶液中以还原性为主，空气中的氧就能把它氧化为 NO_3^-。在酸性介质中氧化性较强，氧化性大于还原性。例如它能将 I^- 离子定量氧化为 I_2。

$$2NO_2^- + 2I^- + 4H^+ = 2NO\uparrow + I_2 + 2H_2O$$

分析化学上用此反应定量测定亚硝酸盐含量。只有遇到强氧化剂时，亚硝酸及其盐才显示还原性，被氧化产物为 NO_3^-。

$$2MnO_4^- + 5NO_2^- + 6H^+ = 2Mn^{2+} + 5NO_3^- + 3H_2O$$

NO_2^- 中氧原子和氮原子上都有孤对电子，是一个很好的两可配位体，可以分别以 N 或 O 原子参加配位，与许多过渡金属离子生成配离子，前者叫硝基配合物，后者叫亚硝酸根配合物。如 NO_2^- 与钴盐生成 $[Co(NO_2)(NH_3)_5]^{2+}$ 配离子。

(2)硝酸及其盐　纯硝酸是无色透明的油状液体，沸点是 359K，硝酸和水可以按任意比例混合。一般市售硝酸密度为 1.42g/cm，含 HNO_3 68% ~70%，浓度相当于 15mol/L。溶有过多 NO_2 的浓 HNO_3 呈红棕色，叫"发烟硝酸"。

①硝酸和硝酸根离子的结构：硝酸分子是平面型结构(图 10 -5)，其中 N 原子采取 sp^2

杂化，它的三个杂化轨道分别与氧原子形成三个 σ 键，构成一个平面三角形，氮原子上垂直于 sp^2 杂化平面的 2p 轨道与两个非羟基氧原子的 p 轨道连贯重叠形成一个三中心四电子离域 π 键（π_3^4），羟基的 H 和非羟基氧之间还存在一个分子内氢键。

形成大 π 键的原子基本在一个平面上，这样它们在同一方向上平行的 p 轨道可以相互重叠成键，而且大 π 键轨道上的电子数比轨道数的两倍要少。大 π 键的符号用 π_n^m 表示，n 表示形成大 π 键的原子数，m 表示形成大 π 键的电子数。

NO_3^- 离子结构是平面三角形，N 原子 p_z 轨道上的一对电子与三个氧原子 p_z 轨道上的单电子，再加上形成离子外来的电子，形成了一个四中心六电子离域 π 键（π_4^6）。NO_3^- 离子中三个 N—O 键几乎相等，具有很好的对称性，因而硝酸盐在正常状况下是足够稳定的，氧化性弱，HNO_3 分子对称性较低，不如 NO_3^- 稳定，氧化性较强。

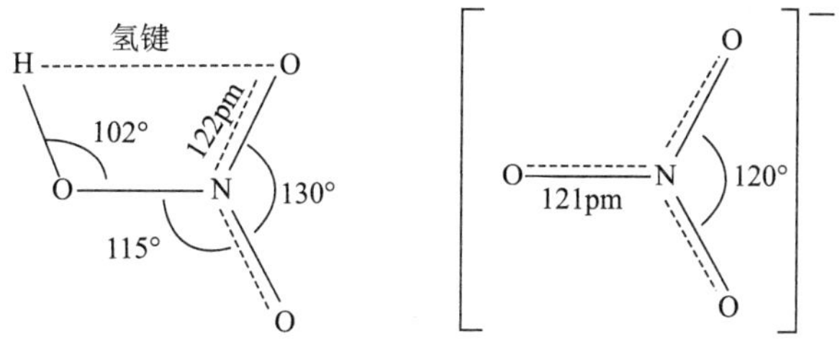

图 10－5　硝酸和硝酸根离子的结构

②硝酸的性质：强酸性和强氧化性。

强酸性：硝酸是具有挥发性的强酸，受热或见光时发生分解反应。所以实验室通常把浓 HNO_3 盛于棕色瓶中，存放于阴凉处。

$$4HNO_3 \xlongequal{\text{光或}\triangle} 2H_2O + 4NO_2\uparrow + O_2\uparrow$$

强氧化性：硝酸分子中 N 原子具有最高价态，它最突出的性质是强氧化性。在氧化还原反应中，硝酸主要被还原为下列物质。

+4	+3	+2	+1	0	−3
NO_2	HNO_2	NO	N_2O	N_2	NH_4^+

氮元素电势图如下：

$E_A^\ominus$/V

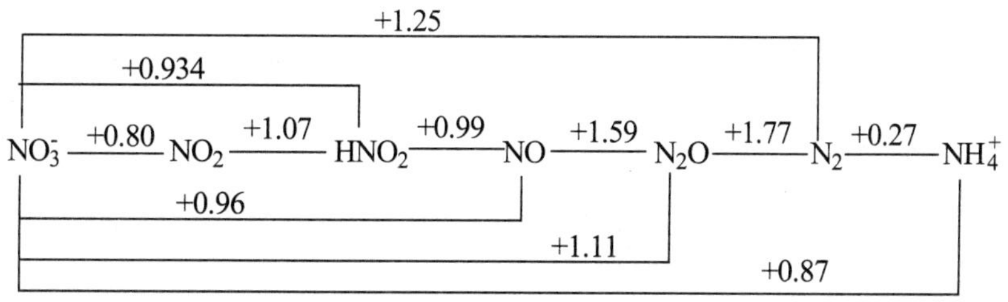

硝酸可以将许多非金属单质氧化成相应的氧化物或含氧酸，本身被还原为 NO。例如：

$$4HNO_3 + 3C = 3CO_2\uparrow + 4NO\uparrow + 2H_2O$$

$$2HNO_3 + S = H_2SO_4 + 2NO\uparrow$$

除 Au、Pt 等贵重金属外；硝酸几乎可以氧化所有的金属，生成相应的硝酸盐。

$$Cu + 4HNO_3(\text{浓}) = Cu(NO_3)_2 + 2NO_2\uparrow + 2H_2O$$

$$3Cu + 8HNO_3(稀) = 3Cu(NO_3)_2 + 2NO\uparrow + 4H_2O$$

$$4Zn + 10HNO_3(稀) = 4Zn(NO_3)_2 + N_2O\uparrow + 5H_2O$$

$$4Zn + 10HNO_3(很稀) = 4Zn(NO_3)_2 + NH_4NO_3 + 3H_2O$$

铁、铝和铬能溶于稀 HNO_3，但在冷的浓 HNO_3 中因表面钝化，阻止了内部金属的进一步氧化。可用铝制容器来盛装浓硝酸。

HNO_3 的还原产物主要取决于它的浓度和金属的活泼性，实际上 HNO_3 的还原产物不是单一的，反应方程式所表示的只是最主要的还原产物，一般说来浓 HNO_3 作为氧化剂其还原产物主要为 NO_2，稀 HNO_3 由于浓度的不同，它的主要还原产物可能是 NO、N_2O、N_2 甚至是 NH_4^+。稀 HNO_3 作为氧化剂，它的反应速度慢，氧化能力较浓 HNO_3 弱。可以认为稀 HNO_3 首先被还原成 NO_2，但是因为反应速度慢，NO_2 的产量不多，所以它来不及逸出反应体系就又被进一步还原成 NO 或 N_2、NH_4^+ 等。

浓 HNO_3 和浓 HCl 的混合液(体积比为 1:3)称为王水，它具很强的氧化性(HNO_3、Cl_2、$NOCl$)和强的配位性(Cl^-)，能够溶解不与硝酸反应的金属如 Au、Pt 等。

$$Au + HNO_3 + 4HCl = H[AuCl_4] + NO\uparrow + 2H_2O$$

$$3Pt + 4HNO_3 + 18HCl = 3H_2[PtCl_6] + 4NO\uparrow + 8H_2O$$

③硝酸盐：硝酸盐大多为无色易溶于水的晶体。它的水溶液不显示氧化性，固体硝酸盐在常温下较稳定，受热时分解放出 O_2，表现出强的氧化性。硝酸盐的分解产物因金属离子的性质不同而不同，例如：

$$2NaNO_3 = 2NaNO_2 + O_2\uparrow$$

$$2Pb(NO_3)_2 = 2PbO + 4NO_2\uparrow + O_2\uparrow$$

$$2AgNO_3 = 2Ag + 2NO_2\uparrow + O_2\uparrow$$

这是由于金属亚硝酸盐和氧化物的稳定性不同而造成的。电极电势顺序在 Mg 前面的硝酸盐加热分解为亚硝酸盐，电极电势顺序在 Mg 和 Cu 之间(包括 Mg 和 Cu)的金属硝酸盐分解为相应的氧化物，电极电势顺序在 Cu 以后的金属硝酸盐分解为金属。

(3)磷酸及其盐

①磷酸：磷能形成多种含氧酸，根据磷的不同氧化态有次磷酸 H_3PO_2、亚磷酸 H_3PO_3、正磷酸 H_3PO_4。最重要的是正磷酸，简称磷酸。

磷酸是无色晶体，熔点 315.3K，磷酸分子易形成氢键，所以磷酸与水可以任意比例混溶；市售磷酸浓度均为 14mol/L，是含 85% H_3PO_4 的黏稠状的浓溶液。

磷酸是一种非氧化性、高沸点的中强酸，其解离常数为：

$$K_{a1}^\ominus = 6.92 \times 10^{-3}, \quad K_{a2}^\ominus = 6.17 \times 10^{-8}, \quad K_{a3}^\ominus = 4.79 \times 10^{-13}$$

磷酸经强热会发生脱水作用，根据脱去水分子数目的不同，可生成焦磷酸、三聚磷酸和四偏磷酸。

$$2H_3PO_4 = H_4P_2O_7 + H_2O \quad (焦磷酸)$$

$$3H_3PO_4 = H_5P_3O_{10} + 2H_2O \quad (三聚磷酸)$$

$$4H_3PO_4 = (HPO_3)_4 + 4H_2O \quad (四偏磷酸)$$

其分子结构式可表示如下：

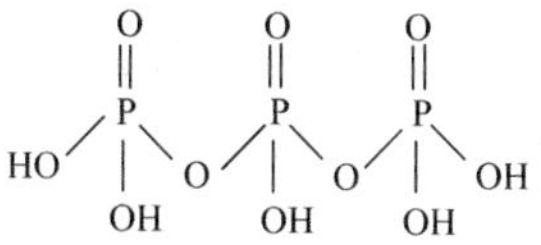
(三聚磷酸)

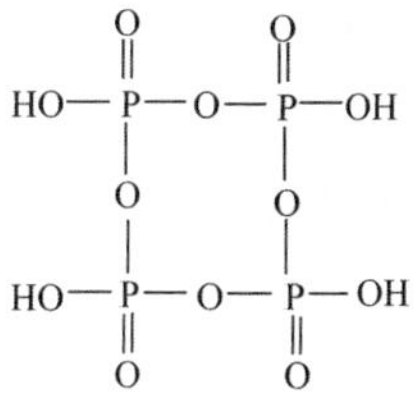
(四偏磷酸)

磷酸根离子具有强的配位能力，能与许多金属离子形成可溶性配合物。如与 Fe^{3+} 离子反应生成可溶性无色配合物 $H_3[Fe(PO_4)_2]$ 和 $H[Fe(HPO_4)_2]$，在分析化学中常用磷酸掩蔽 Fe^{3+} 离子。

②磷酸盐：磷酸可形成正盐、磷酸一氢盐和磷酸二氢盐。绝大多数的磷酸二氢盐都易溶于水，而磷酸一氢盐和正盐除 K^+、Na^+、NH_4^+ 盐外都难溶于水。可溶性的磷酸盐在水中有不同程度的水解，例如：Na_3PO_4、Na_2HPO_4 和 NaH_2PO_4 在水中发生如下的水解反应：

$$PO_4^{3-} + H_2O \rightleftharpoons HPO_4^{2-} + OH^- \qquad \text{溶液显碱性}$$

$$HPO_4^{2-} + H_2O \rightleftharpoons H_2PO_4^- + OH^- \qquad \text{溶液显碱性(pH = 9 ~ 10)}$$

$$H_2PO_4^- + H_2O \rightleftharpoons H_3PO_4 + OH^- \qquad \text{溶液显酸性(pH = 4 ~ 5)}$$

NaH_2PO_4 在水溶液中呈弱酸性，这是由于它的解离($K_{a2}^{\ominus} = 6.17 \times 10^{-8}$)倾向强于它的水解($K_{a3}^{\ominus} = 1.44 \times 10^{-12}$)。

正磷酸盐比较稳定，磷酸一氢盐和磷酸二氢盐受热容易脱水生成焦磷酸盐或偏磷酸盐。

(4)砷的化合物　砷的价电子构型为 $4s^24p^3$，次外层为 18 电子构型，性质与氮、磷差异较大，多数以氧化值为 +3、+5 的形式形成相应的离子型和共价型化合物。

①砷的氢化物：砷化氢 AsH_3(胂)是无色、有恶臭的剧毒气体。在空气中加热会燃烧，如在空气中自燃生成 As_2O_3：

$$2AsH_3 + 3O_2 \xlongequal{\text{点燃}} 2As_2O_3 + 3H_2O$$

在缺氧的条件下，AsH_3 受热分解为单质砷。

$$2AsH_3 \xlongequal{} 2As\downarrow + 3H_2\uparrow$$

“马氏试砷法”是检验砷的灵敏的方法，它是将试样、锌和盐酸混合，使生成的 AsH_3 气体导入热玻璃管，AsH_3 在玻璃管壁的受热部位分解，砷积聚出现亮黑色的“砷镜”。(能检出 0.007mg As)。有关方程式如下：

$$As_2O_3 + 6Zn + 6H_2SO_4 \xlongequal{} 2AsH_3\uparrow + 6ZnSO_4 + 3H_2O$$

砷镜能被 NaClO 溶液溶解。

砷化氢是一种很强的还原剂，能使重金属从其盐中沉积出来。

$$2AsH_3 + 12AgNO_3 + 3H_2O \xlongequal{} As_2O_3 + 12HNO_3 + 12Ag\downarrow$$

此反应也是检出砷的方法，称为“古氏试砷法”，检出限量为 0.005mg。

②砷的氧化物和含氧酸：砷的氧化物有两种，氧化值为 +3 的 As_2O_3 和氧化值为 +5 的 As_2O_5。

As_2O_3 是砷的重要化合物，俗称砒霜，是白色剧毒粉末，致死量为 0.1g。As_2O_3 微溶于水生成亚砷酸(H_3AsO_3)，H_3AsO_3 仅存在于水溶液中。As_2O_3 是两性偏酸性的氧化物，其水合物 H_3AsO_3 两性偏酸性($K_a^{\ominus} = 5.13 \times 10^{-10}$)。

As_2O_5 酸性强于 As_2O_3，其水合物砷酸(H_3AsO_4)是三元酸，易溶于水，酸的强度与磷酸相近。

砷的氧化值为 +3 的化合物，既有氧化性也有还原性，但以还原性为主。如亚砷酸盐有一定的还原性，在弱碱介质中弱氧化剂 I_2 将其氧化为砷酸盐：

$$AsO_3^{3-} + I_2 + 2OH^- = AsO_4^{3-} + H_2O + 2I^-$$

砷的氧化值为 +5 的化合物具有氧化性。在较强的酸性介质中，H_3AsO_4 是中等强度的氧化剂，可把 HI 氧化成 I_2。

$$H_3AsO_4 + 2HI = H_3AsO_3 + I_2 + H_2O$$

(5)铋酸钠($NaBiO_3$) 是一种很强的氧化剂，在 HNO_3 溶液中能把 Mn^{2+} 氧化为 MnO_4^-。

$$Mn^{2+} + 5BiO_3^- + 14H^+ = 2MnO_4^- + 5Bi^{3+} + 7H_2O$$

由于生成 MnO_4^- 使溶液呈特征的紫红色。这一反应常用于做鉴定 Mn^{2+} 的特效反应。

(三)氮族元素在医药中的应用

氨水是我国药典法定的药物。因为氨能兴奋呼吸和循环中枢，常用来治疗虚脱和休克。亚硝酸钠能使血管扩张，用于治疗心绞痛、高血压等症。

磷酸盐中磷酸氢钙、磷酸二氢钠和磷酸氢二钠都可作为药物。磷酸氢钙可补充人体所需的钙质和磷质，有助于儿童骨骼的生长。NaH_2PO_4 作缓泻剂，也用于治疗一般的尿道传染性病症。

作为药用的砷的无机化合物主要有雄黄(As_4S_4)、雌黄(As_2S_3)和砒霜(主要成分是 As_2O_3)等，它们在我国传统中医中应用较广，如雄黄有活血的功效；As_2O_3 有去腐拔毒功效，用于慢性皮炎如牛皮癣等。中药回疗丹(消肿止痛、解毒拔脓)中含有 As_2O_3。近年来临床用砒霜和亚砷酸内服治疗白血病，取得重大进展。

扫码"学一学"

四、碳族元素

周期表中第ⅣA 族元素包括碳、硅、锗、锡、铅五种元素，统称碳族元素。其中碳和硅为非金属元素，在自然界分布很广，硅在地壳中的含量仅次于氧，其丰度位居第二。锗是半金属元素，比较稀少。锡和铅是金属元素，矿藏富集易于提炼，有广泛的应用。

(一)元素结构特征及元素性质

碳族元素原子的价电子层结构为 ns^2np^2，价电子数目与轨道数相等，它们被称为等电子原子，本族元素自上而下是由典型的非金属元素经过准金属元素过渡到金属元素。

碳族元素的一些基本性质汇列于表 10－14 中。

表 10－14 碳族元素的一般性质

性质	碳	硅	锗	锡	铅
原子序数	6	14	32	50	82
元素符号	C	Si	Ge	Sn	Pb
原子量	12.011	28.086	72.59	118.7	207.2
价电子层结构	$2s^22p^2$	$3s^23p^2$	$4s^24p^2$	$5s^25p^2$	$6s^26p^2$
共价半径/pm	77	117	122	141	175
沸点/℃	4329	2355	2830	2270	1744

续表

性质	碳	硅	锗	锡	铅
熔点/℃	3550	1410	937	232	327
第一电离能/(kJ/mol)	1086.1	786.1	762.2	708.4	715.4
电负性	2.55	1.90	2.01	1.96	2.33
主要氧化值	+4，+2，(-4，-2)	+4，(+2)	+4，+2	+4，+2	+2，+4
配位数	3，4	4	4	4，6	4，6
晶体结构	原子晶体(金刚石) 层状晶体(石　墨)	原子晶体	原子晶体	原子晶体(灰锡) 层状晶体(白锡)	金属晶体

由于价层电子数为4，因此形成共价化合物是本族元素的特征。惰性电子对效应在本族元素中表现得比较明显。碳、硅主要的氧化态为+4，随着原子序数的增加，在锗、锡、铅中稳定氧化态逐渐由+4变为+2。例如，铅主要以+2氧化态的化合物存在，+4氧化态的铅化合物为强氧化剂。碳族元素有同种原子自相结合成链的特性，成链作用的趋势大小与键能有关，键能越高，成链作用就愈强。C—C键、C—H键和C—O键的键能都很高，C的成链作用最为突出。碳不仅可以单键或多重键形成众多化合物，且通过成链作用形成碳链、碳环，这是碳元素能形成数百万种有机化合物的基础。成链作用从C至Sn减弱，Si可以形成不太长的硅链，因此硅的化合物要比碳的化合物少得多。由于Si—O键的键能高，硅元素主要靠Si—O—Si链化合物以及其他元素一起形成整个矿物界。

(二)重要化合物

1. 碳酸及其盐　二氧化碳溶于水生成碳酸。碳酸仅存在于水溶液中，而且浓度很小，浓度增大时即分解出CO_2，在CO_2溶液中只有一小部分CO_2生成H_2CO_3，大部分是以水合分子的形式存在。碳酸为二元弱酸，已知电离常数为：

$$H_2CO_3 \rightleftharpoons H^+ + HCO_3^- \qquad K_{a1}^{\ominus} = 4.47 \times 10^{-7}$$

$$HCO_3^- \rightleftharpoons H^+ + CO_3^{2-} \qquad K_{a2}^{\ominus} = 4.68 \times 10^{-11}$$

碳酸可形成正盐、酸式碳酸盐和碱式碳酸盐。碳酸盐的性质如下。

①溶解性：大多数酸式盐都易溶于水，铵和碱金属(锂除外)的碳酸盐易溶于水，其他金属的碳酸盐难溶于水。对难溶的碳酸盐，其相应的酸式盐溶解度大于正盐；而易溶的碳酸盐，其相应的酸式盐溶解度却比较小。

②水解性：酸式盐和碱金属的碳酸盐都易发生水解，

$$CO_3^{2-} + H_2O \rightleftharpoons HCO_3^- + OH^-$$

$$HCO_3^- + H_2O \rightleftharpoons H_2CO_3 + OH^-$$

所以碱金属碳酸盐和酸式碳酸盐溶液分别呈较强碱性和弱碱性。

当可溶性的碳酸盐作为沉淀剂与其他金属盐反应时，得到不同的产物。如果金属离子不水解，得到的是碳酸盐：

$$2Ag^+ + CO_3^{2-} = Ag_2CO_3\downarrow \quad (包括\ Ba^{2+}、Sr^{2+}、Mn^{2+}、Ca^{2+})$$

如金属离子的水解性强，由于水解相互促进，得到的产物并不是该金属的碳酸盐，而是碱式碳酸盐或氢氧化物。

水解性极强的金属离子如Al^{3+}、Fe^{3+}、Cr^{3+}等，可沉淀为氢氧化物。

$$2Al^{2+} + 3CO_3^{2-} + 3H_2O = 2Al(OH)_3\downarrow + 3CO_2\uparrow \quad (Fe^{3+}、Cr^{3+})$$

有些金属离子如 Cu^{2+}、Zn^{2+} 等，有一定程度的水解；但其氢氧化物的溶解度与碳酸盐的溶解度相差不大，则可沉淀为碱式碳酸盐，

$$2Cu^{2+} + 2CO_3^{2-} + H_2O = Cu_2(OH)_2CO_3\downarrow + CO_2\uparrow (Pb^{2+}、Zn^{2+}、Co^{2+}、Ni^{2+}、Mg^{2+})$$

③热稳定性：碳酸及其盐的热稳定性较差。酸式碳酸盐及大多数碳酸盐受热时都易分解。如：

$$CaCO_3 \overset{\Delta}{=} CaO + CO_2\uparrow$$

$$Ca(HCO_3)_2 \overset{\Delta}{=} CaCO_3 + CO_2\uparrow + H_2O$$

下面的反应是自然界溶洞中石笋、钟乳石的形成反应。

$$CaCO_3 + H_2O + CO_2 = Ca(HCO_3)_2$$

碳酸及其盐的热稳定性规律为碳酸盐高于相应的酸式碳酸盐，酸式碳酸盐又高于碳酸。如碱金属盐及碳酸稳定性规律是：

$$Ca(HCO_3)_2 = CaCO_3\downarrow + H_2O + CO_2\uparrow$$

$$H_2CO_3 < MHCO_3 < M_2CO_3$$

H_2CO_3 极不稳定，常温也易分解。$NaHCO_3$ 在 150℃ 分解为 Na_2CO_3。Na_2CO_3 在 1800℃ 以上才能分解为 Na_2O。

碱土金属的碳酸盐的热稳定性按 Be^{2+}、Mg^{2+}、Ca^{2+}、Sr^{2+} 的顺序依次增强，过渡金属碳酸盐稳定性差。这可以用离子极化理论来解释。

2. 硅酸及其盐

(1)硅酸　硅酸的种类很多，它的组成很复杂，其组成随形成的条件而变化，常以通式 $xSiO_2\cdot yH_2O$ 表示。硅酸中以简单的单酸形式存在的只有正硅酸 H_4SiO_4 和它的脱水产物偏硅酸 H_2SiO_3。习惯上把 H_2SiO_3 称为硅酸。

硅酸是极弱的二元酸($K_{a1}^{\ominus} = 1.70\times10^{-10}$，$K_{a2}^{\ominus} = 1.60\times10^{-12}$)。硅酸($H_2SiO_3$)的酸性比碳酸还要弱，它的溶解度极小，很容易被其他的酸从硅酸盐溶液中置换出来。用 Na_2SiO_3 与 HCl 或 NH_4Cl 溶液作用可制得硅酸：

$$Na_2SiO_3 + 2HCl = H_2SiO_3 + 2NaCl$$

$$Na_2SiO_3 + 2NH_4Cl = H_2SiO_3 + 2NaCl + 2NH_3(g)$$

硅酸有聚合特性，上述反应中生成的单分子硅酸并不随即沉淀出来，而是这些单分子逐渐聚合成多硅酸后形成硅酸溶胶。若硅酸浓度较大或向溶液中加入电解质，即得白色胶冻状，软而透明的半固体的硅酸凝胶，将它充分洗涤干燥脱水后成为多孔性透明的白色固体，称为硅胶。硅胶由于内表面积大具有强烈的吸附能力，是很好的干燥剂、吸附剂及催化剂载体。

(2)硅酸盐　自然界中硅酸盐种类很多，有可溶性和不溶性两大类。除碱金属外，其他金属的硅酸盐都不溶于水，天然硅酸盐都是难溶的。可溶性 Na_2SiO_3 是人工合成的硅酸盐，它强烈水解使溶液显碱性：

$$Na_2SiO_3 + 2H_2O \rightleftharpoons NaOH + NaH_3SiO_4(\text{硅酸氢钠})$$

水解形成的硅酸氢钠很容易聚合成二硅酸氢钠

$$2NaH_3SiO_4 = Na_2H_4Si_2O_7 + H_2O(\text{二硅酸氢钠})$$

水玻璃(工业上叫泡花碱)主要是硅酸钠的水溶液，它其实是多种硅酸盐的混合物。水

玻璃是黏度很大的浆状溶液，广泛用于肥皂、洗涤剂的填料以及制作硅酸盐胶黏剂。木材和织物用水玻璃浸泡后，可以防腐、阻燃。

天然硅酸盐分布极广，地壳的95%是硅酸盐矿石。硅酸盐矿石长期受到空气中 CO_2 及 H_2O 的浸蚀后，会逐渐风化分解，生成的可溶性物质随雨水带到江河湖海，留下了大量的黏土和砂子。

天然硅酸盐中最重要的是沸石类的铝硅酸盐（$Na_2O \cdot Al_2O_3 \cdot 2SiO_2 \cdot nH_2O$），天然硅酸盐晶体骨架的基本结构单元是四面体构型的 SiO_4 原子团，SiO_4 四面体通过共用顶角原子彼此连接，铝可以部分取代硅酸盐结构中的 Si 形成铝硅酸盐。立体骨架结构，其中有许多笼状空穴和孔径均匀的孔道。这种结构使它很容易可逆地吸收或失去水及其他小分子，如氨和甲醇等，而将大的分子留在外面，起到了筛选分子的作用，故有“分子筛”之称。分子筛具有吸附能力和离子交换能力，其吸附选择性高、容量大、稳定性好，并可以活化再生反复使用，是一类优良的吸附剂，已广泛用于医疗、食品、化工、环保等方面。

3. 锡和铅的化合物

（1）二氯化锡　二氯化锡 $SnCl_2 \cdot 2H_2O$ 是一种无色的晶体，它易水解生成碱式盐。

$$SnCl_2 + H_2O = Sn(OH)Cl\downarrow + HCl$$

$SnCl_2$易被空气中的氧气氧化

$$2Sn^{2+} + O_2 + 4H^+ = 2Sn^{4+} + 2H_2O$$

因此在配制 $SnCl_2$ 溶液时，要先将 $SnCl_2$ 固体溶解在少量浓盐酸中，再加水稀释，同时在新配置的 $SnCl_2$ 溶液中加入少量锡粒，以防止 Sn^{2+} 被空气氧化。

$SnCl_2$是实验室中常用的还原剂，在酸性介质中能将 Fe^{3+} 还原为 Fe^{2+}，将 $HgCl_2$还原为 Hg_2Cl_2 及单质 Hg。

$$2HgCl_2 + SnCl_2 = SnCl_4 + Hg_2Cl_2\downarrow(\text{白色})$$

$$Hg_2Cl_2 + SnCl_2 = SnCl_4 + 2Hg\downarrow(\text{黑色})$$

上述反应很灵敏，常用来检验汞盐的存在。

（2）铅的氧化物　铅有四种氧化物，它们在不同温度时的变化如下：

$$PbO_2 \xrightarrow{\sim 327℃} Pb_2O_3 \xrightarrow{\sim 420℃} Pb_3O_4 \xrightarrow{\sim 605℃} PbO$$

Pb_2O_3 及 Pb_3O_4 是 PbO 和 PbO_2 的混合氧化物。

PbO 俗称密陀僧，为黄色粉末，不溶于水，是两性偏碱性的氧化物，易溶于醋酸和硝酸，难溶于碱。在医药上具有消毒、杀虫、防腐的功效。

PbO_2 在酸性溶液中是一个强氧化剂，能把浓盐酸氧化为氯气，还能把 Mn^{2+} 氧化为紫色的 MnO_4^-。

$$PbO_2 + 4HCl = PbCl_2 + 2H_2O + Cl_2\uparrow$$

$$5PbO_2 + 2Mn^{2+} + 4H^+ = 2MnO_4^- + 5Pb^{2+} + 2H_2O$$

PbO_2 受热易分解放出氧气。它与可燃物磷、硫一起研磨即着火，可用于制造火柴。

Pb_3O_4 为鲜红色的粉末，俗称铅丹或红丹。Pb_3O_4 中铅的氧化值为 +2、+4，因此具有强氧化性。

$$Pb_3O_4 + 8HCl(\text{浓}) = 3PbCl_2 + 4H_2O + Cl_2\uparrow$$

（三）碳族元素在医药中的应用

碳、硅是人体必需的元素，组成生物体的基本原料是碳氢化合物。碳族在药物方面的应用较多。

药用活性炭具有强烈的吸附作用，利用其吸附性，内服可用于治疗腹泻、胃肠胀气，做抗发酵剂。也可作为解毒剂，用于生物碱中毒和汞盐等重金属盐的中毒。制药工业中大量用作脱色剂。

炉甘石的主要成分为 $ZnCO_3$，有燥湿、收敛、防腐、生肌功能，外用治疗创伤出血，皮肤溃疡，湿疹等。

醋酸铅与蛋白质产生沉淀状的蛋白化合物，并在组织表面形成蛋白膜，故有收敛功效。醋酸铅软膏用于治疗痔疮，但不宜常用，以免铅中毒。

铅丹(主要成分为 Pb_3O_4 或 Pb_2O_3)，具有直接杀灭细菌、寄生虫和阻止黏液分泌的作用，对消炎、止痛、收敛和生肌具有较好的作用。外科主要用于制膏药。

三硅酸镁($2MgO \cdot 3SiO_2 \cdot nH_2O$)抗酸药，主要用于治疗胃酸过多、胃及十二指肠溃疡等，阳起石是硅酸镁、硅酸钙、硅酸铁的混合物，温肾壮阳，主治阳痿、腰膝冷痹、月经不调等。

五、硼族元素

扫码“学一学”

周期表中第ⅢA 族，包括硼、铝、镓、铟、铊五种元素，通称硼族元素。硼以化合物形式存在于自然界，主要存在形式有硼砂($Na_2B_4O_7 \cdot 10H_2O$)、硼镁($Mg_2B_2O_5 \cdot H_2O$)等。铝在地壳中的含量仅次于氧和硅，占第三位。镓、铊是分散的稀有元素，常与其他矿共生。铊及其化合物都有毒，误食少量的铊盐可使毛发脱落。

(一)元素结构特征及元素性质

硼族元素的价层电子构型为 ns^2np^1，最高氧化值为 +3。硼是这族中唯一的非金属元素，其他都是金属元素。硼族元素的一些基本性质汇列于表 10－15 中。

表 10－15 硼族元素的性质

性质	硼	铝	镓	铟	铊
原子序数	5	13	31	49	81
元素符号	B	Al	Ga	In	Tl
原子量	10.81	26.98	69.72	114.82	204.37
价电子层结构	$2s^22p^1$	$3s^23p^1$	$4s^24p^1$	$5s^25p^1$	$6s^26p^1$
共价半径/pm	88	126	135	167	176
第一电离能/(kJ/mol)	801	578	579	558	589
电子亲和能	23	44	36	34	50
电负性	2.04	1.61	1.81	1.73	2.04
主要氧化值	+3	+3	+1，+3	+1，+3	+1，+3

从上表可看出，硼和铝在原子半径、电离能电负性等性质上有较大的差异。p 区第一排元素的反常性正是其性质的一个特征。在硼族元素中，随着原子序数的增加，硼族元素的金属性大体上依次增加。

硼族元素原子的价电子层轨道有 ns、np_x、np_y、np_z 四个，但提供的价电子只有三个，这种价电子数少于价电子层轨道数的原子，称为“缺电子原子”。硼以形成氧化值为 +3 的共价型分子为特征，形成的化合物由于成键的电子对数，比稀有气体电子构型缺少一对电子，被称为“缺电子化合物”。它们有非常强的接受电子对的能力，因此这种分子能自身聚合以及和电子对给予体形成稳定的配合物等。例如 BF_3 很容易与具有孤电子对的氨形成配合物。

(二)重要化合物

1. 乙硼烷　硼能生成一系列有挥发性的共价型氢化物，这种氢化物与烷烃相似，故通称硼烷。其中最简单的是乙硼烷。乙硼烷 B_2H_6 的结构如图 10－6 所示。

乙硼烷是“缺电子”化合物，硼原子没有足够的价电子形成正常的 σ 键，而是形成了“缺电子多中心键”。在乙硼烷分子中每个 B 原子采取不等性 sp^3 杂化，分别以两个 sp^3 杂化轨道与同侧两个 H 原子的 1s 轨道重叠，各形成两个正常的 σ 键。这 4 个键在同一平面上，共用去 8 个价电子。剩下的 4 个价电子是 B 原子的另外两个 sp^3 杂化轨道分别同平面上方和下方氢原子的 1s 轨道相互重叠形成的垂直于平面的两个二电子三中心氢桥键。

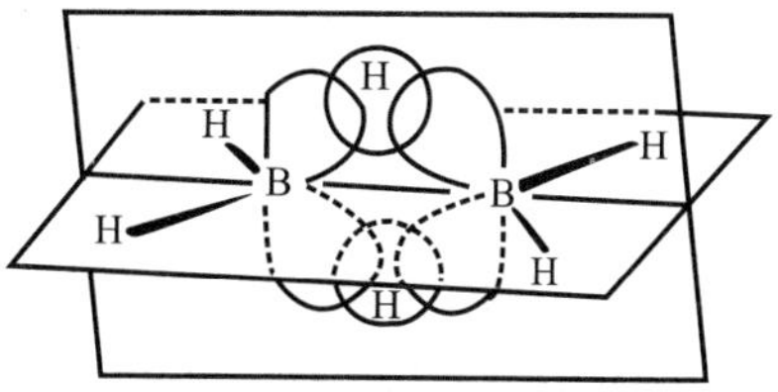

B_2H_6的结构

图 10－6　乙硼烷 B_2H_6 的结构图

乙硼烷在硼烷中具有特殊的地位，它是制备其他硼烷的原料，并应用于合成化学中，它对结构化学的发展起了很大的作用。

常温下硼烷为气体，不稳定，在空气中剧烈燃烧且释放出大量的热量：

$$B_2H_6 + 3O_2 \xlongequal{\text{点燃}} B_2O_3 + 3H_2O$$

硼烷水解也放出大量的热，生成硼酸和氢气：

$$B_2H_6 + 6H_2O = 2H_2BO_3 \downarrow + 7H_2 \uparrow$$

硼烷具有强还原性，可被氧化剂氧化，例如和卤素的反应：

$$B_2H_6 + 6Cl_2 = 2BCl_3 + 6HCl$$

2. 硼酸　硼酸 H_3BO_3 或写为 $B(OH)_3$ 是白色的鳞片状晶体，有滑腻感，可作润滑剂。分子间通过氢键连接成层状结构，这种缔合作用使它在冷水中的溶解度小，加热破坏氢键，溶解度增大。

硼酸受热会逐渐脱水，生成偏硼酸(HBO_2)、B_2O_3，B_2O_3 又可与水反应生成偏硼酸 HBO_2 和硼酸，它们互为可逆过程。

$$B_2O_3 \underset{-H_2O}{\overset{+H_2O}{\rightleftharpoons}} 2HBO_2 \underset{-H_2O}{\overset{+H_2O}{\rightleftharpoons}} 2H_3BO_3$$

硼酸是一元弱酸($K_a^\ominus = 5.37 \times 10^{-10}$)，$H_3BO_3$ 的酸性并不是它本身能给出质子，而是由于硼酸是一个缺电子分子，其中硼原子的空轨道接受了 H_2O 分子中的 OH^- 上的孤对电子，而释放出 H^+ 离子，所以硼酸是典型的电子酸。

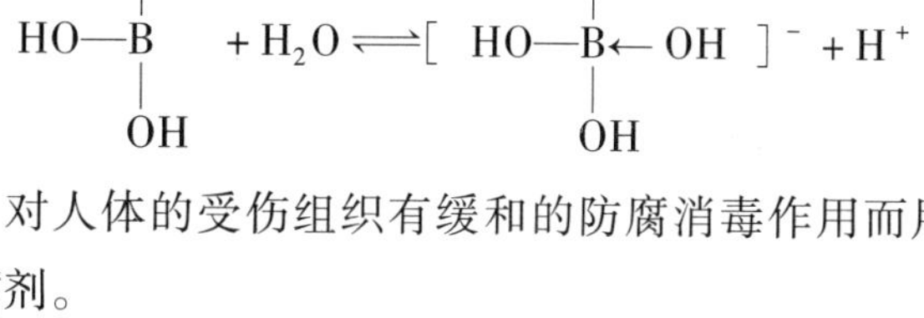

由于硼酸是弱酸，对人体的受伤组织有缓和的防腐消毒作用而用作医药上的消毒剂，食品工业上用它作防腐剂。

3. 硼砂　硼砂是无色半透明的晶体或白色结晶粉末，化学名称是四硼酸钠，化学式为 $Na_2B_4O_5(OH)_4 \cdot 8H_2O$，习惯上写为 $Na_2B_4O_7 \cdot 10H_2O$。

硼砂在干燥的空气中易失水风化，加热到较高温度时可失去全部结晶水成为无水盐。硼砂易溶于水，易水解，其水溶液显示强碱性，

$$B_4O_5(OH)_4^{2-} + 5\ H_2O = 2H_3BO_3 + 2B(OH)_4^-$$

这种水溶液具有缓冲作用。硼砂主要用于洗涤剂生产中的添加剂。

许多金属氧化物可以熔于硼砂灼烧得到的熔融体中，生成不同颜色的偏硼酸的复盐。例如：

$$Na_2B_4O_7 + CoO = Co(BO_2)_2 \cdot 2NaBO_2$$（蓝宝石色）

$$Na_2B_4O_7 + NiO = Ni(BO_2)_2 \cdot 2NaBO_2$$（热时紫色，冷时棕色）

在分析化学上用硼砂来鉴定这些金属离子，称为硼砂珠实验。

(三)硼族元素在医药中的应用

硼和铝的某些化合物有药用价值。

硼酸医药上用作消毒剂。2% ~5% 的硼酸水溶液可用于洗眼、漱口等，10% 的软膏用于治疗皮肤溃疡。用硼酸作原料与甘油制成的硼酸甘油酯用于治疗中耳炎。

硼砂在中药上叫盆砂，其作用与硼酸相似，可治疗咽喉炎、口腔炎、中耳炎。冰硼散及复方硼砂含漱剂的成分即为硼砂。

氢氧化铝内服能中和胃酸，其产物 $AlCl_3$ 还有收敛止血的作用，可以保护胃黏膜，用于治疗胃酸过多、胃溃疡，口服用药作用缓慢持久。

明矾[$KAl(SO_4)_2 \cdot 12H_2O$]中药称白矾，经煅制加工后称为枯矾或苦矾。白矾内服有祛痰燥湿、敛肺止血的功效，外用多为枯矾，有收敛止痒和解毒的功效，用作伤口的收敛止血剂，还可用于治疗皮炎和湿疹。明矾也是常用的净水剂。

知识拓展

矿物药

矿物药是指可供药用的矿物和岩石等一些天然形成的无机物或矿石的加工品，也包括一些古生物的化石，如朱砂、雄黄、石膏、炉甘石等。矿物作为中药有许多确切的记载，如白石英有镇静、安神之功；朱砂能治疗心脏病等。

矿物药的分类方法较多，常见的有阴离子分类法、阳离子分类法、功能分类法和来源分类。矿物药的主要阳离子种类划分为汞化合物类、铁化合物类、铝化合物类、铜化合物类、砷化合物类、硅化合物类、钙化合物类、镁化合物类、钠化合物类。

虽然药典收载的常用矿物药较少，但作为中药成分的应用却相当广泛。例如含砷类矿物药。虽然在日常生活中很少有人知道它，但是含砷矿物药的物品却频繁地出现在人们的生活中，如江淮地区的端午节，自古就流传下来的喝雄黄酒的民间风俗。雄黄酒，原料之一就是雄黄，另外普通药店中出售的常见药物，如牛黄解毒丸、牛黄消炎丸、安宫牛黄丸、六神丸、至宝丸、紫金锭喉症丸等成分中都含有一定的雄黄。

雄黄，化学名四硫化四砷(As_4S_4)，又称作石黄、黄金石、鸡冠石，是一种含硫和砷的矿石，质软，性脆，通常为粒状，紧密状块，或者粉末，条痕呈浅橘红色。雄黄主要产于低温热液矿床中，常与雌黄(As_2S_3)共生。雄黄经过氧化便会变成 As_2O_3(砒霜)，是一味毒性很高的矿物药，其解毒杀虫的原理也在于此。

雄黄有抗肿瘤作用，对神经有镇痉、止痛作用，体内外均有杀虫作用。水浸剂对金黄

色葡萄球菌、人体结核分枝杆菌、变形杆菌、铜绿假单胞菌及多种皮肤真菌均有不同程度的抑制作用。不良反应为肠道吸收后能引起吐、泻、眩晕甚至惊厥，慢性中毒能损害肝、肾的生理功能。内服不能过量，不能持续服用，以免积蓄中毒。另外雄黄煅烧后分解及氧化为砒霜，毒性大增，所以不能用火煅烧。因雄黄是一种胃毒剂，蛇对它反应非常敏感；但是加入乙醇后的雄黄驱蛇效力更强，原因是乙醇可以作为“稀薄剂”增加雄黄的挥发。

深入研究矿物药，有望认识并解决有毒金属化合物药用过程中活性与毒性之间的矛盾，促使矿物药在中药现代化中发挥作用。

重点小结

			重要化合物		重要化学性质
主族元素	s区元素	氢	离子型氢化物		极强的还原性
		碱金属碱土金属	氧化物	过氧化物*	1. 与水反应；2. 与 CO_2 反应；3. 与烯酸反应
				超氧化合物	1. 与水反应；2. 与 CO_2 反应；3. 与烯酸反应
			氢氧化物*		1. 易溶于水；2. 碱性
	p区元素	卤族元素	卤化氢和氢卤酸*		1. 热稳定性；2. 氢卤酸的酸性；3. 还原性
			卤素的含氧酸及盐*	次卤酸及盐*	1. 次卤酸弱酸性；2. 次卤酸的歧化反应
				卤酸及盐*	1. 卤酸较稳定；2. 酸性；3. 氧化性
				高卤酸及盐	1. 强酸性；2. 氧化性
		氧族元素	过氧化氢*		1. 不稳定性；2. 弱酸性；3. 氧化还原性
			硫化氢*		1. 二元弱酸；2. 还原性
			金属硫化物*		1. 水解作用；2. 难溶性
			亚硫酸及盐*		1. 亚硫酸的弱酸性；2. 还原性大于氧化性
			硫酸及盐*		1. 酸的强酸性；2. 强氧化性
			硫代硫酸		硫代硫酸不稳定易分解
			硫代硫酸钠*		1. 酸性溶液中分解；2. 中等强度的还原剂；3. 强的配合能力
			过二硫酸盐		1. 强氧化性；2. 强吸水性；3. 强脱水性
		氮族元素	氨		1. 弱碱性；2. 还原性
			铵盐		1. 水解性；2. 固体铵盐加热分解
			亚硝酸及盐*		1. 酸的弱酸性；2. 氧化性大于还原性
			硝酸及盐*		1. 酸是强酸易分解；2. 强氧化性
			磷酸及盐*		1. 酸无氧化性；2. 各类盐的溶解性和水解性
			砷化氢		1. 还原性；2. 马氏试砷法
			三氧化二砷及水合物		1. 两性偏酸性；2. 还原性为主
			五氧化二砷及水合物		1. 中强酸；2. 氧化性
			铋酸钠*		强氧化剂
		碳族元素	碳酸		1. 二元弱酸；2. 易分解
			碳酸盐		1. 溶解性；2. 水解性；3. 稳定性
			二氯化锡*		1. 易水解；2. 还原性
		硼族元素	乙硼烷*		水解
			硼酸*		一元酸
			硼砂		硼砂珠实验

习 题

1. 为什么不能用浓 H_2SO_4 同卤化物作用来制备 HBr 和 HI？用相应的反应方程式解释。
2. 为什么不能长期保存 H_2S 溶液，长期放置的 Na_2S 为什么颜色会变深？
3. 用马氏试砷法检验 As_2O_3，写出有关反应方程式。
4. 为什么不能用 HNO_3 与 FeS 反应制备 H_2S？
5. 如何配制 $SnCl_2$ 溶液？
6. 试用一种试剂将硫化物、亚硫酸盐、硫酸盐及硫代硫酸盐区分开来。
7. 已知　酸性条件下：$HClO \xrightarrow{+1.61V} Cl_2 \xrightarrow{+1.36V} Cl^-$

　　碱性条件下：$ClO^- \xrightarrow{+0.42V} Cl_2 \xrightarrow{+1.36V} Cl^-$。

问：(1) Cl_2 发生歧化反应是在酸性还是碱性介质中？

(2)歧化反应的平衡常数值有多大？

8. 解释下列事实：

(1)用浓氨水检查氯气管道的漏气。

(2) I_2 易溶于 CCl_4 和 KI 溶液。

(3)氢氟酸是弱酸($K_a^{\ominus}=6.61\times10^{-4}$)。

(4)硼酸的水溶液是缓冲溶液。

9. 完成并配平下列反应方程式

(1) $I_2 + OH^- \longrightarrow$

(2) $CrO_2^- + H_2O_2 + OH^- \longrightarrow$

(3) $I^- + NO_2^- + H^+ \longrightarrow$

(4) $Mn^{2+} + S_2O_8^{2-} + H_2O \longrightarrow$

(5) $Cr_2O_7^{2-} + H_2O_2 + H^+ \longrightarrow$

(6) $Na_2SiO_3 + H_2O \longrightarrow$

(7) $Cu^{2+} + CO_3^{2-} + H_2O \longrightarrow$

(8) $PbO_2 + HCl$(浓)$\longrightarrow$

(9) $Mn^{2+} + PbO_2 + H_3O^+ \longrightarrow$

(10) $NaBiO_3 + Mn^{2+} + 14H^+ \longrightarrow$

10. 试说明碱土金属碳酸盐的热稳定性变化规律。
11. 临床上为什么可用大苏打治疗卤素及重金属中毒？
12. 铵盐与钾盐的晶型相同，溶解度相近，但它们也有不同的性质，试说明之。
13. 根据硝酸的分子结构，说明硝酸为什么是一低沸点的强酸。
14. 虽然 $E^{\ominus}_{Li^+/Li} < E^{\ominus}_{Na^+/Na}$，为什么金属锂与水反应还不如金属钠与水反应激烈。
15. 写出氢氟酸腐蚀玻璃的反应方程式，说明为什么不能用玻璃容器盛放 NH_4F 溶液？

扫码“练一练”

（杨怀霞　王　霞　刘艳菊）

第十一章　副族元素

要点导航

1. 掌握 d 区、ds 区元素的通性与其电子层结构的关系；

2. 熟悉 d 区元素（铬、锰、铁）、ds 区元素（铜、银、锌、汞）重要化合物的基本性质；

3. 了解常见副族元素在医药中的应用。

副族元素包括周期表中 d 区、ds 区和 f 区元素，其原子结构特征是电子部分填充 d 轨道或 f 轨道。副族元素位于长式周期表的中部，典型的金属元素（s 区）与典型的非金属元素（p 区）之间，从原子的电子层结构看，价电子依次填充 $(n-1)$d 轨道，恰好完成了该轨道部分填充到完全充满的过渡（f 区元素，价电子依次填充 $(n-2)$f 轨道，称内过渡元素）。通常将 d 区、ds 区元素称为过渡元素或过渡金属。

副族元素的价层电子结构特征使其同周期元素在基本性质上呈现出一定的相似性，同时也决定了它们与主族元素性质的差异性。习惯上，人们依据周期表将副族元素分为三个过渡系，第四周期从钪到锌等元素属于第一过渡系，第五周期从钇到镉等元素属于第二过渡系，第六周期从镧到汞等元素属于第三过渡系。第四周期的第一过渡系，又称轻过渡元素，其余过渡系称重过渡元素（表 11－1）。

表 11－1　周期表中的副族元素

ⅠA	ⅡA	ⅢB	ⅣB	ⅤB	ⅥB	ⅦB	ⅧB			ⅠB	ⅡB	ⅢA	ⅣA	ⅤA	ⅥA	ⅦA	0
H																	He
Li	Be											B	C	N	O	F	Ne
Na	Mg											Al	Si	P	S	Cl	Ar
K	Ca	Sc	Ti	V	Cr	Mn	Fe	Co	Ni	Cu	Zn	Ga	Ge	As	Se	Br	Kr
Rb	Sr	Y	Zr	Nb	Mo	Tc	Ru	Rh	Pd	Ag	Cd	In	Sn	Sb	Te	I	Xe
Cs	Ba	La	Hf	Ta	W	Re	Os	Ir	Pt	Au	Hg	Tl	Pb	Bi	Po	At	Rn
Fr	Ra	Ac	Rf	Db	Sg	Bh	Hs	Mt	Ds	Rg	Cn						

La	Ce	Pr	Nd	Pm	Sm	Eu	Gd	Tb	Dy	Ho	Er	Tm	Yb	Lu
Ac	Th	Pa	U	Np	Pu	Am	Cm	Bk	Cf	Es	Fm	Md	No	Lr

副族元素种类繁多、性质各异，在许多领域有非常重要的应用。它们不仅在多种工业体系中担任重要角色，在国民经济中占据重要地位，同时也具有多种生理功能，与人类健康密切相关。本章将在简要介绍副族元素通性的基础上，重点介绍 d 区、ds 区中某些代表性元素及其重要化合物的基本性质。

扫码"学一学"

第一节　过渡元素的通性

副族元素是指最后一个电子填充在 d 轨道或 f 轨道上的元素，包括周期表中 d 区、ds 区和 f 区元素。d 区元素是指周期表ⅢB 族到Ⅷ族的元素，共有 32 种；ds 区元素是指周期表ⅠB 族（铜族）和ⅡB 族（锌族）的元素，共 8 种；f 区元素，是指镧系和锕系元素，共 30 种。通常 d 区、ds 区元素称过渡元素；f 区元素，由于价电子依次填充$(n-2)$f 轨道，称为内过渡元素（限于篇幅，本章不作介绍）。本节主要讨论过渡元素的通性。

一、原子结构特征与基本性质

过渡元素的价层电子构型为$(n-1)d^{1-10}ns^{1-2}$（Pd，$4d^{10}5s^0$ 例外），由于能级交错现象，最外层 ns 轨道和次外层$(n-1)$d 轨道的能级比较接近。原子结构特征决定了性质特征，副族元素的基本性质变化规律不同于主族元素，呈现出一定水平的相似性，各族之间性质差异不明显。第四周期过渡元素的一些基本性质见表 11-2。

表 11-2　第四周期过渡元素的基本性质

元素	钪	钛	钒	铬	锰	铁	钴	镍	铜	锌
原子序数	21	22	23	24	25	26	27	28	29	30
价电子层结构	$3d^14s^2$	$3d^24s^2$	$3d^34s^2$	$3d^54s^1$	$3d^54s^2$	$3d^64s^2$	$3d^74s^2$	$3d^84s^2$	$3d^{10}4s^1$	$3d^{10}4s^2$
共价半径/pm	162	147	136	128	127	126	124	124	128	134
第一电离能/(kJ/mol)	6.32	6.61	6.48	6.53	7.16	7.62	7.57	7.36	7.45	9.08
电负性	1.36	1.54	1.63	1.66	1.55	1.80	1.88	1.91	1.90	1.65
$E^{\ominus}(M^{2+}/M)/V$		-1.63	-1.18	-0.91	-1.18	-0.44	-0.28	-0.25	0.337	-0.763

1. 原子半径　同周期中，自左向右随着原子序数的递增，原子半径缓慢减小，但在ⅠB、ⅡB 族（ds 区）略有增加。如表 11-2 所示。这是由于同周期的过渡元素，随着核电荷数的升高，新增加的电子依次填充到$(n-1)$d 轨道上，d 电子的屏蔽作用较大，从左至右有效核电荷数增加的比较缓慢，所以原子半径也就缓慢减小。但需要注意的是到了ⅠB、ⅡB 族（ds 区），次外层电子全满时，电子云接近球形对称，屏蔽效应进一步增强，有效核电荷数减小，原子半径略有增大。

同族中自上而下由于电子层数的增多，原子半径变化的总趋势是增大的。但因镧系收缩的影响，各族第五、六周期两元素的原子半径非常接近。所谓镧系收缩是指因内过渡元素新增电子依次填充在$(n-2)$f 轨道上，使有效核电荷随着原子序数的递增而增加缓慢，镧系元素的原子半径缓慢逐渐缩小的现象。

2. 电离能、电负性　副族元素的价层电子结构特征决定了它们的电离能、电负性变化不具有主族元素递变的规律性。同周期过渡元素的电离能变化，从左到右，随着元素原子半径的减小，总趋势是逐渐增大的，从上到下同族副族元素的电离能变化总趋势也是逐渐增大的，但交错的现象十分多见。副族元素电负性差值不大，无论是同周期还是同族元素，其电负性递变均无规律可循。总的变化趋势：从左到右或从上到下，电负性增大，但交错的现象也时有发生。

3. 金属性　与主族元素相比，过渡金属通常密度、硬度较大，熔沸点较高、导电、导热性能良好，这是因为副族元素一般比主族元素半径小，并且原子的 ns 和 $(n-1)$d 电子均可参与形成金属键，从而它们的金属键能大、内聚力强、晶格能比较高，原子紧密堆积所致。

过渡元素的金属性变化规律基本上是从左到右、从上而下减逐渐弱。从左到右，同周期各元素的标准电极电势 $E^{\ominus}(M^{2+}/M)$ 和第一电离能逐渐增大，金属性依次减弱；从上而下，有效核电荷显著增大，原子半径略有增加，原子核对外层电子引力增强，元素的金属性随之减弱。

过渡元素的金属性相差明显，第一过渡系除铜以外都是活泼金属，能够与非氧化性酸反应置换出氢气，第二、三过渡系金属活泼性很差，钌、锇等呈化学惰性，甚至不与王水反应。第一过渡系，锰的标准电极电势反常的小于铬，这是由于锰失去 2 个电子形成 Mn^{2+} 后具有稳定电子构型的缘故。

二、多变氧化态

过渡元素通常具有多种氧化态，并且同周期从左到右随着原子序数的递增，元素的最高稳定氧化态逐渐升高。氧化值大多从 +2 开始依次增加到与族数相同的值（Ⅷ族元素除外，仅 Ru 和 Os 有 +8 氧化值）。形成这种氧化态特征的原因是：ns 和 $(n-1)$d 轨道的能级相近，在化学反应中，d 区元素的 ns 电子首先参加成键，随后在一定条件下，$(n-1)$d 电子也能逐一参加成键，使元素的氧化值呈现依次递增的特征。周期表ⅢB 族到Ⅷ族的元素，最高氧化态与族号相同。

例如第四周期的 d 区，从左到右随着 3d 电子数增加，价电子数增多，最高稳定氧化态逐渐升高，到ⅦB 的 Mn 元素达到最高 +7。当 d 电子的数目达到或超过 5 时，能级处于半充满状态，能量降低，稳定性增强，电子参加成键的倾向减弱，氧化值逐渐降低，可变氧化态的数目随之减少。此外，d 区、ds 区元素的氧化值还有以下规律：从上到下，同一元素高氧化态趋于稳定。即第一过渡系元素低氧化态的化合物比较稳定，而它们的高氧化态化合物通常是强氧化剂，而第二、第三过渡系元素的高氧化态化合物比较稳定，它们的低氧化态化合物通常具有还原性（表 11－3）。

值得注意的是 ds 区ⅡB 族（锌族）元素的特征氧化态为 +2，一般没有大于 +2 的氧化态，原因是 $(n-1)$d 电子全充满，不参与成键。

表 11－3　第四周期副族元素的氧化值

元素	Sc	Ti	V	Cr	Mn	Fe	Co	Ni	Cu	Zn
价层电子构型	$3d^1 4s^2$	$3d^2 4s^2$	$3d^3 4s^2$	$3d^5 4s^1$	$3d^5 4s^2$	$3d^6 4s^2$	$3d^7 4s^2$	$3d^8 4s^2$	$3d^{10} 4s^1$	$3d^{10} 4s^2$

续表

元素	Sc	Ti	V	Cr	Mn	Fe	Co	Ni	Cu	Zn
氧化值	+2	+2	+2	+2	$\underline{+2}$	$\underline{+2}$	$\underline{+2}$	$\underline{+2}$	$\underline{+1}$	$\underline{+2}$
	$\underline{+3}$	+3	+3	$\underline{+3}$	+3	$\underline{+3}$	+3	+3	$\underline{+2}$	
		$\underline{+4}$	+4	+4	$\underline{+4}$	+4	+4	+4		
			$\underline{+5}$	+5	+5	+5				
				$\underline{+6}$	+6	+6				
					$\underline{+7}$					

注：画横线的表示常见氧化值

三、易形成配合物

所有过渡元素的原子和离子都易形成配合物是过渡元素的最重要特征之一。过渡元素原子的价层电子结构为$(n-1)d^{1-10}ns^{1-2}np^0nd^0$，它们不仅具有较多空轨道，而且各轨道能量也比较接近；另外，由于过渡元素的离子通常有效核电荷大、半径小，对配体的极化作用强，这些因素促使它们相比主族元素具有更强烈的形成配合物的倾向。过渡元素配位化学的内容非常活跃，在生物、医药、材料、环境等许多领域都有极其重要的应用。

四、化合物的颜色特征

形成有颜色的化合物是过渡元素区别于主族元素的又一重要特征。

大多数过渡元素的水合离子均呈现出一定的颜色。原因是过渡元素离子的 d 轨道在 H_2O 分子配位场的作用下发生能级分裂，d 电子通常在可见光区发生 d-d 跃迁。例如，$[Ti(H_2O)_6]^{3+}$呈紫红色，$[Cr(H_2O)_6]^{3+}$呈淡蓝色，$[Fe(H_2O)_6]^{3+}$呈淡紫色，$[Co(H_2O)_6]^{2+}$呈粉红色，$[Ni(H_2O)_6]^{2+}$呈绿色、$[Cu(H_2O)_6]^{2+}$呈蓝色等。$[Sc(H_2O)_6]^{3+}$、$[Ti(H_2O)_6]^{4+}$、$[Zn(H_2O)_6]^{2+}$等水合离子是无色的，原因是 d^0、d^{10}电子构型的过渡元素，不能发生 d-d 跃迁。

过渡元素含氧酸根离子的颜色通常可以用电荷迁移的机理来解释。例如 $Cr_2O_7^{2-}$ 呈橙红色，CrO_4^{2-} 呈黄色，MnO_4^- 呈紫色，MnO_4^{2-} 呈绿色，VO_3^- 呈黄色等。由于含氧酸根中，过渡元素的形式电荷高，半径小，对 O^{2-}的极化作用强，在可见光的照射下，O^{2-}的电子吸收部分可见光向过渡金属跃迁（M－O 跃迁），这种跃迁称为电荷跃迁，未被吸收可见光的复合色就是含氧酸根离子所呈现的颜色。如 MnO_4^- 中 Mn(Ⅶ)的组态也是 d^0，但极化作用极强，在可见光照射下因吸收黄绿色光发生 Mn—O 之间的电荷迁移跃迁，而显紫红色。

综上所述，过渡元素的原子结构特征决定了它们的一系列性质特征。因此 d 区、ds 区元素的化学可以说就是 d 电子的化学。

扫码“学一学”

第二节　d 区元素

d 区元素是指周期表ⅢB 族到Ⅷ族的元素，共有 32 种，价电子层结构为$(n-1)d^{1\sim9}ns^{1\sim2}$（Pd，$4d^{10}5s^0$ 例外）。由于新增加的电子填充在次外层$(n-1)$d 轨道上，d 电子对核电荷的屏蔽能力较大，使得原子的有效核电荷增加缓慢，这种结构上的共同特点决定了它们基本性质的水平相似性，以及与主族元素性质的差异性。

d 区元素单质的共同特点是：密度、硬度较大，熔沸点较高，导电、导热性能良好。这是由于 d 区元素一般比主族元素半径小，并且原子的 ns 和 $(n-1)d$ 电子均可参与形成金属键，从而它们的金属键能大、内聚力强、晶格能比较高，原子紧密堆积的缘故。除 Sc、Y 外，其余元素均为重金属（密度大于 $4.5g/cm^3$），尤其Ⅷ族铂系重金属的密度最大（Os：$22.57g/cm^3$；Ir：$22.42g/cm^3$；Pt：$21.45g/cm^3$）。除钪副族外，其余元素都有较大的硬度，铬是硬度最高的金属（莫氏标准 9，仅次于金刚石）；W 是熔点最高的元素，熔点为 3683K，沸点为 5933K。

d 区元素及其化合物一般具有顺磁性。原因是这些元素的原子和离子一般都有未成对的 d 电子，未成对电子的自旋运动使其具有顺磁性。另外，Fe、Co、Ni 还具有铁磁性。

第一过渡系的 d 区元素均为活泼金属，可从非氧化性酸中置换出氢气。第二、三过渡系元素通常金属活泼性较差，大部分不能与强酸作用。本节重点讨论 Cr、Mn、Fe 及其重要化合物的一些基本性质。

一、铬及其重要化合物

铬（chromium，Cr）位于周期表第四周期ⅥB 族，常见氧化态为 +2、+3 和 +6。该族包含铬、钼、钨三种元素，铬与钼价电子层构型为 $(n-1)d^5ns^1$，钨为 $(n-1)d^4ns^2$；由于铬分族价层未成对电子数多，金属键能大，故该族元素硬度及熔沸点较高。钨是熔点最高的元素（熔点为 3683K）；铬是硬度最高的金属（莫氏标准 9，仅次于金刚石）。

单质铬有银白色金属光泽和延展性，含有杂质的铬硬而脆。铬具有高硬度、耐磨、抗腐蚀、光泽度好的特点，广泛用于电镀业和制造合金。单质铬常被电镀在金属部件和仪器的表面以增加光泽度和耐腐蚀性。铬含量 10% 以上的钢材称为不锈钢。

铬元素电势图如下：

$$E_A^{\ominus}/V \quad Cr_2O_7^{2-} \xrightarrow{+1.33} \overset{\overset{\displaystyle -0.744}{\overline{\hspace{3cm}}}}{Cr^{3+}} \xrightarrow{-0.407} \underset{\underset{\displaystyle +0.295}{\overline{\hspace{2cm}}}}{Cr^{2+}} \xrightarrow{-0.913} Cr$$

$$E_B^{\ominus}/V \quad \begin{matrix} CrO_4^{2-} \xrightarrow{-0.13} \overset{\overset{\displaystyle -1.48}{\overline{\hspace{3cm}}}}{Cr(OH)_3} \xrightarrow{-1.1} Cr(OH)_2 \xrightarrow{-1.4} Cr \\ CrO_2^{-} \xrightarrow{\hspace{1.5cm}-1.2\hspace{1.5cm}} \end{matrix}$$

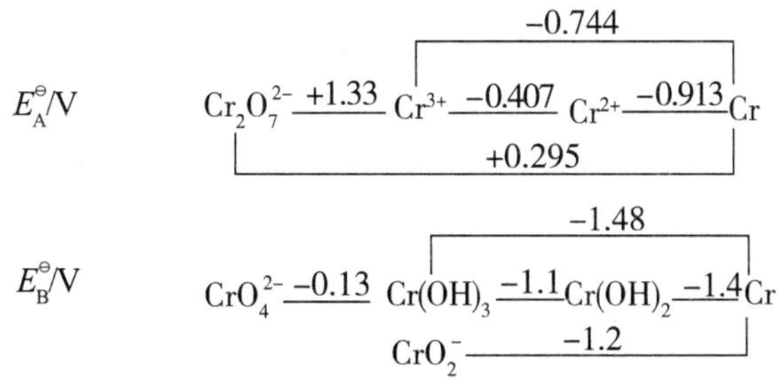

由图可见：Cr 能与非氧化性稀酸作用置换出 H_2，Cr^{2+} 有较强还原性，易被氧化为 Cr^{3+}；在酸性溶液中，Cr(Ⅵ)（$Cr_2O_7^{2-}$）具有强氧化性，可被还原为 Cr(Ⅲ)（Cr^{3+}）；Cr^{3+} 在酸性溶液中能够稳定存在；在碱性溶液中，Cr(Ⅵ)（CrO_4^{2-}）氧化性很弱，相反，Cr(Ⅲ) CrO_2^{-} 可被氧化为 CrO_4^{2-}。

1. 单质铬 铬是活泼金属，能与稀盐酸或稀 H_2SO_4 作用，反应时首先生成蓝色的 Cr(Ⅱ)溶液，继而被空气中的 O_2 氧化为 Cr(Ⅲ)，溶液显绿色。例如：

$$Cr + 2HCl = CrCl_2 + H_2\uparrow$$

$$4CrCl_2 + O_2 + 4HCl = 4CrCl_3 + 2H_2O$$

铬在常温下，因表面易生成钝态的氧化物保护膜而不溶于浓 HNO_3 或王水中。在高温条件下，铬能与氮、氧、硫、卤素等非金属单质直接化合。

2. 铬(Ⅲ)化合物 Cr(Ⅲ)的价层电子构型为 $3d^34s^0$，有效核电荷较大，价电子层中空轨道较多。因此 Cr(Ⅲ)化合物通常都有颜色，氧化物及其水合物具有明显的两性，Cr^{3+} 盐易水解，也有强配合性，可发生 d^2sp^3 杂化，生成配位数为 6 的稳定的内轨型配合物。铬(Ⅲ)的重要化合物有氧化物、氢氧化物、常见可溶性盐和配合物。

(1)三氧化二铬和氢氧化铬 Cr_2O_3 绿色固体，俗称铬绿，硬度大，熔点高(2275℃)，微溶于水，具有两性，广泛用于玻璃工业、陶瓷工业和油漆工业中作为绿色颜料或研磨剂。

三氧化二铬可由高温下金属铬与氧直接反应制得，也可通过重铬酸铵或三氧化铬热分解生成。

$$4Cr + 3O_2 \xrightleftharpoons{\triangle} 2Cr_2O_3$$

$$(NH_4)_2Cr_2O_7 \xrightleftharpoons{\triangle} Cr_2O_3 + N_2(g) + 4H_2O$$

$$4CrO_3 \xrightleftharpoons{\triangle} 2Cr_2O_3 + 3O_2$$

Cr(Ⅲ)盐溶液中加入适量碱，可析出灰蓝色的胶状沉淀 $Cr(OH)_3$。

$$Cr^{3+} + 3OH^- = Cr(OH)_3\downarrow$$

$Cr(OH)_3$ 与 Cr_2O_3 最重要的性质是两性，溶于酸可生成蓝紫色的铬(Ⅲ)盐，与碱作用则生成深绿色的亚铬酸盐。例如：

$$Cr_2O_3 + 3H_2SO_4 = Cr_2(SO_4)_3 + 3H_2O$$

$$Cr(OH)_3 + 3HCl = CrCl_3 + 3H_2O$$

$$Cr_2O_3 + 2NaOH + 3H_2O = 2Na[Cr(OH)_4]$$

$[Cr(OH)_4]^-$可简写为 CrO_2^-(亚铬酸根离子)。

(2)铬(Ⅲ)盐 常见的铬(Ⅲ)盐有氯化铬 $CrCl_3$、硫酸铬 $Cr_2(SO_4)_3$ 和铬钾钒 $KCr(SO_4)_2$，它们均可溶于水，易水解；若降低溶液的酸度，则水解生成灰蓝色的胶状沉淀 $Cr(OH)_3$。Cr(Ⅲ)的主要性质还有还原性和配合性。

Cr(Ⅲ)在碱性介质中的还原性比酸性介质中强。在酸性介质中，Cr^{3+} 很稳定，还原性极弱，只有过硫酸氨、高锰酸钾、PbO_2 等少数强氧化剂在催化剂的作用下，才能将 Cr(Ⅲ)氧化为 Cr(Ⅵ)。例如：

$$2Cr^{3+} + 3S_2O_8^{2-} + 7H_2O \xrightarrow{\triangle,\ Ag^+催化} Cr_2O_7^{2-} + 6SO_4^{2-} + 14H^+$$

$$2Cr^{3+} + 3PbO_2 + H_2O \xrightarrow{\triangle} Cr_2O_7^{2-} + 3Pb^{2+} + 2H^+$$

$$10Cr^{3+} + 6MnO_4^- + 11H_2O \xrightarrow{\triangle} 5Cr_2O_7^{2-} + 6Mn^{2+} + 22H^+$$

在碱性介质中，Cr(Ⅲ)以 CrO_2^- 形式存在，具有还原性，可被 H_2O_2、Cl_2 等氧化剂氧化成铬酸盐。例如：

$$2NaCrO_2 + 3H_2O_2 + 2NaOH = 2Na_2CrO_4 + 4H_2O$$

Cr(Ⅲ)的价层电子构型为 $3d^34s^04p^0$，根据配合物价键理论和晶体场理论，Cr(Ⅲ)易发生 d^2sp^3 杂化，形成配位数为6的内轨型配合物；在可见光照射下，Cr(Ⅲ)配合物易发生 d-d 跃迁而显色。事实上，Cr^{3+} 能与 NH_3、H_2O、X^-、CN^-、$C_2O_4^{2-}$ 及许多有机配体形成稳定的配合物；并且 Cr(Ⅲ)易形成两种或两种以上的混合配体配合物、桥联多核配合物等。

如，Cr(Ⅲ)在溶液中发生水解反应时，若适当降低溶液的酸度，即有羟桥多核配合物形成。Cr(Ⅲ)配合物种类多、稳定性高，配合物之间的配体交换反应或取代反应速率较慢，同一配体配合物常有多种异构体存在，如组成为 $CrCl_3 \cdot 6H_2O$ 的配合物有 3 种异构体，即：$[Cr(H_2O)_6]Cl_3$(紫色)、$[CrCl(H_2O)_5]Cl_2 \cdot H_2O$(蓝绿色)、$[CrCl_2(H_2O)_4]Cl \cdot 2H_2O$(绿色)等，这样的异构体称为水合异构。

3. 铬(Ⅵ)化合物　铬(Ⅵ)的重要化合物有三氧化铬(CrO_3)、铬酸盐和重铬酸盐。因为 Cr(Ⅵ)具有很强的极化作用，所以无论在晶体或溶液中都不存在简单的 Cr^{6+} 离子；Cr(Ⅵ)化合物都具有一定的颜色，Cr(Ⅵ)含氧化合物呈色的原因可解释为：Cr－O 间很强的极化效应使集中于氧原子一端的电子向 Cr(Ⅵ)迁移，通常电荷跃迁对光有较强的吸收，因此呈现较深的颜色。

(1)三氧化铬　CrO_3，暗红色晶体，有毒，熔点低(198℃)，热稳定性差。溶于水可生成强酸铬酸，故俗名铬酐。CrO_3 广泛用于电镀业和鞣革业，常用作纺织品的媒染剂和金属清洁剂等。

CrO_3 热稳定性差，在 707～784K 即会发生分解反应：

$$4CrO_3 \xlongequal{\triangle} 2Cr_2O_3 + 3O_2\uparrow$$

CrO_3 有强氧化性，遇有机物会发生剧烈反应，甚至起火、爆炸。例如，CrO_3 遇酒精时会发生猛烈反应甚至着火：

$$4CrO_3 + C_2H_5OH \xlongequal{} 2Cr_2O_3 + 2CO_2\uparrow + 3H_2O$$

CrO_3 易潮解，溶于水可生成铬酸(H_2CrO_4)，溶于碱则生成铬酸盐。

$$CrO_3 + H_2O \xlongequal{} H_2CrO_4$$

$$CrO_3 + 2NaOH \xlongequal{} Na_2CrO_4 + H_2O$$

(2)铬酸盐和重铬酸盐的性质　可溶性铬酸盐重要的有铬酸钾(K_2CrO_4)和铬酸钠(Na_2CrO_4)；重铬酸盐重要的有重铬酸钾($K_2Cr_2O_7$，俗名：红矾钾)和重铬酸钠($Na_2Cr_2O_7$，俗名：红矾钠)。重铬酸钾($K_2Cr_2O_7$)和重铬酸钠($Na_2Cr_2O_7$)都是橙红色晶体，化学性质相似，但前者更易通过重结晶法得到极纯的盐，常用作基准氧化试剂。

在酸性溶液中，$Cr_2O_7^{2-}$ 具有强氧化性，可以氧化 H_2S、Fe^{2+}、I^-、SO_3^{2-}、乙醇、浓盐酸等。

$$Cr_2O_7^{2-} + 3H_2S + 8H^+ \xlongequal{} 2Cr^{3+} + 3S\downarrow + 7H_2O$$

$$Cr_2O_7^{2-} + 6Fe^{2+} + 14H^+ \xlongequal{} 2Cr^{3+} + 6Fe^{3+} + 7H_2O$$

$$Cr_2O_7^{2-} + 6I^- + 14H^+ \xlongequal{} 2Cr^{3+} + 3I_2 + 7H_2O$$

这些反应中，$K_2Cr_2O_7$与 Fe^{2+} 的反应在分析化学中可用来定量测定铁含量，实验室中用 $K_2Cr_2O_7$ 与浓盐酸来制备氯气，$K_2Cr_2O_7$ 与乙醇的反应可用来检测司机是否酒后驾车。

$$Cr_2O_7^{2-} + 3CH_3CH_2OH + 8H^+ \xlongequal{} 3CH_3CHO + 2Cr^{3+} + 7H_2O$$

在酸性溶液中，$Cr_2O_7^{2-}$ 与 H_2O_2 作用时，可生成蓝色过氧基配合物。过氧基配合物在水溶液中不稳定，易发生分解反应放出 O_2，但若加入乙醚或戊醇，溶液显稳定深蓝色。分析化学上常利用该反应鉴定 Cr(Ⅵ)和 H_2O_2。

$$4CrO(O_2)_2 + 12H^+ \xlongequal{} 4Cr^{3+} + 7O_2 + 6H_2O$$

$$Cr_2O_7^{2-} + 4H_2O_2 + 2H^+ \xlongequal{} 2CrO(O_2)_2 + 5H_2O$$

$$CrO(O_2)_2 + (C_2H_5)_2O = [CrO(O_2)_2 \cdot (C_2H_5)_2O]\text{(蓝色)}$$

实验室常用的铬酸洗液是 $K_2Cr_2O_7$ 以少量水溶解后加入浓硫酸混合而成。新配制的铬酸洗液呈棕红色，具有强氧化性，可用于洗涤玻璃器皿上附着的油污，当洗液变为黑绿色时，表明大部分 Cr(Ⅵ)已转化为 Cr(Ⅲ)，洗液失效，废液可用硫酸亚铁处理后再排放。由于 Cr(Ⅵ)具有明显的生物毒性，洗液的大量使用不利于保护环境，现在已逐渐被其他洗涤剂所代替。

CrO_4^{2-} 和 $Cr_2O_7^{2-}$ 在溶液中存在下列平衡：

$$2CrO_4^{2-} + 2H^+ \rightleftharpoons Cr_2O_7^{2-} + H_2O$$

溶液中 CrO_4^{2-} 和 $Cr_2O_7^{2-}$ 的浓度受溶液酸度控制，$pH < 1.2$ 的酸性溶液中主要以 $Cr_2O_7^{2-}$(橙红色)的形式存在，$pH > 11$ 的碱性溶液中则主要以 CrO_4^{2-}(黄色)的形式存在。H_2CrO_4 和 $H_2Cr_2O_7$ 均是强酸，仅存在于水溶液中，其中 $H_2Cr_2O_7$ 酸性强于 H_2CrO_4。

重铬酸盐的溶解度通常大于铬酸盐，铬酸盐除钾、钠、铵和镁盐外，一般都难溶于水，因此，向铬酸盐或重铬酸盐溶液中加入 Ag^+、Pb^{2+}、Ba^{2+} 等离子时，均生成难溶性的铬酸盐沉淀。例如：

$$Ba^{2+} + CrO_4^{2-} = BaCrO_4\downarrow\text{(柠檬黄)}$$

$$2Pb^{2+} + Cr_2O_7^{2-} + H_2O = 2H^+ + 2PbCrO_4\downarrow\text{(铬黄)}$$

$$2Ag^+ + CrO_4^{2-} = Ag_2CrO_4\downarrow\text{(砖红)}$$

铬酸盐沉淀可溶于强酸。这些颜色鲜明的反应常用于定性鉴定 CrO_4^{2-} 或 Ag^+、Pb^{2+}、Ba^{2+} 等。

4. 铬的生物学效应及常用药物 铬是人体必须微量元素，人体中铬含量随着年龄增长逐渐降低，人体对铬的需要主要来自日常膳食；铬的生物功能主要是参与体内糖、脂肪、蛋白质的代谢，提高胰岛素的活性功效，增强免疫力。铬缺乏是引起糖尿病和冠状动脉粥样硬化的病原性因素之一；食物的过多精细加工是缺铬的重要原因。强化补铬可以预防高危人群发生糖尿病；铬(Ⅲ)和铬(Ⅵ)有一定生物毒性，过量摄入会危害健康；尤其铬(Ⅵ)的生物毒性较大，铬中毒可引起肝、肾、神经、血液系统病变，长期接触铬化合物会引起皮肤发炎、溃疡、甚至组织深部损伤。

临床上已经应用无机铬(Ⅲ)盐(如 $CrCl_3 \cdot 6H_2O$)或富含铬(Ⅲ)的啤酒酵母等治疗糖尿病和冠状动脉粥样硬化症。近年来，有机铬还被用作抗生素的潜在替代物。

二、锰及其重要化合物

锰(manganese，Mn)位于周期表中第四周期ⅦB 族，价层电子构型为 $3d^54s^2$，常见氧化数为 +2、+3、+4、+6 和 +7。

锰是 1774 年由瑞典化学家甘英利用木炭与软锰矿共热首先制得。锰是银白色金属，质坚而脆，密度 7.30g/cm³，熔点 1244℃，沸点 1962℃。锰在地壳中储量丰富，含量位居所有过渡元素的第三位，仅次于铁和钛。主要存在形式有软锰矿($MnO_2 \cdot xH_2O$)、黑锰矿(Mn_3O_4)、水锰矿($Mn_2O_3 \cdot H_2O$)及褐锰矿($3Mn_2O_3 \cdot MnSiO_3$)等。

锰的元素电势图如下：

$$E_A^{\ominus}/V \quad MnO_4^- \xrightarrow{+0.558} MnO_4^{2-} \xrightarrow{+2.26} MnO_2 \xrightarrow{+0.95} Mn^{3+} \xrightarrow{+1.448} Mn^{2+} \xrightarrow{-1.185} Mn$$

（$MnO_4^- \rightarrow MnO_2$：+1.679；$MnO_2 \rightarrow Mn^{2+}$：+1.224；$MnO_4^- \rightarrow Mn^{2+}$：+1.51）

$$E_B^{\ominus}/V \quad MnO_4^- \xrightarrow{+0.558} MnO_4^{2-} \xrightarrow{+0.60} MnO_2 \xrightarrow{-0.2} Mn(OH)_3 \xrightarrow{+0.1} Mn(OH)_2 \xrightarrow{-1.56} Mn$$

可见，锰在酸性和碱性介质中，都具有强还原性；Mn^{2+}很稳定，不易发生氧化还原反应；Mn^{3+}、MnO_4^{2-} 均可发生歧化，在酸性介质中歧化反应进行的倾向很强。

1．锰单质 锰的化学性质活泼，常温下能与非氧化性稀酸作用、甚至也能溶于热水放出 H_2；高温下能与许多非金属单质直接化合。例如：

$$Mn + 2HCl = MnCl_2 + H_2 \uparrow$$

$$Mn + Cl_2 \overset{\triangle}{=} MnCl_2$$

$$Mn + S \overset{\triangle}{=} MnS$$

$$2Mn + 4KOH + 3O_2 \xrightarrow{熔融} 2K_2MnO_4 + 2H_2O$$

锰可与钢中溶解的硫、氧化合减少钢的脆性，含锰 12% 以上的钢材坚硬，且具有良好的抗冲击性、耐磨性和耐腐蚀性，锰钢可用于制造钢轨及耐磨机衬板等。

2．锰(Ⅱ)化合物 重要的锰(Ⅱ)化合物有氯化锰($MnCl_2$)、硫酸锰($MnSO_4$)和硝酸锰[$Mn(NO_3)_2$]等。锰(Ⅱ)的强酸盐易溶，而弱酸盐难溶，通常在溶液中，Mn^{2+}与 S^{2-}、PO_4^{3-}、CO_3^{2-}、$C_2O_4^{2-}$ 及大多数弱酸的酸根离子作用时能够生成难溶性沉淀。在近中性或弱酸性介质中生成肉色的 MnS 沉淀可作为 Mn^{2+} 的鉴定反应(MnS 可溶于 HAc 等弱酸)。$MnCO_3$ 是白色沉淀，自然界中存在的碳酸锰称为锰晶石。

锰(Ⅱ)的主要性质是还原性。Mn^{2+}($3d^5$)在酸性溶液中十分稳定，只有铋酸钠($NaBiO_3$)或过二硫酸铵[$(NH_4)_2S_2O_8$]、PbO_2 等少数的强氧化剂才能将其氧化成紫红色的 MnO_4^-。

$$2Mn^{2+} + 5BiO_3^- + 14H^+ = 2MnO_4^- + 5Bi^{3+} + 7H_2O$$

该反应是鉴定 Mn^{2+} 的特效反应(specific reaction)。

Mn^{2+}为极浅粉红色，Mn(Ⅱ)的配合物也大多为无色或较淡粉红色，它们的呈色原因可通过配合物的晶体场理论解释。Mn^{2+}($3d^5$)的价层电子构型为半充满状态，通常易形成八面体构型、配位数为 6 的高自旋配合物。Mn^{2+}在正八面体场中的 d 电子排布为 $t_{2g}^3e_g^2$，在能量较低的 t_{2g}轨道上的电子向较高能量的 e_g 轨道跃迁时，必须改变自旋方向，因而所需能量较高，这种跃迁称为自旋禁阻跃迁(spin-forbidden transition)。故Mn(Ⅱ)的配合物大多为无色或较淡粉红色。Mn(Ⅱ)与 CN^- 等强场配位体作用时，也可形成低自旋配合物，如$[Mn(CN)_6]^{4-}$等。

在碱性介质中，Mn(Ⅱ)的稳定性较差，空气中的氧即可把 Mn(Ⅱ)氧化为Mn(Ⅳ)。例如，向 Mn(Ⅱ)盐溶液中加入强碱，可析出白色的 $Mn(OH)_2$ 沉淀，与空气接触后很快被氧化成水合二氧化锰($MnO_2 \cdot nH_2O$)的棕色沉淀：

$$2Mn^{2+} + 4OH^- = 2Mn(OH)_2 \downarrow (白色)$$

$$2Mn(OH)_2 + O_2 = 2MnO(OH)_2 \downarrow (棕色)$$

3. 锰(Ⅳ)化合物 最重要的锰(Ⅳ)化合物是二氧化锰(MnO_2)，它是软锰矿(pyrolusite)的主要成分，黑色粉末，不溶于水，常温下很稳定。MnO_2 可用作有机反应的氧化剂、催化剂，也是制造干电池的原料，玻璃工业的除色剂等。

MnO_2 在酸性介质中是强氧化剂，在中性介质中很稳定。实验室常用 MnO_2 与浓盐酸作用制备少量氯气。

$$MnO_2 + 4HCl(浓) \xlongequal{\triangle} MnCl_2 + Cl_2\uparrow + 2H_2O$$

MnO_2 与浓硫酸反应可放出 O_2：

$$2MnO_2 + 2H_2SO_4(浓硫酸) \xlongequal{\triangle} 2MnSO_4 + O_2\uparrow + 2H_2O$$

MnO_2 在碱性条件下具有还原性，与 $KClO_3$、KNO_3 等强氧化剂一起加热共熔能够被氧化成深绿色的锰酸钾 K_2MnO_4：

$$3MnO_2 + 6KOH + KClO_3 = 3K_2MnO_4 + KCl + 3H_2O$$

锰(Ⅳ)可与一些有机或无机配体生成较稳定配合物，如 $K_2[MnCl_6]$、$(NH_4)_2[MnCl_6]$和过氧基配合物 $K_2H_2[Mn(O_2)_4]$等。用 HF、KHF_2 处理 MnO_2 时，可得到金黄色的六氟合锰(Ⅳ)酸钾晶体：

$$MnO_2 + 2KHF_2 + 2HF \xlongequal{\triangle} K_2[MnF_6] + 2H_2O$$

4. 锰(Ⅵ)化合物 锰(Ⅵ)化合物比较常见的是锰酸盐，如锰酸钾(K_2MnO_4)和锰酸钠(Na_2MnO_4)。MnO_4^{2-} 呈深绿色，只能在强碱性介质中稳定存在；在中性溶液、酸性溶液中均会发生歧化反应。

$$3MnO_4^{2-} + 2H_2O = 2MnO_4^- + MnO_2\downarrow + 4OH^-(中性溶液)$$

$$3MnO_4^{2-} + 4H^+ = 2MnO_4^- + MnO_2\downarrow + 2H_2O(酸性溶液)$$

5. 锰(Ⅶ)化合物 最重要的锰(Ⅶ)化合物是高锰酸钾($KMnO_4$)，俗称灰锰氧。外观为深紫色晶体，常温下稳定，易溶于水，其水溶液显紫红色。MnO_4^- 呈色的原因与 $Cr_2O_7^{2-}$ 相同，因为 Mn—O 间有较强的极化效应，MnO_4^- 吸收部分可见光后 O^{2-} 端电荷向 Mn(Ⅶ)跃迁的结果。

$KMnO_4$ 固体常温比较稳定，加热至 473K 以上时，即发生分解反应，实验室常用该法制备少量的氧气：

$$2KMnO_4 \xlongequal{\triangle} K_2MnO_4 + MnO_2\downarrow + O_2\uparrow$$

$KMnO_4$ 溶液在酸性条件下，会发生分解反应：

$$4MnO_4^- + 4H^+ = 4MnO_2\downarrow + 3O_2\uparrow + 2H_2O$$

光对 $KMnO_4$ 溶液的分解反应有催化作用，但在中性或微碱性条件下，特别是黑暗中分解很慢，因此 $KMnO_4$ 溶液需储存于棕色瓶中。

$KMnO_4$ 的主要性质是强氧化性，在浓 H_2SO_4 中加入较多 $KMnO_4$ 时，生成棕绿色的油状物质七氧化二锰(Mn_2O_7，高锰酸酐)，该物质有极强氧化性，遇有机物即发生燃烧，稍遇热即发生爆炸，分解生成 MnO_2、O_2 和 O_3。

MnO_4^- 在酸性溶液中是强氧化剂，本身被还原为 Mn^{2+}。例如：

$$2MnO_4^- + 5H_2O_2 + 6H^+ = 2Mn^{2+} + 5O_2\uparrow + 8H_2O$$

$$2MnO_4^- + 5C_2O_4^{2-} + 16H^+ = 2Mn^{2+} + 10CO_2\uparrow + 8H_2O$$

由于 Mn^{2+} 具有自身催化(autocatalysis)作用，反应开始时进行得较慢，当溶液中有

Mn^{2+}生成时，反应速率加快，分析化学中常用以上反应测定 H_2O_2与草酸盐的含量。

$KMnO_4$ 在酸碱性不同的介质中，还原产物不同。如：

酸性　$2MnO_4^- + 5SO_3^{2-} + 6H^+ = 2Mn^{2+} + 5SO_4^{2-} + 3H_2O$

中性　$2MnO_4^- + 3SO_3^{2-} + H_2O = 2MnO_2\downarrow + 3SO_4^{2-} + 2OH^-$

碱性　$2MnO_4^- + SO_3^{2-} + 2OH^- = 2MnO_4^{2-} + SO_4^{2-} + H_2O$

6. 锰的生物学效应及常用药物　锰与人体健康关系密切，锰(Ⅱ，Ⅲ)为多种锰酶、锰激活酶的组成元素。需要锰做激活剂的生物酶多达上百种，锰可参与体内的造血过程，影响骨组织形成时所需糖蛋白合成，促进脂类代谢。锰缺乏时可引起生长迟缓、骨质疏松和运动失常等。锰也有明显生物毒性，过量摄入会引起神经系统和免疫系统病变。

中药无名异主要成分是 MnO_2，用于治疗臃肿、跌打损伤。高锰酸钾($KMnO_4$)，也叫灰锰氧、PP 粉，有极强杀灭细菌作用。临床上常用不同浓度的稀溶液洗胃、清洗溃疡及脓肿等。

三、铁及其重要化合物

铁(Iron，Fe)是第四周期Ⅷ族元素，价层电子构型为 $3d^64s^2$，常见的氧化值为 +3 和 +2，最高氧化值为 +6。

第Ⅷ族在周期表中占据三个纵列，有 9 种元素。第一过渡系的铁、钴、镍称铁系元素，它们均为银白色活泼金属，具铁磁性，能与稀酸作用，放出氢气；第二、三过渡系的钌、铑、钯、锇、铱、铂等 6 种称铂系元素，他们均为化学惰性的高熔点金属、属稀有元素、贵金属。铁系元素通常化学性质活泼，在地壳中分布广泛，丰度大。以下主要介绍铁及其化合物。

铁在地壳中的质量百分含量为 5.1%，在所有元素中名列第四。主要存在形式有赤铁矿(主要成分为 Fe_2O_3)、磁铁矿(主要成分为 Fe_3O_4)、褐铁矿(主要成分为 $2Fe_2O_3\cdot 3H_2O$)、黄铁矿(主要成分为 FeS_2)和菱铁矿(主要成分为 $FeCO_3$)等。公元前 2000 年前，人类已发现并开始使用铁器，现今钢铁工业已成为国民经济的支柱产业。

单质铁具有银白色的金属光泽，延展性、导电性、导热性良好。纯铁在工业上用途不多，铁最重要的用途是冶炼钢材及制造合金。铁磁性是铁最重要的特性之一，铁可用于制造永磁材料。

铁的元素电势图如下：

$$E_A^\ominus/V \quad FeO_4^{2-} \xrightarrow{+2.1} Fe^{3+} \xrightarrow{+0.771} Fe^{2+} \xrightarrow{-0.447} Fe \qquad (Fe^{3+} \xrightarrow{-0.037} Fe)$$

$$E_B^\ominus/V \quad FeO_4^{2-} \xrightarrow{+0.9} Fe(OH)_3 \xrightarrow{-0.56} Fe(OH)_2 \xrightarrow{-0.88} Fe$$

由上图可见铁的主要性质：单质铁具有较强还原性；Fe(Ⅱ)在碱性介质中还原性较强，酸性条件还原性弱；在酸性介质中 Fe(Ⅲ)是中等强度氧化剂。

铁是活泼金属，与非氧化性稀酸作用时，生成 Fe(Ⅱ)盐；与氧化性稀酸作用时生成 Fe(Ⅲ)盐。例如：

$$Fe + 2HCl = H_2\uparrow + FeCl_2$$

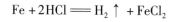

$$Fe + 4HNO_3 = Fe(NO_3)_3 + NO\uparrow + 2H_2O$$

铁与冷浓硝酸、浓硫酸作用时，表面被钝化。因此，可以用铁制容器贮运浓硫酸或浓硝酸。但铁能够被热的浓碱溶液所侵蚀。

铁在潮湿的空气中表面会生成结构疏松的铁锈（$Fe_2O_3 \cdot nH_2O$）。铁锈蚀会逐渐向内层扩展造成巨大的钢铁浪费。每年铁锈蚀造成的钢铁浪费约占全世界年总产量的20% ~30%，在铁表面覆盖保护层（镀锡、镀铬、镀搪瓷、刷油漆、涂高分子材料等）是防止锈蚀的常用方法。

铁的重要化合物有氧化物、氢氧化物、铁盐、亚铁盐以及配合物等。

1. 氧化物和氢氧化物 铁的氧化物有FeO（黑色）、Fe_2O_3（红色）、Fe_3O_4（黑色）等。FeO是碱性氧化物，难溶于水、易溶于酸。Fe_2O_3具有两性，但以碱性为主，可溶于酸，与碱反应需共熔；Fe_3O_4（$FeO \cdot Fe_2O_3$混合物），又称磁性氧化铁，具有强磁性和良好导电性。

Fe_2O_3俗称氧化铁红，可用于制造防锈底漆、橡胶制品的着色剂，也是磁性材料与催化剂等。Fe_2O_3有α和γ两种构型，α型是顺磁性的，γ型是铁磁性的。自然界中存在的赤铁矿是α型。将γ型的Fe_2O_3加热至673K时，可转变成α型。

铁的氧化物和氢氧化物都有颜色且难溶于水，均具有碱性和氧化性。

Fe^{2+}溶于强碱可生成$Fe(OH)_2$白色胶状沉淀，$Fe(OH)_2$不稳定，与空气接触后很快变成暗绿色，继而生成棕红色$Fe(OH)_3$沉淀：

$$4Fe(OH)_2 + O_2 + 2H_2O = 4Fe(OH)_3$$

$Fe(OH)_2$主要显碱性，其酸性很弱。例如，$Fe(OH)_2$可溶于强酸形成亚铁盐，与浓碱溶液作用时，生成$[Fe(OH)_6]^{4-}$离子。$Fe(OH)_3$略显两性，以碱性为主，难溶于水，具有氧化性。如Fe_2O_3和$Fe(OH)_3$均可与盐酸发生中和反应。

$$Fe_2O_3 + 6HCl = 2FeCl_3 + 3H_2O$$

$$Fe(OH)_3 + 3HCl = FeCl_3 + 3H_2O$$

2. 铁(Ⅱ)盐 最重要的铁(Ⅱ)盐是绿矾$FeSO_4 \cdot 7H_2O$，中药也称皂矾；绿矾是淡绿色晶体，临床上可用于治疗缺铁性贫血，农业上也常用以防治病虫害。硫酸亚铁能与硫酸铵形成复盐硫酸亚铁铵$(NH_4)_2SO_4 \cdot FeSO_4 \cdot 6H_2O$，俗称摩尔盐]，性质比硫酸亚铁稳定，容易保存，是分析化学上常用的还原剂，可用于标定$KMnO_4$和$K_2Cr_2O_7$溶液。

还原性是Fe(Ⅱ)盐的主要性质之一，Fe(Ⅱ)盐的固体或溶液在空气中放置即可氧化。如绿矾在空气中会逐渐风化失去结晶水，同时晶体表面被氧化生成黄褐色碱式硫酸铁(Ⅲ)：

$$4FeSO_4 + O_2 + 2H_2O = 4Fe(OH)SO_4$$

因此，亚铁盐固体应密闭保存，溶液使用时要新鲜配制。配制Fe(Ⅱ)盐溶液时必须加适量的酸和少量的单质铁，以抑制Fe^{2+}的水解和防止Fe^{2+}氧化。

在溶液中，Fe^{2+}能够和OH^-、S^{2-}、CO_3^{2-}、$C_2O_4^{2-}$等许多弱酸根作用生成难溶性沉淀。

3. 铁(Ⅲ)盐 最重要的铁(Ⅲ)盐是三氯化铁。无水三氯化铁可由铁与干燥的氯气在高温下直接作用而制得：

$$2Fe + 3Cl_2 \xlongequal{\triangle} 2FeCl_3$$

三氯化铁属于共价型化合物，无水三氯化铁的熔点（555K）和沸点（588K）较低，易升华，易溶解在乙醇、乙醚、苯、丙酮等有机溶剂中，也易溶于水中，溶于水时发生强烈的水解。在673K以下，其蒸气中有双聚分子Fe_2Cl_6存在，其结构如图11－1所示。

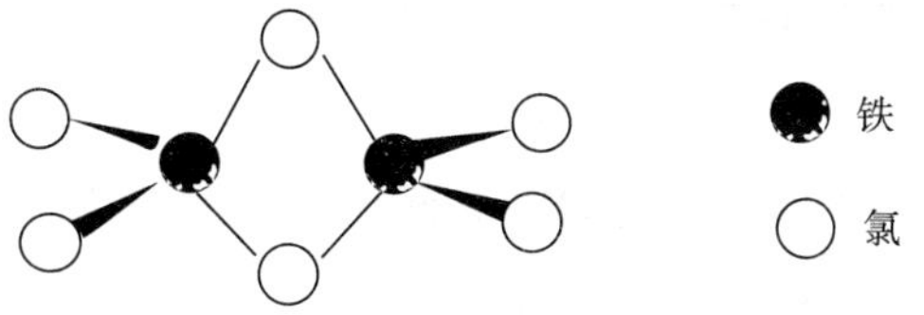

图11－1　Fe_2Cl_6的结构

在673～1023K之间，双聚分子部分解离，Fe_2Cl_6和$FeCl_3$共存。在1023K以上，完全以$FeCl_3$形式存在。

三氯化铁可以用作净水剂，在有机合成中用作催化剂。由于它能使蛋白质迅速凝聚，所以常用作外伤的止血剂。在印刷制版业，$FeCl_3$常用于腐蚀铜制印刷电路。反应如下：

$$2FeCl_3 + Cu = CuCl_2 + 2FeCl_2$$

Fe(Ⅲ)的最主要性质是氧化性和水解性。

在酸性溶液中，Fe^{3+}是较强的氧化剂，可以和I^-、H_2S、$SnCl_2$等许多还原性物质发生反应。例如：

$$2FeCl_3 + 2KI = 2FeCl_2 + I_2 + 2KCl$$

$$2FeCl_3 + H_2S = 2FeCl_2 + S + 2HCl$$

$$2FeCl_3 + SnCl_2 = 2FeCl_2 + SnCl_4$$

由于Fe^{3+}的半径小(60pm)，电荷高，电荷半径比(Z/r)大，极化作用强，在溶液中$c(Fe^{3+})=0.10mol/L$、$pH=1$时即发生显著水解。Fe^{3+}水解过程比较复杂，依次经历逐级水解、缩合、聚合过程，最终生成棕红色的水合三氧化铁($Fe_2O_3 \cdot nH_2O$)沉淀，习惯上写成$Fe(OH)_3$。

4. 铁配合物　铁是良好的配合物形成体，$Fe^{2+}(3d^6)$、$Fe^{3+}(3d^5)$均可与多种配体反应形成配合物，在许多领域有广泛的应用。

在Fe^{2+}、Fe^{3+}溶液中，加入过量KCN，分别生成$[Fe(CN)_6]^{4-}$和$[Fe(CN)_6]^{3-}$；利用该反应可以制备黄血盐$K_4[Fe(CN)_6] \cdot 3H_2O$和赤血盐$K_3[Fe(CN)_6]$。

黄血盐，$K_4[Fe(CN)_6] \cdot 3H_2O$，又名亚铁氰化钾，可溶于水，常温相当稳定，加热至373K时，开始失去结晶水变成白色粉末$K_4[Fe(CN)_6]$。在溶液中，$[Fe(CN)_6]^{4-}$能与Fe^{3+}、Cu^{2+}、Cd^{2+}、Mn^{2+}、Ni^{2+}、Zn^{2+}等离子生成特定颜色的沉淀，这些反应可用于鉴定某些金属离子。

$$K^+ + Fe^{3+} + [Fe(CN)_6]^{4-} = KFe[Fe(CN)_6]\downarrow \text{(普鲁士蓝)}$$

该反应是鉴定Fe^{3+}的特效反应。

$K_3[Fe(CN)_6]$，又名铁氰化钾，俗称赤血盐，外观为红色晶体，易溶于水，在碱性溶液中有一定的氧化性。例如：

$$4[Fe(CN)_6]^{3-} + 4OH^- = 4[Fe(CN)_6]^{4-} + O_2\uparrow + 2H_2O$$

在近中性溶液中，有较弱的水解性：

$$[Fe(CN)_6]^{3-} + 3H_2O = Fe(OH)_3 + 3HCN + 3CN^-$$

故赤血盐溶液最好临用前配制。在含有Fe^{2+}的溶液中加入赤血盐，能够生成藤氏蓝沉淀(Turnbull's blue)。该反应为鉴定Fe^{2+}的特效反应。

$$K^+ + Fe^{2+} + [Fe(CN)_6]^{3-} \xlongequal{} KFe[Fe(CN)_6] \downarrow$$ (滕氏蓝)

现代结构研究证明，普鲁士蓝和滕氏蓝具有相同的结构。

Fe^{3+}可与X^-、CN^-、SCN^-、$C_2O_4^{2-}$ 和 PO_4^{3-} 等许多配体形成稳定的八面体型配合物。其中Fe^{3+}与SCN^-作用，将生成血红色的$[Fe(SCN)_n]^{3-n}$（通常 $n=1 \sim 6$，n 值随SCN^-的浓度增加而增大），该反应为鉴定Fe^{3+}的特效反应：

$$Fe^{3+} + nSCN^- \xlongequal{} [Fe(SCN)_n]^{3-n}$$ (血红色)

Fe^{3+}与F^-作用时，生成无色的$[FeF_6]^{3-}$，定性分析中，常加入F^-以掩蔽样品中微量的Fe^{3+}的干扰。

$$6F^- + Fe^{3+} \xlongequal{} [FeF_6]^{3-}$$

二茂铁$[(C_5H_5)_2Fe]$是 1951 年由 Kealy 和 Paulson 首次合成。常温下为橙黄色粉末，有樟脑气味，不溶于水，易溶于乙醚、苯等有机溶剂。二茂铁常用作航天飞船的外层涂料、橡胶及硅树脂的熟化剂，也可作燃料的添加剂，以提高油料的燃烧效率和除烟。现代结构研究表明：它是由 1 个Fe^{2+}和 2 个环戊二烯基离子($C_5H_5^-$)形成的配合物。Fe^{2+}被夹在两个平行排列的$C_5H_5^-$环平面之间(如图 11－2 所示)。二茂铁新奇的夹心结构，使其呈现出高度的热稳定性和化学稳定性，具有比苯更突出的芳香性，不易发生还原反应，但却比苯更容易发生亲电取代反应。二茂铁的出现打破了传统无机和有机化合物的界限，丰富和发展了金属有机化学的研究领域，极大地推动了化学键理论和结构化学的发展。

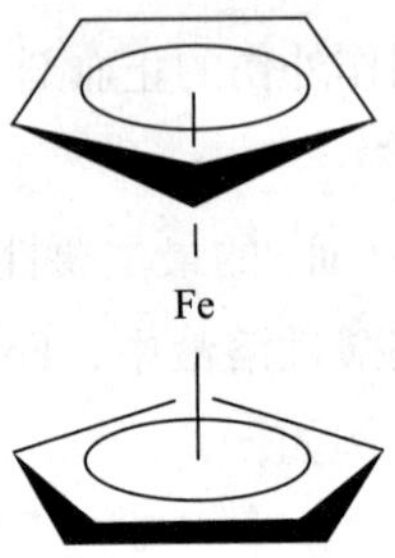

图 11－2 二茂铁的夹心结构

金属羰基配合物可用以制备高纯铁粉。在 373～473K 和 2×10^4kPa 的条件下，铁粉与一氧化碳作用可生成五羰基合铁$[Fe(CO)_5]$。常温下$[Fe(CO)_5]$为淡黄色的液体，在金属羰基配合物中，中心原子 Fe 与 CO 之间以 σ 键和反馈 π 键相结合，使配合物的稳定性增强。由于过渡金属的羰基合物的熔点、沸点都较低，利用其易挥发，受热易分解的特性，可制得纯度很高的金属单质。例如，在 473～523K，$Fe(CO)_5$分解可得到高纯铁粉：

$$Fe(\text{不纯}) + 5CO \xrightarrow[2.02 \times 10^4 KPa]{373-473K} Fe(CO)_5 \xrightarrow{473-523K} Fe(\text{纯}) + 5CO \uparrow$$

需要注意的是，金属羰基合物有毒，而且中毒后难以治疗，所以在制备羰基配合物时必须在密闭的环境中进行。

5. 铁的生物学效应及常用药物 铁是生命活动中最重要的微量元素，在人体的物质代谢、能量代谢中发挥着重要作用。铁参与血红蛋白、细胞色素及各种酶的合成，是形成铁蛋白(Tf)、转铁蛋白(FR)、含铁载氧体以及组成各种含铁酶的重要成分。铁主要分布于人体血液中，其他组织细胞也均有存在。人体缺铁会引起多种疾病，如缺铁性贫血、免疫功能低下和新陈代谢紊乱等。

目前临床应用较多的口服铁剂是乳酸亚铁(含铁 20%)，其他还有富马酸铁、葡萄糖酸亚铁、琥珀酸亚铁和力蜚能等。硫酸亚铁($FeSO_4 \cdot 7H_2O$)，俗称绿矾，中药上称皂矾，具有燥湿、化痰的功效，也可用于治疗缺铁性贫血。矿物药自然铜，又名接骨丹，主要成分为FeS_2，具有接骨续筋、散瘀止痛的功效。磁石主要化学成分为Fe_3O_4，能够平肝潜阳、纳气定喘、明目安神。中药代赭石、禹粮石的主要化学成分均为Fe_2O_3；代赭石可以平肝、镇逆，凉血止血；禹粮石可以涩肠止泻、收敛止血。

扫码“学一学”

第三节 ds 区元素

ds 区元素是指周期表中ⅠB 族和ⅡB 族的元素。ⅠB 族又称铜族，有铜、银、金 3 种元素；ⅡB 族又称锌族，有锌、镉、汞 3 种元素；ds 区元素的价层电子结构为 $(n-1)d^{10}ns^{1-2}$，特征是 $(n-1)$d 轨道全充满，ns 轨道上有 1 或 2 个电子。

铜族、锌族元素与碱金属（ⅠA 族，ns^1）和碱土金属（ⅡA 族，ns^2）相比，具有相同的最外层电子结构（ns^{1-2}），因而它们在氧化态和一些性质方面有不少相似之处。但因为它们次外层电子结构的不同，使它们的某些基本性质差异较大。铜族和锌族元素次外层为 18 电子构型，而碱金属和碱土金属为 8 电子构型（除锂外）。由于 18 电子构型对核的屏蔽作用比 8 电子构型小，使得铜族、锌族元素的有效电荷较大，对外层 s 电子的吸引力比碱金属和碱土金属要强得多，所以其电离能高、电子密度大，金属活泼性远低于碱金属和碱土金属，并且从上到下金属的活泼性顺序依次降低，这与碱金属和碱土金属正好相反。

铜族元素的 M^+ 离子和锌族元素的 M^{2+} 离子均具有 18 电子构型，有很强的极化力和变形性，因此它们较易形成共价化合物；此外，这些离子外层有较多能量接近的空轨道，形成配位化合物的能力也较强。

由于 ds 区元素较 d 区元素原子半径大，$(n-1)$d 轨道电子全充满，不易形成金属键，通常 ds 区元素比 d 区元素的熔、沸点低。锌族元素较铜族元素的熔、沸点更低，锌族元素均为低熔点金属，并按 Zn、Cd、Hg 的顺序下降。汞是金属中熔点最低的，也是室温下唯一的液态金属，有流动性。铜族元素的导电性和传热性是所有金属中最好的，其中银最好，其次是铜和金，铜族元素均属面心立方结构，有良好的延展性，其中以金最佳。

一、铜及其化合物

铜（Copper，Cu）位于第四周期ⅠB 族，价层电子构型为 $3d^{10}4s^1$，常见的氧化数为 +2 和 +1，最高氧化数为 +3。

铜是呈紫红色光泽的金属，具有良好的导电、导热和延展性，常用于制造各种导线、电气元件及合金。常见铜合金有青铜（Cu－Sn）、黄铜（Cu－Zn）、白铜（Cu－Zn－Ni）等。铜及铜合金广泛应用在计算机芯片、集成电路、晶体管、印刷电路版等器件器材中。

铜的元素电势图如下：

$$E_A^\ominus/V \quad Cu^{2+} \xrightarrow{0.159} Cu^+ \xrightarrow{+0.521} Cu$$

$$E_B^\ominus/V \quad Cu(OH)_2 \xrightarrow{-0.08} Cu_2O \xrightarrow{-0.358} Cu$$

铜不能从稀盐酸或稀硫酸中置换出氢气，但能溶解在浓盐酸、硝酸及热的浓硫酸中。

$$2Cu + 4HCl(浓) = 2H[CuCl_2] + H_2\uparrow$$

$$3Cu + 8HNO_3 = 3Cu(NO_3)_2 + 2NO\uparrow + 4H_2O$$

$$Cu + 2H_2SO_4(浓) \xlongequal{\triangle} CuSO_4 + SO_2\uparrow + 2H_2O$$

铜在含 CO_2 的潮湿空气中放置，表面会生成铜绿（碱式碳酸铜）：

$$2Cu + H_2O + O_2 + CO_2 = Cu(OH)_2 \cdot CuCO_3$$

铜在常温下可以与卤素直接化合生成卤化铜 CuX_2；加热时，能与硫直接化合生成 CuS。

铜的重要化合物有氧化物、氢氧化物、卤化亚铜(CuX)和硫酸铜等。

1．氧化物和氢氧化物 氧化亚铜(Cu_2O)为共价化合物，有毒，难溶于水，主要应用于玻璃、搪瓷工业做红色颜料。CuO 为难溶于水的黑色粉末，可用作有机反应催化剂、石油脱硫剂，玻璃、搪瓷、陶瓷工业的着色剂等。

Cu_2O 、CuO 均热稳定性好，CuO 在温度高于 1273K 时才可分解为 Cu_2O 和 O_2，Cu_2O 加热到 1508K 以上，熔融并分解生成单质 Cu 和 O_2：

$$4CuO \xlongequal{>1273K} 2Cu_2O + O_2\uparrow$$

$$2Cu_2O \xlongequal{} 4Cu + O_2\uparrow$$

CuO 为碱性氧化物，可溶于酸生成相应的盐；Cu_2O 为弱碱性氧化物，溶于稀酸后即发生歧化反应：

$$Cu_2O + H_2SO_4 \xlongequal{} CuSO_4 + Cu\downarrow + H_2O$$

Cu_2O 溶于氨水和氢卤酸等溶剂中，可形成无色的配合物。

$$Cu_2O + 4NH_3 + H_2O \xlongequal{} 2[Cu(NH_3)_2]OH$$

$$Cu_2O + 4HX \xlongequal{} 2H[CuX_2] + H_2O$$

$[Cu(NH_3)_2]^+$不稳定，空气中的氧气可以把它氧化成蓝色的$[Cu(NH_3)_4]^{2+}$，利用该反应可除去气体中的氧或一氧化碳：

$$4[Cu(NH_3)_2]^+ + 8NH_3 + 2H_2O + O_2 \xlongequal{} 4[Cu(NH_3)_4]^{2+} + 4OH^-$$

Cu^{2+}与碱作用生成的淡蓝色絮状沉淀就是 $Cu(OH)_2$。$Cu(OH)_2$ 微显两性，既能溶于酸又可溶于浓的强碱溶液中，与浓碱反应时生成蓝紫色的$[Cu(OH)_4]^{2-}$：

$$2Cu(OH)_2 + 2OH^- \xlongequal{} [Cu(OH)_4]^{2-}$$

$Cu(OH)_2$ 在溶液中加热至 353K 时，即可脱水生成氧化铜：

$$Cu(OH)_2 \xlongequal{\triangle} CuO + H_2O$$

2．卤化亚铜 卤化亚铜 CuX(X = Cl、Br、I)外观呈白色或淡黄色，均难溶于水，溶解度按CuCl→CuBr→CuI 的顺序依次减小。

CuX 都可用适当的还原剂在相应的卤素离子存在下还原 Cu(Ⅱ)得到，常用的还原剂 Zn、Al、Cu、$Na_2S_2O_4$(连二亚硫酸钠)、$SnCl_2$ 等。例如：

$$2CuCl_2 + SnCl_2 \xlongequal{} 2CuCl\downarrow + SnCl_4$$

CuX 与过量的 X^- 或拟卤素原子反应，生成配位数为 4 或 2 的配合物。由于$[Cu(CN)_4]^{3-}$非常稳定($K_s = 2\times10^{30}$)，Cu(Ⅱ)与 CN^- 反应时被还原为 Cu(Ⅰ)并生成 Cu(Ⅰ)的配离子：

$$2Cu^{2+} + 10CN^- \xlongequal{} 2[Cu(CN)_4]^{3-} + (CN)_2\uparrow$$

$$Cu^{2+} \xrightarrow{+1.574} [Cu(CN)_2]^- \xrightarrow{-0.894} Cu$$

CuCl 的盐酸溶液能吸收气体 CO，生成氯化羰基铜(Ⅰ)$[Cu(CO)Cl\cdot H_2O]$，若 CuCl 过量，该反应几乎可以定量完成，因而利用此反应可以测定气体混合物中 CO 的含量。

3．硫酸铜 硫酸铜 $CuSO_4\cdot5H_2O$，俗称蓝矾、胆矾，是最重要的二价铜盐。硫酸铜可通过铜或氧化铜溶解在热硫酸中制备，也可以在空气充足的条件下将铜溶解在热的稀硫酸中制备：

$$Cu + 2H_2SO_4(浓) \xlongequal{\triangle} CuSO_4 + SO_2\uparrow + 2H_2O$$

$$2Cu + 2H_2SO_4(稀) + O_2 \xlongequal{\triangle} 2CuSO_4 + 2H_2O$$

$CuSO_4 \cdot 5H_2O$ 在加热条件下可逐步失去结晶水，生成无水 $CuSO_4$ 白色粉末：。

$$CuSO_4 \cdot 5H_2O \xrightarrow{375K} CuSO_4 \cdot 3H_2O \xrightarrow{423K} CuSO_4 \cdot H_2O \xrightarrow{523K} CuSO_4$$

无水 $CuSO_4$ 加热至 923K 时，将发生分解反应：

$$CuSO_4 \xlongequal{923K} CuO + SO_3\uparrow$$

无水 $CuSO_4$ 不溶于乙醇、乙醚，具有很强的吸水性，吸水后变成蓝色。故可用无水 Cu-SO_4 检验无水乙醇、乙醚等有机溶剂中是否存在微量的水，无水 $CuSO_4$ 也可以用做干燥剂。

在酸性溶液中，Cu^{2+} 具有一定的氧化性。例如，Cu^{2+} 可以氧化 I^- 为 I_2，而本身被还原成 Cu^+，该反应可以定量的完成，在分析化学上常用来测定 Cu^{2+} 的含量。

$$2Cu^{2+} + 4I^- = 2CuI\downarrow + I_2$$

酒石酸钾钠的硫酸铜碱性溶液（称菲林试剂 Fehling reagent），可将葡萄糖的醛基（—CHO）氧化成羧基（—COOH），同时 Cu^{2+} 还原成红色的 Cu_2O，医学上常利用该反应来检验尿糖的含量：

$$2Cu^{2+} + 4OH^- + C_6H_{12}O_6 = Cu_2O\downarrow + 2H_2O + C_6H_{12}O_7$$

Cu^{2+} 与 S^{2-}、CO_3^{2-}、$C_2O_4^{2-}$、PO_4^{3-} 等反应时，均会生成难溶性化合物。

$$2Cu^{2+} + 2CO_3^{2-} + H_2O = Cu_2(OH)_2CO_3\downarrow + CO_2\uparrow$$

$$Cu^{2+} + S^{2} = CuS\downarrow$$

CuS 为黑色的沉淀，溶解度极小，只能溶解在热的 HNO_3 或浓氰化钠溶液中。

$$3CuS + 2NO_3^- + 8H^+ \xlongequal{\triangle} 3Cu^{2+} + 2NO\uparrow + 3S\downarrow + 4H_2O$$

$$2CuS + 10CN^- = 2[Cu(CN)_4]^{3-} + 2S^{2-} + (CN)_2\uparrow$$

Cu^{2+} 是良好的配合物形成体，能够与 H_2O、NH_3、X^-（卤素）、$S_2O_3^{2-}$、$P_2O_7^{4-}$ 以及许多有机配体形成配合物。结构研究证明 $CuSO_4 \cdot 5H_2O$ 可写为 $[Cu(H_2O)_4]SO_4 \cdot H_2O$，分子中 Cu^{2+} 与 4 个 H_2O 以配位键结合；Cu^{2+} 的溶液中加入过量氨水会生成深蓝色的溶液 $[Cu(NH_3)_4]^{2+}$，此反应可以用来鉴定溶液中 Cu^{2+} 的存在；Cu^{2+} 与乙二胺的配合物 $[Cu(en)_2]^{2+}$ 可以催化 H_2O_2 的分解反应。

$$Cu^{2+} + 2NH_3 \cdot H_2O = Cu(OH)_2\downarrow + 2NH_4^+$$

$$Cu(OH)_2 + 4NH_3 = [Cu(NH_3)_4]^{2+} + 2OH^-$$

4. Cu(Ⅱ)和 Cu(Ⅰ)的相互转化　Cu(Ⅱ)和 Cu(Ⅰ)的相对稳定性与反应条件有关。根据 Cu($3d^{10}4s^1$)的价层电子结构和电离能数据（I_1 = 745.3kJ/mol；I_2 = 1970kJ/mol）分析，Cu(Ⅰ)($3d^{10}$)应该比Cu(Ⅱ)($3d^9$)更稳定，事实上气态、固态或高温时 Cu(Ⅰ)化合物确实比 Cu(Ⅱ)稳定的多；如 1273K 时，CuO 受热分解生成 Cu_2O 和 O_2。但在水溶液中，由于 Cu^{2+} 电荷高、半径小、极化作用大，Cu^{2+} 的水合能（2121kJ/mol）比 Cu^+ 的水合能（582kJ/mol）大得多，因此在水溶液中，Cu^{2+} 比 Cu^+ 更稳定。

铜的元素电势图：　$Cu^{2+} \xrightarrow{+0.159} Cu^+ \xrightarrow{+0.521} Cu$

由图可见，Cu^+ 在酸性溶液中易发生歧化反应，生成 Cu^{2+} 和 Cu：

$$2Cu^+ = Cu^{2+} + Cu$$

该歧化反应的平衡常数相当大($K = 1.3 \times 10^6$，293K)，歧化反应进行的比较彻底，Cu^+几乎可以全部转化为Cu^{2+}和Cu。当溶液中有与Cu^+可形成难溶物或稳定配合物的阴离子如Cl^-、I^-等时，Cu(Ⅰ)才能存在，此时溶液中Cu^+的浓度很小，反应可以向生成Cu(Ⅰ)化合物的方向进行。

$$2Cu^{2+} + 4I^- \xlongequal{} 2CuI\downarrow + I_2$$

$$Cu^{2+} \xrightarrow{+0.862} CuI \xrightarrow{-0.182} Cu$$

5. 铜的生物学效应及常用药物 铜是人体必需的微量元素之一，主要是以血浆铜蓝蛋白的形式存在，也是细胞色素C氧化酶和超氧化物歧化酶(SOD)等生物大分子的组成元素。血浆铜蓝蛋白具有亚铁氧化酶的作用和抗氧化作用；另外，机体中的铜对造血系统和神经系统的发育，对骨骼和结缔组织的形成也具有重要影响。人体的铜以从食物中摄取为主，铜缺乏可引起免疫功能低下、机体应激能力降低、小细胞低色素性贫血、肝脾肿大、骨骼病变、白癜风等。铜具有一定的生物毒性，过量会中毒。急性铜中毒的临床表现主要为消化道症状，中毒严重者可因肾功能衰竭而死亡。

硫酸铜($CuSO_4 \cdot 5H_2O$)是中药胆矾的主要成分，具有催吐、祛腐、化痰、消积的作用，可外用治疗真菌感染引起的皮肤病，内服方面用作催吐药，眼科方面用于治疗沙眼引起的眼结膜滤泡；铜绿[$CuCO_3 \cdot Cu(OH)_2$]，具有退翳、祛腐、敛疮、杀虫的功效；扁青(主要成分也为碱式碳酸铜)是中成药化痰丸的主要成分，具有祛痰、催吐、化积、明目的功效。

二、银及其化合物

银位于周期表中第五周期ⅠB族，Ag的价层电子结构($4d^{10}5s^1$)，有+1、+2、+3氧化态的化合物，但Ag(Ⅰ)的化合物最稳定，种类也较多。

银是银白色金属，具有良好的导电、导热及延展性，常用于制造合金、银盐、货币和首饰、化学仪器等。银的化学活泼性不如铜，常温下，甚至加热也不能与水和空气中的氧气作用，但遇空气中有H_2S作用，会生成黑色的Ag_2S。银能溶于硝酸和热的浓硫酸中。

$$2Ag + 2H_2SO_4(\text{浓}) \xlongequal{\triangle} Ag_2SO_4 + SO_2\uparrow + 2H_2O$$

常温下，银与卤素的反应较慢；加热时，银能与卤素、硫直接化合生成AgX、Ag_2S。

1. 氧化物和氢氧化物 Ag_2O为暗棕色的粉末，微溶于水，溶液呈微碱性，易溶于氨水和硝酸中，Ag_2O不稳定，加热可分解为Ag和O_2。Ag_2O还具有一定的氧化性，可将CO氧化成CO_2。

在可溶性银盐溶液中加入强碱，先生成白色的AgOH沉淀，常温下AgOH极不稳定，很快脱水生成暗棕色的Ag_2O沉淀；Ag_2O氧化性较强，遇CO、H_2O_2被还原成单质Ag。

$$AgNO_3 + NaOH \rightleftharpoons AgOH + NaNO_3$$

$$2AgOH \rightleftharpoons Ag_2O + H_2O$$

$$Ag_2O + CO \rightleftharpoons 2Ag + CO_2$$

$$Ag_2O + H_2O_2 \rightleftharpoons 2Ag + O_2\uparrow + H_2O$$

2. 硝酸银 $AgNO_3$可通过银与硝酸反应制备。纯净的$AgNO_3$是无色晶体，易溶于水，可溶于乙醇，加热或见光易分解。因此$AgNO_3$固体或溶液都应保存在棕色玻璃瓶中。

$$2AgNO_3 \xrightarrow{h\nu\text{或}\triangle} 2Ag + 2NO_2\uparrow + O_2\uparrow$$

$$3Ag + 4HNO_3(稀) = 3AgNO_3 + NO\uparrow + 2H_2O$$

在酸性溶液中，Ag^+是一个中等强度的氧化剂，可与许多还原性物质反应，例如羟氨和亚磷酸都可以将Ag^+还原成Ag。

$$Cu + 2Ag^+ \rightleftharpoons Cu^{2+} + 2Ag\downarrow$$

$$2NH_2OH + 2AgBr = N_2\uparrow + 2Ag\downarrow + 2HBr + 2H_2O$$

$$H_3PO_3 + 2AgNO_3 + H_2O = H_3PO_4 + 2Ag\downarrow + 2HNO_3$$

$AgNO_3$可与许多有机物反应生成黑色的银，因此皮肤和衣物接触$AgNO_3$固体或溶液都会变黑。$AgNO_3$对有机组织有腐蚀和破坏作用，在医药上用作消毒剂和腐蚀剂。

Ag^+离子与Cl^-、Br^-、I^-、S^{2-}等离子反应分别生成AgCl(白)、AgBr(浅黄)到AgI(黄)、Ag_2S(黑)等难溶盐沉淀。各AgX沉淀从AgCl(白)、AgBr(浅黄)到AgI(黄)的溶解度依次降低，且颜色逐渐加深。事实上，AgX中只有AgF是无色、可溶的，原因是Ag^+与X的极化作用与变形性的影响引起从AgF到AgI，离子键渐变为共价键的缘故。Ag_2S黑色沉淀，溶解度极小，能溶解在热的HNO_3溶液或浓氰化钠溶液中：

$$3Ag_2S + 2NO_3^- + 8H^+ = 6Ag^+ + 2NO\uparrow + 3S\downarrow + 4H_2O$$

$$Ag_2S + 4CN^- = 2[Ag(CN)_2]^- + S^{2-}$$

$Ag^+(4d^{10})$通常以sp杂化与X^-(卤素，除F^-外)、$S_2O_3^{2-}$、NH_3、CN^-等形成配位数为2的直线型配离子，形成配离子的稳定性与配体的变形性有关。稳定性顺序如下：

$$[Ag(CN)_2]^- > [Ag(S_2O_3)_2]^{3-} > [Ag(NH_3)_2]^+ > [AgCl_2]^-$$

利用配离子的不同稳定性可以实现以下沉淀溶解的转化；

$$AgCl + 2NH_3 = [Ag(NH_3)_2]^+ + Cl^-$$

$[Ag(NH_3)_2]^+$离子广泛用于电镀工业、照相技术等。银镜反应就是利用$[Ag(NH_3)_2]^+$离子与被醛类或葡萄糖反应生成银来检验醛类化合物，或在玻璃上镀银。

$$HCHO + 2Ag(NH_3)_2OH \xrightleftharpoons[加热]{水浴} HCOONH_4 + 2Ag\downarrow + 3NH_3 + H_2O$$

三、锌及其化合物

锌(Zincum，Zn)位于周期表中第四周期IIB族，价层电子构型为$3d^{10}4s^2$，常见氧化数为+2。

锌是一种银白色金属，因3d电子不参与成键，故熔点、沸点较低。锌是较常见金属，仅次于铁、铝及铜。锌主要以硫化物或含氧化合物形式存在于自然界。例如ZnS(闪锌矿)、$ZnCO_3$(菱锌矿)、ZnS(红锌矿)等，并常与铅矿共生称为铅锌矿。

锌的元素电势图如下：

$$E_A^\ominus/V \quad Zn^{2+} \xrightarrow{-0.7628} Zn$$

$$E_B^\ominus/V \quad ZnO_2^{2+} \xrightarrow{-1.216} Zn$$

锌是活泼金属，可与盐酸、硫酸等酸反应生成氢气，锌在加热条件下可以和绝大多数的非金属发生化学反应。在1273K时，锌在空气中燃烧成氧化锌，与含CO_2的潮湿空气接触生成碱式碳酸盐沉淀。锌与卤素作用缓慢，锌粉与硫磺共热形成硫化锌：

$$2Zn + O_2 \xrightarrow{1273K} 2ZnO$$

$$4Zn + 3H_2O + 2O_2 + CO_2 = ZnCO_3 \cdot 3Zn(OH)_2$$

锌是典型的两性金属，不但能溶于酸，还能溶于强碱中形成锌酸盐，锌可以形成配离子溶于氨水。

$$Zn + 2H_2O + 2NaOH = Na_2[Zn(OH)_4] + H_2\uparrow$$

$$Zn + 2H_2O + 4NH_3 = [Zn(NH_3)_4](OH)_2 + H_2\uparrow$$

锌因具有优良的抗腐蚀性能和适度的机械加工性能而广泛用于制作电镀，喷镀等防腐镀层，各种合金以及干电池等。锌是生命必需元素之一，锌与蛋白质和核酸的合成有密切关系，它影响人体的免疫、认知、调节系统，参与遗传、影响生长发育。治疗糖尿病的胰岛素就是锌的配合物。

1．氧化锌和氢氧化锌 ZnO 为共价化合物，俗名锌白，常用做白色颜料，其优点是遇 H_2S 不会变黑（ZnS 为白色）。它可用于橡胶制品的增强剂，有机合成中的催化剂，在医药上用以制作药膏辅料、收敛剂等。

ZnO 可由金属锌在空气中燃烧制得，也可由相应的碳酸盐、硝酸盐加热分解得到。ZnO 为两性化合物，既能溶于酸形成锌(II)盐，又能溶于碱形成锌酸盐。

$$ZnO + 2HCl = ZnCl_2 + H_2O$$

$$ZnO + 2NaOH + 2H_2O = Na_2[Zn(OH)_4]$$

向含有 Zn^{2+} 的溶液中加入适量的碱，可生成 $Zn(OH)_2$ 沉淀（白色）。$Zn(OH)_2$ 显两性，既可以溶于酸生成相应的盐，也能溶于碱生成 $[Zn(OH)_4]^{2-}$：

$$Zn(OH)_2 + 2OH^- = [Zn(OH)_4]^{2-}$$

把 $Zn(OH)_2$ 溶于 NH_3-NH_4Cl 溶液中即生成 $[Zn(NH_3)_4]^{2+}$，可促进 $Zn(OH)_2$ 的溶解。

$$Zn(OH)_2 + 4NH_3 \longrightarrow [Zn(NH_3)_4]^{2+} + 2OH^-$$

$$ZnO + 2NaOH = Na_2ZnO_2 + H_2O$$

2．氯化锌 $ZnCl_2$，白色固体，熔点为365℃，是溶解度最大的固体盐（283K，333g/100g H_2O），在水溶液中有较弱的水解反应，$ZnCl_2$ 溶液因水解而显酸性：

$$ZnCl_2 + H_2O = Zn(OH)Cl + HCl$$

$ZnCl_2$ 具有一定的共价性，因此可溶于乙醇等有机溶剂中。可由金属锌和氯气直接合成。

$$ZnCl_2 + H_2O = Zn(OH)Cl + HCl$$

在 $ZnCl_2$ 的浓溶液中，可形成酸性很强的配合物[羟基二氯合锌(Ⅱ)酸]：

$$ZnCl_2 + H_2O = H[ZnCl_2(OH)]$$

$H[ZnCl_2(OH)]$ 具有显著的酸性，能溶解金属氧化物，故在金属焊接时，常用作焊药，用它清洗金属表面，可清除金属表面上的氧化物而不损害金属，且在热焊时，水分蒸发，熔化物覆盖金属，使之不再氧化。如氧化亚铁的清除：

$$FeO + 2H[ZnCl_2(OH)] = Fe[ZnCl_2(OH)]_2 + H_2O$$

无水 $ZnCl_2$ 吸水性很强，在有机合成中常用它作脱水剂。浸过 $ZnCl_2$ 溶液的木材不易腐烂。大量的 $ZnCl_2$ 还用于印染和染料的制备中。将氯化锌溶液蒸干，只能得到碱式氯化锌而得不到无水氯化锌，这是氯化锌水解的结果

$$ZnCl_2 + H_2O \longrightarrow Zn(OH)Cl + HCl\uparrow$$

在 Zn^{2+} 的溶液中通入 H_2S 或加入 $(NH_4)_2S$ 试剂，均会生成白色的 ZnS 沉淀，该沉淀可溶于稀盐酸，不溶于醋酸或 NaOH 溶液。利用此现象可以鉴定溶液中是否存在 Zn^{2+}。

$$Zn^{2+} + S^{2-} = ZnS \downarrow$$

$$ZnS + HCl = ZnCl_2 + H_2S \uparrow$$

ZnS 可用作白色颜料，它同 $BaSO_4$ 共沉淀所形成的混合物称为锌钡白，是一种优良的白色颜料。在 H_2S 气氛中灼烧无定形的 ZnS 能转化成晶体 ZnS，晶体 ZnS 中若掺杂少量的铜和银，在紫外光或可见光照射后，在黑暗处可以发出不同颜色的荧光，掺杂银的为蓝色，铜为黄绿色等，因此 ZnS 可作为荧光粉用于涂布荧光屏幕。

Zn^{2+} 能与 X^-、SCN^-、CN^- 及许多有机配体形成配位数为 4 的无色配合物。利用黄血盐与锌离子作用生成配合物亚铁氰化锌可以定性鉴定溶液中 Zn^{2+}。例如，在溶液中加入亚铁氰化钾，有白色沉淀（亚铁氰化锌）生成，再加入过量的 NaOH 溶液，白色沉淀溶解，则说明 Zn^{2+} 的存在。

$$2Zn^{2+} + [Fe(CN)_6]^{4-} = Zn_2[Fe(CN)_6] \downarrow$$

$$Zn_2[Fe(CN)_6] + 8OH^- = 2[Zn(OH)_4]^{2-} + [Fe(CN)_6]^{4-}$$

3. 锌的生物学效应及常用药物 锌在人体内含量仅次于铁，主要分布在肌细胞和骨骼中。锌主要与生物大分子如核酸、蛋白质形成金属蛋白、金属核酸等配合物，这些配合物以酶的形式参与机体许多生理生化反应。近年研究表明，锌蛋白直接参与 DNA 的转录与复制，对机体的生长、发育有控制作用；目前，已发现 80 多种酶的生物活性与锌有关，例如，碳酸酐酶、羧肽酶、碱性磷酸酶等，它们在机体的新陈代谢中都发挥着极其重要的生理功能。成人缺锌时，可造成人体的免疫功能低下，易感染病毒和细菌，消化系统和心血管系统病变等。儿童缺锌可造成生长发育不良（如侏儒症）、智力低下、可引起严重的贫血、嗜睡及眼科疾患等。硫酸锌可作为补锌剂来治疗缺锌引起的食欲缺乏，贫血、生长发育迟缓及营养性侏儒等疾病。葡萄糖酸锌、甘草酸锌、乳清酸－精氨酸锌等是近年来常用的补锌剂。氧化锌是中药锻炉甘石的主要成分，俗称锌白粉，具有生肌收敛、促进创面愈合的功能，也可配成复方散剂、混悬剂、软膏剂和糊剂，来治疗皮炎和湿疹等。治疗糖尿病的胰岛素是锌的配合物。$ZnSO_4$ 是一种植物生长微量元素肥料等。

四、汞及其化合物

汞位于周期表中第六周期ⅡB 族，汞的价层电子构型为 $5d^{10}6s^2$，常见氧化态有 +2 和 +1。

汞是室温下唯一的液态金属，具有高密度性、导电性和流动性；汞在室温下蒸汽压很低，而且 273～573K 之间体积膨胀系数很均匀，同时也不润湿玻璃，常用来制作温度计、气压计、液封和大电流断路继电器等。

汞的元素电势图：

$$E_A^{\ominus}/V \quad Hg^{2+} \xrightarrow{+0.905} Hg_2^{2+} \xrightarrow{+0.7986} Hg$$

$$HgCl_2 \xrightarrow{+0.63} HgCl_2 \xrightarrow{+0.268} Hg$$

单质汞 $6s^2$ 电子有显著的惰性电子对效应，电子不易参加成键，以致金属键的作用力很弱，金属的内聚力比较小，因而常温下 Hg 为液态，并且化学性质稳定。汞可溶于稀 HNO_3

生成 $Hg_2(NO_3)_2$；或与浓 HNO_3 反应生成 $Hg(NO_3)_2$；在热浓硫酸中溶解生成 $HgSO_4$。

$$Hg + 2H_2SO_4(浓) = HgSO_4 + SO_2\uparrow + 2H_2O$$

$$3Hg + 8HNO_3(浓) = 3Hg(NO_3)_2 + 2NO\uparrow + 4H_2O$$

汞在加热至沸的条件下与氧作用生成氧化汞；汞与硫粉一起研磨时，易形成硫化汞。

汞的蒸气压低而且有毒，若不慎洒落在实验桌或地面上，务必尽量收集起来，并在洒落的地方撒上硫粉，使之转化为 HgS。许多金属能够溶解于汞形成汞齐，如钠溶解于汞形成的钠汞齐是有机合成中常用的还原剂；利用金和银能溶解于汞的性质可以在冶金中用汞齐法提取这些贵金属。

在酸性溶液中，Hg_2^{2+} 以双原子离子 $[Hg:Hg]^{2+}$ 形式稳定存在，两个 Hg(Ⅰ)共用 1 对 6s 电子，均达到稳定电子构型。Hg_2^{2+} 与 Cu^+ 不同，在溶液中不易发生歧化反应。相反，在溶液中 Hg^{2+} 和 Hg 可以逆歧化生成 Hg_2^{2+}，反应进行的相当完全。

$$Hg^{2+} + Hg \rightleftharpoons Hg_2^{2+}\ (K = 69.4)$$

当溶液中 Hg^{2+} 生成难溶性沉淀或生成稳定的配合物时，由于 Hg^{2+} 的浓度降低，平衡将向生成 Hg^{2+} 和 Hg 的方向移动。

汞的重要化合物有氧化汞、氯化汞和氯化亚汞、硫化汞等。

1．氧化汞 氧化汞有红色和黄色两种变体，都有毒，难溶于水。二者晶体结构相同，但晶粒大小不同，颜色不同，较大晶粒 HgO 呈红色，较小晶粒 HgO 呈黄色。

黄色的 HgO 可用汞盐与碱反应得到，红色的 HgO 可由 $Hg(NO_3)_2$ 热分解，或 Na_2CO_3 与 $Hg(NO_3)_2$ 反应，或在 620K 左右于氧气中加热汞制得。黄色 HgO 在低于 573K 时加热可转变成红色的 HgO。

氧化汞在加热条件下可分解成汞和氧气。

$$2HgO \xrightleftharpoons{720K} 2Hg + O_2$$

2．氯化汞和氯化亚汞 $HgCl_2$ 是有剧毒的白色固体，俗称升汞、白降丹。Hg^{2+} 是 18 电子构型，极化能力强，变形性大，因此 $HgCl_2$ 是直线形的共价分子，在水中溶解度差、难电离，熔点低(549K)、易升华，易溶于有机溶剂。稀溶液具有杀菌作用，外科可用作消毒剂。Hg_2Cl_2 白色粉末，难溶于水，见光易分解；因味略甘，俗称甘汞，是中药轻粉的主要成分。外用可治疗慢性溃疡和皮肤病，也常用于制作甘汞电极。

$HgCl_2$ 可通过 HgO 溶于盐酸，或 $HgSO_4$ 和 NaCl 的混合共热制得。

$$HgSO_4 + 2NaCl \xlongequal{\triangle} HgCl_2 + Na_2SO_4$$

Hg_2Cl_2 可通过汞和氯化汞在一起研磨得到，或用 SO_2 作为还原剂与 $HgCl_2$ 反应制备：

$$HgCl_2 + Hg = Hg_2Cl_2$$

$$2HgCl_2 + SO_2 + 2H_2O = Hg_2Cl_2\downarrow + H_2SO_4 + 2HCl$$

$$Hg_2Cl_2 \xlongequal{光} HgCl_2 + Hg$$

$HgCl_2$ 在水中有弱水解，Hg_2Cl_2 见光易分解；

$$HgCl_2 + H_2O = Hg(OH)Cl\downarrow(白色) + HCl$$

$HgCl_2$ 溶液中加入稀氨水会生成白色的 $Hg(NH_2)Cl$ 沉淀。Hg_2Cl_2 溶液与氨水反应会生成白色的 $Hg(NH_2)Cl$ 和黑色 Hg 的混合沉淀。

$$HgCl_2 + 2NH_3 = Hg(NH_2)Cl\downarrow(白色) + NH_4Cl$$

$$Hg_2Cl_2 + 2NH_3 = Hg(NH_2)Cl\downarrow(白色) + Hg\downarrow + NH_4Cl$$

$HgCl_2$ 在酸性溶液中是较强的氧化剂，加入少量 $SnCl_2$ 会生成白色 Hg_2Cl_2 沉淀，若加入过量 $SnCl_2$，则继续与 Hg_2Cl_2 反应生成灰黑色的 Hg 沉淀。该反应可用于定性鉴定 Hg^{2+}、Hg_2^{2+} 和 Sn^{2+}。

$$2HgCl_2 + SnCl_2(少量) = Hg_2Cl_2\downarrow(白色) + SnCl_4$$

$$Hg_2Cl_2 + SnCl_2 = 2Hg\downarrow(灰黑) + SnCl_4$$

Hg^{2+} 和 Hg_2^{2+} 都可与碱反应，Hg^{2+} 与碱反应生成黄色 HgO 沉淀；Hg_2^{2+} 与碱反应则歧化为 HgO 和 Hg：

$$Hg^{2+} + 2OH^- = HgO\downarrow(黄) + H_2O$$

$$Hg_2^{2+} + 2OH^- = HgO\downarrow(黄) + H_2O + Hg(灰黑)$$

Hg^{2+} 易形成配合物，但 Hg_2^{2+} 形成配合物的倾向较小。Hg^{2+} 可与 Cl^-、I^-、NH_3、CN^-、SCN^- 等形成很稳定的配合物。如 Hg^{2+} 与适量 I^- 反应生成 HgI_2 沉淀(橙红色)，当 I^- 过量时可生成无色 $[HgI_4]^{2-}$；而 Hg_2^{2+} 与适量的 I^- 反应生成黄绿色的 Hg_2I_2 沉淀，当 I^- 过量时则会发生歧化反应：

$$Hg^{2+} + 2I^- = HgI_2\downarrow(橙红)$$

$$HgI_2 + 2I^- = [HgI_4]^{2-}(无色)$$

$$Hg_2^{2+} + 2I^- = Hg_2I_2\downarrow(黄绿)$$

$$Hg_2I_2 + 2I^- = [HgI_4]^{2-} + Hg\downarrow(灰黑)$$

$K_2[HgI_4]$ 和 KOH 的混合溶液称奈氏勒试剂，遇 NH_4^+ 可生成红棕色沉淀，常用于鉴定微量 NH_4^+ 的存在。

Hg^{2+} 和 Hg_2^{2+} 都可与 H_2S 反应得到黑色的 HgS 沉淀；Hg^{2+} 与 H_2S 反应生成 HgS 沉淀，Hg_2^{2+} 与 H_2S 作用则生成 HgS 和 Hg。HgS 是金属硫化物中溶解度最小的，它不溶于浓硝酸，只能溶于王水或浓 Na_2S 溶液。

$$3HgS + 12HCl + 2HNO_3 = 3H_2[HgCl_4] + 3S\downarrow + 2NO\uparrow + 4H_2O$$

$$HgS + Na_2S = Na_2[HgS_2]$$

天然硫化汞矿物呈朱红色，也称朱砂、辰砂或丹砂，具有镇静安神和解毒的功效。硫化汞也可由汞和硫加热升华来制备。

$$Hg + S \xlongequal{\triangle} HgS$$

3. 汞的生物毒性及常用药物　汞是明确的有害元素。汞中毒的主要途径有消化道误食、呼吸道呼入或皮肤直接吸收汞蒸气。汞中毒主要积累在人的大脑、肾和肝脏组织中。慢性汞中毒症状主要以消化系统和神经系统为主；急性汞中毒的症状主要为严重口腔炎、恶心呕吐、腹痛腹泻、尿量减少或尿闭，严重者会导致很快死亡。有机汞易被动植物吸收而富集在食物链中，严重危害人类健康。因此，含汞的废液的处理应引起各级政府及医药工作者的高度重视。

氯化汞是中药白降丹的主要成分，又叫升汞，能够拔毒、祛腐、祛脓、生肌。氯化亚汞是中药轻粉的主要成分，又名甘汞，不溶于水，在光照下可分解为汞和氯化汞。内服可用作缓泻剂，外用可杀虫。氯化氨基汞俗称白降汞，外用可治疗皮肤感染，如 2.5% ~5% 的白降汞软膏用于治疗皮肤真菌感染和脓皮病。硫化汞是朱砂的主要成分，具有镇静安神和解毒的作用，常用于一些复方制剂中，可内服也可外用。黄色的氧化汞也叫黄降汞，杀菌功能较强，1%的黄降汞眼膏可用于治疗眼部炎症。

知识拓展

元素的发现

元素的发现史是曲折漫长的。1869年，俄国化学家门捷列夫在总结前人工作的基础上发表了第一张化学元素周期表，列出了63个元素；使化学从对个别元素的零散事实作无规则的罗列中摆脱出来进入了系统化的研究阶段。他意识到还有很多元素等待发现，因为周期表上还有许多“座位”空着。他特意预言了三个元素，并详细地列出了它们的理化性质。随后的20年间，这3个元素陆续被找到，它们的性质验证了门捷列夫的预言。随着光谱分析技术的出现，掀起了一股寻找新元素的热潮，像雨后春笋一样，新元素接二连三被发现。同时，物理学家们也从实验室连续制造出了许多新元素。1937年制得了第43号元素锝，1939年制得了87号元素钫，1940年又制得了85号元素砹。

近代以来发现的多为人工放射性元素，1974年苏联科学家弗廖罗夫等用加速的铬离子轰击铅靶得到106号元素^{259}Sg，该元素以美国化学家格伦·西博格(Seaborgium)的名字命名。西博格教授曾发现了许多超铀元素，在已发现的20种超铀元素中，西博格领导或参与发现了其中10种元素(94~102号和106号)；1940年，西博格等用氘核轰击铀而首先获得钚的同位素^{238}Pu，他因发现钚而荣获1952年诺贝尔化学奖。1945年8月9日投于日本长歧的原子弹，就是装有60kg^{239}Pu核燃料的钚弹，几乎毁掉了整个长歧市。

澳大利亚科学家利兹－威廉斯说：“每发现一个新元素，我们都能进一步加深对构成可见宇宙的物质的认识。每一个新元素都能为我们提供新线索，帮助我们了解原子世界的机制。”

重点小结

元素	重要化合物		重要性质
铬	Cr(Ⅲ)	①氧化物和氢氧化物	①两性*
		②铬(Ⅲ)盐：$Cr_2(SO_4)_3$、$CrCl_3$、$KCr(SO_4)_2$	①水解性*；②还原性*；③配合性
	Cr(Ⅵ)	三氧化铬	①热稳定性较差；②强氧化性；③易潮解
		铬酸盐：K_2CrO_4、Na_2CrO_4	沉淀反应
		重铬酸盐：$K_2Cr_2O_7$、$Na_2Cr_2O_7$	①氧化性*；②沉淀反应
锰	Mn(Ⅱ)	$MnCl_2$；$MnSO_4$；$Mn(NO_3)_2$	①还原性；②沉淀反应；③配合性
	Mn(Ⅳ)	MnO_2	①氧化性；②还原性；③配合性
	Mn(Ⅵ)	K_2MnO_4	歧化反应
	Mn(Ⅶ)	$KMnO_4$	①稳定性；②强氧化性(酸、碱、中性条件)*
铁	Fe(Ⅱ)	$FeSO_4 \cdot 7H_2O$	①还原性；②沉淀反应；③配合性
	Fe(Ⅲ)	Fe_2O_3；$Fe(OH)_3$	①碱性；②氧化性
		$FeCl_3$	①氧化性；②水解性；③配合性*

续表

元素	重要化合物		重要性质
铜	Cu(Ⅰ)	Cu_2O；CuX	①歧化反应；②配合性
	Cu(Ⅱ)	$CuSO_4 \cdot 5H_2O$	①氧化性；②沉淀反应；③配合性
银	Ag(Ⅰ)	$AgNO_3$	①氧化性；②沉淀反应；③配合性
锌	Zn(Ⅱ)	ZnO；$Zn(OH)_2$	两性
		$ZnCl_2$；ZnS	①沉淀反应*；②配合性
汞	Hg(Ⅰ)	Hg_2Cl_2；$Hg_2(NO_3)_2$	①还原性*；②水解性
	Hg(Ⅱ)	$HgCl_2$；$Hg(NO_3)_2$	①氧化性；②水解性；③配合性

习　题

1. 写出下列物质的化学式。

(1)辰砂；(2)轻粉；(3)代赭石；(4)白降丹；(5)接骨丹；(6)锌白；(7)炉甘石；(8)锰晶石；(9)灰锰氧；(10)摩尔盐；(11)黄血盐；(12)赤血盐；(13)绿矾；(14)胆矾；(15)铬酐；(16)铜锈

2. 向 $K_2Cr_2O_7$ 溶液中加入下列试剂，各会发生什么现象？写出相应的化学反应式。

(1) $NaNO_2$ 或 $FeSO_4$　　(2) H_2O_2 与乙醚　　(3) NaOH

(4) $BaCl_2$、$Pb(NO)_3$ 或 $AgNO_3$　　(5)浓 HCl　　(6) H_2S

3. 向含有 Ag^+ 的溶液中先加入少量的 $Cr_2O_7^{2-}$，再加入适量的 Cl^-，最后加入足量的 $S_2O_3^{2-}$，试写出有关的离子方程式，并描述每一步发生的实验现象。

4. 解释下列现象，写出有关的化学反应式。

(1)新沉淀的 $Mn(OH)_2$ 是白色的，但在空气中慢慢变成棕黑色；

(2)制备 $Fe(OH)_2$ 时，如果试剂不除去氧，则得到的产物不是白色的；

(3)在 Fe^{3+} 的溶液中加入 KSCN 时出现血红色，若加入少许 NH_4F 固体则血红色消失；

(4)铜在含 CO_2 的潮湿空气中，表面会逐渐生成绿色的铜锈；

(5)为什么要用棕色瓶储存 $AgNO_3$(固体或溶液)；

(6) HNO_3 与过量汞反应的产物是 $Hg_2(NO_3)_2$。

5. 解释下列现象，写出有关的化学反应式。

(1)利用酸性条件下 $K_2Cr_2O_7$ 的强氧化性，使乙醇氧化，反应颜色由橙红变为绿色，据此来监测司机酒后驾车的情况；

(2)为什么 $KMnO_4$ 在酸性溶液中氧化性增强；

(3) $CuSO_4$ 溶液中加入氨水时，颜色由浅蓝色变成深蓝色，当用大量水稀释时，则析出蓝色絮状沉淀。

(4) $ZnCl_2$ 溶液中加入适量 NaOH 溶液，再加入过量的 NaOH 溶液。

(5) $HgCl_2$ 溶液中加入适量的 $SnCl_2$ 溶液，再加入过量 $SnCl_2$ 溶液。

6. 判断题

(1) d 区元素的价电子层结构都符合 $(n-1)d^{1\sim9}ns^{1\sim2}$。(　　)

(2)锌与铝都是两性金属，但只有铝可以与氨水形成配合离子而溶于氨水。(　　)

(3)在碱性溶液中，铬酸盐或重铬酸盐溶液主要以 CrO_4^{2-}(黄色)的形式存在。(　　)

(4) Cu^{2+} 在水中可以稳定存在。(　　)

(5) $FeCl_3$ 为共价化合物，$CuCl_2$ 为离子化合物。(　　)

(6) 只有铋酸钠($NaBiO_3$)、过二硫酸铵[$(NH_4)_2S_2O_8$]和 PbO_2 等少数的强氧化剂才能将 Mn^{2+} 氧化成 MnO_4^-。(　　)

7. AgCl 和 Hg_2Cl_2 都是难溶于水的白色沉淀，试用一种化学试剂将其区分开，并写出有关的化学反应方程式。

8. 在盐酸介质中，用锌还原 $Cr_2O_7^{2-}$ 时，溶液颜色由橙色经绿色而成蓝色，放置时又变绿色，出各物种的颜色和相应的方程式。

9. 在氯化铁溶液中加入碳酸钠溶液，为什么得到的沉淀是氢氧化铁而不是碳酸铁？写出相关反应方程式。

10. 在 $MnCl_2$ 溶液中加入适量的硝酸，再加入铋酸钠($NaBiO_3$)固体，溶液中出现紫红色现象，后又消失。试分析其原因，并写出有关的反应方程式。

11. 完成并配平下列反应方程式。

(1) $NaCrO_2 + H_2O_2 + H_2O \longrightarrow$

(2) $K_2Cr_2O_7 + HCl$(浓)$\longrightarrow$

(3) $Mn^{2+} + NaBiO_3 + H^+ \longrightarrow$

(4) $MnO_4^- + H_2O_2 + H^+ \longrightarrow$

(5) $FeSO_4 + O_2 + H_2O \longrightarrow$

(6) $CuS + NO_3^- + H^+ \longrightarrow$

(7) $Hg_2Cl_2 + NH_3 \longrightarrow$

(8) $HgCl_2 + SnCl_2$(少量)$\longrightarrow$

12. 在一定量的铜粉中加入适量的 Fe^{3+} 酸性溶液后再加入适量的铁粉得到离子 A，接着向 A 中加入 NaOH 溶液，先生成白色胶状沉淀 B，后沉淀变为暗绿色，又渐变为红棕色沉淀 C，加盐酸溶解沉淀得到黄色溶液 D，加入少量 KSCN 溶液后即生成血红色物质 E。请指出 A、B、C、D、E 各为何物？写出每步的反应方程式。

13. d 区元素的价电子层结构有何特点？

14. d 区元素通常具有多种氧化值的原因是什么？

15. 试从价电子构型上分析 ds 区元素与 s 区元素(除 H 外)在化学性质上的差异性。

16. 为什么同周期过渡元素性质相似？

17. d 区元素的原子和离子为什么都易于形成配合物？

18. 什么叫镧系收缩，产生的原因是什么？

19. 总结过渡元素单质的金属活泼性变化规律。

20. 为什么 d 区过渡金属的化合物、水合离子和配离子通常都有颜色？

21. 举例说明为什么 $KMnO_4$ 的氧化能力比 $K_2Cr_2O_7$ 强？

22. 试从铬的价电子构型分析，为什么铬的硬度和熔沸点均较高？

23. 请总结锰各种氧化态相互转化的条件并写出反应方程式。

扫码“练一练”

(卞金辉　杨茂忠)

附　录

一、国际单位制的基本单位(SI)

量的名称	单位名称	单位符号		定义
		中文	国际	
长度	米 meter	米	m	米：光在真空中$\frac{1}{299792458}$秒的时间间隔内所进行的路程的长度
质量	千克 kilogram	千克	kg	千克：是质量单位，等于国际千克原器的质量
时间	秒 second	秒	s	秒：是铯－133原子基态的两个超精细能级之间跃迁所对应的辐射的9192631770个周期的持续时间
电流	安[培] ampere	安	A	安培：是一恒定电流，当此电流通过真空中相距1米的两无限长而圆截面可忽略的平行直导线时，则此两导线之间在每米长度上产生的力等于2×10^{-7}牛顿
热力学温度	开[尔文] kelvin	开	K	热力学温度：是水三相点热力学温度的$\frac{1}{273.16}$
物质的量	摩[尔] mole	摩	mol	摩尔：是系统的物质的量，该系统中所包含的基本单元数与0.012千克^{12}C的原子数目相等
发光强度	砍[德拉] candela	坎	cd	坎：是一光源发出的频率为540×10^{12} Hz的单色辐射，且在给定方向上的辐射强度为$\frac{1}{683}$ W·Sr^{-1}（瓦特每球面度）

二、常用无机酸、碱的解离常数(298K)

弱酸或弱碱	分子式	分步	$K_a^\ominus$（或$K_b^\ominus$）	p$K_a^\ominus$（或p$K_b^\ominus$）
砷酸	H_3AsO_4	1	5.50×10^{-3}	2.26
		2	1.74×10^{-7}	6.76
		3	5.13×10^{-12}	11.29
亚砷酸	H_3AsO_3	1	5.13×10^{-10}	9.29
硼酸	H_3BO_3	1	5.37×10^{-10}	9.27
碳酸	H_2CO_3	1	4.47×10^{-7}	6.35
		2	4.68×10^{-11}	10.33
氢氰酸	HCN		6.17×10^{-10}	9.21
铬酸	H_2CrO_4	1	1.82×10^{-1}	0.74
		2	3.24×10^{-7}	6.49

续表

弱酸或弱碱	分子式	分步	$K_a^\ominus$（或 $K_b^\ominus$）	$pK_a^\ominus$（或 $pK_b^\ominus$）
氢氟酸	HF		6.31×10^{-4}	3.20
亚硝酸	HNO_2		5.62×10^{-4}	3.25
过氧化氢	H_2O_2	1	2.40×10^{-12}	11.62
磷酸	H_3PO_4	1	6.92×10^{-3}	2.16
		2	6.17×10^{-8}	7.21
		3	4.79×10^{-13}	12.32
亚磷酸	H_3PO_3	1	5.01×10^{-2}	1.30
		2	2.00×10^{-7}	6.70
氢硫酸	H_2S	1	8.91×10^{-8}	7.05
		2	1.00×10^{-19}	19.00
硫酸	H_2SO_4	2	1.02×10^{-2}	1.99
亚硫酸	H_2SO_3	1	1.41×10^{-2}	1.85
		2	6.31×10^{-8}	7.20
硫氰酸	HSCN		0.141	0.85
偏硅酸	H_2SiO_3	1	1.70×10^{-10}	9.77
		2	1.60×10^{-12}	11.80
次氯酸	HClO		3.98×10^{-8}	7.40
次溴酸	HBrO		2.82×10^{-9}	8.55
次碘酸	HIO		3.16×10^{-11}	10.50
硫代硫酸	$H_2S_2O_3$	1	2.52×10^{-1}	0.60
		2	1.90×10^{-2}	1.72
甲酸(蚁酸)	HCOOH		1.78×10^{-4}	3.75
醋酸	HAc		1.75×10^{-5}	4.756
草酸	$H_2C_2O_4$	1	5.62×10^{-2}	1.25
		2	1.55×10^{-4}	3.81
氨水	$NH_3\cdot H_2O$		1.74×10^{-5}	4.76
羟胺	$NH_2OH\cdot H_2O$		9.12×10^{-9}	8.04
氢氧化钙	$Ca(OH)_2$	1	3.72×10^{-3}	2.43
		2	3.98×10^{-2}	1.40
氢氧化银	AgOH		1.10×10^{-4}	3.96
氢氧化锌	$Zn(OH)_2$		9.55×10^{-4}	3.02

录自：W. M. Haynes CRC Handbook of Chemistry and Physics，94th ed.，2013—2014

三、难溶化合物的溶度积(291 ~298K)

难溶化合物	$K_{sp}^\ominus$	难溶化合物	$K_{sp}^\ominus$	难溶化合物	$K_{sp}^\ominus$
卤化物		As_2S_3	2.1×10^{-22}	AgCN	5.97×10^{-17}
AgCl	1.77×10^{-10}	Ag_2S	6.3×10^{-50}	CuCN	3.47×10^{-20}

续表

难溶化合物	$K_{sp}^{\ominus}$	难溶化合物	$K_{sp}^{\ominus}$	难溶化合物	$K_{sp}^{\ominus}$
AgBr	5.35×10^{-13}	Bi_2S_3	1.0×10^{-97}	CuSCN	1.77×10^{-13}
AgI	8.52×10^{-17}	CuS	6.3×10^{-36}	$Hg_2(CN)_2$	5×10^{-40}
BiI_3	7.71×10^{-19}	Cu_2S	2.5×10^{-48}	$Hg_2(SCN)_2$	3.2×10^{-20}
BaF_2	1.84×10^{-7}	CdS	8.0×10^{-27}	硫酸盐	
CuBr	6.27×10^{-9}	α-CoS	4.0×10^{-21}	Ag_2SO_4	1.20×10^{-5}
CaF_2	3.45×10^{-11}	β-CoS	2.0×10^{-25}	$BaSO_4$	1.08×10^{-10}
CuI	1.27×10^{-12}	FeS	6.3×10^{-18}	$CaSO_4$	4.93×10^{-5}
CuCl	1.72×10^{-7}	Hg_2S	1.0×10^{-47}	Hg_2SO_4	6.5×10^{-7}
Hg_2Cl_2	1.43×10^{-18}	HgS 红色	4×10^{-53}	$PbSO_4$	2.53×10^{-8}
Hg_2I_2	5.2×10^{-29}	HgS 黑色	1.6×10^{-52}	$SrSO_4$	3.44×10^{-7}
MgF_2	5.16×10^{-11}	MnS 晶形	2.5×10^{-13}	草酸盐	
$PbBr_2$	6.60×10^{-6}	MnS 无定形	2.5×10^{-10}	$Ag_2C_2O_4$	5.40×10^{-12}
PbI_2	9.8×10^{-9}	α－NiS	3.2×10^{-19}	$BaC_2O_4\cdot H_2O$	2.3×10^{-8}
PbF_2	3.3×10^{-8}	β－NiS	1.0×10^{-24}	BaC_2O_4	1.6×10^{-7}
$PbCl_2$	1.70×10^{-5}	γ－NiS	2.0×10^{-26}	$CaC_2O_4\cdot H_2O$	2.32×10^{-9}
SrF_2	4.33×10^{-9}	PbS	8.0×10^{-28}	$CdC_2O_4\cdot 3H_2O$	1.42×10^{-8}
MgF_2	5.16×10^{-11}	α-ZnS	1.6×10^{-24}	$MgC_2O_4\cdot 2H_2O$	4.83×10^{-6}
PbI_2	9.8×10^{-9}	β-ZnS	2.5×10^{-22}	$MnC_2O_4\cdot 2H_2O$	1.70×10^{-7}
氢氧化物		Sb_2S_3	1.5×10^{-93}	$ZnC_2O_4\cdot 2H_2O$	1.38×10^{-9}
AgOH	2.0×10^{-8}			磷酸盐	
$Al(OH)_3$	1.3×10^{-33}			Ag_3PO_4	8.89×10^{-17}
$Bi(OH)_3$	6.0×10^{-31}	碳酸盐		$AlPO_4$	9.84×10^{-21}
$Co(OH)_2$ 新	5.92×10^{-15}	Ag_2CO_3	8.46×10^{-12}	$Ba_3(PO_4)_2$	3.4×10^{-23}
CuOH	1×10^{-14}	$BaCO_3$	2.58×10^{-9}	$BiPO_4$	1.3×10^{-23}
$Cu(OH)_2$	2.2×10^{-20}	$CaCO_3$	3.36×10^{-9}	BaP_2O_7	3.2×10^{-11}
$Cr(OH)_3$	6.3×10^{-31}	$CoCO_3$	1.4×10^{-13}	$Ca_3(PO_4)_2$	2.07×10^{-29}
$Ca(OH)_2$	5.02×10^{-6}	$CuCO_3$	1.4×10^{-10}	$CaHPO_4$	1.0×10^{-7}
$Cd(OH)_2$ 新	7.2×10^{-15}	$FeCO_3$	3.13×10^{-11}	$Co_3(PO_4)_2$	2.05×10^{-35}
$Co(OH)_3$	1.6×10^{-44}	Hg_2CO_3	3.6×10^{-17}	$CoHPO_4$	2.0×10^{-7}
$Fe(OH)_3$	2.79×10^{-39}	$MnCO_3$	2.24×10^{-11}	$Cu_3(PO_4)_2$	1.40×10^{-37}
$Fe(OH)_2$	4.87×10^{-17}	$MgCO_3$	6.82×10^{-6}	$FePO_4\cdot H_2O$	9.91×10^{-16}
$Hg(OH)_2$	3.2×10^{-26}	$NiCO_3$	1.42×10^{-7}	$MgNH_4PO_4$	2.5×10^{-13}
$Hg_2(OH)_2$	2.0×10^{-24}	$PbCO_3$	7.4×10^{-14}	$Mg_3(PO_4)_2$	1.04×10^{-24}
$Mg(OH)_2$	5.61×10^{-12}	$SrCO_3$	5.6×10^{-10}	$Ni_3(PO_4)_2$	4.74×10^{-32}
$Mn(OH)_2$	1.9×10^{-13}	$ZnCO_3$	1.46×10^{-10}	$Pb_3(PO_4)_2$	8.0×10^{-43}
$Ni(OH)_2$ 新	5.48×10^{-16}			$PbHPO_4$	1.3×10^{-10}
$Pb(OH)_2$	1.43×10^{-15}	铬酸盐		$Sr_3(PO_4)_2$	4.0×10^{-28}
$Pb(OH)_4$	3.2×10^{-66}	Ag_2CrO_4	1.12×10^{-12}	$Zn_3(PO_4)_2$	9.0×10^{-33}
$Sn(OH)_2$	5.45×10^{-28}	$BaCrO_4$	1.17×10^{-10}	其他	
$Sn(OH)_4$	1×10^{-56}	$Ag_2Cr_2O_7$	2.0×10^{-7}	AgAc	1.94×10^{-3}

续表

难溶化合物	$K_{sp}^{\ominus}$	难溶化合物	$K_{sp}^{\ominus}$	难溶化合物	$K_{sp}^{\ominus}$
$Zn(OH)_2$	3×10^{-17}	$CaCrO_4$	7.1×10^{-4}	BiOCl	1.8×10^{-31}
$Zn(OH)_2$ 陈	1.2×10^{-17}	$PbCrO_4$	2.8×10^{-13}	$K[B(C_6H_5)_4]$	2.2×10^{-8}
$Ti(OH)_3$	1.68×10^{-44}	$SrCrO_4$	2.2×10^{-5}	$K_2[PtCl_6]$	7.48×10^{-6}
硫化物		氰化物及硫氰化物		$KClO_4$	1.05×10^{-2}
PbS	8.0×10^{-28}	AgSCN	1.03×10^{-12}	$Zn_2[Fe(CN)_6]$	4.0×10^{-16}

录自：James G. SpeightLange's "Handbook of Chemistry" table 1.71，16th，edition 2005

四、标准电极电势表(291～298K)

1. 在酸性溶液中

电极反应	$E_A^{\ominus}/V$
$Li^+ + e^- = Li$	-3.0401
$K^+ + e^- = K$	-2.931
$Ba^{2+} + 2e^- = Ba$	-2.912
$Sr^{2+} + 2e^- = Sr$	-2.899
$Ca^{2+} + 2e^- = Ca$	-2.868
$Na^+ + e^- = Na$	-2.71
$Mg^{2+} + 2e^- = Mg$	-2.372
$Al^{3+} + 3e^- = Al$	-1.676
$Mn^{2+} + 2e^- = Mn$	-1.185
$Cr^{2+} + 2e^- = Cr$	-0.913
$Zn^{2+} + 2e^- = Zn$	-0.7618
$Cr^{3+} + 3e^- = Cr$	-0.744
$Ag_2S(s) + 2e^- = 2Ag + S^{2-}$	-0.691
$Se + 2e^- = Se^{2-}$	-0.924
$As + 3H^+ + 3e^- = AsH_3$	-0.608
$Ga^{3+} + 3e^- = Ga$	-0.549
$H_3PO_3 + 2H^+ + 2e^- = H_3PO_2 + H_2O$	-0.499
$2CO_2 + 2H^+ + 2e^- = H_2C_2O_4$	-0.481
$S + 2e^- = S^{2-}$	-0.47627
$Fe^{2+} + 2e^- = Fe$	-0.447
$Cr^{3+} + e^- = Cr^{2+}$	-0.407
$Cd^{2+} + 2e^- = Cd$	-0.403
$Se + 2H^+ + 2e^- = H_2Se$	-0.399
$PbSO_4(s) + 2e^- = Pb + SO_4^{2-}$	-0.3588
$In^{3+} + 3e^- = In$	-0.3382
$Tl^+ + e^- = Tl$	-0.336
$Co^{2+} + 2e^- = Co$	-0.280
$H_3PO_4 + 2H^+ + 2e^- = H_3PO_3 + H_2O$	-0.276

续表

电极反应	$E_A^{\ominus}/V$
$Ni^{2+} + 2e^- = Ni$	-0.257
$CuI(s) + e^- = Cu(s) + I^-$	-0.1858
$AgI(s) + e^- = Ag + I^-$	-0.15224
$Sn^{2+} + 2e^- = Sn$	-0.1375
$Pb^{2+} + 2e^- = Pb$	-0.1262
$Fe^{3+} + 3e^- = Fe$	-0.037
$2H^+ + 2e^- = H_2$	0.000
$AgBr(s) + e^- = Ag + Br^-$	+0.07133
$S_4O_6^{2-} + 2e^- = 2S_2O_3^{2-}$	+0.08
$TiO^{2+} + 2H^+ + e^- = Ti^{3+} + H_2O$	+0.1
$S + 2H^+ + 2e^- = H_2S(g)$	+0.142
$Sn^{4+} + 2e^- = Sn^{2+}$	+0.151
$Cu^{2+} + e^- = Cu^+$	+0.153
$SO_4^{2-} + 4H^+ + 2e^- = H_2SO_3 + H_2O$	+0.2172
$SbO^+ + 2H^+ + 3e^- = Sb + H_2O$	+0.212
$AgCl(s) + e^- = Ag + Cl^-$	+0.22233
$HAsO_2 + 3H^+ + 3e^- = As + 2H_2O$	+0.248
$IO_3^- + 3H_2O + 6e^- = I^- + 6OH^-$	+0.26
$Hg_2Cl_2(s) + 2e^- = 2Hg + 2Cl^-$	+0.26808
$BiO^+ + 2H^+ + 3e^- = Bi + H_2O$	+0.320
$VO^{2+} + 2H^+ + e^- = V^{3+} + H_2O$	+0.337
$Cu^{2+} + 2e^- = Cu$	+0.3419
$Fe(CN)_6^{3-} + e^- = Fe(CN)_6^{4-}$	+0.358
$2H_2SO_3 + 2H^+ + 4e^- = S_2O_3^{2-} + H_2O$	+0.40
$SO_3^{2-} + 3H_2O + 4e^- = S + 6OH^-$	+0.45
$S_2O_3^{2-} + 6H^+ + 4e^- = 2S + 3H_2O$	+0.5
$4H_2SO_3 + 4H^+ + 6e^- = S_4O_6^{2-} + 6H_2O$	+0.51
$Cu^+ + e^- = Cu$	+0.521
$I_2(s) + 2e^- = 2I^-$	+0.5355
$MnO_4^- + e^- = MnO_4^{2-}$	+0.558
$H_3AsO_4 + 2H^+ + 2e^- = H_3AsO_3 + H_2O$	+0.560
$2HgCl_2 + 2e^- = Hg_2Cl_2(s) + 2Cl^-$	+0.63
$O_2(g) + 2H^+ + 2e^- = H_2O_2$	+0.695
$Fe^{3+} + e^- = Fe^{2+}$	+0.771
$Hg_2^{2+} + 2e^- = 2Hg$	+0.7973
$Ag^+ + e^- = Ag$	+0.7996
$AuBr_4^- + 2e^- = AuBr_2^- + 2Br^-$	+0.802
$Hg^{2+} + 2e^- = Hg$	+0.851
$AuBr_4^- + 3e^- = Au + 4Br^-$	+0.854
$Cu^{2+} + I^- + e^- = CuI(s)$	+0.86

续表

电极反应	$E_A^{\ominus}$/V
$2Hg^{2+} + 2e^- = Hg_2^{2+}$	+0.920
$NO_3^- + 3H^+ + 2e^- = HNO_2 + H_2O$	+0.934
$AuBr_2^- + e^- = Au + 2Br^-$	+0.959
$HNO_2 + H^+ + e^- = NO(g) + H_2O$	+0.983
$HIO + H^+ + 2e^- = I^- + H_2O$	+0.987
$VO_2^+ + 2H^+ + e^- = VO^{2+} + H_2O$	+0.991
$AuCl_4^- + 3e^- = Au + 4Cl^-$	+1.002
$Br_2(l) + 2e^- = 2Br^-$	+1.066
Br_2(水) $+ 2e^- = 2Br^-$	+1.0873
$IO_3^- + 5H^+ + 4e^- = HIO + 2H_2O$	+1.14
$ClO_3^- + 3H^+ + 2e^- = HClO_2 + H_2O$	+1.181
$ClO_4^- + 2H^+ + 2e^- = ClO_3^- + H_2O$	+1.189
$IO_3^- + 6H^+ + 5e^- = 1/2I_2 + 3H_2O$	+1.195
$MnO_2(s) + 4H^+ + 2e^- = Mn^{2+} + 2H_2O$	+1.224
$O_2(g) + 4H^+ + 4e^- = 2H_2O$	+1.229
$Cl_2(g) + 2e^- = 2Cl^-$	+1.35827
$Cr_2O_7^{2-} + 14H^+ + 6e^- = 2Cr^{3+} + 7H_2O$	+1.36
$ClO_4^- + 8H^+ + 8e^- = Cl^- + 4H_2O$	+1.389
$ClO_4^- + 8H^+ + 7e^- = 1/2Cl_2 + 4H_2O$	+1.39
$BrO_3^- + 6H^+ + 6e^- = Br^- + 3H_2O$	+1.423
$HIO + H^+ + e^- = 1/2I_2 + H_2O$	+1.439
$HBrO + H^+ + 2e^- = Br^- + H_2O$	+1.444
$ClO_3^- + 6H^+ + 6e^- = Cl^- + 3H_2O$	+1.451
$PbO_2(s) + 4H^+ + 2e^- = Pb^{2+} + 2H_2O$	+1.455
$ClO_3^- + 6H^+ + 5e^- = 1/2Cl_2 + 3H_2O$	+1.47
$HClO + H^+ + 2e^- = Cl^- + H_2O$	+1.482
$BrO_3^- + 6H^+ + 5e^- = 1/2Br_2 + 3H_2O$	+1.482
$Au^{3+} + 3e^- = Au$	+1.498
$MnO_4^- + 8H^+ + 5e^- = Mn^{2+} + 4H_2O$	+1.507
$Mn^{3+} + e^- = Mn^{2+}$ ($7.5mol \cdot L^{-1} H_2SO_4$)	+1.5415
$HBrO + H^+ + e^- = 1/2Br_2$(水) $+ H_2O$	+1.574
$HBrO + H^+ + e^- = 1/2Br_2(l) + H_2O$	+1.596
$H_5IO_6 + H^+ + 2e^- = IO_3^- + 3H_2O$	+1.601
$HClO + H^+ + e^- = 1/2Cl_2 + H_2O$	+1.611
$HClO_2 + 2H^+ + 2e^- = HClO + H_2O$	+1.645
$MnO_4^- + 4H^+ + 3e^- = MnO_2 + 2H_2O$	+1.679

续表

电极反应	$E_A^\ominus/V$
$PbO_2(s)+SO_4^{2-}+4H^++2e^-=PbSO_4(s)+2H_2O$	+1.6913
$Au^++e^-=Au$	+1.692
$Ce^{4+}+e^-=Ce^{3+}$	+1.72
$H_2O_2+2H^++2e^-=2H_2O$	+1.776
$BrO_4^-+2H^++2e^-=BrO_3^-+H_2O$	+1.853
$Co^{3+}+e^-=Co^{2+}$	+1.92
$S_2O_8^{2-}+2e^-=2SO_4^{2-}$	+2.010
$O_3+2H^++2e^-=O_2+H_2O$	+2.076
$S_2O_8^{2-}+2H^++2e^-=2HSO_4^-$	+2.123
$FeO_4^{2-}+8H^++3e^-=Fe^{3+}+4H_2O$	+2.20
$F_2(g)+2e=2F^-$	+2.866
$F_2(g)+2H^++2e^-=2HF$	+3.053

2. 在碱性溶液中

电极反应	$E_B^\ominus/V$
$Ca(OH)_2+2e^-=Ca+2OH^-$	-3.02
$Ba(OH)_2+2e^-=Ba+2OH^-$	-2.99
$La(OH)_3+3e^-=La+3OH^-$	-2.90
$Mg(OH)_2+2e^-=Mg+2OH^-$	-2.69
$H_2BO_3^-+H_2O+3e^-=B+4OH^-$	-2.5
$SiO_3^{2-}+3H_2O+4e^-=Si+6OH^-$	-1.697
$HPO_3^{2-}+3H_2O+2e^-=H_2PO_2^-+3OH^-$	-1.65
$Mn(OH)_2+2e^-=Mn+2OH^-$	-1.56
$Cr(OH)_3+3e^-=Cr+3OH^-$	-1.48
$As+3H_2O+3e^-=AsH_3+3OH^-$	-1.37
$Zn(CN)_4^{2-}+2e^-=Zn+4CN^-$	-1.34
$ZnO_2^{2-}+2H_2O+2e^-=Zn+4OH^-$	-1.215
$CrO_2^-+2H_2O+3e^-=Cr+4OH^-$	-1.2
$2SO_3^{2-}+2H_2O+2e^-=S_2O_4^{2-}+4OH^-$	-1.12
$PO_4^{3-}+2H_2O+2e^-=HPO_3^{2-}+3OH^-$	-1.05
$Zn(NH_3)_4^{2+}+2e^-=Zn+4NH_3$	-1.04
$SO_4^{2-}+H_2O+2e^-=SO_3^{2-}+2OH^-$	-0.93
$P+3H_2O+3e^-=PH_3$(气)$+3OH^-$	-0.87
$2NO_3^-+2H_2O+2e^-=N_2O_4+4OH^-$	-0.85
$Co(OH)_2+2e^-=Co+2OH^-$	-0.73
$SO_3^{2-}+3H_2O+4e^-=S+6OH^-$	-0.59
$PbO+H_2O+2e^-=Pb+2OH^-$	-0.580
$2SO_3^{2-}+3H_2O+4e^-=S_2O_3^{2-}+6OH^-$	-0.571
$Fe(OH)_3+e^-=Fe(OH)_2+OH^-$	-0.56

续表

电极反应	$E_B^\ominus/V$
$S+2e^-=S^{2-}$	-0.47627
$NO_2^-+H_2O+e^-=NO+2OH^-$	-0.46
$Cu(OH)_2+2e^-=Cu+2OH^-$	-0.222
$CrO_4^{2-}+4H_2O+3e^-=Cr(OH)_3+5OH^-$	-0.13
$O_2+H_2O+2e^-=HO_2^-+OH^-$	-0.076
$HgO+H_2O+2e^-=Hg+2OH^-$	+0.0977
$[Co(NH_3)_6]^{3+}+e^-=[Co(NH_3)_6]^{2+}$	+0.108
$IO_3^-+2H_2O+4e^-=IO^-+4OH^-$	+0.15
$IO_3^-+3H_2O+6e^-=I^-+6OH^-$	+0.26
$O_2+2H_2O+4e^-=4OH^-$	+0.401
$IO^-+H_2O+2e^-=I^-+2OH^-$	+0.485
$MnO_4^-+2H_2O+3e^-=MnO_2+4OH^-$	+0.595
$MnO_4^{2-}+2H_2O+2e^-=MnO_2+4OH^-$	+0.60
$ClO_3^-+3H_2O+6e^-=Cl^-+6OH^-$	+0.62
$ClO^-+H_2O+2e^-=Cl^-+2OH^-$	+0.81
$O_3+H_2O+2e^-=O_2+2OH^-$	+1.24
$Cl_2(g)+2e^-=2Cl^-$	+1.3583

录自：W. M. Haynes CRC Handbook of Chemistry and Physics，94th ed.，2013—2014

James G. SpeightLange's "Handbook of Chemistry" table 1.71，16th，edition 2005

五、配合物的稳定常数（293～298K，I=0）

配位体	金属离子	配体数 n	$K_s^\ominus$	$\lg K_s^\ominus$
Cl^-	Ag^+	2	1.10×10^5	5.04
	Cd^{2+}	4	6.31×10^2	2.80
	Co^{3+}	1	2.630	1.42
	Cu^+	3	5.01×10^5	5.7
	Hg^{2+}	4	1.17×10^{15}	15.07
	Pt^{2+}	4	1.0×10^{16}	16.0
	Sb^{3+}	6	1.29×10^4	4.11
	Sn^{2+}	4	3.02	1.48
	Tl^{3+}	4	1.00×10^{18}	18.00
	Zn^{2+}	4	1.58	0.20
Br^-	Ag^+	4	5.37×10^8	8.73
	Bi^{3+}	4	1.99×10^7	7.30
	Bi^{3+}	6	5.01×10^9	9.70
	Cd^{2+}	4	5.01×10^3	3.70

续表

配位体	金属离子	配体数 n	$K_s^{\ominus}$	$\lg K_s^{\ominus}$
NH_3	Ag^+	2	1.12×10^{7}	7.05
	Cd^{2+}	4	1.32×10^{7}	7.12
	Cd^{2+}	6	1.38×10^{5}	5.14
	Co^{2+}	6	1.29×10^{5}	5.11
	Co^{3+}	6	1.58×10^{35}	35.2
	Cu^+	2	7.24×10^{10}	10.86
	Cu^{2+}	4	2.09×10^{13}	13.32
	Fe^{2+}	2	1.58×10^{2}	2.2
	Hg^{2+}	4	1.90×10^{19}	19.28
	Ni^{2+}	4	9.12×10^{7}	7.96
	Ni^{2+}	6	5.50×10^{8}	8.74
	Pt^{2+}	6	2.00×10^{35}	35.3
	Zn^{2+}	4	2.88×10^{9}	9.46
CN^-	Ag^+	2	1.26×10^{21}	21.1
	Au^+	2	2.00×10^{38}	38.3
	Cd^{2+}	4	6.02×10^{18}	18.78
	Cu^+	2	1.0×10^{24}	24.0
	Cu^+	4	2.00×10^{30}	30.30
	Fe^{2+}	6	1.0×10^{35}	35
	Fe^{3+}	6	1.0×10^{42}	42
	Hg^{2+}	4	2.51×10^{41}	41.4
	Ni^{2+}	4	2.00×10^{31}	31.3
	Zn^{2+}	4	5.01×10^{16}	16.70
F^-	Al^{3+}	6	6.92×10^{19}	19.84
	Fe^{2+}	1	6.3	0.8
	Fe^{3+}	1	1.90×10^{5}	5.28
	Fe^{3+}	2	2.00×10^{9}	9.30
	Fe^{3+}	3	1.15×10^{12}	12.06
	Fe^{3+}	5	5.89×10^{15}	15.77
	Sb^{3+}	4	7.94×10^{10}	10.9
	Sn^{2+}	3	3.16×10^{9}	9.50
I^-	Ag^+	2	5.50×10^{11}	11.74
	Ag^+	3	4.79×10^{13}	13.68
	Bi^{3+}	6	6.31×10^{18}	18.80
	Cd^{2+}	4	2.57×10^{5}	5.41
	Cu^+	2	7.08×10^{8}	8.85
	Hg^{2+}	2	6.61×10^{23}	23.82
	Hg^{2+}	4	6.76×10^{29}	29.83
	Pb^{2+}	4	2.95×10^{4}	4.47

续表

配位体	金属离子	配体数 n	$K_s^\ominus$	$\lg K_s^\ominus$
SCN^-	Ag^+	2	3.72×10^{7}	7.57
	Ag^+	4	1.20×10^{10}	10.08
	Cu^+	2	1.51×10^{5}	5.18
	Cd^{2+}	4	4.0×10^{3}	3.6
	Fe^{3+}	3	1.00×10^{5}	5.00
	Fe^{3+}	6	1.26×10^{6}	6.10
	Hg^{2+}	4	1.70×10^{21}	21.23
$S_2O_3^{2-}$	Ag^+	2	2.88×10^{13}	13.46
	Cd^{2+}	2	2.75×10^{6}	6.44
	Cu^+	2	1.66×10^{12}	12.22
	Hg^{2+}	4	1.74×10^{33}	33.24
EDTA(Y^{4-})	Al^{3+}	1	1.35×10^{16}	16.13
	Bi^{3+}	1	6.31×10^{22}	22.8
	Ca^{2+}	1	1.0×10^{11}	11.0
	Cd^{2+}	1	2.51×10^{16}	16.4
	Co^{2+}	1	2.04×10^{16}	16.31
	Co^{3+}	1	1.00×10^{36}	36
	Cr^{3+}	1	1.0×10^{23}	23.0
	Cu^{2+}	1	5.01×10^{18}	18.7
	Fe^{2+}	1	2.14×10^{14}	14.33
	Hg^{2+}	1	6.31×10^{21}	21.80
	Mg^{2+}	1	4.36×10^{8}	8.64
	Ni^{2+}	1	3.63×10^{18}	18.56
	Pb^{2+}	1	2.00×10^{18}	18.3
	Sn^{2+}	1	1.26×10^{22}	22.1
	Zn^{2+}	1	2.51×10^{16}	16.4
en	Ag^+	2	5.01×10^{7}	7.70
	Cd^{2+}	3	1.23×10^{12}	12.09
	Co^{2+}	3	8.71×10^{13}	13.94
	Co^{3+}	3	4.90×10^{48}	48.69
	Cu^+	2	6.31×10^{10}	10.80
	Cu^{2+}	2	1.00×10^{20}	20.00
	Fe^{2+}	3	5.01×10^{9}	9.70
	Hg^{2+}	2	2.00×10^{23}	23.3
	Mn^{2+}	3	4.68×10^{5}	5.67
	Ni^{2+}	3	2.14×10^{18}	18.33
	Zn^{2+}	3	1.29×10^{14}	14.11

续表

配位体	金属离子	配体数 n	$K_s^\ominus$	$\lg K_s^\ominus$
$C_2O_4^{2-}$	Co^{2+}	3	5.01×10^9	9.7
	Cu^{2+}	2	3.16×10^8	8.5
	Fe^{2+}	3	1.66×10^5	5.22
	Fe^{3+}	3	1.58×10^{20}	20.2
	Mn^{2+}	2	6.31×10^5	5.80
	Mn^{3+}	3	2.63×10^{19}	19.42
	Ni^{2+}	3	3.16×10^8	~8.5

*摘自：(1) Lange's Handbook of Chemistry，16th ed.，2005：1.358 ~ 1.363；4.152 ~ 4.154.

(2)刘幸平，吴巧凤. 无机化学[M]. 北京：人民卫生出版社，2012.

参考文献

[1] 司学芝，刘捷，展海军．无机化学[M]．北京：化学工业出版社，2009.
[2] 北京师范大学，华中师范大学，南京师范大学．无机化学[M].4 版．北京：高等教育出版社，2010.
[3] 张祖德．无机化学[M].2 版．合肥：中国科学技术大学出版社，2014.
[4] 曹凤歧．无机化学[M]．南京：东南大学出版社，2010.
[5] 章伟光．无机化学[M].2 版．北京：科学出版社，2017.
[6] 铁步荣，杨怀霞．无机化学[M]．北京：中国中医药出版社，2016.
[7] 张天蓝．无机化学[M].7 版．北京：人民卫生出版社，2016.
[8] 武汉大学，吉林大学．无机化学[M]．北京：高等教育出版社，2010.
[9] 宋天佑．无机化学[M].2 版．北京：高等教育出版社，2015.
[10] 大连理工大学无机化学教研室编．无机化学[M].5 版．北京：高等教育出版社，2006.
[11] 天津大学无机化学教研室编．无机化学[M].4 版．北京：高等教育出版社，2010.
[12] 王书民．无机化学[M]．北京：科学出版社，2017.
[13] 杨宏孝．无机化学 [M]．北京：高等教育出版社，2010.
[14] 刘幸平，吴巧凤．无机化学[M].2 版．北京：人民卫生出版社，2016.
[15] 徐家宁．无机化学核心教程 [M]．北京：科学出版社，2017.